装备科技译著出版基金

应用故障诊断学

——基于模型的故障诊断方法及其应用

Fault-Diagnosis Applications

Model-Based Condition Monitoring: Actuators, Drives, Machinery, Plants, Sensors, and Fault-tolerant Systems

[德] Rolf Isermann 著
朱康武 傅俊勇 房 成
纪宝亮 左从阳 闫耀宝 译

国防工業出版社
·北京·

著作权合同登记　图字：军-2016-146 号

图书在版编目（CIP）数据

应用故障诊断学：基于模型的故障诊断方法及其应用/（德）罗尔夫·艾思曼（Rolf Isermann）著；朱康武等译. —北京：国防工业出版社，2017.7

书名原文：Fault-Diagnosis Applications—Model-Based Condition Monitoring: Actuators, Drives, Machinery, Plants, Sensors, and Fault-tolerant Systems

ISBN 978-7-118-11236-8

Ⅰ. ①应… Ⅱ. ①罗… ②朱… Ⅲ. ①故障诊断－研究 Ⅳ. ①TB4

中国版本图书馆 CIP 数据核字（2017）第 156031 号

Translation from English language Edition

Fault-Diagnosis Applications—Model-Based Condition Monitoring: Actuators, Drives, Machinery, Plants, Sensors, and Fault-tolerant Systems

by Rolf Isermann

※

国防工業出版社出版发行

（北京市海淀区紫竹院南路 23 号　邮政编码 100048）

北京嘉恒彩色印刷有限责任公司印刷

新华书店经售

*

开本 710×1000　1/16　印张 19¼　字数 358 千字

2017 年 7 月第 1 版第 1 次印刷　印数 1—2000 册　定价 95.00 元

（本书如有印装错误，我社负责调换）

国防书店：（010）88540777　　发行邮购：（010）88540776

发行传真：（010）88540755　　发行业务：（010）88540717

译者序

本书是一部全面介绍基于模型的故障检测与诊断技术原理、方法及其工程应用的专著。作者 Rolf Isermann 工作于达姆施塔特工业大学自动化控制学院，曾任控制工程实验室主任。作者的研究方向主要包括非线性工业过程辨识、数字控制、自适应控制和故障诊断技术等，在基于模型的工业过程故障诊断及其应用技术领域具有极高的造诣。本书是作者对其 40 年来在故障检测与诊断技术领域工作成果的总结。

本书采用一种循序渐进、深入浅出的方式，向读者全面介绍了基于模型的现代故障检测与诊断技术的概念、理论、方法以及在多个领域中的具体应用技术。

对于航天、航空、兵器等军工领域，故障检测和诊断技术是核心技术之一。对于高科技武器系统，在系统中增加故障检测和诊断功能可以明显地提高系统可靠性和有效性。对于运载火箭等由几十个核心子系统和几十万个零部件组成的极端复杂产品，必须使用先进的故障检测、诊断和重构技术才能满足极高的可靠性指标要求。因而对先进故障诊断技术开展研究，对提高我国国防装备的总体技术水平具有重要意义。

希望本书的出版可以帮助读者解决工程研制中遇到的故障检测、诊断和容错设计的实际技术问题，并激发读者对故障诊断技术的研究兴趣，在未来工作中实际使用先进故障检测与诊断技术。

本书适用于从事航空、航天、兵器、机械、电子等产品研发、设计、生产和使用的广大科研人员，也可作为可靠性、机械电子工程、航空、航天等专业研究生的指导用书。此外也适用于所有对故障诊断和可靠性设计技术感兴趣的读者进行阅读。

由于译者的水平有限，因而在翻译过程中可能存在着一些错误或翻译不当的地方，请读者见谅和指正。

译者非常感谢装备科技译著出版基金和国防工业出版社对本书出版提供的大力支持。

译者

2017. 1

前 言

随着对高价值和高危险生产过程自动控制系统的效率、质量和集成度的要求日益增加，系统监督（或监控）、故障检测和故障诊断系统在生产过程中扮演着越来越重要的角色。经典的监督方法主要是检查单个变量是否超过限定值，并进行报警。但如果可以对测量信号中隐藏的所有信息进行分析，并进行自动处理，就可以明显提高监督系统的性能。

经过几十年来的发展，学者们提出了很多新的故障检测和诊断方法，并开展了详细的理论和试验研究。故障检测与诊断的区别在于，故障检测仅用于识别故障的发生，而故障诊断则是找到故障发生的原因和位置。先进故障检测方法基于数学信号和过程模型，通过对工作原理的分析和建模从而生成故障征兆。故障诊断方法使用统计决策、人工智能和软件计算等方法根据故障与故障征兆之间的因果关系对故障进行诊断。因此，高效的监督、故障检测和诊断系统是一个需要综合运用物理原理、试验技术和计算软件的具有挑战性的新兴研究领域。相关研究课题也被称为状态监控、故障检测和分离（FDI）或故障检测和诊断（FDD）。

故障管理或资产管理是更进一步的研究领域。这意味着可以通过早期故障检测和基于过程状态的维护或维修以避免故障导致的关机。如无法避免突然的故障、失效和误动作，就必须使用容错系统。通过使用故障检测和冗余元器件进行系统重构等方法，可以避免在高风险过程中出现事故。

作为《故障诊断系统——从故障检测到故障容错技术导论》的后续书籍，本书详细介绍了故障检测和诊断方法在不同技术过程和产品上的应用实例。

本书给出的故障检测和诊断方法及其试验成果，来自于从 1975 年起达姆施塔特工业大学自动化控制学院（Institute of Automatic Control of the Darmstadt University of Technology）及其工业领域合作伙伴的相关研究成果。通过这种合作方式，理论研究成果可以在实际应用中进行测试，试验结果对后续技术改进提供了方向并产生新的技术灵感。因此，本书给出了针对大约 20 种研究对象的主要研究结果。研究对象包括电动机、执行器、机床、泵、管路和热交换器等（针对内燃机的故障检测和诊断理论及其应用成果将发表于《发动机控制与诊断》一书中）。

本书介绍了故障诊断和容错技术在电子工程、机械、化工以及计算科学等领域中的应用。本书适用于本科生、研究生以及相关领域的工程技术人员。学习本书所需要的前期基础知识主要包括大学本科水平的系统原理、自动控制、机械和电子技术。

作者由衷感谢那些自1975年以来，对本书所涉及的研究领域提供了大量理论和应用研究成果的研究者们。他们是H. Siebert，L. Billmann，G. Geiger，W. Goedecke，S. Nold，U. Raab，B. Freyermuth，St. Leonhardt，R. Deibert，T. Höfling，T. Pfeufer，M. Ayoubi，P. Ballé，D. Füssel，O. Moseler，A. Wolfram，M. Münchhof，F. Haus和M. Beck。

最后，特别感谢Brigitte Hoppe在本书文字编写、制图、制表和校对出版等工作上的勤劳工作，以及Springer - Verlag出版社的大力支持。

Rolf Isermann

达姆施塔特,2010,9

目 录

第一部分 监督、故障检测和诊断

第二部分 驱动与执行器

第四部分 冗错系统

第五部分　附录

第一部分
监督、故障检测和诊断

第1章 绪 论

自20世纪60年代，自动化技术越来越多地应用于电力能源、化工系统和机械制造等工业过程中。对自动化技术的需要主要来自于人们对过程控制质量、产品质量的要求越来越高，并希望将人类从单调而繁重的工作中解脱出来，同时也是为了降低不断增长的人工成本所带来的压力。1975年左右，出现了相对便宜且可靠的微型计算机，从而可以在单台设备上解决大多数控制问题，从此工业的自动化程度出现了突飞猛进的发展。与此同时，传感器、执行器、总线通信技术和人机交互技术也得到了快速发展。当然，对于被控对象工作原理和自动控制技术的理论突破，在自动技术发展浪潮中同样扮演着重要角色。

自动化技术的快速发展同样促进了汽车、飞机、高精密机械设备和机械电子设备等高技术设备的自动控制能力。

下面将首先对自动控制系统的结构以及自动监督/状态监测在整个系统中所扮演的角色进行描述，随后对故障管理和资产管理在整个产品生命周期中的任务进行简单介绍。

1.1 自动控制系统及其过程监督/状态监测

图1.1为具有多级信息处理功能的自动控制系统原理框图。底层由顺序控制、前馈和反馈控制组成。监督系统可以认为是中间级。更高的级别则主要完成协调、优化和综合管理等全局控制任务。人机交互界面则对自动控制系统中的重要信息进行显示。

大多数控制系统结构为数字式顺序控制结构和数字/模拟式反馈控制结构。反馈控制系统的原理、设计和应用已有大量的研究成果，特别是包括状态观测器、参数估计和非线性补偿在内的基于模型的控制技术得到了快速的发展。同时，动态系统和信号处理等现代控制理论对自动控制技术的发展起到了巨大的推动作用，从而可以对很多原本由于特性较复杂而难以控制的被控对象进行较好的控制。

但当实现了较好的自动控制功能后，将不再需要人的操作，因此监督功能就变得尤为重要。操作人员不仅仅只根据设定值和时序进行控制、操纵，更重要的是可以对整个控制过程的状态进行监督和管理。因此，在增强底层控制功能的同时，必须对监督功能进行提高和改进。

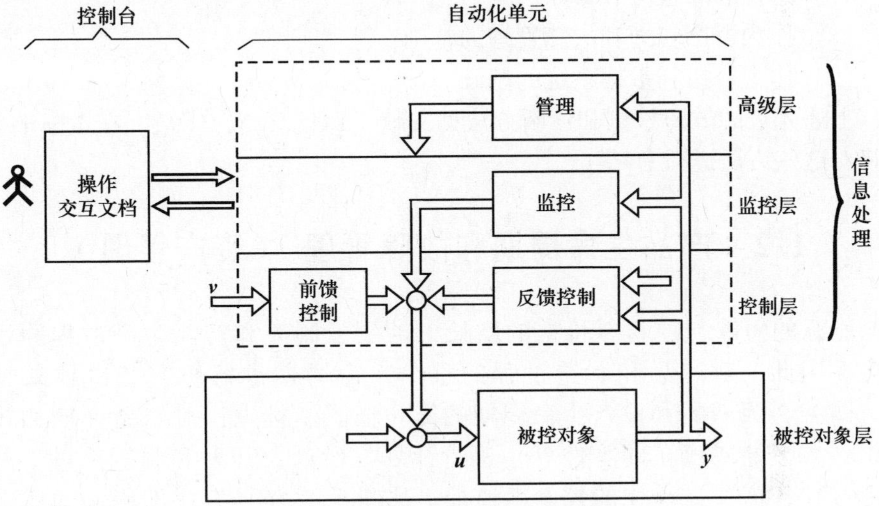

图 1.1　过程自动化系统简化框图

提高监督功能的另一个原因是随着控制系统被集成到被控对象中，使得被控对象和控制系统组成了一个独立的自治单元。例如电传飞机和汽车等机电系统。此时，执行器、传感器和控制器等控制系统组成部件的故障不仅影响控制性能，还将严重影响系统可靠性和安全性。对于安全性有严格要求的系统，应立刻将系统中的故障向操作人员（飞行员、驾驶员）进行显示和报警，并立刻由故障管理系统激活容错或重构系统。

过去，通常通过对力、速度、压力、液位和温度等重要过程变量进行阈值校验的方法实现自动监督功能。对于安全性有严格要求的系统，当被监控变量的值超过预先设定的阈值后将触发故障警报，再由操作人员或自动保护系统实施保护操作。在多数情况下，该方法足以防止出现较大的故障和破坏。但使用这种简单的阈值校验方法时，故障的检测存在滞后，并且几乎不可能实现高级的故障诊断功能。而对于现代系统理论方法，通过系统地使用系统模型、信号模型、辨识和估计以及人工智能等方法，可以开发出更为先进的故障检测和诊断方法，从而对系统早期微小故障进行检测并对故障位置进行诊断，该方法也被称为状态监测。过程监督和状态监测的目标主要包括：

（1）增加可靠性和有效性；

（2）增加安全性；

（3）对闭环系统中的执行器、被控对象、传感器和零部件的故障进行检测和诊断；

（4）对被控过程的瞬态状态进行监督；

（5）根据被控过程的状态实施维护和维修工作；

（6）产品制造过程的深度质量控制；

（7）远程故障检测和诊断；

（8）作为资产管理和故障管理的基础；

（9）作为容错和重构系统的基础。

上述先进的故障检测和诊断方法见文献［1.1－1.5，1.9］。在本书第2章中将对这些方法进行总结。

1.2 产品生命周期和故障管理（资产管理）

能源的短缺与原材料价格的增长，催生了制造和产品生产过程的优化研究。因此，对产品和制造过程的整个生命周期进行研究变得越来越重要。图1.2为产品和设备生命周期的简化框图。首先，对产品（例如较复杂组件、机器或汽车的零件等）进行计划、设计、开发和制造。对于这些制造过程，需要自动化的控制、监控、质量控制（具有反馈机制的质量检测）和优化。然后，将不同种类的产品组装成更大规模的生产设备，以生产诸如电力、化工产品、矿产和煤炭等能源和材料。设备试运行结束后，设备进入常规的连续生产模式。设备及其生产过程需要自动控制、自动在线优化和自动监督功能。在生产过程设备的生命周期内，需要对生产过程设备进行多次改造。当其寿命结束后，需要对生产过程设备进行拆除，并对拆卸下来的零部件进行销毁或回收处理。

很多回收的零部件可以直接或修复后用于新的产品制造。因此，需要对产品制造和设备生产过程进行监督和诊断，以确保产品质量并节约投资。监督功能对表针工作状态的可测量量进行观测，因而也被称为状态监测或健康度监测。监督功能同时也可以对设备的工作过程和控制性能进行观测，对设备磨损状况进行测量并对设备剩余寿命进行估计。

如果可以对产品或生产过程中的故障进行预计或检测，则可以开展后续的维护、维修或重新配置等故障管理流程。图1.3列出了一些计划性的和临时性的维护和维修方法[1.6]。计划性的维护基于固定的时间周期和/或固定的运行时间。而如果可以根据实时观测的真实状态开展维护工作，则可以放弃常规的计划性维护。计划性的维修通常是在预先设定的大修期内进行，而临时性的维修通常是在零件故障时临时启动的。如果已经预先设计了容错系统，就可以使用冗余零部件对系统进行重构。因此，维护过程用于预防故障，维修过程则用于消除故障，而重构过程则是通过使用备份零部件，以牺牲一定的性能为代价阻止故障的发生。

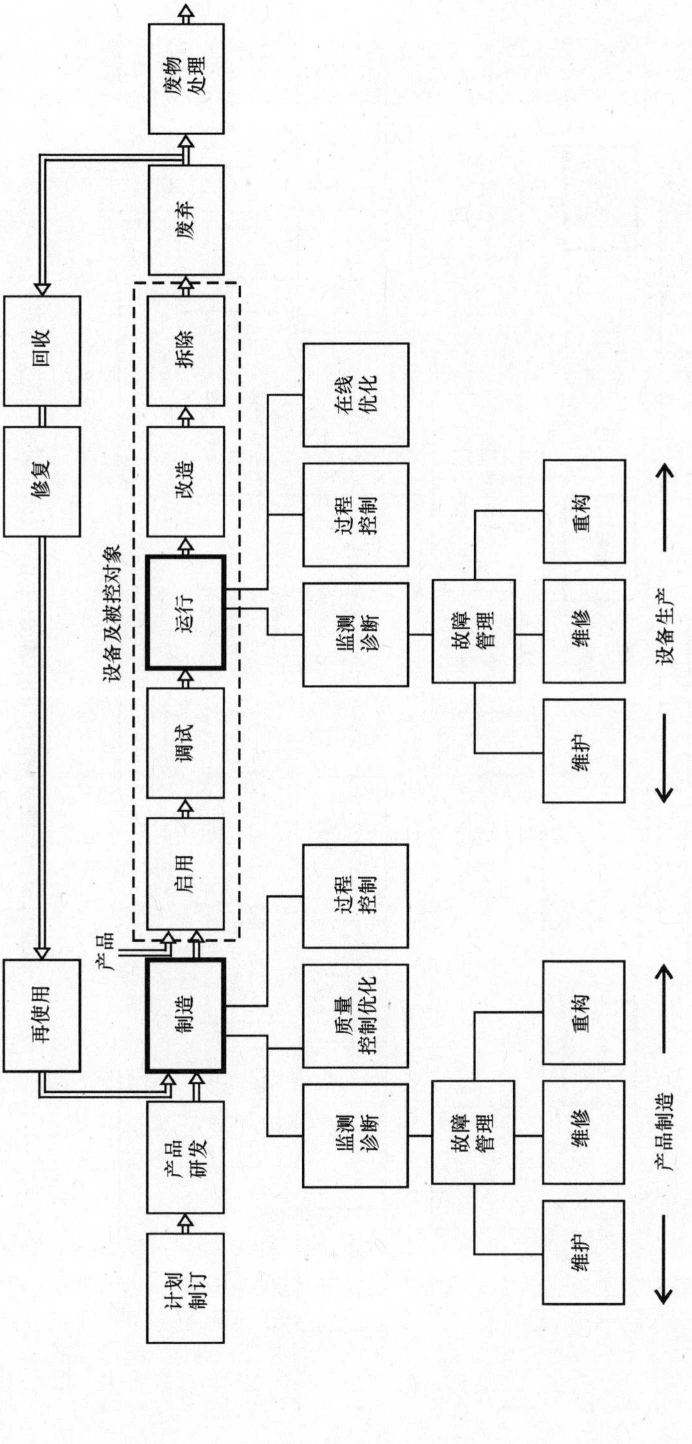

图 1.2 产品和设备生命周期简化框图

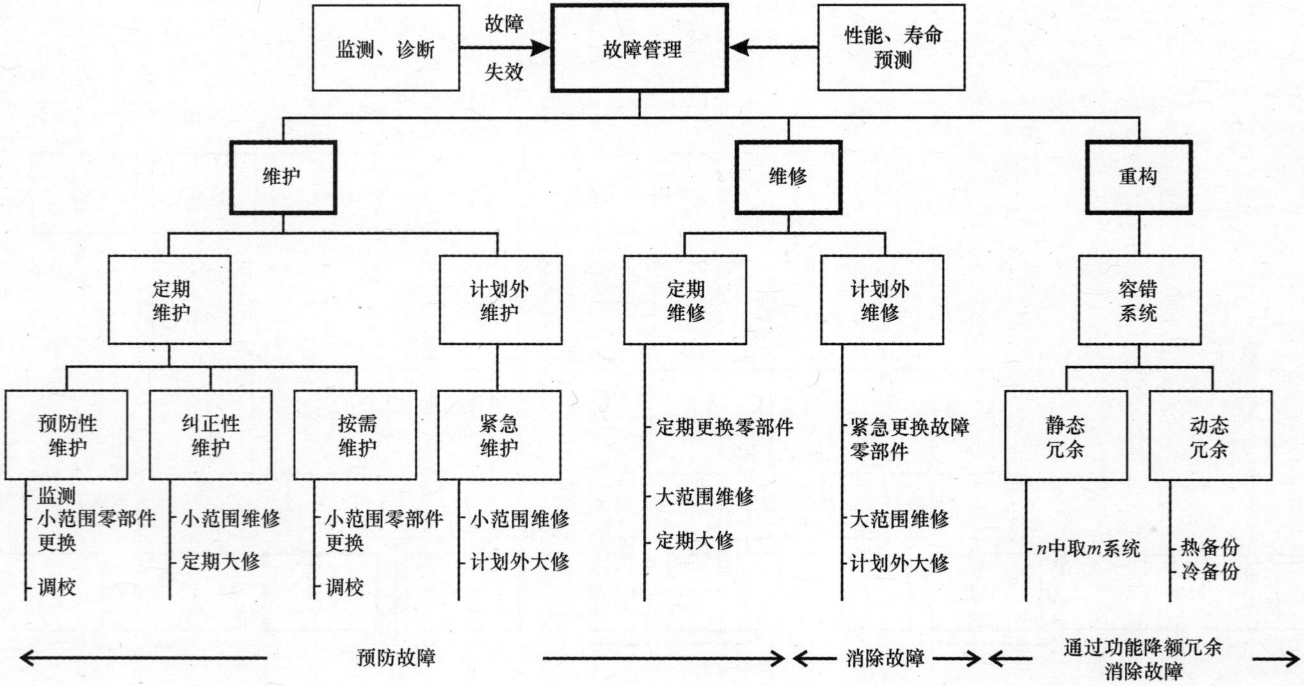

图 1.3　监控层故障检测及诊断后的故障管理计划（面向设备的资产管理）

设备管理和故障管理也被称为资产管理（Asset Management，AM）。在化工行业，通过资产管理对设备进行保值和增值[1.6]。资产管理包括设备管理、制造过程管理、制造过程优化、保值和增值维护等。因此，广义上资产管理意味着对维护、性能改进和设备可用性三者之间的成本进行优化。资产管理的一个分支是以设备为导向的资产管理（在线设备资产管理），并包含了保值维护和增值维护两个部分。因此，它对应于图 1.3 中的故障管理[1.8]。

资产管理对设备零部件的技术评估提供在线信息，并向设备技术文件和商业管理部门提供接口。对于一套生产设备，“资产”指的是诸如仪器、管路、机器、控制设备和工具等设备零部件[1.6,1.7]。

所有这些管理流程均需要以故障检测和诊断为基础。在第 2 章中，将对故障检测和诊断方法及其相关术语进行简单介绍。

1.3 主要内容

本书的研究重点为先进故障检测和诊断（Fault Detection and Diagnosis，FDD）技术的应用研究。主要内容如下：

第一部分：监测、故障检测及故障诊断方法导论。

第二部分：驱动和执行器。

第三部分：机器和设备（泵、管路、机器人、机床和热交换器）。

第四部分：容错系统。

第一部分对监测和故障诊断方法进行简单的综述和回顾。第 2 章对过程监测、质量控制和故障管理技术进行简要描述，并对其中的专业术语进行分析和讨论。然后简单介绍基本的故障检测方法（如阈值校验法和趋势校验法等）以及基于信号和被控对象模型的故障检测方法（如信号分析、参数估计、状态观测器和一致性方程等）。

第二部分对驱动器和执行器（电动机、电动/液压/气动执行器）的多种故障检测和诊断方法进行研究，在第 3 章中，建立具有较高精度的直流电动机线性模型，并在实验室中进行试验，从而对不同故障检测和诊断方法进行更为深入的理解。上述很多方法同样适用于交流电动机，但由于磁场控制感应电动机包含较为复杂的非线性关系，因此所建的系统模型将更为复杂。

在第 4 章中，对电动机驱动的执行器，如电磁执行器、电子节气门和飞机客舱气压控制阀，进行理论与试验研究，使用不同的 FDD 方法，对多种方法的组合使用效果进行评估。在第 5 章中，对液压伺服作动器进行深入研究，表明使用经过改进的线性和非线性模型进行 FDD 可以取得较好的效果。在对气动阀门的 FDD 研究中，应用了非线性局部线性化模型。

第三部分对机器和设备等大型系统的故障诊断技术进行研究。多年来，已有多种故障检测和诊断方法被成功地应用于直流/交流电动机驱动的离心泵中。在第6章中，对泵和驱动电动机的故障检测方法进行研究。通过联合使用基于静态和动态模型的多种故障检测和诊断方法，可以获得非常好的诊断结果。最后以交流电动机驱动的隔膜泵作为往复式泵的代表，开展故障检测和诊断方法研究。

管路监测一直以来都是一项非常重要的工作。在第7章中，详细介绍了如何通过测量管路两端的压力和流量，对液体和气体管路的微小泄漏进行检测和定位。

工业机器人的每个轴都受到自然磨损和碰撞的影响。因而在第8章中，介绍利用闭环回路的参数估计对所有轴系及驱动部分进行监测和诊断的方法。

第9章中对机床主传动和进给传动的故障检测和诊断方法进行研究。基于详细模型，使用参数估计和一致性方程方法不仅可以对传动系统进行监测，还可以对刀具的状态进行监督。在第9章中给出了钻床、铣床和磨床的相关研究结果。

热交换器被广泛地应用于各种工业设备中。在第10章中，基于热管的平衡方程和模型可以实现热交换器的故障检测，给出了基于参数估计和非线性一致性方程的蒸汽/水和蒸汽/空气热交换器的故障检测和诊断试验结果。

对安全性要求较高的应用场合需要使用故障容错系统。为此，本书第四部分第11章对容错系统进行了简要综述。在第12章中对容错双余度交流电动机传动、故障容错电动执行器和基于解析余度的汽车动态驱动传感器进行了研究。对多种故障检测方法以及系统重构方法进行了比较，以保证系统在闭环状态下实现无冲击切换。容错系统可以用于飞机执行器、电动转向系统、自动供油系统、电梯和起重机等机电系统中，是实现电传飞机和电传驱动系统的前提条件。

综上所述，本书对先进监督、故障检测和诊断方法的多种实际应用事例进行了较为详细的研究，给出其设计方法，并对其实际性能和适用性进行了有针对性的分析。

第 2 章 监督、故障检测和诊断方法简介

过程监督以及产品的质量控制主要用于显示当前状态（状态监控），指示出不期望或不允许的状态，并采取适当的措施以避免损坏或事故的发生。多种原因造成的故障和错误将会导致系统偏离正常的过程状态，如不进行合适的处置，可能造成系统的失灵或失效。

在文献［2.37］中，对监测、故障检测和故障管理的基本任务进行了详细阐述。因此，本章只对一些重要问题以及本书中使用的故障检测和诊断方法进行简要介绍。本书所介绍的方法虽然针对线性过程，但这些方法同样可以扩展至非线性过程。

2.1 监督的基本任务

考虑如图 2.1(a) 所示的在开环状态下工作的过程 C 或产品 P，图中 U 和 Y 分别为输入和输出信号。系统中出现了一个由于外部或内部原因导致的故障，其中外部原因可以是湿度、灰尘、化学物质、电磁辐射、高温、腐蚀或污染等环境影响，内部原因可以是由于缺乏润滑所造成的过度磨损、过热、泄漏和短路等。故障 F 最初将影响电阻、电容和刚度等内部过程参数 Θ，并造成参数变化 $\Delta\Theta$，进而影响流量、电流或温度等内部状态变量 x，并产生状态变化 Δx。通常并不会频繁地对这些参数和变量进行测量。根据系统动态特性，故障 F 将对输出 Y 造成影响，产生输出变化 ΔY。需要注意的是，干扰、测量噪声 N 和控制输入 U 同样会对输出造成影响。

对于工作在开环状态下的过程，持续的故障 $f(t)$ 通常会造成输出的永久偏差 $\Delta Y(t)$，如图 2.2（a）所示。而对于工作在闭环状态下（图 2.1（b））的过程，持续故障的影响将于前者不同，见图 2.2（b）。对于时变的过程参数变化 $\Delta\Theta(t)$ 或状态变量变化 $\Delta x(t)$，如果控制器具有积分特性（如 PI 控制器），则仅会产生幅值较小且逐渐消失的输出摄动 ΔY。但由于控制器对摄动的补偿作用，控制器会产生永久性的输出偏差 ΔU。因此，如果仅对输出 $Y(t)$ 进行监督，则由于输出变化较小且持续时间很短，很容易被误认为是测量噪声，因而可能无法对故障进行检测。这是因为闭环系统不仅对干扰的影响 $N(t)$ 进行补偿，还会对参数变化 $\Delta\Theta(t)$ 和状态变量变化 $\Delta x(t)$ 所造成的影响

$Y(t)$ 进行补偿，从而将故障的影响补偿掉，除非故障 $F(t)$ 变得非常严重，导致控制器的输出 $Y(t)$ 饱和。因此，对于工作在闭环状态 $U(t)$ 的过程，在对输出 $Y(t)$ 进行监控的同时，还需要对输入进行监控，但大多数情况下仅对输出 $Y(t)$ 和控制偏差 $e(t)$ 进行监督。

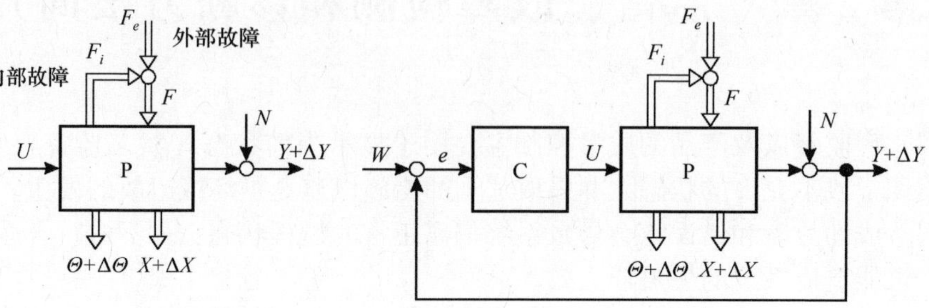

(a) 开环系统　　(b) 闭环系统

图 2.1　故障 F 对过程的影响

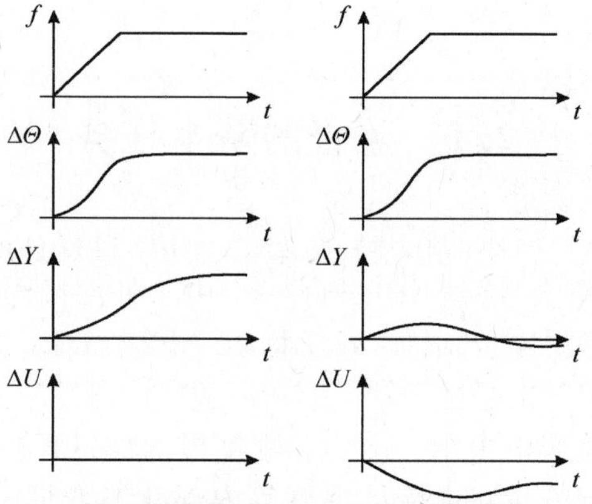

(a) 开环系统　　(b) 闭环系统

图 2.2　故障后参数变化 $\Delta\Theta$ 及可测量输入信号 $U(t)$、输出信号 $Y(t)$ 的响应曲线

对于过程的状态监督和制造过程的质量控制问题，通常使用极限校验或阈值校验的方法对输出变量 $Y(t)$，如压力、力、液位、温度、速度和振荡等进行检测。如被监测量处于允许范围内，即 $Y_{min} < Y(t) < Y_{max}$ 时，表明系统工作正常，反之则触发故障报警。因此，监督系统的第一个任务见图 2.3。

1. 监控

对测量变量进行检测，并判断其是否在允许范围内，并在其超过阈值时立即向操作者报警。当故障警报被触发后，操作者必须迅速采取适当的补救措施。

但如果测量变量超过阈值意味着系统处于危险的过程状态时，就需要使用自动保护功能，这是监督系统的第二个任务，见图 2.3。

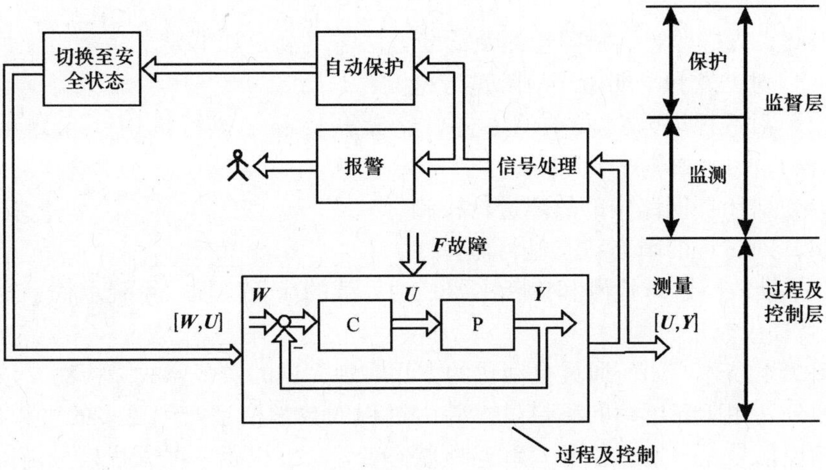

图 2.3 监控及自动保护功能组成

2. 自动保护

对于处于危险状态的过程，应自动采取适当的应对措施以消除可能的危险后果。通常控制被控过程进入预先设定的安全状态，如采取应急关机等方法，相关应用事例见文献［2.37］。

上述经典的监控和自动保护方法适用于系统的全过程监督。在设定允许偏差范围时，必须对由故障引起的非正常摄动和正常状态下由变量波动导致的误报警进行折中处理。对于大多数工作于稳定状态或被监测变量与工作状态无关的系统，使用固定阈值的极限校验法可以获得较好的效果。但如果被监测量是与工作状态相关的动态值，如轧钢机和机床中的负载力，以及化工过程中的压力和温度等就需要根据实际情况进行分析。

对于稳态系统，基于极限校验法的经典监督方法是一种简单且可靠的方法，但只有当过程特性出现较大变化时监督系统才会做出反应。例如在过程中出现较大的突发性故障，或一个长时间且持续加重的故障时。并且，如果仅对一个或几个变量进行阈值校验，通常无法对过程进行深入的故障诊断。

为了提高过程的监督能力和产品的质量控制品质，首先想到的是使用传感器对故障变量进行直接测量，并将操作人员的故障处理知识融入监督系统中。但这需要增加额外的传感器、电缆、变送器和接插件等，不仅增加成本还会导致出现更多的故障，降低系统的整体可靠性。而直接通过软件实现操作人员的经验知识是一项要求极高的工作，如果不与过程模型相结合，那么并不会显著提高监督质量。

对于具有多个监控和极限校验环节的大型过程，当出现一个较为严重的故障后，有可能在短时间内连续触发多个故障报警，导致操作人员无法快速找到故障原因。

因此，先进监督、故障检测及诊断方法需要满足如下要求：

（1）对突发和早期微小故障进行检测；

（2）对过程以及过程中的零部件、操纵装置（执行机构）和测量装置（传感器）中的故障进行诊断；

（3）对闭环回路中的故障进行检测；

（4）对过程的瞬态状态进行监督。

对早期故障进行检测和诊断主要是为后续的应急操控、系统重构、定期维护/维修提供充足时间。

图 2.4 描述了如何通过自动化的方法实现先进的监督、故障检测及诊断功能。充分利用所有可用的测量量，并由过程的数学模型产生更多的过程信息。如果输出信号 Y 、输入信号 U 和某些状态变量 x ，以及一些干扰信号是可测量的，那么故障导致的过程的稳态和动态变化可以作为重要的信息源加以利用。此外，系统将自动对由输入信号和可测量干扰造成的输出变化 ΔY 进行分析，并产生对故障更为敏感的可观测对比变量，从而对由正常干扰和由故障引起的输出变化进行自动分离。

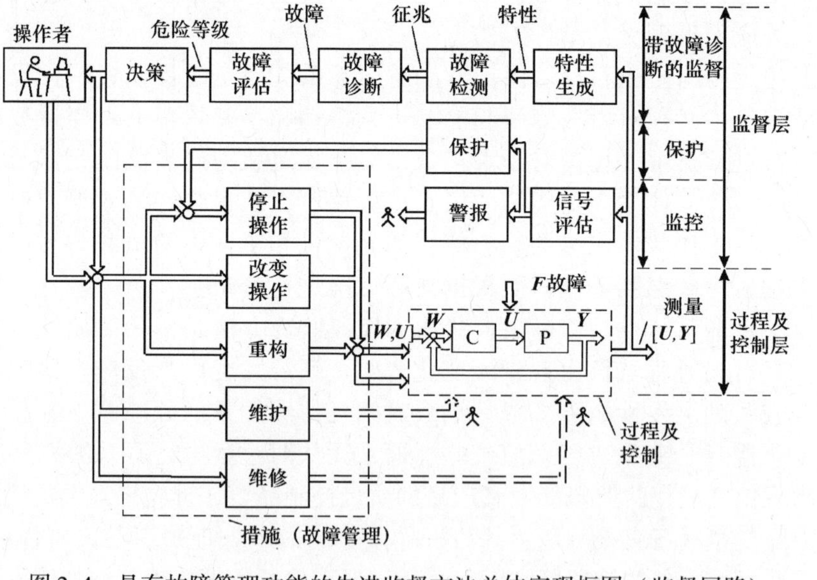

图 2.4　具有故障管理功能的先进监督方法总体实现框图（监督回路）

图 2.4 给出了监督系统的第三个任务。

3. 具有故障诊断功能的监督系统

（1）由信号处理、状态估计、系统辨识和参数估计、一致性方程或直接的性能测量等方法生成特征。

（2）故障检测并生成故障征兆。

（3）使用解析及启发式的方法确定故障征兆与故障之间关系，从而实现故障诊断。如通过分类法或基于故障征兆树的推理方法等，以确定故障的种类、大小和位置。

（4）对故障进行评估，并将故障按照不同的危险等级进行分类。

（5）根据危险等级和危险发生的概率对后续措施进行决策。要求该功能即可自动实现也可人工完成，详见文献[2.37]。

随着所获得过程信息的深入，需要使用更为高级的任务以进一步提高可靠性和安全性。

4. 监督措施和故障管理

根据被诊断故障的危险程度，可采取下列措施：

（1）安全操作：当存在危害过程或环境的紧急状况时，出于安全目的立即将系统关闭。

（2）提高可靠性操作：通过改变工作状态以阻止故障的进一步扩大，例如降低负载、速度、压力和温度等。

（3）系统重构：通过使用其他传感器、执行器或余度备份组件对过程进行重构，保证被控过程可以继续工作并处于可控状态。

（4）检查：使用额外的测量方法对零部件进行更为详细的故障诊断。

（5）维护：立刻或等待下一次机会，对过程参数进行调整或对磨损的零件进行更换。

（6）维修：立刻或等待下一次机会（大修或升级时）以彻底解决故障或失效问题。

上述措施也被称为故障管理或以过程为导向的资产管理。并且对于飞机、电厂、化工厂或自动导航运载器等余度系统，当过程处于危险状态时，需要同时使用多种措施。

因此，使用先进监督方法以及后续措施的主要目标是提高系统的可靠性和安全性。当然，在使用更先进的信息处理方法和提高计算机智能化的同时，必须提高过程本身硬件的可靠性，如使用更合理的材料、提高结构强度和总体优化设计等。一些更为有趣的改进方法包括：

（1）按需维护（由过程的工作状态确定是否需要进行维护）；

（2）基于现代通信技术的远距离诊断技术；

（3）100%的产品质量控制。

多数情况下，维护成本占整个运营成本的比例较高，接近20%，因而使用先进监督和诊断技术可以有效降低维护的工作量和成本，并能提高过程的使用寿命。

图2.4所示的总体方案框图为一个由故障、信号、特征、故障征兆和决策组成的反馈系统，并驱动多种事先设定的措施对故障进行补偿。因此，该反馈系统也被称为监督回路或故障管理回路。但与常规反馈控制系统不同，回路中的信号或状态并不一定是连续工作的。系统中的某些信号处理功能，如信号评估、特征生成和征兆生成等通常是连续工作的，但故障诊断、决策和措施实施则是当故障出现后才开始工作的离散事件。因此，整个监督回路是一个由连续和离散组成的混合事件系统。

目前，在期刊、会议论文集和专著中对监督和故障管理技术的发展现状，以及在过程中的应用进行了研究。例如：

（1）机械系统：文献［2.3，2.19，2.20，2.45，2.60］。

（2）电动机：文献［2.9，2.17，2.24，2.31，2.67］。

（3）泵：文献［2.7，2.17，2.21，2.31，2.49，2.67］。

（4）蒸气涡轮：文献［2.57］。

（5）制造设备：文献［2.13，2.56，2.65］。

（6）轴承和机器：文献［2.8，2.45，2.61，2.68］。

（7）飞行器：文献［2.47，2.48，2.51］。

（8）汽车系统：文献［2.33，2.34，2.44，2.54］。

（9）化工过程：文献［2.23，2.55］。

2.2 术语

2.2.1 故障、失效和失灵

可靠性、安全性和容错系统被广泛地应用于各种技术领域，因而对术语的定义并不是唯一的。人们对可靠性的标准化做出了很多努力，也取得了很多成果，包括出版了《可靠性、有效性和维修性（RAM）词典》[2.50]，文献［2.27］中的相关部分，以及多个德国标准，如DIN和VDI/VDE－Richtlinien（指南）。IFAC技术委员会SAFEPROCESS对术语的校准定义起到了非常积极的推动作用，见文献［2.38］及其附录13。在附录13中的参考书目中列出了相关精典文献。下面将主要根据文献［2.37］以及相关文献对本书中使用的术语进行定义。

故障：通常在正常工况下，系统至少一个特征指标偏离了可接受的范围。

说明：

（1）故障是一个系统内部的状态；

（2）不允许的特征指标偏离指的是故障值超过了正常值的容忍阈值范围；

（3）故障是一种导致某单元的功能下降或丧失，而无法完成预定功能的一种不正常状态；

（4）故障的类型很多，例如设计故障、制造故障、装配故障、正常运行时的故障（如磨损）、误操作故障（如过载）、维护故障、硬件故障、软件故障、操作错误等（其中的一些故障也被称为错误，特别是直接由人造成的故障）；

（5）系统中的故障与系统是否处于工作状态无关；

（6）故障可能并不影响系统的正常功能（例如轴上的一个小裂缝）；

（7）故障是最终失效或失灵的开始；

（8）通常，检测故障是比较困难的，特别当故障较小或隐藏时；

（9）故障即可能是突然出现也可能是逐渐出现的。

失效：系统永久性地失去了在特定操作条件下执行所需功能的能力。

说明：

（1）失效是指一个功能单元失去完成所需功能的能力[2.26]。

（2）失效是一个事件。

（3）失效是一个或多个故障造成的结果。

（4）失效的类型：

①按照数量：单失效、多失效。

②按可预测性：

a. 随机失效（不可预测的失效，与工作时间以及其他失效在统计上无关）；

b. 确定性失效（在特定工况下是可预测的）；

c. 系统性失效或因果性失效（与已知工况相关）。

（5）失效通常是在系统进入工作状态或提高工作强度后出现的。

失灵：系统中一种间歇且无规律的无法完成期望功能的现象。

说明：

（1）失灵是系统功能的暂时性中断；

（2）失灵是一个事件；

（3）失灵是一个或多个故障造成的结果；

（4）失灵通常是在系统进入工作状态或提高工作强度后出现的。

图 2.5 给出了故障、失效和失灵三者之间的关系。故障可能像阶跃函数一样突然出现，也可能像斜坡函数一样逐渐加重。假设系统的故障特征与故障的发展情况成比例，当超过正常的阈值后，在 t_1 时刻出现故障，而随着故障的增

大，在 t_2 时刻系统将会失效或失灵。

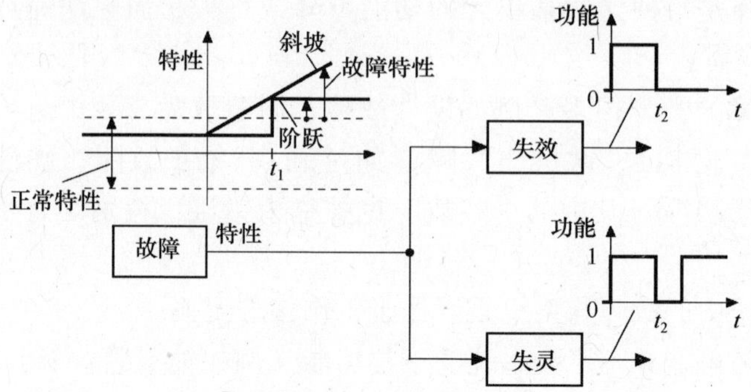

图 2.5　阶跃或斜坡故障导致后续失效和失灵的情况

2.2.2　可靠性、安全性、有效性

对于元件、零件、设备和系统的总体功能，可靠性、有效性和安全性扮演了重要角色。文献［2.37］的第 3、4 章对这些术语进行了更为详细的定义。

可靠性：在规定的时间内，在特定的工况下，系统完成预定功能的能力。

说明：

（1）更为简单的定义：在一定时间内完成预定功能的能力。

（2）可靠性是产品随着时间推移表现出的一种质量。

（3）可靠性会受到失灵和失效的影响。

（4）可靠性的计算方法为失效平均时间 MTTF = $1/\lambda$，其中 λ 为单位时间失效率。

安全性：系统不会对人、设备或环境造成危险的能力。

说明：

（1）更为简单的定义：不造成危险的能力。

（2）安全性与故障、失效和失灵的危险影响有关。

（3）安全可以被视为是一种危险程度小于规定的危险阈值的状态。

提高可靠性的目的是避免故障、失效和失灵的出现。提高安全性的目的是为了避免失效以及失效导致的危险状况。通常，提高可靠性可以同时提高安全性，但提高安全性则可能导致可靠性下降。例如，为了提高安全性而额外增加的零部件将造成系统整体可靠性的下降。需要注意的是，安全性和安防具有类似的意义。安全性通常与生命、设备和环境相关，而安防则与隐私、财产、团体或国家的安全相关。

有效性：在任何时间周期内，系统或设备可以令人满意且有效地工作的概率。

说明：

（1）有效性是对系统使用者非常重要的一项性能指标。

（2）有效性考虑了系统发生失效或失灵后的维修时间。

（3）有效性的一种计算方法为 $A = \text{MTTF}/(\text{MTTF} + \text{MTTR})$，其中 MTTR 为平均维修时间。

（4）为了达到更高的有效性，MTTF 必须比 MTTR 大很多，通常可以通过以下方法获得：

①提高有效工作时间 MTTFl：

a. 追求完美：选择具有高可靠性的零部件。

b. 提高容错能力：通过冗余结构实现故障容错。

②降低平均维修时间 MTTR

a. 快速且可靠地诊断故障。

b. 快速且可靠地消除故障。

（5）通过早期故障监测并结合按需维护（更长的 MTTF）和快速且可靠的故障诊断（更短的 MTTR），可以明显提高系统有效性。

可信度：目前，对可信度的定义并不非常明确，因此有不同的定义。

（1）"当需要时，系统能够一直保持有效的属性。假设在工作周期开始时系统是有效的，它是对系统在工作时间内任意时间完成所需功能的可操作性和能力的一种度量。"该定义排除了相关非操作因素的影响[2.50]。

（2）"可信度是一种系统属性，证明人对它的可依赖程度。它涵盖了可靠性、有效性、安全性、可维护性以及关键系统中的其他重要问题。"

文献［2.26］中与安全相关的标准中没有对可信度进行定义，只对安全完整性进行了定义。

根据文献［2.58］，完整性的早期定义为："故障后系统具有能够检测自身故障，并通知操作人员的能力。"

近年来，完整性的定义一直在扩展，并且与关键系统联系在一起。完整性时常作为可信度的同义词。根据文献［2.26］，完整性的定义为："安全完整性是与安全相关的系统在一段时间内以及所有给定条件下，令人满意地执行所需安全功能的概率。"

其他如事故、危害和风险等术语及定义见文献［2.37］的第 4 章。

2.2.3 容错和冗余

通过使用可靠性和安全性分析提高产品设计、测试和加工过程中的质量控制能力，系统的故障和失效是无法完全避免的。因此，对于这些无法避免的故障，需要使用特殊的设计方法对故障进行容错。所以高完整性系统必须具有容错能力。这就需要对故障进行补偿，以保证系统不会失效。除了提高零部件的可靠性外，还可以通过冗余设计达到容错的目的。这意味着，在原有模块基础上，还需要配置一个或多个备份模块，见图 2.6。

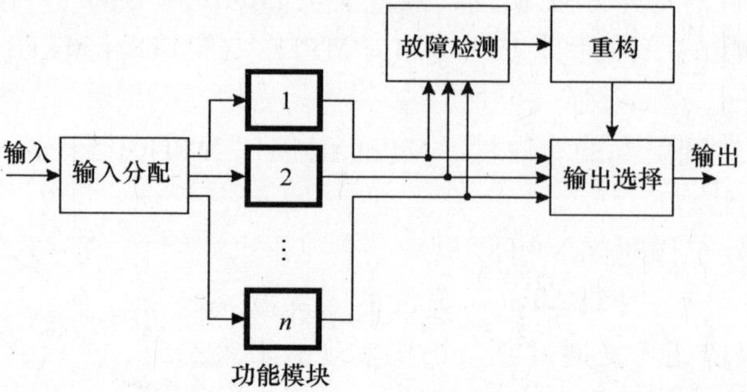

图 2.6　使用并联功能模块实现冗余的容错系统原理图

图 2.6 中的功能模块可以是硬件也可以是软件，既可相同也可不同。容错系统分为静态冗余和动态冗余两大类，备份系统又可以分为冷备份和热备份两种。总之，由故障检测系统对功能模块进行监督，在故障后由重构机制将故障模块从系统中移除，并切换至备用模块（动态冗余）。图 2.6 中的模块可以是执行器、传感器、计算机、发动机或泵。对于模块数 $n \geqslant 3$ 的电子硬件系统，可以使用简单的多数表决冗余方案，如 3 取 2 系统（静态冗余）。将在本书第四部分对余度系统进行讨论、研究。

2.3　基于知识的故障检测和诊断方法

故障检测和诊断是先进监督和故障管理的基础，在本节中将对其进行初步研究。故障检测和故障诊断，通常基于直接测量的变量、观测器观测得到的变量以及操作人员设定的状态。对测量变量的自动处理需要利用被控对象的解析知识，而对观察变量进行评估需要利用被称为启发式知识的专家知识。因此，故障检测和诊断可以在基于知识的方法框架内进行[2.53,2.59]。图 2.7 给出了基于知识的故障检测和诊断方法总体框架[2.30,2.32]。

2.3.1　解析式故障征兆生成

使用过程的解析知识以产生可量化的解析信息。为了实现该目标，需要对测量得到的过程变量进行数据处理以得到特征值。主要方法包括：

（1）对直接测量信号进行阈值校验，特征值为信号是否超过阈值范围；

（2）对直接测量信号使用诸如相关函数法、频谱分析法、自回归滑动平均（Auto Regressive Moving Average，ARMA）法等信号模型方法进行分析，特征值为方差、幅值、频率或模型参数等；

（3）使用过程的数学模型，结合参数估计、状态估计和一致性方程等方

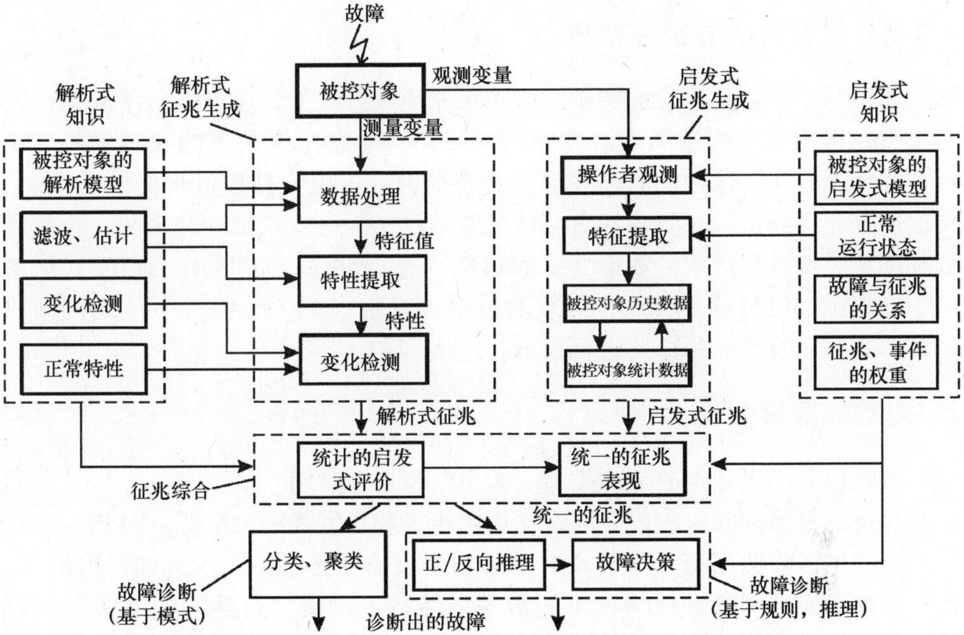

图 2.7　基于知识的故障检测和故障诊断方法总体框图

法对过程进行分析，特征值为参数、状态变量或残差等。

在某些情况下，可以从这些特征值中提取出特殊值，如过程系数、残差等，再将这些值与正常值进行比较，并使用多种方法对两者之间的差异进行检测和分类。这些从直接测量值、信号模型或过程模型中获取的差异被称为解析式故障征兆。

图 2.8 对解析式故障检测方法进行了汇总，对这些方法的详细研究见文献[2.37]。在本书后续章节将对这些方法进行简要总结。

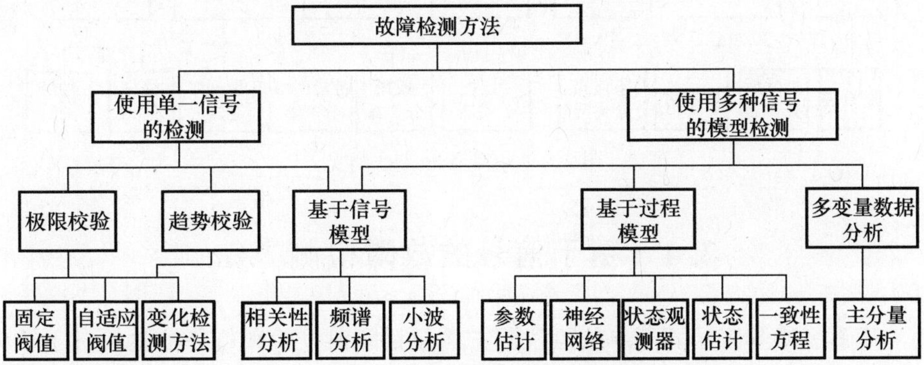

图 2.8　解析式故障检测方法概览

2.3.2 启发式故障征兆生成

除了基于可量化信息的解析式故障征兆生成方法外，还可以使用从操作人员那里获得的定性信息产生启发式故障征兆。通过操作人员的观察，获得噪声、颜色、气味、振动和磨损等启发式特征值。可以将被控过程的维护情况、维修情况、故障记录、寿命和负载情况等信息作为启发式信息的来源。与此过程相同或类似过程的统计数据（如 MTTF，故障概率）也可以作为启发式信息的重要来源。通过这些方法，可以通过语言变量（如大、中、小）或模糊数学的形式对启发式故障征兆进行表示。

2.3.3 故障诊断

故障诊断用于确定故障的类型、大小、位置和时间。

在进行故障诊断时，需要同时使用解析式和启发式故障征兆。因此在故障诊断程序中需要使用统一的形式对不同类型故障征兆进行表示，如置信因子、模糊集的隶属度函数和概率密度函数等。然后可以使用自学习的模式识别方法，通过聚类方法从故障征兆模式或类集中确定故障。如果可以获得故障与征兆之间更多的对应关系，例如故障－征兆树或 if－then 规则，就可以使用正向或反向的推理方法确定故障。

图 2.9 对故障诊断方法进行了汇总，并将在 2.6 节中进行更为详细的介绍。

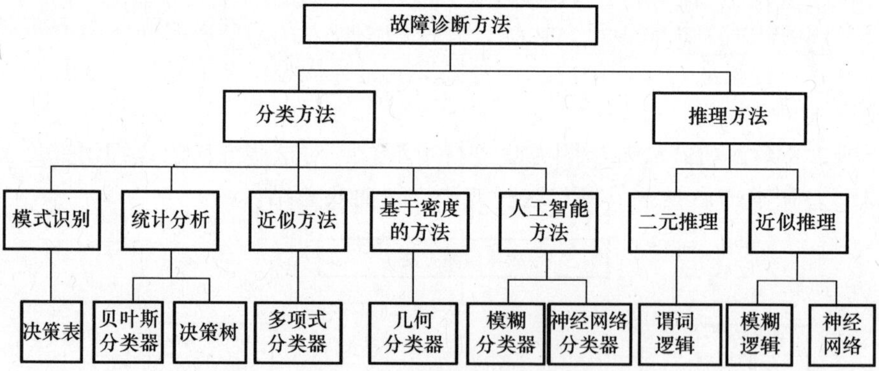

图 2.9　故障诊断方法概览

2.4 基于信号的故障检测方法

基于单测量信号的简单故障检测方法包括阈值校验和趋势校验。对于较为复杂的情况，通过对信号模型进行处理，提炼出所需要的信号特征值，从而使用其他更为复杂的故障检测方法，见图 2.8 和图 2.10。相应的故障检测方法见文献［2.37］的第7章和第8章。下面对这些方法进行简要介绍。

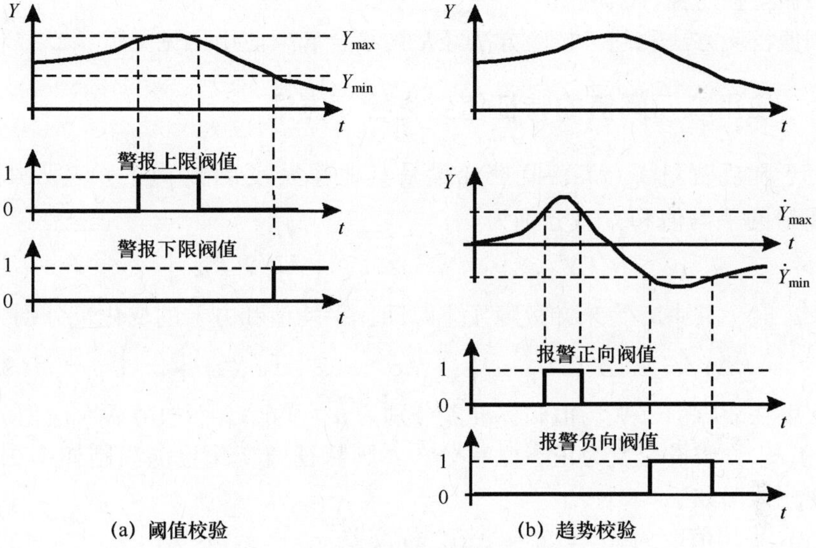

图2.10　极限校验方法

2.4.1　阈值校验方法

预先设定最大值 $Y_{\max}$ 和最小值 $Y_{\min}$ 作为阈值，无故障时有

$$Y_{\min} < Y(t) < Y_{\max} \tag{2.4.1}$$

如果被监控量在预设的允许范围内，就可以判断过程处于正常状态。如果监控量超过阈值，就表明过程内部出现故障，如图2.10所示。这种非常简单的方法几乎应用于所有的自动化系统中，例如对内燃机的油压（低限）和冷却水（高限）状况，冷冻设备的冷却介质（低限）压力，以及闭环系统的控制误差等进行检测。阈值的选择主要根据经验确定，并进行一定的折中处理。一方面希望能够将阈值范围设定得更大，以避免由于变量正常波动造成的误警；而另一方面又希望将阈值范围设定得更小，以便尽早发现故障。因此，需要对更大的阈值范围和更小的阈值范围进行折中、妥协和优化。

2.4.2　趋势校验方法

另一种更为简单的方法是计算被监控变量的一阶导数 $\dot{Y} = \mathrm{d}Y(t)/\mathrm{d}t$，然后对其趋势进行校验，即

$$\dot{Y}_{\min} < \dot{Y}(t) < \dot{Y}_{\max} \tag{2.4.2}$$

如果阈值范围较小，那么使用趋势校验方法可以比阈值校验方法更早发现

故障，见图 2.10（b）。趋势校验方法可以用于涡轮轴承的油压和振动监控，以及机械磨损监控等领域。

阈值校验方法和趋势校验方法经常被结合起来使用，见文献［2.37］。

2.4.3 使用二元阈值的特征值变化检测方法

对于随机变量 $Y_i(t)$，监控变量是其概率密度函数 $p(Y_i)$。无故障时，随机变量的平均值和方差分别为

$$\mu_i = E\{Y_i(t)\};\quad \bar{\sigma}_i^2 = E\{[Y_i(t) - \mu_i]^2\} \tag{2.4.3}$$

当 $t > t_F$ 时，其中 t_f 为未知故障发生时间，平均值和方差的变化量分别为

$$\Delta Y_i = E\{Y_i(t) - \mu_i\};\quad \Delta\sigma^2 = E\{[\sigma_i(t) - \bar{\sigma}_i]^2\} \tag{2.4.4}$$

假设在故障前，平均值和标准差分别为 μ_0 和 σ_0，而故障后对应值分别变为 μ_1 和 σ_1。假设变量为正态概率分布，则特征值变化检测问题如图 2.11 所示。变化情况如下：

（1）平均值变为 $\mu_1 = \mu_0 + \Delta\mu$，标准差 $\sigma_1 = \sigma_0$ 不变；

（2）平均值 $\mu_1 = \mu_0$ 不变，标准差变为 $\sigma_1 = \sigma_0 + \Delta\sigma$；

（3）平均值和标准差均发生改变。

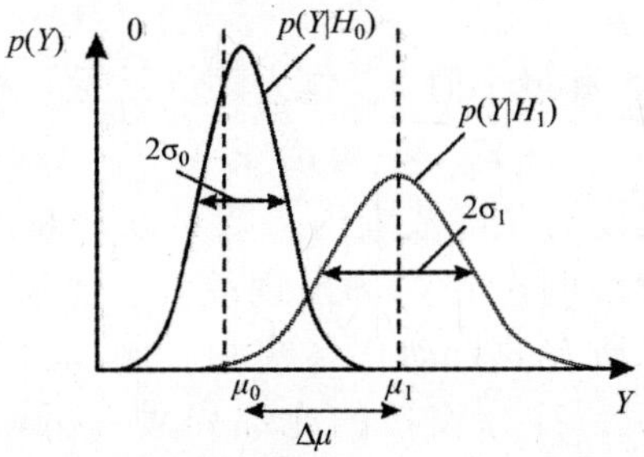

图 2.11 名义状态（下标 0）和故障状态（下标 1）下变量的正态概率密度函数

对于第一种情况，如果概率密度没有出现明显的重叠，可以使用固定阈值，通过观测平均值 $\mu(Y,t)$ 的变化情况对故障进行检测。

$$\Delta Y_{tol} = \kappa\,\sigma_0 \tag{2.4.5}$$

式中：$\kappa \geqslant 2$。选择阈值时，需要综合考虑对较小变化的检测和误报警之间的关系。

平均值的变化为

$$\Delta\mu = \mu_1 - \mu_0 \tag{2.4.6}$$

但当 $\kappa \leqslant 1$ 时，平均值的变化与标准差相比较小，这时检测问题变得较为复杂，还必须使用统计检验的方法进行协助。

随机变量 $Y(k)$ 变化检测既可离线进行也可在线实时进行。对于离线检

测，必须首先确定采样数据的长度 N，以确保能够获取 $Y(k)$ 从 Y_0 到 Y_1 的变化情况。但如果需要保证能够采集到未知时间 t_F 的故障，就必须存储所有数据。因此，对于实时故障检测任务，在线特征值变化检测方法具有明显优势。在每个时间点 k，都需要确认是否出现了从 Y_0 到 Y_1 的变化。这意味着对于故障检测，使用序贯测试和回归测试方法具有一定的吸引力。

相应的特征值变化检测方法，以及观测统计方法、估计方法和统计测试方法见文献［2.37］。

2.4.4 自适应阈值方法

后面章节将对基于过程模型的故障检测方法进行研究。由于存在建模误差，使用的模型与真实过程并不完全一致。因此，即使没有故障，产生的残差信号也不为0。偏差与输入激励信号的幅值和频率有关，因此残差将包含与输入信号 $U(t)$ 成比例的静态部分，以及与 $\dot{U}(t)$ 相关的动态部分。对于该问题，文献［2.25］提出一种使用一阶高通滤波器以放大阈值范围的自适应阈值设定方法，见图2.12。使用常数 C_2 实现阈值的比例放大[2.15]，使用低通滤波器对阈值进行平滑。根据过程的主时间常数选择滤波器的时间常数 T_1 和 T_3，T_2/T_1 的值与模型动力学的不确定性有关。文献［2.5，2.12］也同样提出使用自适应阈值的方法。

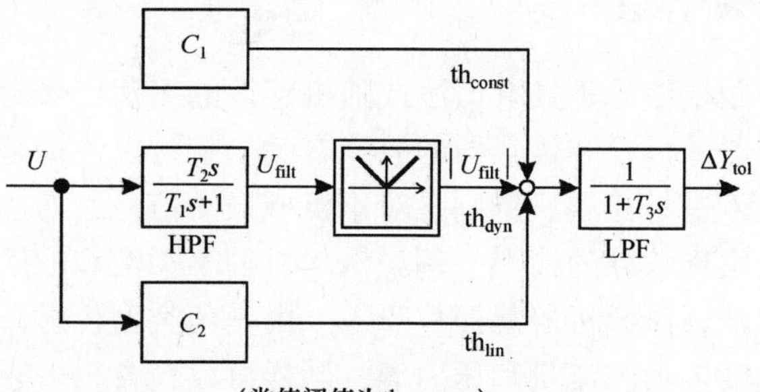

图2.12　与过程输入激励有关的自适应阈值设定方法

2.4.5 似真校验方法

有时也可以通过对监控变量指示值的似真性进行校验，实现粗略的监督功能。这需要对测量值的可靠度、可信度以及彼此之间的相容性进行评估。对于单个测量变量，可以对符号是否正确以及值是否在正常范围内进行检测。因此该方法也可以被认为是一种阈值检验方法，但阈值范围更宽。如果可以同时获得过程的多个不同测量值，就可以使用逻辑规则，对多个测量值之间的关系进行检验，例如

$$\text{if}\left[Y_{1\min} < Y_1(t) < Y_{1\max}\right]\text{then}\left[Y_{2\min} < Y_2(t) < Y_{2\max}\right] \quad (2.4.7)$$

对于转速为n、压力为p的循环泵，逻辑规则为

$$\text{if}\left[1000\ \text{r/min} < n < 3000\ \text{r/min}\right]\text{then}\left[3\ \text{bar} < p < 8\ \text{bar}\right]$$

似真校验还包括操作条件，例如

$$\text{if}\left[\text{满足工作情况 1}\right]\text{then}\left[Y_{3\min} < Y_3(t) < Y_{3\max}\right] \quad (2.4.8)$$

例如，对于转速为n、冷却水温度为ϑ_{H_2O}的内燃机，油压p_{oil}为

$$\text{if}\left[n < 1500\ \text{r/min}\right]\text{and}\left[\vartheta_{H_2O} < 50℃\right]\text{then}\left[3\ \text{bar} < p_{oil} < 5\ \text{bar}\right] \quad (2.4.9)$$

因此，似真校验可以使用二元逻辑关系，如 and 和 or 组成规则方程。这些规则和测量范围可以对正常工况下的过程状态进行粗略描述。当测量量不满足规则时，可以判断过程或测量系统出现故障。从而可以通过更为详细的检测过程确定故障的位置和原因。

使用似真校验时，需要已知特定工作状态下的被测变量范围，以及粗略的过程模型。如果变量的正常范围随时间和工况变化，就需要使用更多的规则对过程进行描述，最好能够使用数学模型以方程形式对异常现象进行检测。因此，似真校验方法可以被认为是迈向基于模型的故障检测方法的第一步。

2.4.6 信号分析方法

许多过程的测量信号是具有谐波或随机特性的振荡信号。如果这些信号特征的变化与执行器、过程和传感器的故障有关，就可以使用基于信号模型的故障检测方法对故障进行检测。特别是对于机械振动信号，通过位置、速度和加速度的测量可以实现故障的检测，例如汽轮机的不平衡和轴承故障、汽油发动机的爆震故障、金属研磨机的颤振故障等。由其他类型传感器获得的信号，如电流、位置、速度、力、流量和压力等，同样可以包含很多频率高于过程带宽的振荡信号。

图2.13对基于信号模型的故障检测方法进行了初步总结。通过被测信号的数学模型，计算需要的特征量，如在特定频宽$\omega_{min} \leqslant \omega \leqslant \omega_{max}$范围内的幅值、相位、频谱和相关函数等。将计算得到的特征量与正常值进行比较，可以确定特征量是否出现变化。通过该方法获得的故障征兆也被称为解析式故障征兆。

信号模型可以分为非参数模型和参数模型。前者为频谱或相关函数，后者为各频段的幅值或 ARMA 类型模型。对谐振信号、随机信号和非平稳信号进行分析的常用方法见图2.14。

对于平稳周期信号，可以使用带通滤波器或傅里叶方法进行分析。对于

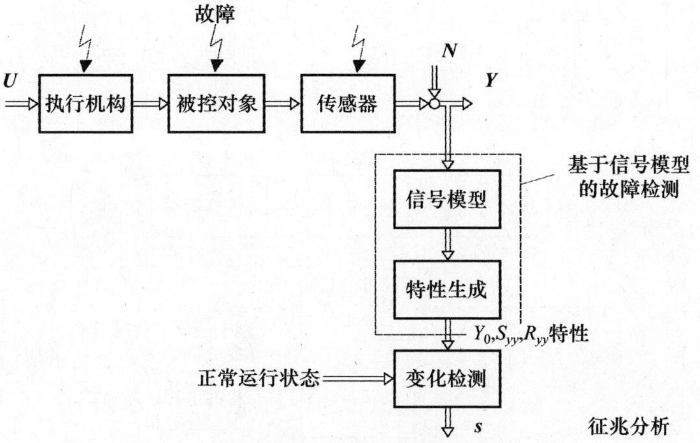

图 2.13　基于信号模型的故障检测方法框图

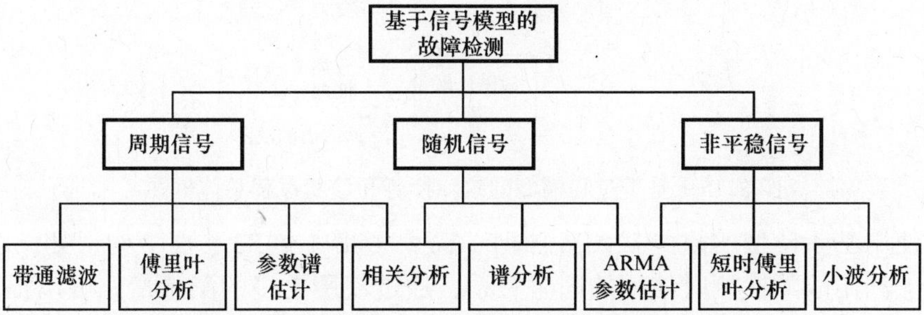

图 2.14　基于信号模型的故障检测信号分析方法

非平稳周期信号，可以使用小波变换法进行分析。对于随机信号，通常使用相关函数法、频谱分析法和对 ARMA 模型进行参数估计的方法进行分析。上述方法详见文献［2.37］。

2.5　基于过程模型的故障检测方法①

过去几十年中，各国学者提出了多种基于被控对象数学模型的故障检测方法[2.66,2.22,2.28,2.39,2.18,2.11,2.4,2.52]。通过使用不同测量信号之间的依赖关系，对过程、执行器和传感器的故障进行检测。这些依赖关系通过过程的数学模型进行描述。图 2.15 给出了基于模型的故障检测方法基本结构。基于输入信号 $\boldsymbol{U}$ 和输出信号 $\boldsymbol{Y}$，由故障检测方法产生残差 $\boldsymbol{r}$、参数估计 $\hat{\boldsymbol{\Theta}}$ 和状态估计 $\hat{\boldsymbol{x}}$ 等特征量。通过与正常的特征量名义值进行对比，可以检测出状态量的变化，从而得到解析式故障征兆 $\boldsymbol{s}$。

① 本节内容源自文献［2.36］

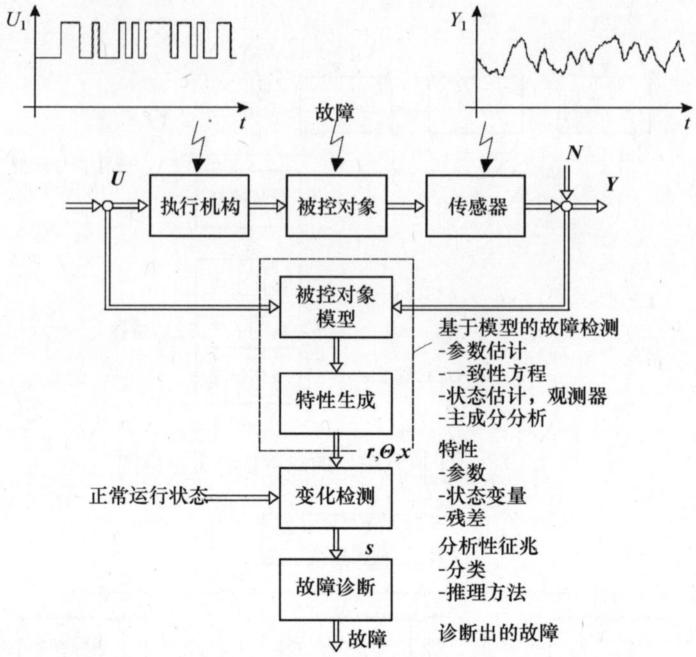

图 2.15　基于过程模型的故障检测和诊断过程总体框图

使用基于模型的故障检测方法时，需要考虑不同的过程结构，如图 2.16 所示。利用故障检测时使用的固有关系，通过使用更多的测量量，可以提高对不同故障进行分离的能力。

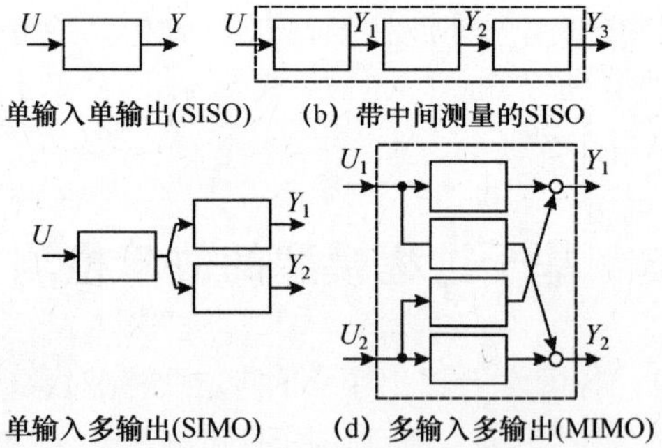

图 2.16　用于模型故障检测的过程构型

2.5.1　过程模型和故障建模

故障发生时，过程中最少一个特征量出现了不允许的偏离，超出了可接受的范围。因此，故障是一种可能导致系统失灵或失效的状态。根据故障随时间变化的特性，可以将故障分为突发故障、渐发故障和间歇性故障，见

图2.17。考虑故障对过程模型的影响，可以对故障进行进一步分类。由图2.18可知，对于加性故障，f与变量Y相加；而对于乘性故障，f与变量U相乘。例如，加性故障表现为传感器的偏置，而乘性故障表现为过程参数的改变。

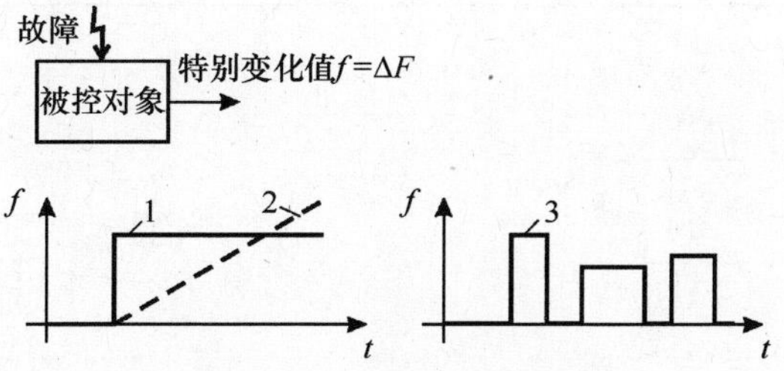

图2.17　时变故障类型

1—突变故障；2—渐发性故障；3—间歇故障。

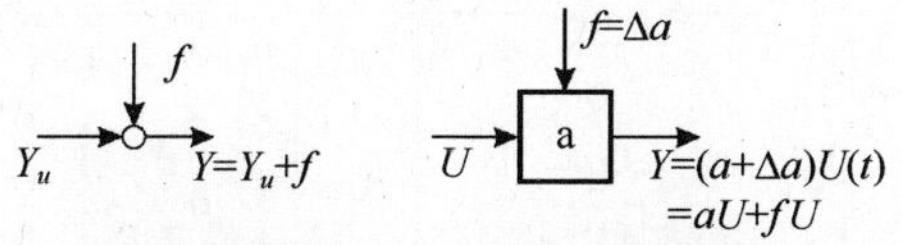

(a) 加性故障　　(b) 乘性故障

图2.18　故障的基本模型

现在对开环集中参数过程模型进行研究。模型静态特性通常由表2.1所列的非线性模型表示。通过参数估计，如最小二乘法对输入、输出参数对$[Y_j \quad U_j]$进行处理，可以获得参数β_i的变化情况。该方法被广泛用于阀、泵、传动系统和发动机等领域。

表2.1　基于稳态参数估计方法实现非线性静态过程的故障检测

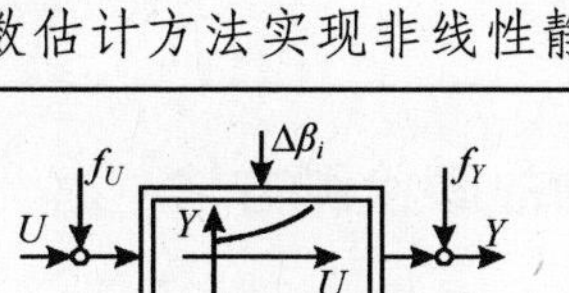

测量信号：$U(t)$，$Y(t)$

基本方程：

$$\boldsymbol{Y}=\beta_0+\beta_1 U+\beta_2 U^2+\cdots+\beta_q U^q \rightarrow \boldsymbol{Y}=\boldsymbol{\Psi}_S^{\mathrm{T}}\boldsymbol{\Theta}_S$$

$$\boldsymbol{\Theta}_S^{\mathrm{T}}=[\beta_0 \quad \beta_1 \quad \cdots \quad \beta_q] \qquad \boldsymbol{\Psi}_S^{\mathrm{T}}=[1 \quad U \quad U^2 \quad \cdots \quad U^q]$$

加性故障：输入故障f_U；输出故障f_Y

乘性故障：参数故障$\Delta\beta_i$

通过使用动态模型，可以获得更多的过程信息。表 2.2 列出了以微分方程或状态空间矢量微分方程形式表示的基本输入/输出模型。类似的连续时间和离散时间的表示方法同样适用于非线性系统和 MIMO 系统。

表 2.2　线性动态过程模型及故障建模

输入/输出模型	状态空间模型
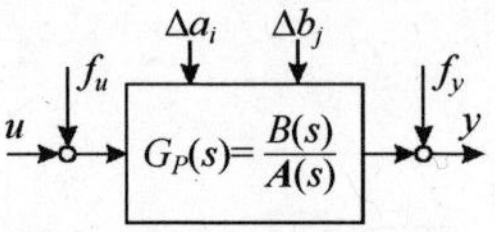 测量信号： $y(t)=Y(t)-Y_{00}$；$u(t)=U(t)-U_{00}$	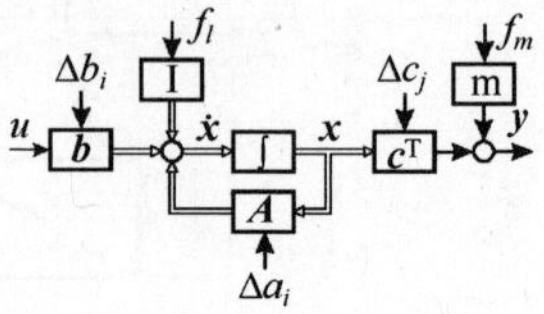
基本方程： $y(t)+a_1y^{(1)}(t)+\cdots+a_ny^{(n)}(t)$ $=b_0u(t)+b_1u^{(1)}(t)+\cdots+b_mu^{(m)}(t)$	$\dot{\boldsymbol{x}}(t)=\boldsymbol{A}\boldsymbol{x}(t)+\boldsymbol{b}\boldsymbol{u}(t)$ $\boldsymbol{y}(t)=\boldsymbol{c}^{\mathrm{T}}\boldsymbol{x}(t)$
$y(t)=\boldsymbol{\Psi}^{\mathrm{T}}(t)\boldsymbol{\Theta}$ $\boldsymbol{\Theta}^{\mathrm{T}}=[a_1\cdots a_n\quad b_0\cdots b_m]$ $\boldsymbol{\Psi}^{\mathrm{T}}=[-y^{(1)}(t)\cdots-y^{(n)}(t)\quad u(t)\cdots u^{(m)}(t)]$	$\boldsymbol{A}=\begin{bmatrix}0&0&1\\0&0&-a_1\\1&0&-a_2\\\vdots&\vdots&\vdots\end{bmatrix}$ $\boldsymbol{b}^{\mathrm{T}}=[b_0\quad b_1\quad\cdots]$ $\boldsymbol{c}^{\mathrm{T}}=[0\quad 0\quad\cdots\ 1]$
加性故障： 输入故障 f_u；输出故障 f_y	输入或状态变量故障：f_l 输出故障：f_m
乘性故障： 参数故障 Δa_{i}，Δb_{j}	参数故障 $\Delta\boldsymbol{A}$，$\Delta\boldsymbol{b}$，$\Delta\boldsymbol{c}$

2.5.2 使用参数估计的故障检测方法

基于过程模型的故障检测方法需要已知过程动态模型的结构和参数。对于连续线性系统，动态模型可以是脉冲响应函数（加权函数）或频率响应微分方程。对于离散系统，动态模型可以是脉冲响应函数、差分方程或 z 变换函数。通常对于故障检测，主要使用微分方程和差分方程两种。而对于大多数实际情况，过程参数是部分未知或完全未知的。如果已知模型结构，就可以使用参数估计方法通过对输入、输出信号进行处理获得模型参数。

表 2.3 列出了最小化方程误差和最小化输出误差的两种故障检测方法。第一种方法的参数是线性的，因而可以直接对参数进行估计（最小二乘法）。第二种方法需要使用数字优化方法，进行数字迭代，但在干扰情况下具有更高的

估计精度。以模型参数 $\Delta\boldsymbol{\Theta}$ 偏离正常值作为系统的故障征兆。由于模型参数 $\boldsymbol{\Theta}=f(\boldsymbol{p})$ 是过程系统 $\boldsymbol{p}$（如刚度、阻尼系数、电阻）的函数，因而确定系数的变化 $\Delta\boldsymbol{p}$ 可以对过程状态进行更深入地了解，从而更容易地进行故障诊断[2.29]。对于仅已知模型结构的自适应模型，在进行参数估计时，通常需要输入动态激励，因而更加适合于乘性故障的检测。

表 2.3　使用参数估计方法对动态过程进行故障检测

方程误差最小化	输出误差最小化
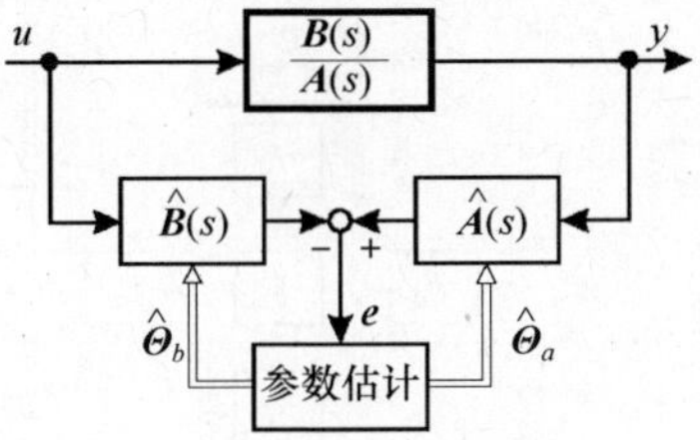 	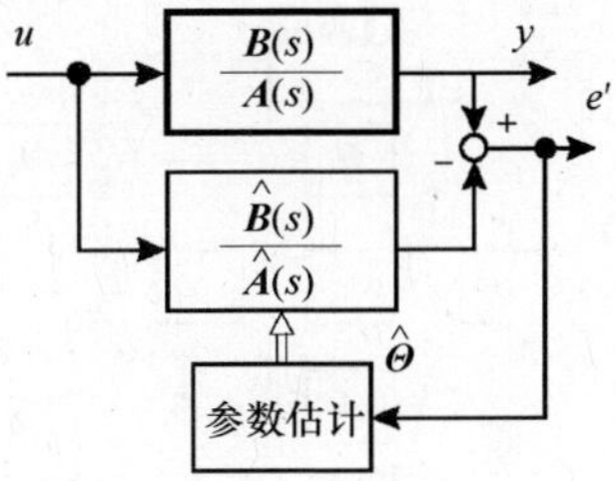
损失函数：　$V=\sum e^2(k)$ 方法： （1）非递归算法： $\hat{\boldsymbol{\Theta}}=[\boldsymbol{\Psi}^{\mathrm{T}}\boldsymbol{\Psi}]^{-1}\boldsymbol{\Psi}^{\mathrm{T}}\boldsymbol{y}$ （2）递归算法： $\hat{\boldsymbol{\Theta}}(k+1)=\hat{\boldsymbol{\Theta}}(k)+\boldsymbol{\gamma}(k)e(k+1)$	$V=\sum e'^2(k)$ （1）非线性参数优化 （2）递归形式 $\hat{\boldsymbol{\Theta}}(\nu+1)=\hat{\boldsymbol{\Theta}}(\nu)+\boldsymbol{\Gamma}(\nu)\frac{\partial V}{\partial\boldsymbol{\Theta}}(\nu)$
故障征兆：　（1）模型参数　$\Delta\hat{\boldsymbol{\Theta}}(j)=\hat{\boldsymbol{\Theta}}(j)-\boldsymbol{\Theta}_0$ （2）过程系数　$\hat{\boldsymbol{p}}=f^{-1}[\boldsymbol{\Theta}]$　$\Delta\boldsymbol{p}(j)=\hat{\boldsymbol{p}}(j)=\boldsymbol{p}_0$	

2.5.3　使用状态观测器和状态估计的故障检测方法

如果过程参数已知，就可以使用状态观测器或输出观测器进行故障检测，见表 2.4。此时，故障模型为作用在输入端的加性故障 $\boldsymbol{f}_L$（执行器或过程故障）和作用在输出端的加性故障 $\boldsymbol{f}_M$（传感器偏置故障）。

1）状态观测器

如果故障可以被建模为状态变量的变化量 $\Delta\boldsymbol{x}_i$，例如泄漏，就可以使用经典的状态观测器对故障进行检测。通过设计矩阵 $\boldsymbol{W}$，可以产生结构化残差。对于多输出过程，提出的特殊观测器配置包括：

针对多输出过程的专用观测器：

（1）由单个输出激励的观测器：观测器由一个传感器的输出进行驱动。对其他输出进行重构，并与测量值进行比较。该观测器可以对单个传感器的故障进行检测[2.6]。

表 2.4　使用观测器对动态过程进行故障检测

状态观测器	输出观测器
过程模型： $\dot{\boldsymbol{x}}(t)\boldsymbol{A}\boldsymbol{x}(t)+\boldsymbol{B}\boldsymbol{u}(t)+\boldsymbol{F}\boldsymbol{v}(t)\boldsymbol{L}\boldsymbol{f}_L(t)$ $\boldsymbol{y}(t)=\boldsymbol{C}\boldsymbol{x}(t)+\boldsymbol{N}\boldsymbol{n}(t)+\boldsymbol{M}\boldsymbol{f}_M(t)$ $\boldsymbol{v}(t),\boldsymbol{n}(t)$：干扰信号；　　$\boldsymbol{f}_L,\boldsymbol{f}_M$：加性故障信号	
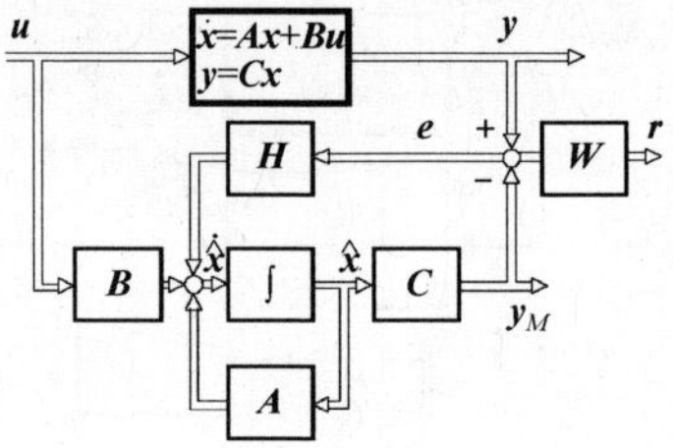 	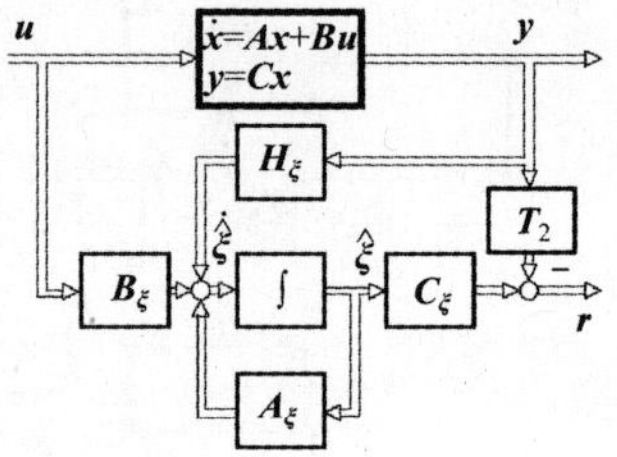
观测器方程： $\dot{\hat{\boldsymbol{x}}}(t)=\boldsymbol{A}\hat{\boldsymbol{x}}(t)+\boldsymbol{B}\boldsymbol{u}(t)+\boldsymbol{H}\boldsymbol{e}(t)$ $\boldsymbol{e}(t)=\boldsymbol{y}(t)-\boldsymbol{C}\hat{\boldsymbol{x}}(t)$	$\dot{\hat{\boldsymbol{\xi}}}(t)=\boldsymbol{A}_\xi\hat{\boldsymbol{\xi}}(t)+\boldsymbol{B}_\xi\boldsymbol{u}(t)+\boldsymbol{H}_\xi\boldsymbol{y}(t)$ $\boldsymbol{\eta}(t)=\boldsymbol{C}_\xi\hat{\boldsymbol{\xi}}(t)$ $\boldsymbol{\xi}(t)=\boldsymbol{T}_1\boldsymbol{x}(t)$：变换
残差： (1) $\Delta\boldsymbol{x}(t)=\boldsymbol{x}(t)-\boldsymbol{x}_0(t)$ (2) $\boldsymbol{e}(t)$ (3) $\boldsymbol{r}(t)=\boldsymbol{W}\boldsymbol{e}(t)$ 特殊观测器： (1) 故障敏感滤波器 ($\boldsymbol{H}$ 使 $\boldsymbol{r}(t)$ 朝一定方向变化) (2) 专用观测器 (用于不同传感器输出)	$\boldsymbol{\xi}(t)=\hat{\boldsymbol{\xi}}(t)-\boldsymbol{T}_1\dot{\boldsymbol{x}}(t)$ $\boldsymbol{r}(t)=\boldsymbol{C}_\xi\boldsymbol{\xi}(t)-\boldsymbol{T}_2\boldsymbol{M}\boldsymbol{f}_M(t)$ (1) 与 $\boldsymbol{x}(t),\boldsymbol{u}(t),\boldsymbol{v}(t)$ 无关 (2) 与 $\boldsymbol{f}_L(t),\boldsymbol{f}_M(t)$ 有关 设计方程： $\boldsymbol{T}_1\boldsymbol{A}-\boldsymbol{A}_\xi\mathrm{T}_1=\boldsymbol{H}_\xi\boldsymbol{C}$ $\boldsymbol{B}_\xi=\boldsymbol{T}_1\boldsymbol{B}$ $\boldsymbol{T}_1\boldsymbol{V}=\boldsymbol{0}$ $\boldsymbol{C}_\xi\boldsymbol{T}_1-\boldsymbol{T}_2\boldsymbol{C}=\boldsymbol{0}$

（2）由所有输出激励的观测器库：针对特定的故障信号，设计多个状态观测器，通过假设检验进行故障检测[2.66]。

（3）由单个输出激励的观测器库：针对单个传感器输出使用多个观测器，将估计值与测量值进行比较。该方法允许对多传感器故障进行检测。

（4）由除一个输出以外所有输出激励的观测器库：除被监督的传感器外，观测器由其他所有传感器的输出进行激励。

针对多输出过程的故障检测滤波器（故障敏感滤波器）：

选择状态观测器的反馈矩阵 $\boldsymbol{H}$，从而使得特定的故障信号 $\boldsymbol{f}_L(t)$ 在特定方向上发生变化，而故障信号 $\boldsymbol{f}_M(t)$ 在一个确定平面上发生变化[2.2,2.43]。

2）输出观测器

如果不对状态变量 $\boldsymbol{x}(t)$ 进行重构，可以使用输出观测器（或未知输入观测器）进行故障检测。通过线性变换产生新的状态变量 $\boldsymbol{\xi}(t)$，将残差 $\boldsymbol{r}(t)$ 设计成与未知输入 $\boldsymbol{v}(t)$ 和由矩阵 $\boldsymbol{C}_{\xi}$ 和 $\boldsymbol{T}_2$ 确定的状态无关，从而保证残差仅与加性故障 $\boldsymbol{f}_L(t)$ 和 $\boldsymbol{f}_M(t)$ 有关。但要求所有过程模型矩阵精确已知。因此，基于观测器的故障检测方法将使用固定参数模型，并由输出误差反馈对状态变量进行修正。与一致性方程方法相比，可以获得类似的故障检测结果。

3）状态估计

在已知初始状态 $\boldsymbol{x}(0)$、输入 $\boldsymbol{u}$ 和无干扰情况下设计状态观测器。当随机初始状态、随机输入干扰 $\boldsymbol{v}$ 和随机输出干扰 $\boldsymbol{n}$ 的协方差已知时，状态估计器为最优滤波器。对于连续系统，卡尔曼－布西滤波器是一种常用的状态估计器。而对于离散系统，卡尔曼滤波器是一种常用的状态估计器。表 2.5 列出了在离散系统中最常使用的卡尔曼滤波器原理框图和基本方程。具体设计方法见文献［2.37］及相关引用文献。

表 2.5　使用状态估计和离散时间信号（卡尔曼滤波器）的故障检测

状态估计(卡尔曼滤波器)
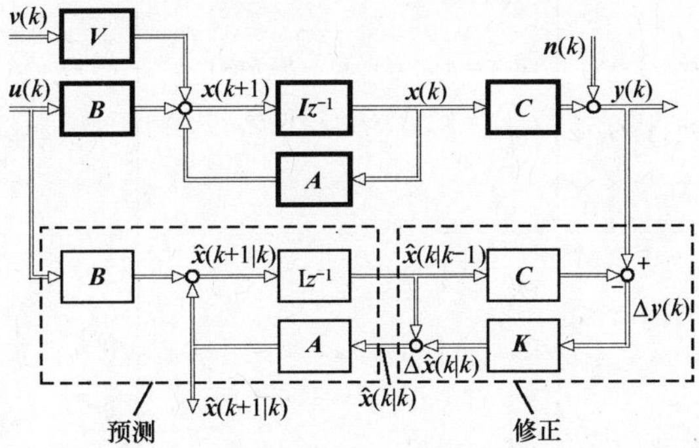
过程模型： $\boldsymbol{x}(k+1)=\boldsymbol{A}\boldsymbol{x}(k)+\boldsymbol{B}\boldsymbol{u}(k)+\boldsymbol{V}\boldsymbol{v}(k)$ $\boldsymbol{y}(k)=\boldsymbol{C}\boldsymbol{x}(k)+\boldsymbol{n}(k)$ $\boldsymbol{v}(k),\boldsymbol{n}(k)$：已知协方差矩阵 $\boldsymbol{M}$ 和 $\boldsymbol{N}$ 的随机干扰
状态估计方程状： (1)预测：　$\hat{\boldsymbol{x}}(k+1/k)=\boldsymbol{A}\hat{\boldsymbol{x}}(k/k)+\boldsymbol{B}\boldsymbol{u}(k)$ (2)修正：　$\hat{\boldsymbol{x}}(k/k)=\hat{\boldsymbol{x}}(k/k-1)+\bar{\boldsymbol{K}}[\boldsymbol{y}(k)-\boldsymbol{C}\hat{\boldsymbol{x}}(k/k-1)$ (3)滤波器增益：$\bar{\boldsymbol{K}}=\boldsymbol{P}-\boldsymbol{C}^{\mathrm{T}}[\boldsymbol{C}\boldsymbol{P}-\boldsymbol{C}^{\mathrm{T}}+\boldsymbol{N}]^{-1}$ (4)误差协方差矩阵里卡蒂方程： $\boldsymbol{P}^{-}(k+1)=\boldsymbol{A}\boldsymbol{P}^{-}(k)\boldsymbol{A}^{\mathrm{T}}-\boldsymbol{A}\boldsymbol{P}^{-}(k)\boldsymbol{C}^{\mathrm{T}}[\boldsymbol{C}\boldsymbol{P}^{-}(k)\boldsymbol{C}^{\mathrm{T}}+\boldsymbol{N}]^{-1}\boldsymbol{C}\boldsymbol{P}^{-}(k)^{\mathrm{T}}\boldsymbol{A}+\boldsymbol{V}\boldsymbol{M}\boldsymbol{V}^{\mathrm{T}}$
残差：$\Delta\hat{\boldsymbol{x}}(k+1/k)$ 　　$\Delta\boldsymbol{y}(k)=\boldsymbol{e}(k)$

卡尔曼滤波器的应用与状态观测器类似，但仅用于当随机干扰作用于输入和/或输出信号时，且必须已知输入、输出干扰的协方差矩阵，以确定滤波器增益 $\bar{\boldsymbol{K}}$。在实际应用时，往往需要使用试凑法找到合适的矩阵。

2.5.4 使用一致性方程的故障检测方法

最直接的基于模型的故障检测方法是设计一个固定的过程模型 G_M，并与实际过程并行运行，从而产生输出误差，见表2.6，即

$$r'(s) = [G_p(s) - G_M(s)]u(s) \tag{2.5.1}$$

表2.6 使用不同形式的一致性方程对线性输入/输出模型的故障检测方法

输出误差	方程误差	输入误差
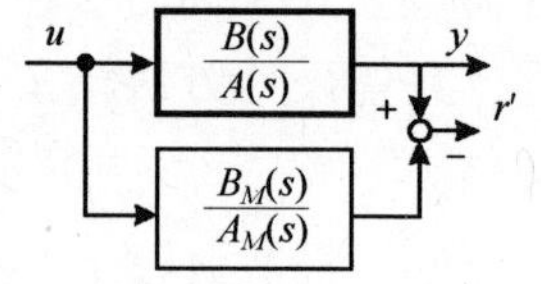	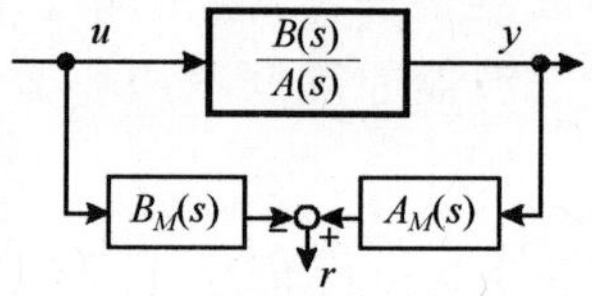	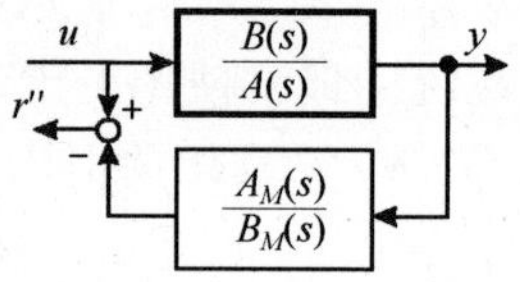
一致性方程： $r'(s)=y(s)-\dfrac{B_M(s)}{A_M(s)}u(s)$ $r'(t)=\boldsymbol{\Psi}'^{\mathrm{T}}_r(t)\boldsymbol{\Theta}_{Mr}+\boldsymbol{\Psi}^{\mathrm{T}}_a(t)\boldsymbol{\Theta}_{Ma}$ $-\boldsymbol{\Psi}^{\mathrm{T}}_b(t)\boldsymbol{\Theta}_{Mb}$	$r(s)=A_M(s)y(s)-B_Mu(s)$ $r(t)=\boldsymbol{\Psi}^{\mathrm{T}}_a(t)\boldsymbol{\Theta}_{Ma}-\boldsymbol{\Psi}^{\mathrm{T}}_b\boldsymbol{\Theta}_{Mb}$	$r''(s)=u(s)-\left(\dfrac{A_M(s)}{B_M(s)}\right)y(s)$ $r''(t)=\boldsymbol{\Psi}'^{\mathrm{T}}_b(t)\boldsymbol{\Theta}''_{Mb}-\boldsymbol{\Psi}^{\mathrm{T}}_a(t)\boldsymbol{\Theta}_{Ma}$
$B_M(s)=b_0+b_1s\cdots+b_ms^m$ $A_M(s)=1+a_1s+\cdots a_ns^n$ $\boldsymbol{\Theta}^{\mathrm{T}}_{Mr}=[1\ a_1\ a_2\cdots a_n]$ $\boldsymbol{\Psi}'^{\mathrm{T}}_r=[y\ y^{(1)}y^{(2)}\cdots y^{(n)}]$	$\boldsymbol{\Theta}^{\mathrm{T}}_{Mb}=[b_0\ b_1\cdots b_m]$ $\boldsymbol{\Theta}^{\mathrm{T}}_{Ma}=[1\ a_1\cdots a_n]$ $\boldsymbol{\Psi}^{\mathrm{T}}_b=[u\ u^{(1)}\ u^{(2)}\cdots u^{(m)}]$ $\boldsymbol{\Psi}^{\mathrm{T}}_a=[y\ y^{(1)}\ y^{(2)}\cdots y^{(n)}]$	$\boldsymbol{\Theta}'^{\mathrm{T}}_{Mb}=\dfrac{1}{b_0}[1\ b_1\ b_2\cdots b_m]$ $\boldsymbol{\Psi}'^{\mathrm{T}}_b=[u\ u^{(1)}\ u^{(2)}\cdots u^{(m)}]$

如果 $G_p(s) = G_M(s)$，则加性输入、输出故障的输出误差为

$$r'(s) = G_p(s)f_u(s) + f_y(s) \tag{2.5.2}$$

另一种方法是产生方程误差（多项式误差）或输入误差，见表2.7和文献[2.18]。

在所有情况下，残差仅与加性输入故障 $f_u(t)$ 和加性输出故障 $f_y(t)$ 有关。通过使用状态空间模型，同样的处理方法可以用于多变量过程，见表2.7。

通过状态变量滤波器可以获得信号的偏离情况[2.24]。相关方程可以用于离散系统，并且可以很容易地应用于状态空间模型中。表2.6和表2.7中的左侧残差为直接残差。如果一致性方程为MIMO方程，就可以生成结构化残

差，保证故障不会对所有残差造成影响，从而改进故障的分离能力[2.18]。例如，通过合理选择表 2.7 状态空间模型中矩阵 $\boldsymbol{W}$ 的参数，可以使某测量变量对特定残差无影响。一致性方程适用于加性故障的检测。与基于输出观测器的故障检测方法相比，一致性方程设计更为简单，使用更加容易，并且两种方法的最终结果非常接近。文献［2.37］的 11.4 节，对基于观测器、卡尔曼滤波器和一致性方程的故障检测方法进行了对比研究。

表 2.7　使用一致性方程对动态过程进行故障检测

<table>
<tr><th>输入/输出模型,方程误差</th><th>状态空间模型</th></tr>
<tr><td>
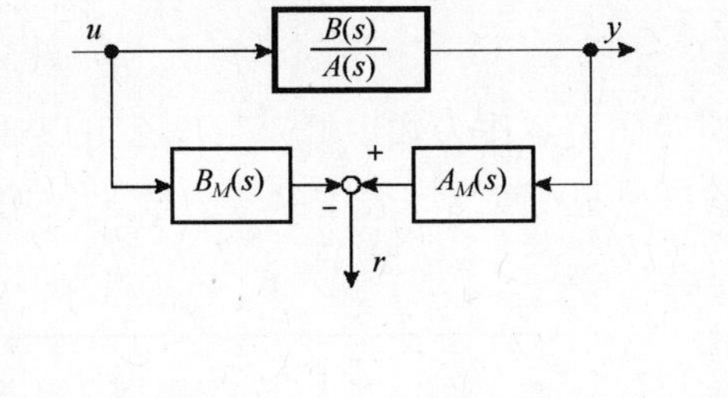

</td><td>
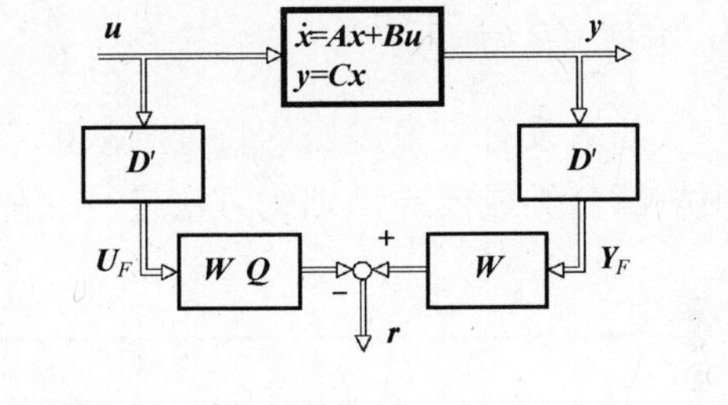

</td></tr>
<tr><td>一致性方程：
$r(s)=A_M(s)y(s)-B_M(s)u(s)$
$r(t)=\boldsymbol{\Psi}_a^{\mathrm{T}}(t)\boldsymbol{\Theta}_{Ma}-\boldsymbol{\Psi}_b^{\mathrm{T}}(t)\boldsymbol{\Theta}_{Mb}$</td><td>$\boldsymbol{Y}_F(t)=\boldsymbol{TX}(t)+\boldsymbol{QU}_F(t)$
$\boldsymbol{WY}_F(t)=\boldsymbol{WTx}(t)+\boldsymbol{WQU}_F(t)$
$\boldsymbol{WT}=0$
$\boldsymbol{r}(t)=\boldsymbol{W}(\boldsymbol{Y}_F(t)-\boldsymbol{QU}_F(t))$</td></tr>
<tr><td>$B_M(s)=b_0+b_1s+\cdots+b_ms^m$
$A_M(s)=1+a_1s+\cdots+a_ns^n$
$\boldsymbol{\Theta}_{Mb}^{\mathrm{T}}=[b_0\ b_1\cdots\ b_m]$
$\boldsymbol{\Theta}_{Ma}^{\mathrm{T}}=[1\ a_1\ a_2\cdots\ a_n]$
$\boldsymbol{\Psi}_b^{\mathrm{T}}=[u\ u^{(1)}\ u^{(2)}\cdots\ u^{(m)}]$
$\boldsymbol{\Psi}_a^{\mathrm{T}}=[y\ y^{(1)}\cdots\ y^{(n)}]$</td><td>$\boldsymbol{D'u}=[u\ u^{(1)}\cdots\ u^{(m)}]^{\mathrm{T}}=\boldsymbol{U}_F$
$\boldsymbol{D'y}=[y\ y^{(1)}\cdots\ y^{(n)}]^{\mathrm{T}}=\boldsymbol{Y}_F$
$\boldsymbol{T}=[\boldsymbol{C}\ \boldsymbol{CA}\ \boldsymbol{CA}^2\cdots]^{\mathrm{T}}$
$\boldsymbol{Q}=\begin{bmatrix}0 & 0 & 0 & \cdots\\ \boldsymbol{CB} & 0 & 0 & \\ \boldsymbol{CAB} & \boldsymbol{CB} & 0 & \\ \boldsymbol{M} & & & \end{bmatrix}$</td></tr>
</table>

2.5.5　非测量变量的直接重构

使用状态观测器和卡尔曼滤波器对状态向量 $\boldsymbol{x}(t)$ 中的非测量变量进行重构。参数估计方法则根据输入信号 $u(t)$ 和输出信号 $y(t)$ 对非测量参数 $\boldsymbol{\Theta}$ 进行重构。但也可以直接使用过程模型或部分过程模型，对测量变量进行计算获得非测量变量，例如利用两者之间的代数关系。第一个例子是由直流电动机的电流 I，通过公式 $M(t)=\Psi I(t)$ 计算得到扭矩 M，式中 Ψ 为磁链。第二个例子是从角速度 ω 通过 $\dot{V}(t)=\kappa\omega(t)$，重构得到稳态时离心泵的体积输出流量 $\dot{V}$[2.67]。

2.6 故障诊断方法

故障诊断用于确定故障的类型、大小、位置和故障时间等细节信息。诊断过程基于获得的解析式和启发式故障征兆，以及过程的启发式知识，见图2.7、2.9和2.15中的结构框图。基于知识的故障诊断系统的输入为所有有效的故障征兆，以及与故障相关的过程知识。故障征兆可以用二进制［0，1］的方式进行表示，也可以使用模糊集对渐变式故障进行表示。

2.6.1 分类方法

如果没有更多可用的特征与故障之间对应关系作为知识输入，那么可以使用故障分类或模式识别的方法进行故障诊断，见表2.8。表中参考矢量 $\boldsymbol{S}_n$ 被用

表2.8 故障诊断方法

分类法	推理法
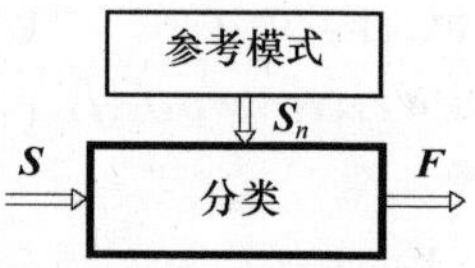	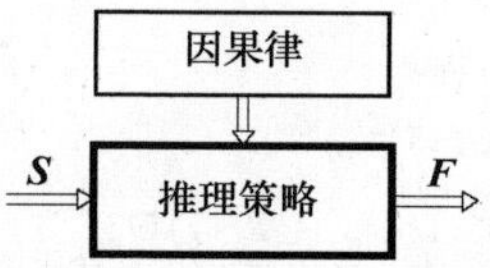
对故障征兆的因果关系没有先验知识 映射： 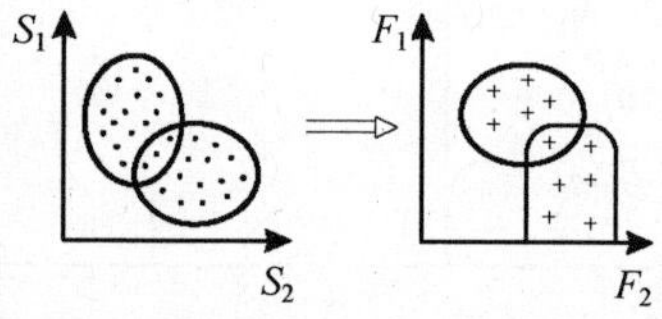 $\boldsymbol{S}^{\mathrm{T}} = [S_1\ S_2 \cdots S_n]$ $\boldsymbol{F}^{\mathrm{T}} = [F_1\ F_2 \cdots F_m]$	对故障征兆的因果关系有先验知识 因果网络： 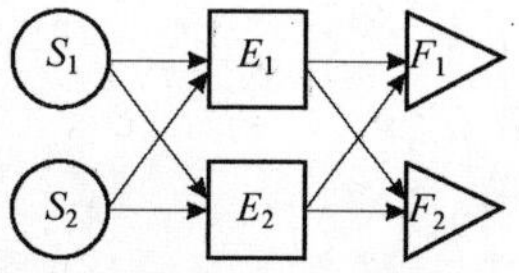 故障－征兆树 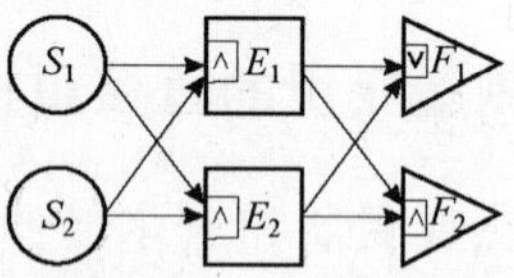
分类方法： （1）统计方法 （2）几何方法 （3）神经网络方法 （4）模糊聚类方法	规则： 如果 $<S_1 \wedge S_2>$ 则有 $<E_1>$ 诊断推理： （1）布尔逻辑：二元事件 （2）近似推理： a. 概率事件：概率密度 b. 模糊事件：模糊集

于确定正常响应。使用故障检测方法，通过试验确定故障 F_j 所对应的故障征兆 $\boldsymbol{S}$，并作为输入。因此，经过试验学习（或训练）确定并储存故障 $\boldsymbol{F}$ 与故障征兆 $\boldsymbol{S}$ 之间关系，并建立显性知识库。在进行故障诊断时，通过将观测到的 $\boldsymbol{S}$ 与正常参考 $\boldsymbol{S}_n$ 进行比较，从而诊断出故障 $\boldsymbol{F}$。

根据有无使用概率函数，故障分类方法又可分为统计分类方法和几何分类方法[2.63]。另一种方法是使用神经网络进行分类。神经网络具有非常强的非线性逼近能力，以及以连续或离散形式确定故障 $\boldsymbol{F}$ 的柔性决策能力[2.64]。同时，还可以使用模糊聚类方法，实现故障的模糊分离。

2.6.2 推理方法

对于一些系统，如果已经部分了解故障与故障征兆之间关系，那么这些先验知识可以表示成因果关系：故障→事件→故障征兆。表 2.8 列出了简单的因果网络，其中节点表示状态，箭头表示关系。因果关系的建立可以遵循故障树分析（Fault Tree Analysis，FTA）的基本方法。由故障通过中间事件再推理至故障征兆；或者遵循事件树分析（Event Tree Analysis，ETA）的基本方法，从故障征兆推理至故障。在进行诊断时，这些定性的先验知识可以表示为：if <条件> then <结论> 的规则。条件部分（前提）包括了以故障征兆 S_i 为输入的事实。结论部分包括以事件 E_k 和故障 F_j 作为事实的逻辑结果。如果多个故障征兆指向同一个事件或故障，可以通过 and 或 or 逻辑运算符产生如下的规则形式：

$$\text{if} < S_1 \text{and}\ S_2 > \text{then} < E_1 >$$

$$\text{if} < S_1 \text{or}\ S_2 > \text{then} < E_1 >$$

可以使用多种方法建立这类启发式知识，见文献［2.14］和文献［2.62］。在经典的故障树分析方法中，故障征兆和事件被认为是二元变量，规则的条件部分可以通过并联和串联的布尔方程进行计算，见文献［2.1］和文献［2.13］。但是，由于故障和征兆所具有的连续和渐变的本质特性，该方法尚未被证明是成功的。对于过程的故障诊断，使用近似推理的方法更为合理。近年来基于规则的故障诊断方法综述见文献［2.15，2.16］。

2.7 闭环系统中的故障检测及诊断

闭环系统用于实现精确跟踪，获得比开环系统更快的响应，补偿外干扰的影响，镇定不稳定系统，减少参数变化对稳态和动态性能的影响，补偿执行器和系统的非线性影响，当然还可以替代人类的手工操作。单输入、单输出闭环

控制系统的控制偏差为

$$e(k) = w(k) - y(k) \tag{2.7.1}$$

系统偏差与很多因素有关，见图2.19，有

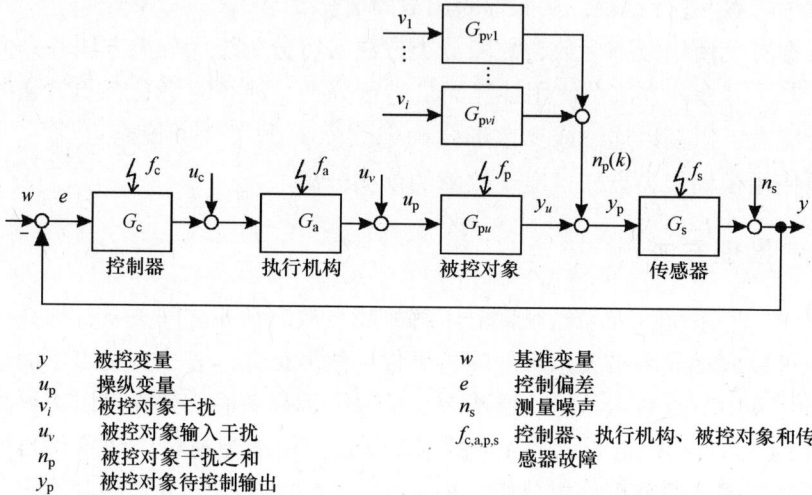

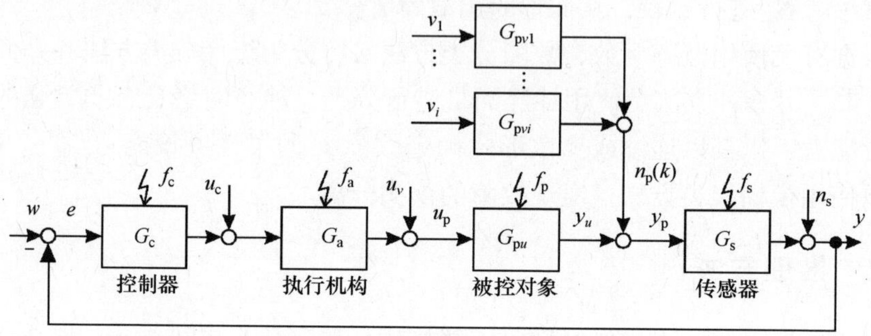

y	被控变量	w	基准变量
u_p	操纵变量	e	控制偏差
v_i	被控对象干扰	n_s	测量噪声
u_v	被控对象输入干扰	$f_{c,a,p,s}$	控制器、执行机构、被控对象和传感器故障
n_p	被控对象干扰之和		
y_p	被控对象待控制输出		

图2.19　包括变量和故障影响的控制回路结构

（1）外干扰 $\omega(k), u_v(k), \boldsymbol{v}_i(k)$；

（2）控制器 G_c 的结构、参数以及控制器故障 f_c；

（3）过程 G_p 的结构、参数以及过程故障 f_p；

（4）执行器 G_a 的性能变化以及执行器故障 f_a；

（5）传感器 G_s 中的故障 f_s 及测量噪声 n_s。

因此，系统各环节的状态变化和故障都会对闭环系统的性能造成影响。但通常仅对控制偏差 e 和控制变量 y 进行监控。

执行器和过程中加性或乘性的小故障，通常会被反馈控制器（具有积分作用的）补偿掉，控制偏差将趋近于零。因此，如果仅监控 e 和 y 将无法对这类较小故障进行检测。同理，较小的传感器偏置故障同样无法被检测出来，只有当使用余度传感器或利用其他余度信息时，才可以检测出传感器的偏置故障。

如文献［2.37］第12章所介绍的，很多较大的故障造成的影响与闭环系统特性改变所造成的影响较为类似，因而难将故障分离出来。并且，在正常工作状态下，在受到外部干扰时，同样可以观测到与故障类似的系统响应。

对可测量信号，如被控变量 $y(t)$，控制器输出 $u(k)$，指令信号 $w(k)$ 和控制偏差 $e(k)$ 进行分析，是对闭环回路进行故障检测最为简单的方法。该方法也被称为闭环系统的性能监控，详见文献［2.37］第12章。例如，可以对这些变量的方差、稳态偏差、超调或频谱进行监控，但仅对被监控量进行观测

是很难找到故障原因的。

而对于基于过程模型的故障检测方法，由于可以建立控制器输出 $u(k)$ 与被控变量 $y(t)$ 之间的关系，从而可以对故障进行更为深入地诊断。在闭环系统中进行参数估计时需要考虑系统的可辨识条件。对于指令信号 $w(k)$ 为常数且仅用于补偿干扰的闭环系统，由于没有可利用的外部可测量扰动，就需要使用特殊的高阶控制器结构[2.40]。对于可以利用可测量外部扰动的系统，如伺服系统，由于指令信号是持续变化的，因而可以直接使用参数估计方法。如果(固定的)过程模型与真实过程一致，就可以直接使用一致性方程进行故障检测。通过联合使用多种检测方法，可以对闭环系统中多个环节的故障（执行器、过程、传感器、控制器）进行检测和分离[2.37]。

2.8 监督（条件监控）的数据流结构

对于大型、复杂设备，在进行监督和诊断软件编写时，需要一个开放的标准化软件结构以减轻数据交换的负担。为此编制了国际标准，如 ISO 13374 中的“机械设备的条件监控和诊断”对数据处理、通信和表达形式进行了规范[2.41]。

开放式条件监控软件标准结构包括：信息模型、数据模型和数据库。信息模型（数据流组合）对主数据目标及其性质进行描述。信息模型的实现可以通过统一建模语言（Unified Modeling Language，UML）实现。

数据模型基于信息模型，并对数据元素进行精确描述。在数据模型中对机械设备和对象的许多信息进行综合，如设备位置、资产数量、资产铭牌数据、测量位置、信号处理方法、警报、日期和时间等。推荐使用可扩展标记语言(Extensible Markup Languag，XML）作为定义语言。

通过数据库唯一入口，将由数据模型中获得的数据存储在参考数据库中。数据库对所有代码表、资产类型、事件代码、健康代码、失效代码、故障原因代码和工程单位代码进行分类和详细说明。

建议的数据处理软件结构如图 2.20 所示。数据获取模块将传感器的模拟信号和控制输入进行数字化，并在数字化数据上加上时间标签和数据质量标签(好、坏、未知)。随后，在数据处理模块中对数字数据进行处理，并提供附有时间标签和数据质量的详细特征值。信号处理模块包括算法计算、滤波、加窗、谱分析和特征提取等功能。

状态检测模块按照正常与否，是否超过阈值以及超过阈值的严重程度，异常度和统计学分析等对特征进行分类。健康管理模块用于确定当前的健康状态，并结合故障诊断功能对潜在的失效进行评估，计算当前风险等级并向操作人员提出建议。

预后评估模块使用预后模型、未来使用情况、失效率和概率测量等对未来

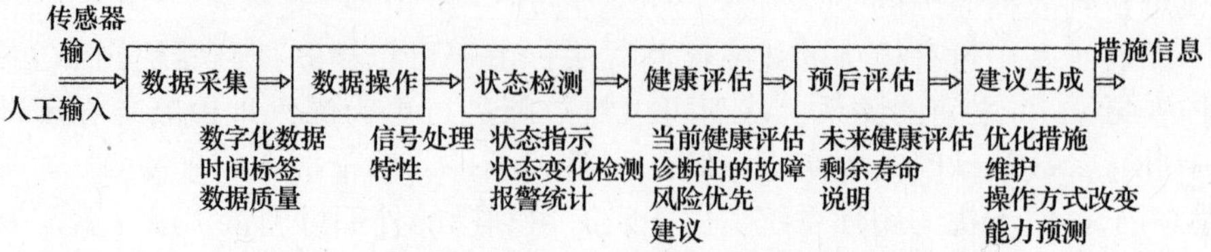

图 2.20　数据处理、状态监测和诊断功能框图[2.42]

的健康状态进行评估。

最后，由报告生成模块将所有信息进行集中处理，提供优化的维护、修正、能力预报和策略建议等信息。

所有模块都要有时间标签，并进行多重交联，需要具有获得系统配置信息、历史维护纪录和历史操作纪录等外部信息的通道，并且可由操作人员调用以进行更为深入的分析。

2.9　小　结

本章介绍的故障检测和诊断方法主要用于线性系统，但其中一些方法也可以直接用于非线性系统中，如信号分析、一致性方程和参数估计方法等。基本的故障检测和诊断方法被认为是一种工具，必须通过合理地综合运用以满足真实系统和真实故障的需求。建议的故障检测和诊断方法开发流程如图 2.21 所示。

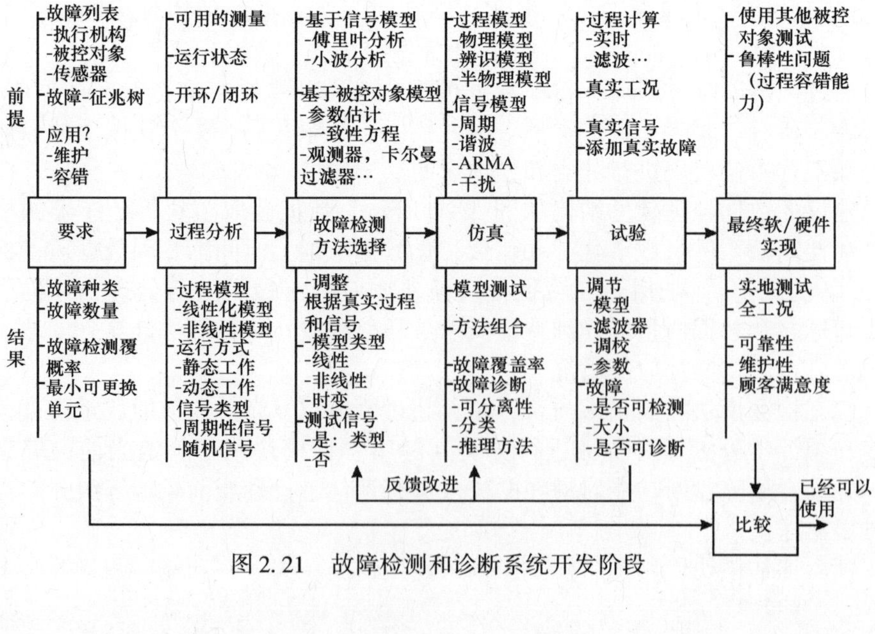

图 2.21　故障检测和诊断系统开发阶段

首先，需要明确最终需要满足的结果，明确所有需要检测的故障，并给出相应的故障-征兆树。然后对系统进行分析，确定可用的测量量和操作状态，然后选择合适的故障检测方法。完成初步设计后，需要对系统和信号模型进行仿真测试。当然，对检测方法进行试验测试，并对数据进行处理是必不可少也是非常重要的一环。根据实际测试结果，再对故障检测方法进行微调和改进。最后在真实系统上，对最终的软件和硬件实现进行实际测试，以解决系统鲁棒性和实际使用的问题。

对于大多数故障检测和诊断方法，都是首先通过理论方法进行设计，再通过仿真和试验测试进行验证[2.37]。在后续章节中，试验验证可以在试验室的台架上进行，也可以在实际系统上进行。在某些实例中，可以通过人为方式向系统施加故障，如传感器偏置等。但如果故障不会对系统造成损坏，那么在很多情况下可以直接在系统中引入真实故障。

第二部分
驱动与执行器

第 3 章　电动机的故障诊断

电动机是机器、车辆、电厂、过程控制设备、制造设备、运输 cc 设备和精密机械设备中的基本元件。电动机的功率从几毫瓦一直到几百兆瓦。最常用的电动机分为三类：

(1) 直流电动机：串励直流电动机、并励直流电动机、永磁直流电动机。

(2) 三相交流电动机：感应电动机（异步电动机）、同步电动机。

(3) 单相交流电动机：整流式电动机（交直流两用电动机）、鼠笼式电动机。

表 3.1 列出了几种常用电动机的工作原理、力矩特性和相关控制输入。对于基于模型的故障检测方法，需要使用电动机的静、动态模型。因此读者可以参考电动机领域比较权威的著作，如文献 [3.3, 3.13, 3.18, 3.19, 3.20]。

下面，将对有刷直流电动机和交流电动机的故障检测及诊断方法进行研究，而在第 4 章中对电动执行器进行研究时将考虑其他种类的电动机。

3.1　直流电动机

3.1.1　直流电动机结构和模型

研究一台额定功率 $p = 550\text{W}$，额定转速 $n = 2500\text{r/min}$ 的永磁直流电动机[3.6]。该直流电动机包括两对电刷换向器和两对极，由模拟转速传感器测量转速，使用电磁制动器作为负载，见图 3.1。测量信号为电枢电压 U_A、电枢电流 I_A 和转速 ω。由脉冲宽度调制（Pulse Width Modulation, PWM）伺服放大器对电动机进行驱动，将电流和转速作为串级转速控制系统的内、外环控制变量。首先使用模拟抗混叠滤波器对 3 个测量值进行滤波，再由数字信号处理器（Digitl Singnal Processor, DSP）（TXP 32 CP, 32 - bit fpt, 50MHz）和计算机进行处理。电磁制动器同样由 PWM 伺服放大器进行控制。通常使用线性动态模型对直流电动机进行建模。

表 3.1 小功率电机概览[3.9]

电动机		直流并激电动机	直流串激电动机	三相异步电动机	三相同步电动机（直流激励转子）	单相交直流两用电动机	带电容的单相异步电动机	单相异步电动机
电路原理图		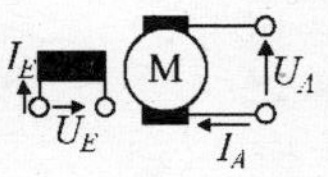	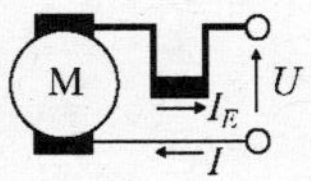	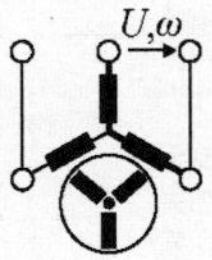	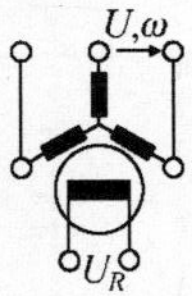	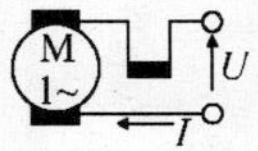	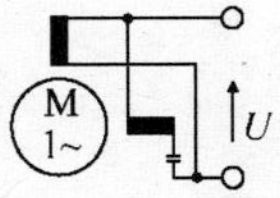	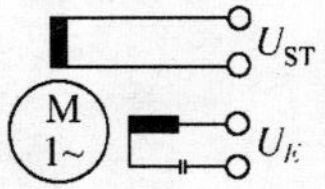
力矩—转速特性		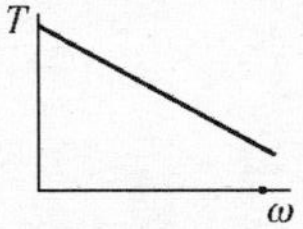	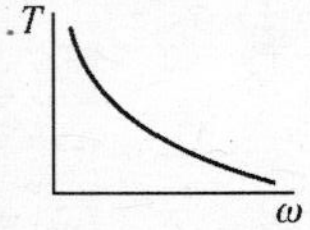	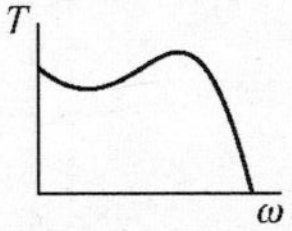	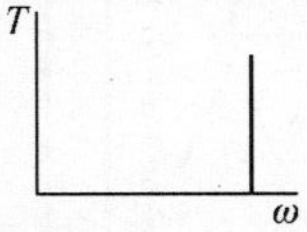	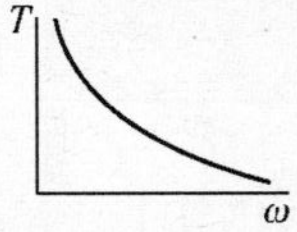	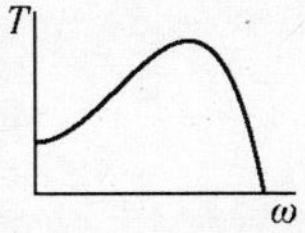	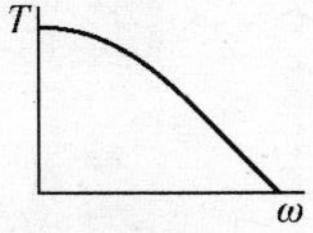
控制变量与力矩特性的关系	----为不同控制变量——为名义值	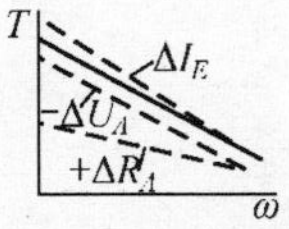	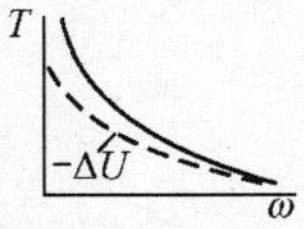	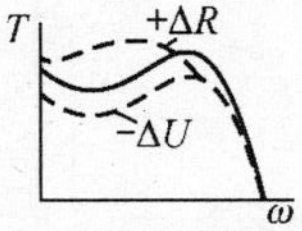	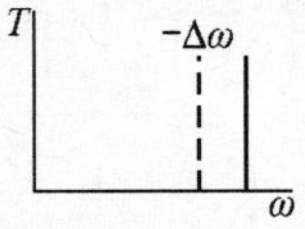	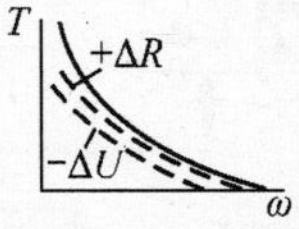		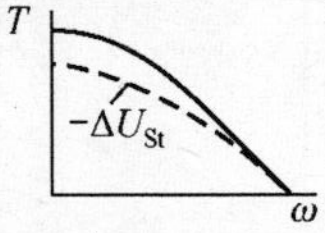
	控制变量	ΔU_A 电枢电压 ΔI_E 激励电流 ΔR_A 电枢电阻	ΔU 电压	ΔU 电压 $\Delta\ \omega$ 频率 ΔR 转子电阻	$\Delta\ \omega$ 频率	ΔU 电压 ΔR 电枢电阻		ΔU_{si} 控制电压

(a) 试验台

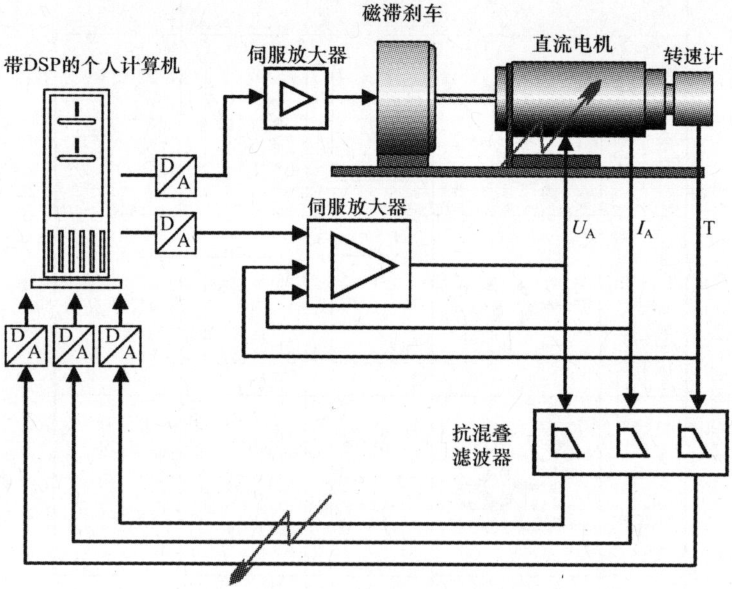

(b) 系统原理图

图 3.1　带磁滞刹车的直流电动机试验台

试验结果表明，使用常系数的线性模型无法在整个工作范围内均与实际对象保持较好的一致性。因此，可以使用两个非线性方程建立电动机模型，从而更好地描述真实的电动机动态特性。最终的一阶非线性微分方程为

$$L_A\dot{I}_A(t) = -R_AI_A(t) - \Psi\omega(t) - K_B|\omega(t)|I_A(t) + U_A^*(t) \quad (3.1.1)$$

$$J\dot{\omega} = \Psi I_A(t) - M_{F1}\omega(t) - M_{F0}\mathrm{sign}(\omega(t)) - M_L(t) \quad (3.1.2)$$

图 3.2 为直流电动机非线性模型的信号流框图，其中 $K_B|\omega(t)|I_A(t)$ 用于补偿 PWM 电源在电刷上的压力降，摩擦力包括黏性摩擦力 $M_{F1}\omega$ 和干摩擦力 $F_{F0}\mathrm{sign}(\omega)$ [3.9]。在连续时域内使用最小二乘法估计模型参数[3.6]。表 3.2 为模型参数的名义值，其中（$R_A,\Psi,K_B,M_{F1},M_{F0}$）将影响增益，而其他两项（$L_A,J$）将影响时间常数。信号 U_A^*，I_A 和 ω 的测量采样频率为 5kHz，使用截

止频率为 250Hz 的四阶巴特沃思低通滤波器进行滤波。

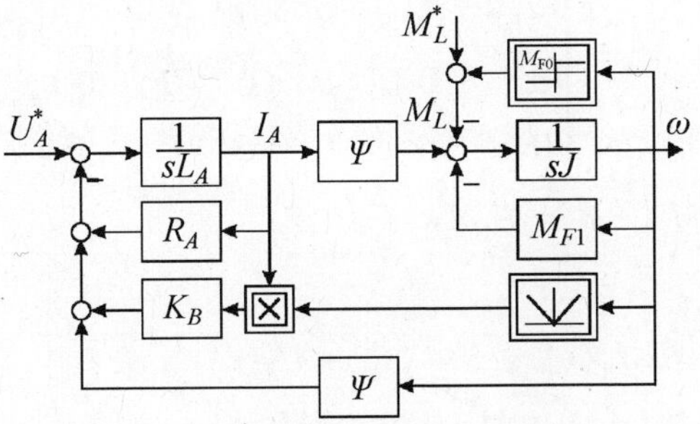

图 3.2　直流电动机信号流框图

表 3.2　直流电动机数据

电枢电阻	$R_A = 1.52\Omega$
电枢电感	$L_A = 6.82 \times 10^{-3}\Omega s$
磁通量	$\Psi = 0.33Vs$
电压降系数	$K_B = 2.21 \times 10^{-3} Vs/A$
转动惯量	$J = 1.92 \times 10^{-3} kg\ m^2$
黏性摩擦力矩	$M_{F1} = 0.36 \times 10^{-3} N \cdot ms$
干摩擦力矩	$M_{F0} = 0.11 N \cdot m$

3.1.2　使用一致性方程的故障检测方法

为了对传感器故障（输出）和执行器故障（输入）进行检测和分离，根据 2.5 节，设计了一组结构化的基于状态空间模型的一致性方程。

由于微分方程式（3.1.1）和式（3.1.2）为非线性方程，因此针对线性一致性空间给出的设计方法无法直接使用。但通过定义 $U_A^* - K_B|\omega(t)|I_A(t)$ 为电压输入 U_A，以及定义 $M_{F0}\text{sign}\omega$ 为负载输入的一部分，则线性化的状态空间方程为

$$\dot{\boldsymbol{x}} = \begin{bmatrix} \dot{I}_A \\ \dot{\omega} \end{bmatrix} = \begin{bmatrix} -\dfrac{R_A}{L_A} & -\dfrac{\Psi}{L_A} \\ -\dfrac{\Psi}{J} & -\dfrac{M_F}{J} \end{bmatrix} \begin{bmatrix} I_A \\ \omega \end{bmatrix} + \begin{bmatrix} \dfrac{1}{\mathrm{L}_A} & 0 \\ 0 & -\dfrac{1}{J} \end{bmatrix} \begin{bmatrix} U_A \\ M_L \end{bmatrix} \tag{3.1.3}$$

$$\boldsymbol{y} = \begin{bmatrix} I_A \\ \omega \end{bmatrix} = \begin{bmatrix} 1 & 0 \\ 0 & 1 \end{bmatrix} \boldsymbol{x}$$

相应的信号流框图见图 3.2。

由可观测性测试表明，可以由两个输出（I_A 和 ω）中的任意一个观测出另一个。这是全阶（本例中阶数为 2）一致性空间成立的先决条件。然后，选择矩阵 $\boldsymbol{W}$（见表 2.4 和文献［3.10］中的式（10.52））可以获得一组结构化残差。其中残差 $r_1(t)$ 与 $M_L(t)$ 无关，$r_2(t)$ 与 $U_A(t)$ 无关，$r_3(t)$ 与 $\omega(t)$ 无关，$r_4(t)$ 与 $I_A(t)$ 无关，见文献［3. 4，3.6，3.16］。矩阵 $\boldsymbol{W}$ 为

$$\boldsymbol{W}=\begin{bmatrix} R_A & \Psi & L_A & 0 & 0 & 0 \\ -\Psi & M_{F1} & 0 & J & 0 & \\ \alpha & 0 & \beta & 0 & JL_A & 0 \\ 0 & \alpha & 0 & \beta & 0 & JL_A \end{bmatrix} \tag{3.1.4}$$

式中：$\alpha=\Psi^2+R_AM_{F1}$；$\beta=L_AM_{F1}+JR_A$。

残差为

$$\begin{cases} r_1(t)=L_A\dot{I}_A(t)+R_AI_A(t)+\Psi\omega(t)-U_A(t) \\ r_2(t)=J\dot{\omega}(t)-\Psi I_A(t)+M_{F1}\omega(t)+M_L(t) \\ r_3(t)=JL_A\ddot{I}_A(t)+(L_AM_{F1}+JR_A)\dot{I}_A(t)+(\Psi^2+R_AM_{F1})I_A(t) \\ \qquad -J\dot{U}_A(t)-M_{F1}U_A(t)-\Psi M_L(t) \\ r_4(t)=JL_A\ddot{\omega}(t)+(L_AM_{F1}+JR_A)\dot{\omega}(t)+(\Psi^2+R_AM_{F1})\omega(t) \\ \qquad -\Psi U_A(t)+L_A\dot{M}_L(t)+R_AM_L(t) \end{cases} \tag{3.1.5}$$

由文献［3.10］中的实例10.3所描述的传递函数，可以获得同样的残差方程。如果测量信号中存在加性故障，并且施加负载 M_L，则除了解耦的残差外，所有残差均偏离正常值。由于针对电刷的电压降所进行的非线性补偿幅值非常小，因而没有造成结构化残差的变化。参数 R_A 和 M_{F1} 与当前电动机温度有关，图3.3为温度对 R_A 和残差 r_1 的影响。因此，提出使用自适应一致性方程提高残差性能，见文献［3.6，3.10］。

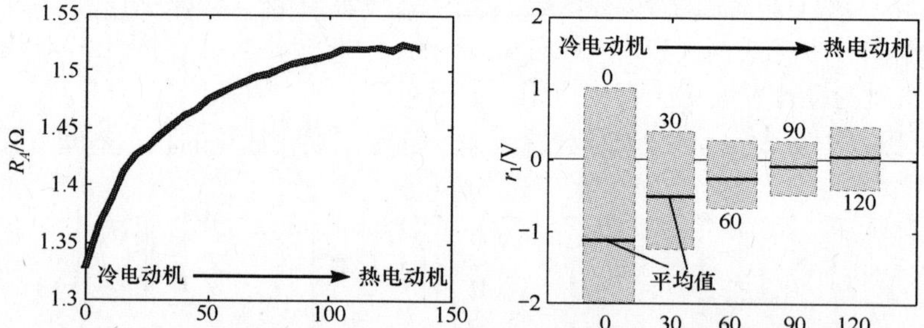

图3.3　电动机温度对电阻 R_A 和残差 r_1 的影响

现在研究残差对加性故障和参数故障的敏感度问题。由于 r_1 和 r_2 包含了所有参数和信号，因此仅需对这两个残差进行研究。由式（3.1.5）有

$$\begin{cases} r_1(t)=\Delta L_A\dot{I}_A(t)+\Delta R_AI_A(t)+\Delta\Psi\omega(t) \\ \qquad +L_A\Delta\dot{I}_A(t)+R_A\Delta I_A(t)+\Psi\Delta\omega(t)-\Delta U_A(t) \\ r_2(t)=+\Delta J\dot{\omega}(t)-\Delta\Psi I_A(t)+\Delta M_{F1}\omega(t) \\ \qquad +J\Delta\dot{\omega}(t)-\Psi\Delta I_A(t)+M_{F1}\Delta\omega(t)+\Delta M_L(t) \end{cases} \tag{3.1.6}$$

当存在残差噪声时，例如 r_1 的幅值约为1V，电枢电流约为3A时，电阻的变化幅值至少为0.3Ω时才能使残差出现明显变化。因此，根据单参数估计结合一致性方程方法，选择对线性参数 R_A 和 M_{F1} 进行跟踪，具体方法见［3.10］第10.5节。其中选择遗忘因子 $\lambda = 0.99$ 。

3.1.3　使用参数估计的故障检测方法

基于式（3.1.1）和式（3.1.2）进行参数估计，其简化形式为

$$\dot{I}_A(t) = -\hat{\theta}_1 I_A(t) - \hat{\theta}_2\omega(t) + \hat{\theta}_3 U_A(t) \tag{3.1.7}$$

$$\dot{\omega}(t) = \hat{\theta}_4 I_A(t) - \hat{\theta}_5\omega(t) - \hat{\theta}_6 M_L(t) \tag{3.1.8}$$

其中过程系数为

$$R_A = \frac{\hat{\theta}_1}{\hat{\theta}_3}, L_A = \frac{1}{\hat{\theta}_3}, \Psi = \frac{\hat{\theta}_2}{\hat{\theta}_3}, \text{并且}\ \Psi = \frac{\hat{\theta}_4}{\hat{\theta}_6}, J = \frac{1}{\hat{\theta}_6}, M_{F1} = \frac{\hat{\theta}_5}{\hat{\theta}_6} \tag{3.1.9}$$

应用递推参数估计方法DSFI以信息形式的离散平方根滤波（Discrete Square－root Filtering in Information Form，DSFI），选择遗忘因子 $\lambda = 0.99$，使用3个可测量信号估计参数 $\hat{\theta}_i$ [3.11]。由式（3.1.9）可以获得所有过程参数。空载试验结果表明，估计值与真实值之间的偏离范围为 $2\% < \sigma_\theta < 6.5\%$ [3.6]。

3.1.4　故障检测试验结果

基于多次测试结果，选择了5种不同的故障，给出了一致性方程方法和递归参数估计方法对加性和乘性故障的检测效果[3.5]。试验中，在 $t = 0.5$s时人为施加阶越故障。图3.4给出了两种方法所对应的残差，并且分别将残差除以相应阈值，对残差进行归一化处理。所以，当残差超过1或－1时，表明检测到了故障。对于试验结果总结a）～d）及f），直流电动机电枢电压 U_A 的激励信号为伪随机二进制信号（Pseudo Random Binary Signal，PRBS），以满足动态参数估计对持续激励条件的要求，见图3.4（f）。图3.4（e）的输入为常数，试验结果总结如下：

（1）与预期结果一致，当测量 U_A 的电压传感器增益发生故障后，将会造成残差1、3、4的改变。由于残差2与 U_A 无关，因此不会发生变化。由于未对电压传感器增益进行建模，因而 R_A 、L_A 和 Ψ 的估计值也出现了错误的改变；

（2）转速传感器的偏置故障导致残差1、2、4的改变。由于残差3与 ω 无关，因此不会发生改变，对 Ψ 的估计也出现了错误的改变；

（3）当电枢电阻 R_A 出现乘性故障后，估计值 $\hat{R}_A$ 出现变化，但残差出现了剧烈改变，并超过相应阈值；

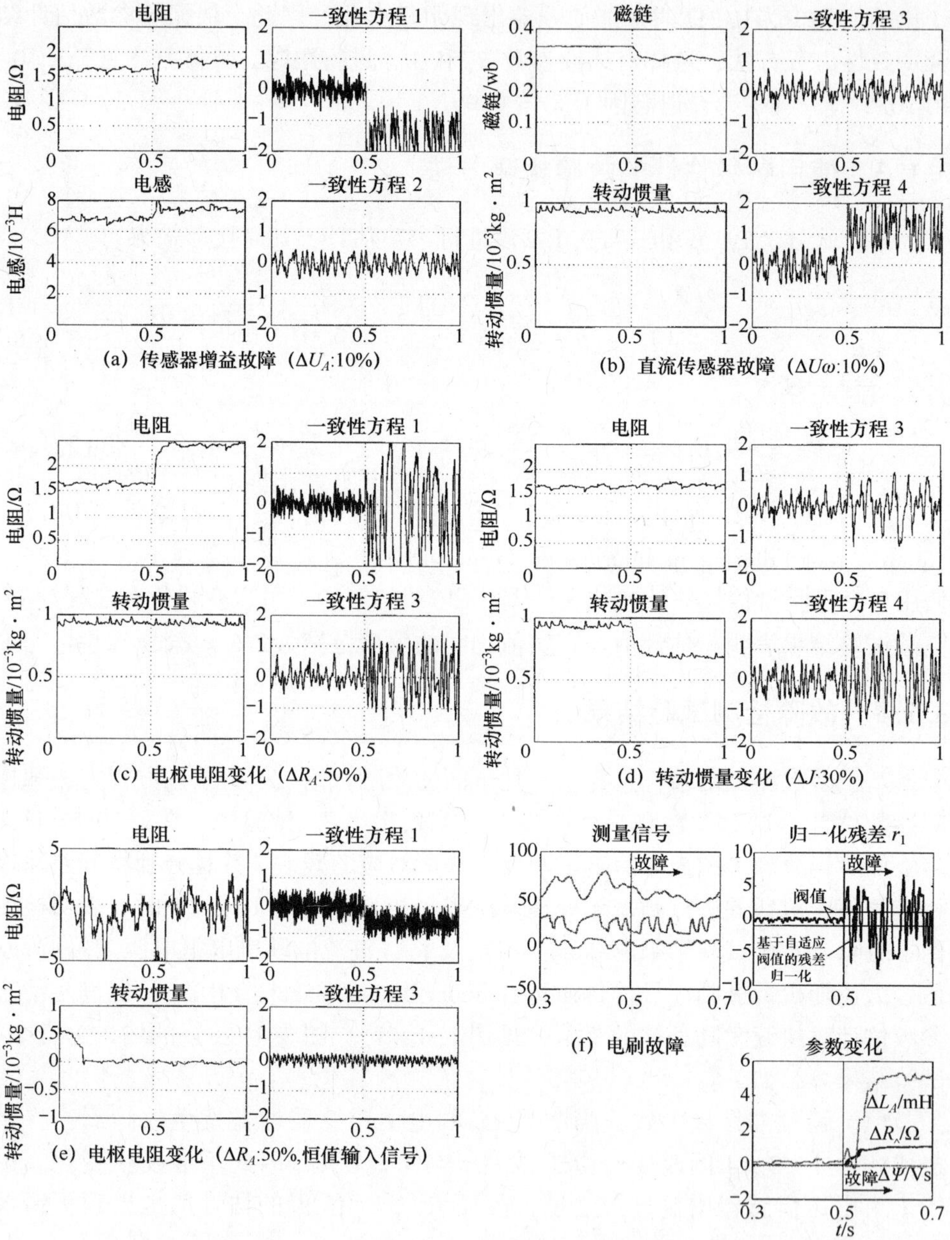

图 3.4　故障时信号、一致性方程残差和参数估计随时间的变化情况

参数估计：电阻 R_A，电感 L_A，磁链 Ψ，转动惯量 J_A 一致性方程：r_1，r_2，r_3，r_4

（4）转动惯量的估计值 $\hat{J}$ 与转动惯量的变化情况一致，但除了残差 1 外，其他残差的波动均大大增加并超过相应阈值；

(5) 与试验结果 (3) 一样改变电枢电阻 R_A，但保证 U_A 不变，$\hat{R}_A$ 的估计值没有收敛至定值，一致性方程残差 1 和 4 的平均值出现变化且波动增加；

(6) 电刷故障导致 R_A 和 L_A 的增加，但对 Ψ 无影响，而残差的波动增加。

针对上述几种故障，表 3.3 对故障对参数估计和残差的影响进行了总结。研究结果表明：

表 3.3　使用伪随机二进制序列动态输入激励的直流电动机故障征兆表
(+：小幅增加；++：大幅增加；-：小幅减少；0：无变化；± 正负变化)

故障			故障征兆								
			参数估计					一致性方程			
			R_A	L_A	Ψ	J	M_{F1}	r_1	r_2	r_3	r_4
参数故障	电枢电阻	ΔR_A	++	0	0	0	0	±	0	±	±
	电刷故障		++	+	0	0	0	±	0	±	±
	转动惯量变化	ΔJ	0	0	0	++	0	0	±	±	±
	摩擦变化	ΔM_{F1}	0	0	0	0	++	0	±	±	±
	电压传感器增益故障	ΔU_{A}	±	±	±	0	0	-	0	-	-
加性故障	速度传感器偏置故障	$\Delta\omega$	0	0	-	0	0	+	+	0	+
	电流传感器偏置故障	ΔI	±	±	±	0	0	+	-	+	0

(1) 一致性方程方法可以较好地对加性故障进行检测。故障检测的响应速度较快，并且无须施加输入激励，但残差的波动较大，特别是当模型参数与真实值有一定差异时；

(2) 即使对于较小的故障，参数估计方法可以较好地对乘性故障进行检测。由于在参数估计过程中需要使用递归算法，所以参数估计的响应较慢但较为平滑，但需要对动态模型施加输入激励。

因此，建议综合使用两种方法，见文献 [3.10] 第 14.3 节。首先使用一致性方程方法对过程进行检测，如果无法准确定位故障，则启动动态测试信号，并持续几秒，以便进行参数估计。如果电动机用于动态系统的控制 (如伺服系统和执行器)，那么参数估计可以连续进行，见文献 [3.11]。

文献 [3.6] 给出了一种改进方法，通过单参数估计方法对随温度变化的电枢电阻进行连续估计[3.7]。建议使用自适应阈值以补偿模型的不确定性，见 2.4.4 节。

3.1.5 使用自学习故障征兆树方法的故障诊断试验结果

目前，使用一致性方程和参数估计的基于模型的故障检测方法是故障诊断的基础。如本书 2.6 节所介绍的，故障诊断方法可以分为分类方法和推理方法两类。最简单的一种分类方法是使用故障 - 征兆表和模式识别，如表 3.3 所列。虽然决策树属于分类方法中的一种，但通过综合使用 AND 算子和模糊 - 神经网络结构，可以生成具有自学习特性的模糊 if - then 规则，组成一种被称为 SELECT 的自适应推理方法[3,4]。该方法被用于后面的直流电动机台架试验中。

1）使用的故障征兆

对故障进行诊断，共生成 22 个故障征兆：

（1）3 个测量信号 U_A^* 、I_A 和 ω 的绝对值加窗和；

（2）4 个残差的平均值和标准方差，$\bar{r}_1,\cdots,\bar{r}_4$ 和 $\bar{\sigma}_{r1},\cdots,\bar{\sigma}_{r4}$；

（3）8 个参数估计值，故障征兆为估计值与名义值之差。对估计值进行归一处理。对于电动机电阻 R_A，其故障征兆为 $\Delta R_{A1} = (R_{A.\mathrm{nom}} - R_{A.\mathrm{est}})/R_{A.\mathrm{nom}}$。使用类似方法计算 $\Delta R_{A4},\Delta L_{A1},\Delta L_{A4},\Delta J_2,\Delta J_3,\Delta M_{F12},\Delta M_{F13}$ 等；

（4）另外使用 2 个故障征兆对估计质量进行评价。它们用于描述被估计参数在递归估计时的变化情况，从而判断估计方程的结构是否有效。当系统结构变化时，将会导致估计质量下降，估计值出现明显波动。选择的两个估计参数为 Ψ 和 M_{F1}，估计方差为 $\sigma_{\mathrm{est},\Psi}$ 和 $\sigma_{\mathrm{est},M_{F1}}$。

在台架试验时，使用这些故障征兆对 14 种人为施加的故障进行诊断。

为了对直流电动机进行故障诊断，由试验获取的故障数据对 SELECT 树进行了训练。对于故障情况，每个参数估计使用 10 ~ 50 次的测试循环数据，并在每次循环中对残差进行计算。每个测试结果作为故障征兆空间中的一个点，使用递减的模糊 c 均值聚类方法建立隶属函数。为了建立一个更具透明度且容易理解的诊断系统，在构造诊断系统时使用了先验知识。

2）结合使用结构知识

多数情况下，事先对故障征兆特性是有一定了解的，即使不知道阈值等精确参数值，但可以通过类似故障或类似故障效应获得故障与故障征兆之间的一些对应关系。对于直流电动机，可以使用信号的加窗和对传感器电缆断路故障进行检测。这类信息是非常明显的，但如果诊断系统在设计时仅使用测量数据进行训练，就会忽视先验知识的优点。因此，如果从设计的一开始就使用先验知识，那么故障诊断的任务将会变得容易得多。

故障征兆的选择决定着故障诊断的鲁棒性。有些故障征兆易受其他故障影响，因而不适合作为特定故障的指示标志。在试验环境中，很难收集到足够的测量信息对所有故障影响进行充分表示。特别是对于环境条件变化导致的故障和长期工作造成的磨损故障，通常很难在试验环境中进行复现。因此，一些在试验条件下工作良好的故障诊断系统，在其他工作条件下有可能出现失效。

如果不同故障对过程的影响较为接近，可以将这些故障归类到更大的组中。针对较大的组合，可以首先找到一种分类系统，再在分类系统内进行分解，从而产生了分层诊断系统的概念。

综上所述，建议在构造诊断系统时充分利用先验知识。设计人员建立故障组合，并辨识与之对应的故障征兆。在诊断开始时，仅能对比较明显的故障进行简单区分。而随着辨识过程的发展，逐渐地可以在多种复杂征兆与故障关系中对故障进行分离。只要能够获得足够的测量数据，就可以自动找到准确的诊断结果。

假设所有故障 F_i 的集合表示为

$$\mathcal{F} = \{F_1, F_2, \cdots, F_r\} \tag{3.1.10}$$

可用的故障征兆集合为

$$\mathcal{S} = \{s_1, s_2, \cdots, s_t\} \tag{3.1.11}$$

建立元类 $\mathcal{C}_i$，$i=1$，…，m 为

$$\mathcal{F} = \mathcal{C}_1 \cup \mathcal{C}_2 \cup \cdots \cup \mathcal{C}_m \tag{3.1.12}$$

在直流电动机诊断中，元类包括电动机机械部分的所有故障。假设所有 $\mathcal{C}_i$ 均不是单元素集，则基于内部类的层次系统最少需要 $q = m + r$ 个决策 d_j，$j = 1, \cdots, q$。每个 d_j 均基于子集 $\mathcal{S}_{dj} \in \mathcal{S}$。SELECT 方法将产生一个有 p 个参数的系统，其中 p 为

$$p = \sum_{j=1}^{q} \mathrm{card}(\mathcal{S}_{\mathrm{dj}}) \tag{3.1.13}$$

参数 p 的数量要远少于并联网络结构可能产生的参数数量（基数为相关集合的数量）。通常，在并联网络结构中，参数数量过多可能导致收敛速度过慢和产生病态最优化问题。

除使用结构知识外，还可以将更多、更详细地知识融入到各个规则中。

3）使用 SELECT 方法的试验结果

在直流电动机试验台架上施加 14 种不同故障情况：

（1）改变转子电感或电阻（F_{R_A}，F_{L_A}）；

（2）转子导线断裂（F_W）；

（3）4 个电刷中的某个电刷故障（F_B）；

（4）轴承摩擦力增加（F_F）；

（5）电压、电流或转速传感器偏置（F_{O,U_A}，F_{O,I_A}，$F_{O,\omega}$）；

（6）电压、电流或转速传感器增益改变（F_{G,U_A}，F_{G,I_A}，$F_{G,\omega}$）；

（7）电压、电流或转速传感器完全失效（F_{U_A}，F_{I_A}，F_{ω}）。

使用预先设计的测试循环对不同故障进行重复试验，每次试验时均对 1）中描述的故障征兆进行计算。训练集合中所包含的数据来自于 140 次试验。

图 3.5 为直流电动机故障诊断系统的最终结构。图中忽略了具体细节，仅给出了设计概念。每个模块包含一个故障元类 $\mathcal{C}_1$。树的每个分枝均与一个通过 SELECT 方法训练的决策 d_j（例如一个模糊规则）连接。在每个元类中，分类树根据故障征兆的子集 S_i 判断发生了哪个独立故障。

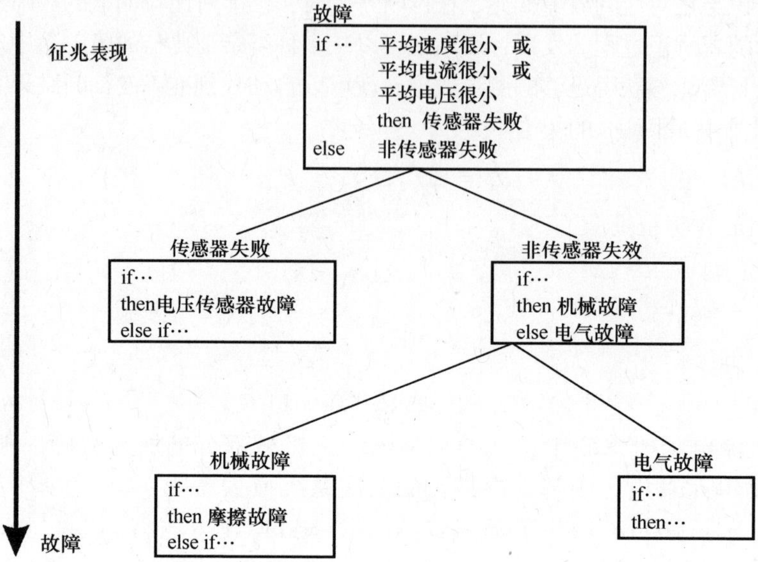

图 3.5　分层故障诊断系统（每个方框包含一个模糊分类树）

分层决策树被证明非常适用于故障诊断任务。在交叉验证中，它可以实现 98% 的分类正确率。

故障组的选择遵循对直流电动机故障的基本理解。首先，3 个传感器的完全故障对所有故障征兆均有强烈的影响，因而首先将 3 个传感器的完全故障与其他故障分离。它们组成了第一元类 $\mathcal{C}_1$，并且很容易通过 3 个信号的加窗和进行区分。这 3 个故障征兆相应地组成了子集 $\mathcal{S}_1$。

电动机由电气和机械两部分组成，应对这两部分的故障分别进行处理，创建另外两个元类 $\mathcal{C}_2$ 和 $\mathcal{C}_3$。相应的，选择故障征兆子集 $\mathcal{S}_2$ 和 $\mathcal{S}_3$ 用于故障诊断。$\mathcal{S}_2$ 和 $\mathcal{S}_3$ 基本包含了与相应元类对应的残差和参数偏差。电气故障的诊断并不基于机械部分的参数估计，虽然某些电气故障可能影响机械部分的参数估计，但由于此时的参数估计非常不可靠且容易造成误导，所以不应使用。因此，$\mathcal{S}_2$ 中不包含 $\Delta J_2, \Delta J_3, \Delta M_{F12}$ 和 ΔM_{F13}。

下面给出一个使用 SELECT 方法的例子，区分电气故障的规则如下：

$$
\begin{aligned}
&\text{if } \bar{r}_1 \text{ 小，and} \Delta L_{A4} \text{ 为比较大的负值，then 出现故障 } F_{L_A} \\
&\text{else if 如果 } \bar{r}_1 \text{ 小，and } \bar{\sigma}_{r4} \text{ 中等，then 出现故障 } F_{R_A} \\
&\text{else if 如果 } \bar{r}_1 \text{ 小，and } \bar{\sigma}_{r4} \text{ 大，then 出现故障 } F_B \\
&\text{else if 如果 } \bar{r}_2 \text{ 不小，then 出现故障 } F_{0,I_A} \\
&\text{else if 如果 } \bar{r}_1 \text{ 小，then 出现故障 } F_{G,I_A} \\
&\text{else if 如果 } \bar{r}_1 \text{ 大，and} \sigma_{\text{est},\Psi} \text{ 不小，then 出现故障 } F_{0,U_A} \\
&\text{else 否则出现故障 } F_{G,U_A}
\end{aligned}
\tag{3.1.14}
$$

在上述规则中没有列出规则前提的相关指针。它们在确定精确的判定边界方面同样扮演了重要角色。

但仍然可以对规则中的组成部分进行分析和理解。很明显，该规则揭示了第一个残差的区分能力，所以它被频繁地使用。其他规则的前提同样是可以理解的。由幅值估计值强烈的负向变化，可以发现转子电感的改变。将该规则与图3.6（a）进行对比可以得到训练集中电气故障与 ΔL_{A_4} 的关系。很明显，F_{LA} 故障与其他故障明显不同，因而可以使用 ΔL_{A4} 对该故障进行分离，相应的隶属函数见图3.6（b）。需要说明的是，在试验台架上仅能模拟电感减小50%的故障。如果需要对正的电感变化进行诊断，可以通过增加相应的规则实现。例如可以使用：

$$\text{if } \bar{r}_1 \text{ 小}, \text{and} \Delta L_{A4} \text{ 不小}, \text{then 出现故障 } F_{L_A} \tag{3.1.15}$$

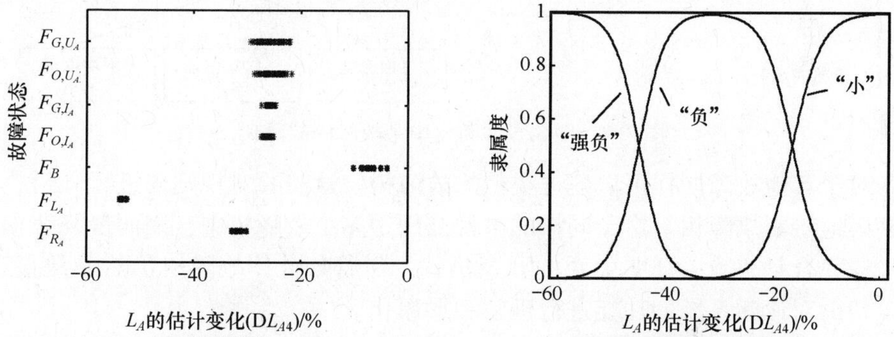

(a) 估计结果　　(b) 生成的隶属函数

图3.6　由第四项等价残差计算得到的转子电感估计值

（由于故障电感对结果的剧烈影响，因而是最容易被检测到的故障）

相应的，必须对 ΔL_{A4} 的隶属度函数进行修改，以允许对 ΔL_{A4} 的正值进行处理。

在式（3.1.14）第6条规则中使用 $\sigma_{\text{est},\Psi}$ 对电压传感器的偏置故障与增益故障进行区分。这是由于偏置故障将会导致估计方程中出现偏置项，从而改变估计方程的结构，而增益故障仅影响方程参数。因此，传感器增益故障时，正常的估计方程仍然有效，但可以根据 $\sigma_{\text{est},\Psi}$ 的增大对偏置故障进行诊断。

在新的试验中，系统可以非常好的工作，通过简单地使用先验知识可以获得更好的鲁棒性。并且，该诊断系统具有非常好的透明度，可以较好地适用于其他类型电动机。

4）与故障树的关系

最终获得的分层分类器同样可以被认为是一个模糊故障树的集合。如果颠倒结构顺序，并且由结论往上进行回溯，就可以由“树”确定特定故障。因此，可以对每种独立故障绘制一个故障树。图 3.7 以电动机摩擦力增加故障为例，对故障树的建立方法进行说明。图 3.7 中的中间步骤，如“机械故障”等作为故障树中的事件。

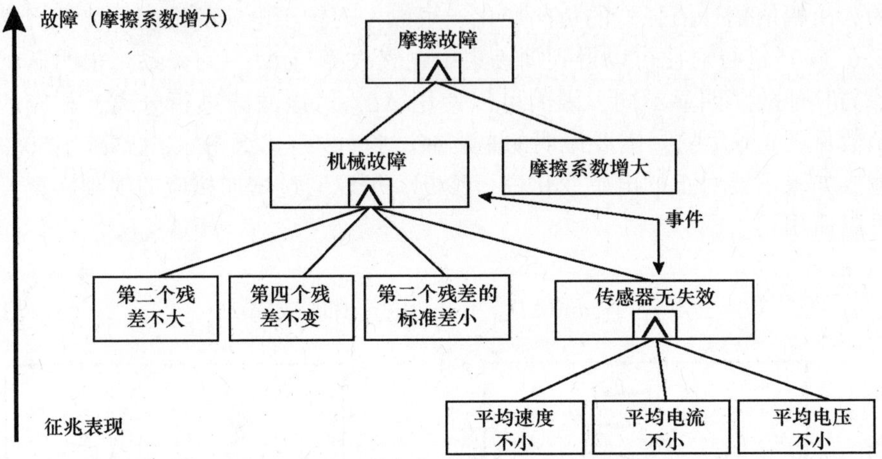

图 3.7　图 3.5 诊断树中某故障的故障树

对于其他故障同样可以建立类似的故障树。这需要对规则树进行分析，并且精确地绘制故障树。由于同样的事件被用于多个故障树中，因而最终获得的故障树集合是故障 - 征兆关系的冗余描述。尽管如此，故障树仍然非常直观，可以帮助对诊断系统的功能进行理解和形象化。

5）计算能力需求

在所提出的监督概念中，对连续时间残差进行计算时所需要的计算时间准确性要求最高。因为它们需要对状态变量滤波器进行计算，因此很难通过定点计算方法实现。如果计算资源有限，也可以考虑对残差进行离散计算，如文献［3.17］中使用的方法。

对于故障诊断功能，由于仅需要对是否超过故障检测阈值进行判断，因而在电动机控制器中可以作为后台程序运行。在 SELECT 方法中对神经元进行的指数浮点计算可以在低精度的定点控制器中进行，例如使用简单的查表方法。由于诊断所需要的时间通常远远小于操作人员对故障装置进行操作的时间，因而计算性能并不是真正的问题。可以仅当阈值刚刚被超过时，才启动与安全相关的测量诊断工作。

3.1.6　小结

对永磁直流电动机在空载和负载状态下的故障检测和诊断方法进行了详细的理论和试验研究。研究表明，仅使用 3 个测量信号，通过联合使用一致性方程和参数估计方法即可对 14 种故障进行检测。对于传感器偏置等加性故障，在正常工况下使用一致性方程，无须额外激励信号即可非常容易地被检测出来。对于电动机参数偏差等乘性故障，使用参数估计方法也可以非常容易地被检测出来，但需要短时间的额外输入激励信号。本节介绍的方法也同样可以用于其他类型的直流电动机和单相交流电动机。而通过使用自学习神经网络模糊 SELECT 方法，可以对所有故障进行诊断，故障分类正确率可达 98%。对于有些故障，特别是机械部件的故障，通过测量结构振动，可以使用信号模型进行故障检测[3.2]。

3.2 交流电动机

在感应或异步交流电动机中，通常有 3 个定子绕组安装在定子槽中，并组成三角形或星形连接，见图 3.8（a）。旋转磁场的角速度与电源频率 f 和定子极对数 p 相关。由不同的转子形式，交流电动机可以分为感应电动机和同步电动机两大类。下面将对鼠笼式感应电动机进行研究。鼠笼式感应电动机结构简单、可靠、价格低、维护少。使用磁场定向方法①，通过控制直流母线逆变器输出电压的频率和幅值，调节电动机转速。对电动机故障的统计可知，其中 50% 的故障为轴承故障，16% 的故障为定子绕组短路故障，5% 的故障为转子铜条断裂故障[3.21,3.2]。下面对基于模型的交流电动机故障诊断方法进行研究[3.22]。

3.2.1 感应电动机的结构和模型（异步电动机）

1）电气子系统

感应电动机的详细建模见文献［3.8，3.13，3.14］。通过对三相感应电动机的每个转子和定子绕组的电压、电流进行分析，最终建立了 6 个相互耦合的微分方程。通过 Clarke – Park 变换，将三相系统（U_{Sa}，U_{Sb}，U_{Sc}）变换至两相系统（$U_{S\alpha}$，$U_{S\beta}$），从而对系统进行简化，见图 3.8（b）。如果将转子磁链作为参考坐标系统，两相系统可以表示为（U_{Sq}，U_{Sd}）[3.8,3.22]。得到转子磁链 Ψ_{Rd} 和电动机力矩 M_{el} 的动力学方程为

$$T_R \frac{\mathrm{d}\,\Psi_{Rd}}{\mathrm{d}t}(t) + \Psi_{Rd}(t) = MI_{sd}(t) \tag{3.2.1}$$

式中：$T_R = L_R/R_R$

$$M_{el}(t) = \frac{3}{2}p\frac{M}{L_R}\Psi_{Rd}(t)I_{sq}(t) \tag{3.2.2}$$

其中：L_R 为转子自感；R_R 为转子电阻；R_S 为定子电阻；L_S 为转子自感；M 为定子

① 译者注：矢量控制方法。

转子之间互感；$I = I_{Sd} + \mathrm{i}I_{Sq}$ 为定子电流矢量；p 为极对数；Ψ_{Rd} 为转子磁链。

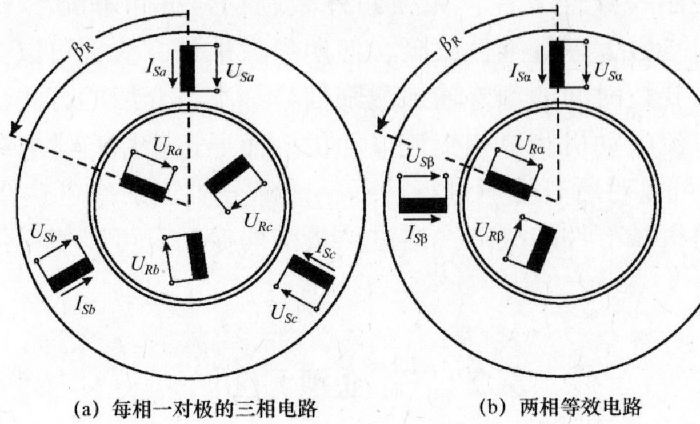

图 3.8　交流电动机定子和转子的结构示意图

磁链 Ψ_{Rd} 与 I_{Sd} 相关，而力矩 M_{el} 与 I_{Sq} 相关，这是磁场定向矢量控制的基础，如图 3.9 所示。整个控制系统由两个串级控制回路组成，分别控制磁通量和速度，每个回路的内环为电流环。

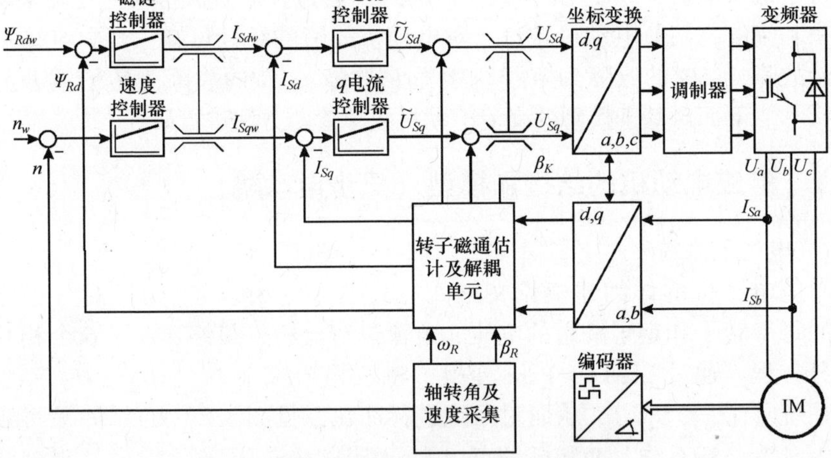

图 3.9　感应电动机的磁场定向控制框图

感应电动机电气子系统的动力学方程为

$$U_{Sd} = \left(R_S + R_R \frac{M^2}{L_R^2}\right) I_{Sd} + \sigma L_S \frac{\mathrm{d}I_{Sd}}{\mathrm{d}t} - \sigma L_S \omega_K I_{Sq} - \frac{R_R M}{L_R^2} \Psi_{Rd} \quad (3.2.3)$$

$$U_{Sq} = \left(R_S + R_R \frac{M^2}{L_R^2}\right) I_{Sq} + \sigma L_S \frac{\mathrm{d}I_{Sq}}{\mathrm{d}t} + \sigma L_S \omega_K I_{Sd} + \frac{M}{L_R^2} \omega_R \Psi_{Rd} \quad (3.2.4)$$

$$\sigma = 1 - \frac{M^2}{L_S L_R} \quad (3.2.5)$$

式中：转子电场转速为 $\omega_R = p\omega_m$，其中 ω_m 是转子机械转速，ω_K 是磁通相对于

定子参考坐标系的转速。

2）机械子系统

机械部分的动力学方程为

$$J\frac{\mathrm{d}\omega_m(t)}{\mathrm{d}t} = M_{el}(t) - M_f(t) - M_L(t) \tag{3.2.6}$$

式中：J 为电动机和负载的转动惯量；M_f 为摩擦力矩；M_L 为负载力矩；ω_m 为转子转速。

摩擦力矩包括库仑摩擦力矩和黏性摩擦力矩

$$M_f = M_{f0}\mathrm{sign}\omega_m(t) + M_{f1}\omega_m \tag{3.2.7}$$

负载力矩由泵、机床刀具等设备的负载特性决定，通常可由如下多项式进行近似

$$M_L = M_{L0} + M_{L1}\omega_m + M_{L2}\omega_m^2 \tag{3.2.8}$$

3）热子系统

定子和转子中的功率损失 P_{LS} 和 P_{LR} 将导致电动机发热。主要的功率损失为电阻损失和铁损，铁损又分为磁滞损失和涡流损失。定子和转子的热容为

$$C_S = m_S c_{Sp}$$
$$C_R = m_R c_{Rp}$$

式中：m_S 和 m_R 为质量；C_{Sp}和 C_{Rp}为定子和转子的比定压热容。使用两个一阶微分方程对定子温度 $\vartheta_S(t)$ 和转子温度 $\vartheta_R(t)$ 进行描述。对通过间隙和空气冷却的热传导过程进行简化，得到定子温度的二阶模型为[3.22,3.24]

$$\Delta\vartheta_S(s) = \frac{(b_{S1}s + b_{S0})P_{LS}(s) + b_{R0}P_{RS}(s)}{a_2 s^2 + a_1 s + a_0} \tag{3.2.9}$$

3.2.2 基于信号的功率电子故障检测

交流调速电动机的功率转换电路通常由线侧的交流/直流转换器（整流器）和电动机侧的三相直流/交流转换器（逆变器）两部分组成。前者对电网电压进行整流，后者用于产生所需频率和幅值的三相电，见图 3.10。

下面将给出如何通过基于信号的方法对功率电子中的故障进行检测。测量变量为中间变量 U_d，以及与图 3.8 中 I_{Sa}、I_{Sb}、I_{Sc} 相对应的相电流 I_{S1}、I_{S2}、I_{S3}。对于相电压 U_{S1}、U_{S2}、U_{S3}，仅能对 PWM 逆变器的设定值进行测量。

1）交流/直流整流器

到目前为止，在系列化生产的整流器中，实际使用的故障诊断功能比较少。监督功能主要包括电动机电流监控、直流母线电压监控和电动机参数的似真校验等。

整流器的主要故障是断线和二极管故障。如果二极管电阻过大，将无法导通电流。二极管的另外一种失效模式为反向导通，从而造成一相短路导致熔断

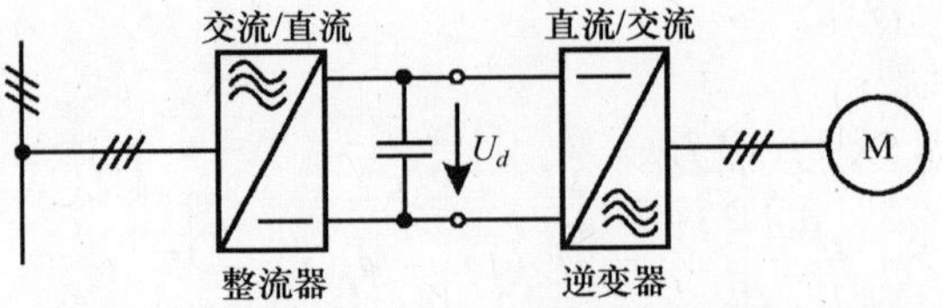

图 3.10　驱动交流电动机直流的电压源逆变方案

丝熔断。但如果与故障整流器桥路相连的熔断丝熔断，则相当于出现了断相故障。对于二极管高阻故障，由于仅影响半个周期，电动机将工作在正常和缺相状态之间。所研究的整流器电路原理图见图 3.11。

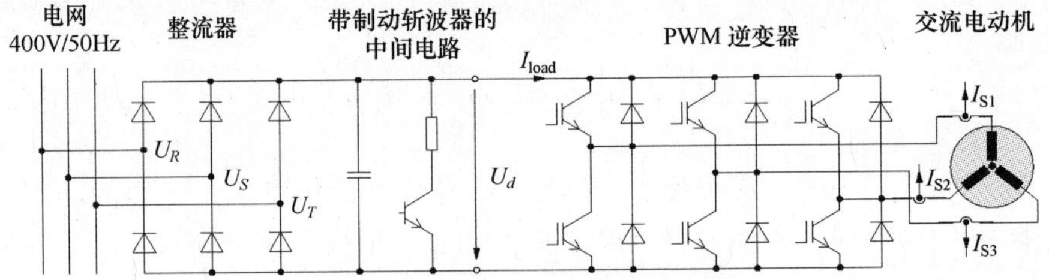

图 3.11　直流电压转换器电路图

上述故障将引起二极管电流增大。这是由于当一相断路后，电动机所需能量将由其两相提供。因此，该故障虽然不会直接导致电动机失效，但其他二极管的超载将可能造成后续的早期失效[3.12,3.23]。

故障将对直流电压 U_d 造成明显影响。当出现故障时，信号将出现明显波动，如图 3.12 所示。

一种简单且可靠的整流器故障检测方法是对信号方差进行评估，即

$$r_{U_d} = \text{var}\{U_d\} \tag{3.2.10}$$

出现故障后，方差将出现大幅增加。由于方差与负载电流 I_{Load} 密切相关，在计算正常方差时需要考虑负载电流的影响，见图 3.13。

为了得到更高的可靠性，选择故障二极管的测量方差曲线作为阈值。由于噪声以及相连直流/交流逆变器的影响，实测曲线超过了理论值。通过对中间电压方差进行阈值校验，可以对二极管故障进行检测。

2）直流/交流逆变器

图 3.14 为 PWM 逆变器的原理结构图。逆变器故障和定子绕组故障将产生定子电流向量的特征谐波。定子电流为

$$\boldsymbol{I}_S(t) = \frac{2}{3}\left(I_{S1}(t) + I_{S2}(t)\mathrm{e}^{-\mathrm{i}\frac{2\pi}{3}} + I_{S3}(t)\mathrm{e}^{-\mathrm{i}\frac{4\pi}{3}}\right) \tag{3.2.11}$$

将上式转换至标准正交 α、β 坐标系中，有

$$\boldsymbol{I}_S(t) = I_{S\alpha}(t) + \mathrm{i}I_{S\beta}(t) = I_{S0}(t)\mathrm{e}^{\mathrm{i}\varphi(t)} \tag{3.2.12}$$

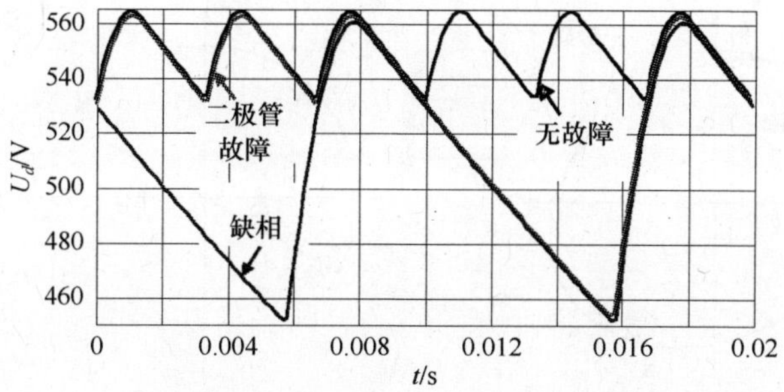

图 3.12　不同故障时直流电压 U_d 的响应（采样频率 2kHz）

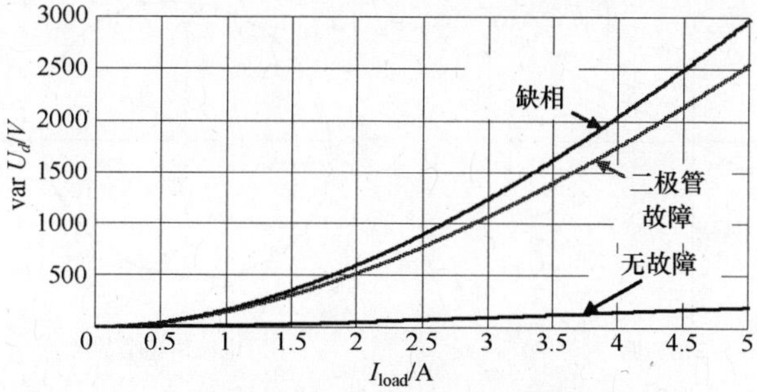

图 3.13　直流连接电压 U_d 在不同故障时的方差

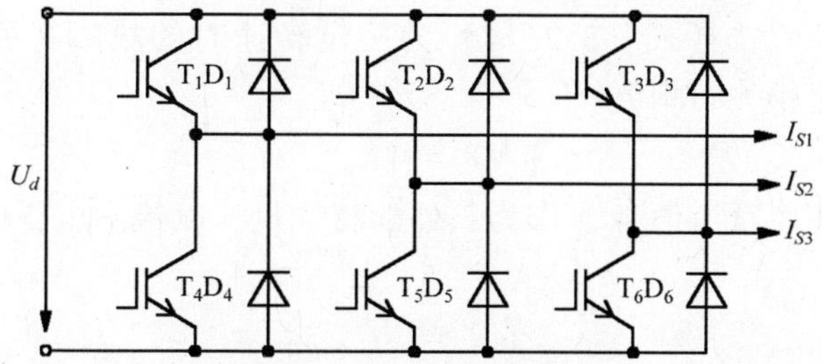

图 3.14　PWM 逆变器

无故障时，电流向量轨迹为圆形，而出现定子绕组故障时，轨迹变为椭圆，见图 3.15(a)。其他逆变器故障和电流传感器故障所对应的轨迹见图 3.15(b) ~ (d)。对于这些故障状态，电流向量的频谱中包含了正、负频率[3.22,3.23]，即

$$\boldsymbol{I}_S(t) = \bar{I}_{S1}\mathrm{e}^{\mathrm{i}(\omega_S t+\varphi_1)} + \bar{I}_{S-1}\mathrm{e}^{\mathrm{i}(-\omega_S t+\varphi_{-1})} \tag{3.2.13}$$

式中：ω_S 为定子角频率。

当 Is 为椭圆情况时，向量轨迹 $\boldsymbol{I}_{S-1}$ 仍然为圆形，但半径更小且方向相反。由傅里叶级数分析方法对 I_{S1} 和 I_{S-1} 进行监控，可以对上述故障进行检测[3.23]。该方法可以用于频率恒定为 f_S 的交流电动机。但对于频率 f_S 变化的磁场矢量控制电动机，其电流向量受到被控对象动力学的影响。定子电压 $\boldsymbol{U}_S(t)$ 同样是电

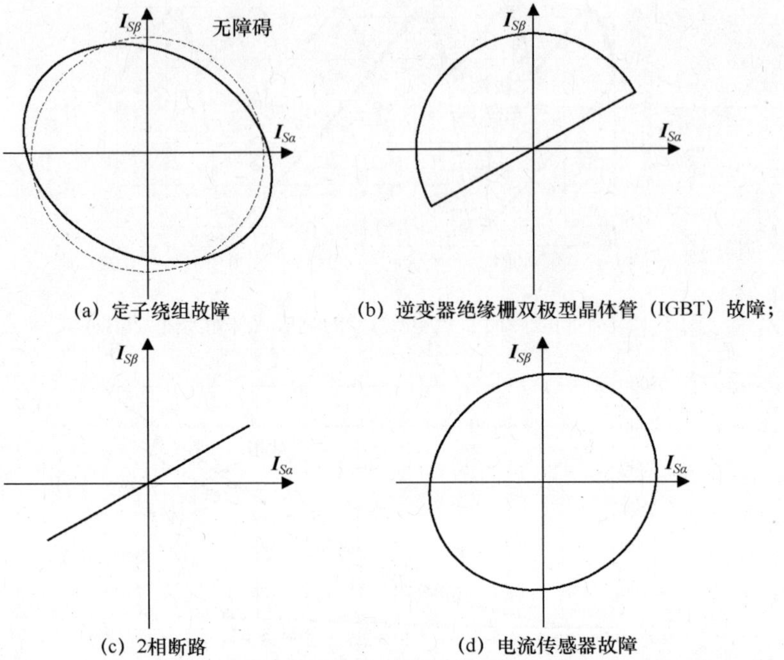

图 3.15　定子电流矢量轨迹

流控制器的输出，见图 3.9，其频率一致。对于高速状态，可以对 $\boldsymbol{U}_S(t)$ 进行傅里叶分析。因此选择式（3.2.14）为稳定转速时的故障特征，但需要通过试验确定与转速相关的阈值。

$$r_{U-1}(t) = |\overline{U}_{S-1}(t)| \tag{3.2.14}$$

另外可以使用直流值 $r_{U0\text{Hz}}$ 作为额外的特征量，以检测电压向量 $\boldsymbol{U}_S$ 的偏置，即

$$r_{U0\text{Hz}} = |\overline{U}_{S0\text{Hz}}| \tag{3.2.15}$$

当出现断相或 IGBT 输出故障时，三路电流值将不一致。通过低通滤波器对平方值 $I_{Si}^2(t)$ 进行滤波，可以获得三路电流 $I_{Si}(t)$ 的有效值，定义残差为

$$\begin{cases} r_{12}(t) = I_{S1}^2(t) - I_{S2}^2(t) \\ r_{23}(t) = I_{S2}^2(t) - I_{S3}^2(t) \\ r_{31}(t) = I_{S3}^2(t) - I_{S1}^2(t) \end{cases} \tag{3.2.16}$$

为了考虑所有电流测量值的影响，使用电流和作为另一个残差

$$r_{S0} = |I_{S0}| = |I_{S1}(t) + I_{S2}(t) + I_{S3}(t)| \tag{3.2.17}$$

无故障时，该残差值为 0。

表 3.4 列出了不同故障所对应的故障 - 征兆关系。由表可知，所有故障都是可分离的，除了 IGBT 故障和接地断路故障是弱可分离的以外，其他故障均

表现出强烈的可分离性。

表 3.4 PWM 变频器和定子绕组的故障征兆表
(+: 小幅增加; ++: 大幅增加; 0: 无变化)

故障	故障征兆					
	$\lvert r_{12} \rvert$	$\lvert r_{23} \rvert$	$\lvert r_{31} \rvert$	$\lvert r_{U-1} \rvert$	$\lvert r_{UOHz} \rvert$	$\lvert I_{S0} \rvert$
缺相 1	++	0	++	++	0	0
缺相 2	++	++	0	++	0	0
缺相 3	0	++	++	++	0	0
IGBT1 损坏	++	+	++	+	++	0
IGBT2 损坏	++	++	+	+	++	0
IGBT3 损坏	+	++	++	+	++	0
定子绕组短路	≈0	≈0	≈0	+	0	0
传感器 1 或 2 偏置故障	≈0	≈0	≈0	0	+	+/++
传感器 1 或 2 增益故障	≈0	≈0	≈0	+	0	+/++
电流传感器故障	0	0	0	0	0	+/++
相 1 断路	++	+	++	++	0	+/++
相 2 断路	++	++	+	++	0	+/++
相 3 断路	+	++	++	++	0	+/++

3.2.3 基于模型的交流电动机故障检测

假设可以获得如下测量值和计算变量:

(1) q 系统和 d 系统的电压 U_{Sq}、U_{Sd};

(2) q 系统和 d 系统的电流 I_{Sq}、I_{Sd};

(3) PWM 逆变器角频率 $\omega_K = \omega_S$;

(4) 转子角频率 ω_R。

为了使用一致性方程对交流电动机进行故障检测，需要通过非线性辨识方法获得系统的非线性动力学模型[3.24]。

交流电动机型号为 VEM K21R90S（标准电动机）四极电动机，额定电压 400V，额定电流 2.62A，额定功率 1.1kW，额定转速 1420r/min（50Hz）[3.22]。

1）电气子系统

式（3.2.3）和式（3.2.4）为建立系统动力学模型的基础，分别用于建立 d 子系统和 q 子系统。必须考虑相电压并不是精确已知的情况。在实际试验时，将 d 电流控制器关闭，而 q 电流控制器处于工作状态以产生激励信号 U_{Sq}，见图 3.9。因此，转子磁链参数值 Ψ_{Rdref} 为恒值。对式（3.2.4）进行离

散化处理，离散时间 $k = t/T_0$，其中 T_0 为采样时间，从而有

$$I_{Sq}(k) = \Theta_1 U_{Sq}(k) + \Theta_2 \omega_K(k) I_{Sd}(k) + \Theta_3 \omega_R(k) \Psi_{Rd} + \Theta_4 I_{Sq}(k-1) \quad (3.2.18)$$

式中：Θ_i 为参数，与模型参数相关；忽略 $\omega_K(k)$ 和 $I_{Sd}(k)$ 的乘积；Ψ_{Rd} 为常数。参数 Θ_i 通过 ω_K 和 I_{Sq} 而与操作点相关。因此，定义局部线性化模型为

$$I_{Sq}(k) = w_1(z) U_{Sq}(k) + w_2(z) \omega_R(k) + w_3(z) I_{Sq}(k-1) \quad (3.2.19)$$

由权向量表示与操作点的相关性

$$z^{\mathrm{T}} = [\omega_K(k) I_{Sq}(k-1)] \quad (3.2.20)$$

该模型为半物理模型，使用局部线性模型树（LOLIMOT）辨识方法对权参数 $w_i(z)$ 进行估计[3.9,3.15]。可以认为它是一个特殊的神经网络，使用直接最小二乘法进行参数估计，从而获得一个模糊神经网络模型。

由于参数还与交流电动机温度有关，因此需要对定子温度 ϑ_S 进行测量，并在式（3.2.19）中引入修正系数 $k_1(\vartheta_S)$ 和 $k_2(\vartheta_S)$，从而有

$$I_{Sq}(k) = w_1(z) k_1(\vartheta_S) U_{Sq}(k) + w_2(z) k_2(\vartheta_S) \omega_R(k) + \omega_3(z) I_{Sq}(k-1) \quad (3.2.21)$$

对修正系数进行估计，使用二阶多项式对 $k_1(\vartheta_S)$ 进行近似，使用线性关系式对 $k_2(\vartheta_S)$ 进行近似。

使用调幅 PRBS 信号（Amplitude Modulated PRBS，APRBS）① 对 U_{Sq} 进行激励，对交流电动机动态特性进行辨识，采样时间为 1.5ms。由图 3.16 的试验结果表明，在定子温度 $\vartheta_S \in [25℃, 60℃]$ 的范围内，使用 6 个局部模型和 2 个修正系数的电动机模型与实测结果具有非常好的一致性。

使用类似方法，可以对 d 系统进行辨识。由式（3.2.3）和试验结果可知

$$U_{Sd}(k) = w_0(z) + w_1(z) \omega_K(k) + w_2(z) I_{Sq}(k) \quad (3.2.22)$$

由于 I_{Sd} 为常数，因此其微分等于 0，所以 d 系统模型是一个静态模型。同样使用修正系数对温度影响进行校正。图 3.17 表明，使用 6 个局部线性模型和 18 个修正参数的系统模型与试验结果的一致性较好。

这些精确的非线性模型可以用于建立一致性方程以实现故障检测。建立如下输出残差及其方差（图 3.18）：

$$r_q = I_{Sq} - \hat{I}_{Sq} \quad (3.2.23)$$

$$r_d = U_{Sd} - \hat{U}_{Sd} \quad (3.2.24)$$

① 译者注：PRBS（Pseudo Random Binary Sequence）为伪随机二进制序列。

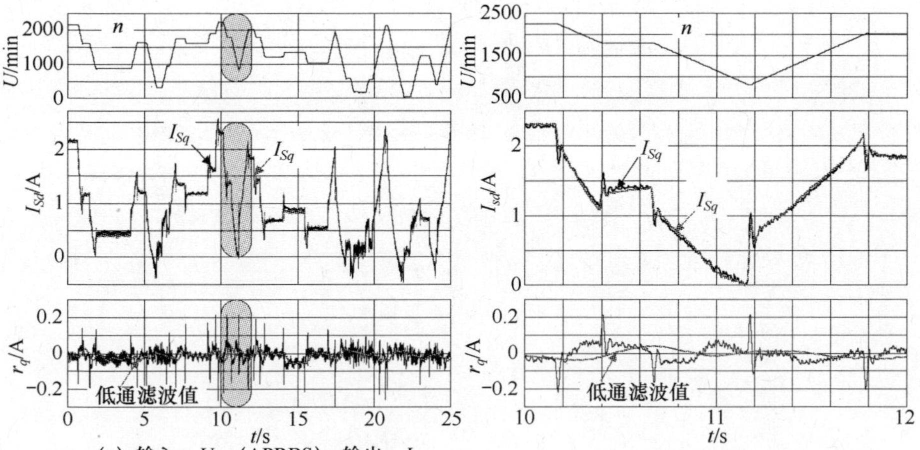

(a) 输入：U_{Sq} (APRBS)；输出：I_{Sq}，n和输出误差$r_q=I_{Sq}-\hat{I}_{Sq}$温度：25℃　　(b) 局部放大图

图 3.16　使用 LOLIMOT 辨识方法的 q 系统辨识结果

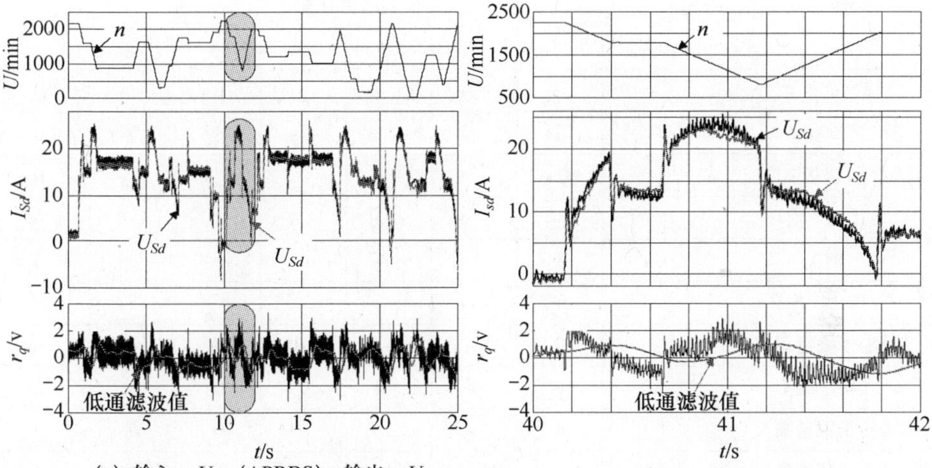

(a) 输入：U_{Sq} (APRBS)；输出：U_{Sd}，n和输出误差$r_q=U_{Sq}-U_{Sq}$温度：25℃　　(b) 局部放大图

图 3.17　使用 LOLIMOT 辨识方法的 d 系统辨识结果

此外，由 r_{12}、r_{23}、r_{31} 和 $|I_{S0}|$ 建立相电流的残差方程，见式（3.2.16）和式（3.2.17）。由于在稳态时模型具有更高的精度，因而在动态状态下，使用与电流 I_{Sq} 相关的自适应阈值。而 I_{Sq} 与电动机产生的力矩成正。表 3.5 列出不同故障所对应的故障 – 征兆关系。交流电动机定子绕组缺陷、转子铜条断裂和转子偏心是强可分离的，因而可以很容易地被诊断出来。但转子铜条断裂和转子端环断裂仅为弱可分离性的，因而不容易区分。PWM 逆变器故障的故障 – 征兆关系见表 3.4。

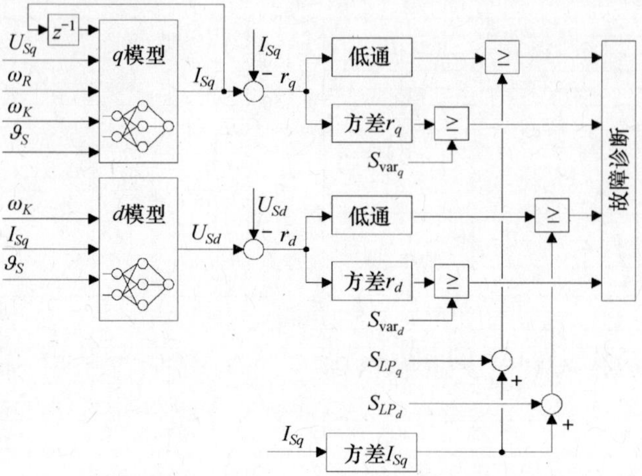

图 3.18　基于非线性一致性方程的交流电动机残差生成方法（S 为门限）

表 3.5　交流电动机故障征兆表

故障	故障征兆							
	$\lvert r_{q\,\mathrm{LP}}\rvert$	方差$\{r_q\}$	$\lvert r_{d\,\mathrm{LP}}\rvert$	方差$\{r_d\}$	$\lvert r_{12}\rvert$	$\lvert r_{23}\rvert$	$\lvert r_{31}\rvert$	$\lvert I_{S0}\rvert$
缺相 1	− −	+ +	+ +	+ +	+ +	0	+ +	0
缺相 2	− −	+ +	+ +	+ +	+ +	+ +	0	0
缺相 3	− −	+ +	+ +	+ +	0	+ +	+ +	0
IGBT1 损坏	−	+	+ +	+ +	+ +	+	+ +	0
IGBT2 损坏	−	+	+ +	+ +	+ +	+ +	0	0
IGBT3 损坏	−	+	+ +	+ +	+	+ +	+ +	0
定子绕组短路	− −	0	+	+	≈0	≈0	≈0	0
转子偏心	+ +	+	+	+ +	0	0	0	0
转子铜条断裂	+	+	+	+	0	0	0	0
端环断裂	+	0	0	0	0	0	0	0
传感器 1 或 2 增益故障	−/+	0	0	0	0	0	0	+/+ +
传感器 1 或 2 偏置故障	+	0	0	0	0	0	0	+/+ +
电流传感器故障	0	0	0	0	0	0	0	+/+ +
相 1 断路	− −	+	+	+	+ +	+	+ +	+/+ +
相 2 断路	− −	+	+	+	+ +	+ +	+	+/+ +
相 3 断路	− −	+	+	+	+	+ +	+ +	+/+ +

2）机械子系统

式（3.2.6）为转子角速度 $\omega_R(t)$ 的动力学方程。机械部件的故障将会造成摩擦参数 M_{f0}、M_{f1} 以及转动惯量 J 的改变。但是，这些参数同样受负载的影响，如传动系统、机床刀具和泵等。因此，该动力学方程与负载及相应可用测量值有关[3.9]。由式（3.2.1）和式（3.2.2），使用从磁场定向控制器中获得的电流 I_{Sd}、I_{Sq} 和转子角速度 ω_m，可以计算得到电磁力矩 M_{el}。图 3.19 为最终的信号流和计算原理框图，其中一些电气参数可以通过估计获得。由于机械子系统比电气子系统慢得多，因而可以选择较大的采样时间，如 $T_0 = 10\text{ms}$（100Hz）。

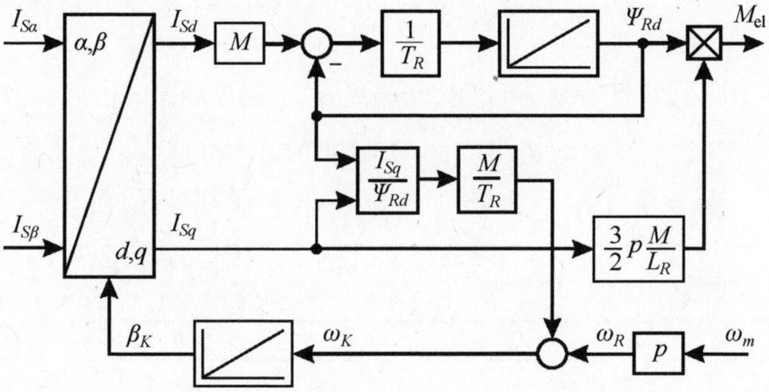

图 3.19　通过对 I_{Sd}，I_{Sq} 和 ω_m 的测量计算电动机力矩 M_{el}

3）热子系统

交流电动机的热状态由转子和定子的温度进行表示。电动机过热的原因主要是缺乏冷却、摩擦力增大和过载。定子电阻的热功率损失为

$$P_{LS} = \frac{3}{2}R_S(I_{Sd}^2 + I_{Sq}^2) \tag{3.2.25}$$

忽略转子功率损失，则仅需考虑传递函数式（3.2.9）中的一部分。相应的离散传递函数为

$$G(z) = \frac{\Delta\vartheta_S(z)}{P_{LS}(z)} = \frac{\beta_1 z^{-1} + \beta_2 z^{-2}}{1 + \alpha_1 z^{-1} + \alpha_2 z^{-2}} \tag{3.2.26}$$

该离散传递函数有两个极点，分别对应大的时间常数 $T_1 \approx 17\text{min}$ 和小的时间常数 $T_2 \approx 2\text{min}$。时间常数由参数估计确定，采样时间为 $T_0 = 30\text{s}$。输出残差为实测温度与估计温度之差

$$r_\vartheta = \vartheta_S - \hat{\vartheta}_S \tag{3.2.27}$$

在动态工作时可以对参数进行估计，当时间常数的估计值 $\hat{T}_1$ 改变时，可以表征热系统出现故障。

图 3.20 给出了由于散热风扇故障造成的定子温度上升曲线，表 3.6 列出了时间常数的估计值。当出现冷却故障或超载时，定子温度大大增加，表现为式（3.2.26）中的增益变大，大时间常数 T_1 明显增加，而小时间常数 T_2 近似不变。

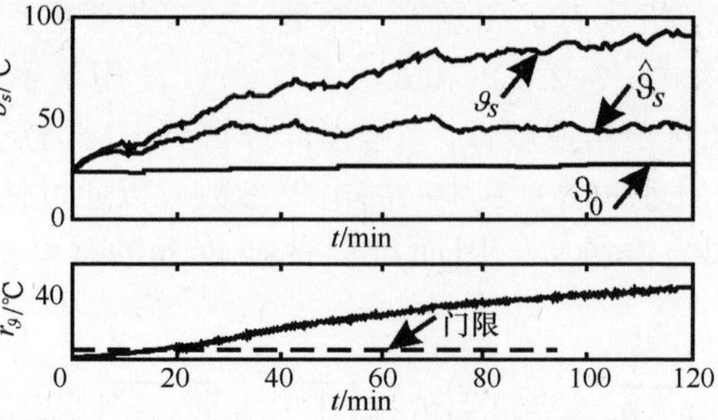

图 3.20　风扇叶轮损坏时的定子温度 ϑ_S 和温度残差 r_ϑ 的变化情况

（$\hat{\vartheta}_S(P_{LS},t)$ 为正常工作时的模型输出）

表 3.6　不同冷却故障时热子系统的参数估计

时间常数	无障碍	风扇叶轮损坏	冷却槽被覆盖	电动机被覆盖
$\hat{T}_1$/min	16.6	69.3	31.2	36.1
$\hat{T}_2$/min	1.99	1.86	1.82	1.72

4）停止状态下的交流电动机故障检测

感应电动机中的某些故障不会立刻导致电动机的完全失效。例如，当转子铜条断裂后，理论上电动机还可以继续工作一段时间。但断裂附近铜条的电流会增大，并且由于热过载和机械不平衡造成机械应力增加，从而导致转子或导电端环的损坏[3.21]。

因此，对这类故障不需要一直进行监督，可以选择每隔一段时间进行一次监督即可满足要求。

为了选择合适的工作点对电气子系统进行测试，需要考虑以下几个方面。通常电动机轴与特定负载连接（如离心泵），电动机任何从静止状态开始的运动都会对负载造成影响。如果不允许对负载设备造成影响，并且不希望将电动机与负载断开，则唯一的解决方法就是在停止状态对电动机进行监督和故障检测。此时，逆变器以一种特殊的方式向电动机供电，保证电动机不产生任何力矩。由于电动机不运动，所以无须对转速进行测量。

测试信号需要覆盖特定的频率范围。一种方法是使用正弦信号作为测试信号，通过测量输入电流，使用频率响应处理方法确定多个频率点的阻抗，然后使用最小二乘法对电动机参数（转子/定子电阻、电感和互感系数）进行估计。另一种方式是使用 PRBS 测试信号，使用非回归最小二乘法对动态连续单输入/单输出模型进行估计，以确定电动机参数，见图 3.21[3.1]。

对不同激励轴进行参数估计，获得不同故障所对应的特征曲线。使用上述两种方法进行测试，获得了较为接近的估计结果。虽然使用频率响应法获得的结果更为精确一点，但第二种方法的实现速度比频率响应法快 10 倍。

电动机静止时，交流电动机可以认为是变压器[3.22]。其传递函数为

$$G_{Sd}(s) = \frac{I_{Sd}(s)}{U_{Sd}(s)} = \frac{1}{R_S} \frac{1 + T_R s}{1 + (T_R + T_S)s + T_R T_S \sigma s^2} \tag{3.2.28}$$

式中：$T_S = L_S/R_S$；$T_R = L_R/R_R$。

I_{Sd}的微分方程为

$$\ddot{I}_{Sd}(t) = b_0 U_{Sd}(t) + b_1 \dot{U}_{Sd}(t) - a_0 I_{Sd}(t) - a_1 \dot{I}_{Sd}(t) \tag{3.2.29}$$

式中

$$b_0 = \frac{1}{\sigma T_S T_R T_S} \quad b_1 = \frac{1}{\sigma T_S R_S} \quad a_0 = \frac{1}{T_S T_R \sigma} \quad a_1 = \frac{T_S + T_R}{T_S T_R \sigma}$$

使用参数估计和状态变量滤波器对 $\hat{R}_S, \hat{L}_S, \hat{R}_R, \hat{M}$ 进行估计，对铜条断裂、导电端环破坏和电动机偏心等故障进行检测。图 3.21 为测量方法原理图。图 3.22描述了对于铜条断裂故障，不同激励轴所对应的转子电阻增加的试验结果，详见文献［3.22］。

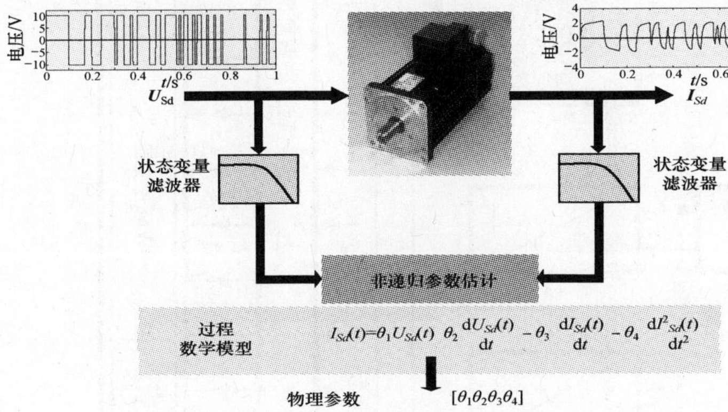

图 3.21　静止时定子和转子的参数估计方法

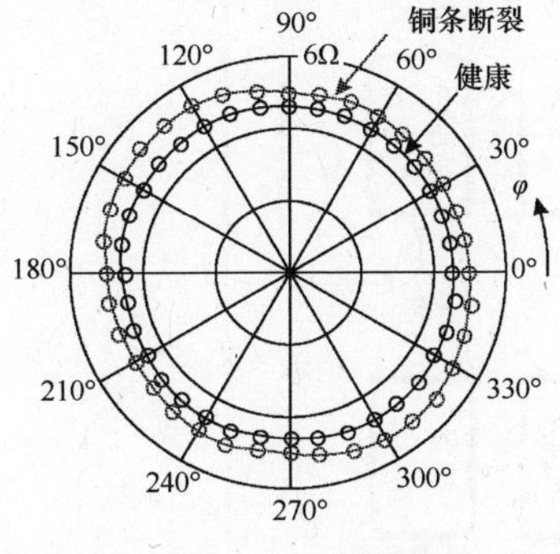

图 3.22　转子电阻估计值与激励轴 φ 之间关系

3.2.4　小结

图 3.23 给出了针对交流电动机转速控制系统，基于信号和过程模型的故

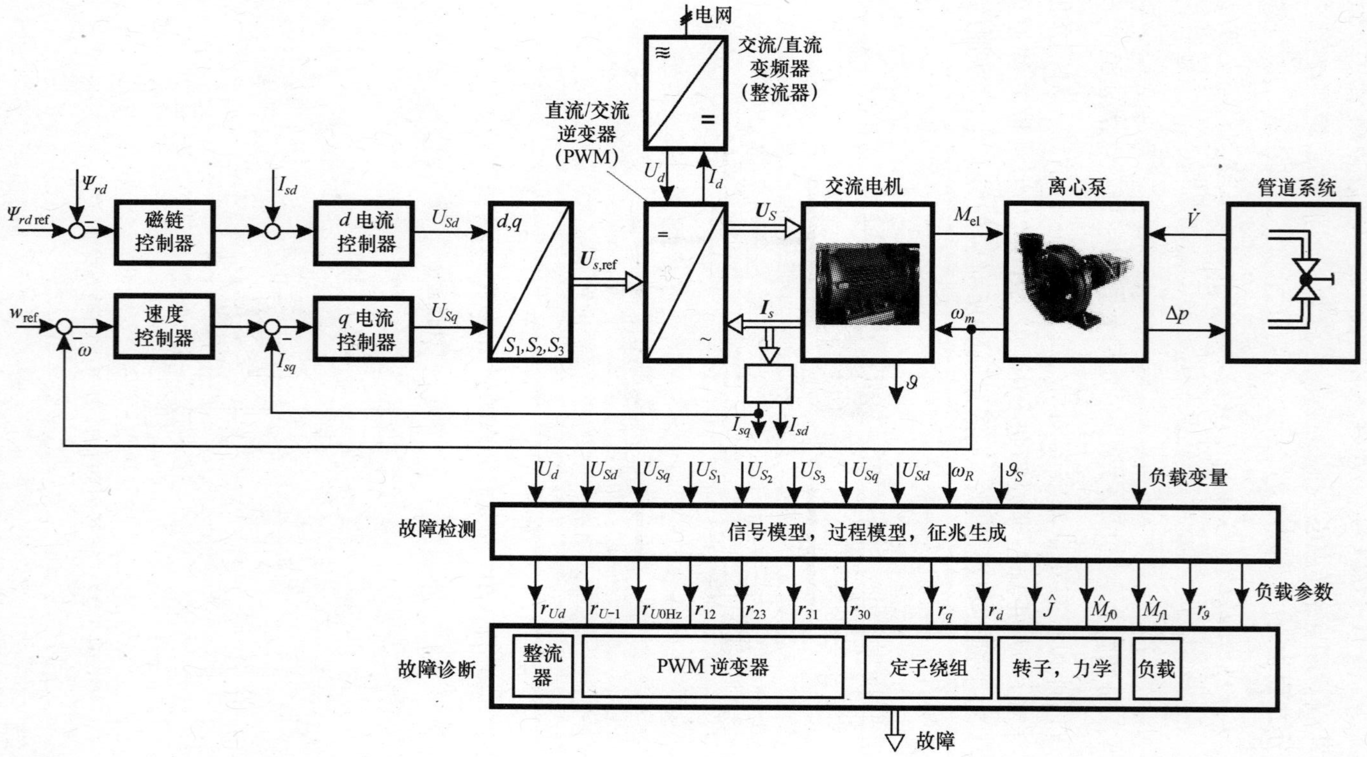

图3.23　基于信号和过程的速度控制交流电动机故障诊断方法

障检测和诊断总体方案。研究表明，通过电动机模型可以对整流器、PWM 逆变器、交流电动机定子和转子以及机械结构中的多种故障进行检测。非线性输出一致性方程特别适用于电气子系统的故障检测，但需要相对精确的过程模型。可以使用局部线性模型和 LOLIMOT 非线性参数估计方法获得过程模型。对于电动机机械结构的故障检测，比较适合使用线性参数估计方法，同样可以从负载设备获得过程参数。基于模型的故障诊断方法仅需要 4 个传感器和一些直接从磁场定向控制器中获得的变量，可以确定 14 种故障征兆，并对 10 种故障进行诊断。本节所介绍的故障检测方法可以直接应用于同步电动机中。

第 4 章　电动执行器的故障诊断

执行器将小功率控制变量（如 0 ~ 10V 模拟电压，0 ~ 20mA 或 4 ~ 20mA 电流，0.2 ~ 1bar 气压，0 ~ 150bar 液压压力）转换为过程所需的大功率输入。过程输入变量通常为能量流、质量流、力或力矩。由能源系统提供功率放大所需要的能量。执行器的能源可以是电源、气源或液压源。通常执行器由信号转换装置、原动机、运动输出转换装置（齿轮、轴）和执行装置（如阀等）组成，见图 4.1 和文献 [4.7]。执行器即可开环工作也可闭环工作（如位置或流量控制），执行器的基本结构、类型、特性及数学模型见文献 [4.4]。

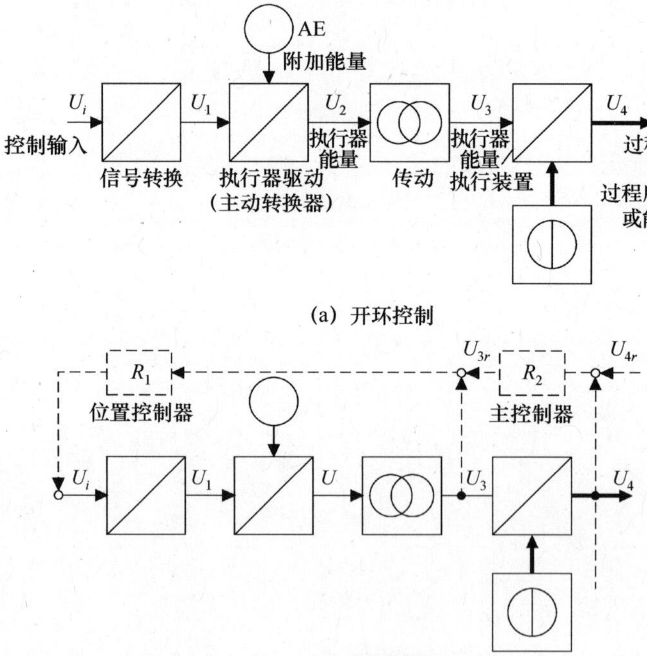

图 4.1　执行器基本结构

执行器在手动和自动控制系统中扮演着重要角色。在下面章节中将对电动和流体传动执行器技术进行研究。

4.1 电磁执行器

电磁铁在很多执行器中扮演着重要角色，对其进行监督和故障检测具有重要意义。电磁铁分为开关电磁铁和比例电磁铁两大类。开关电磁铁用于实现开关功能，驱动阀芯从一个极限位置至另一个极限位置，而比例电磁铁则可以对阀芯进行连续位置控制。比例电磁铁通常需要与弹簧配对使用，见图 4.2。由于需要精确的位置控制，因而要求比例电磁铁的输出力 F 与输入电压 U 之间为线性关系，并且电和机械（低摩擦力）的滞环较小。比例执行器主要用于闭环位置控制，被控变量为电枢位置或其他输出变量，如压力等。为了保证力 - 位置特性 $F(z)$ 与气隙无关，通常将电枢工作点附近的磁轭设计成圆锥形[4.4,4.8]，如图 4.2 所示。虽然开关电磁铁的力 - 位置特性是非线性的，但仍然可以通过非线性补偿方法对其进行线性化，如图 4.3 所示。

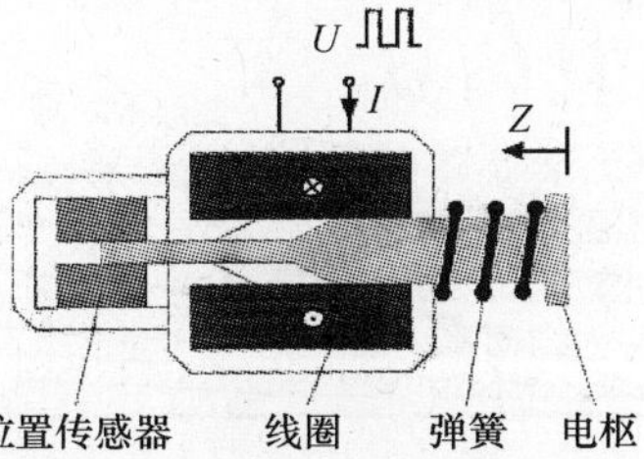

图 4.2 低成本直流电磁铁结构

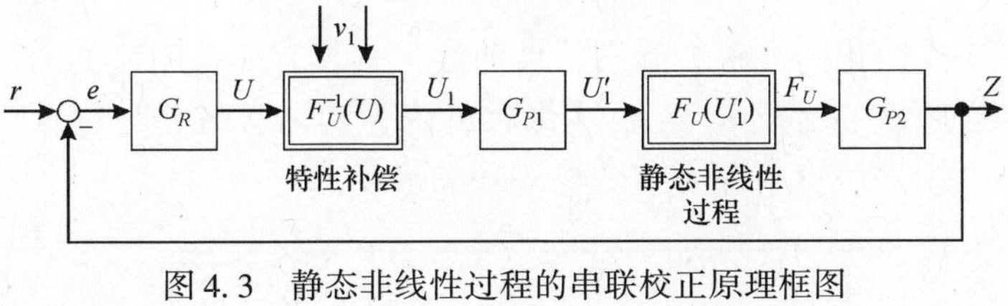

图 4.3 静态非线性过程的串联校正原理框图

4.1.1 位置控制

以图 4.2 中简化的电磁铁为例，其参数如下[4.16]：

电枢长度： 125mm；

电枢直径： 25mm；

线圈长度： 60mm；

线圈电阻： $R = 22.4\Omega$；

电感： L（Z=0）mm=0.87H，

L（Z=25）mm=1.18H；

电压：　　　　$U=24\text{V}$（直流）；

弹簧常数：　　$c_F=1620\text{N/m}$；

位置传感器：　电感精度：0.5%，

　　　　　　　测量范围：40mm，

　　　　　　　时间常数：2.5ms。

由图4.4可知，电磁铁非线性力－电流特性可由如下多项式近似[4.8]

$$F(I,Z)=I\sum_{i=0}^{2}\frac{K_i}{(Z_0-Z)^i},\quad Z_0=26\text{mm} \tag{4.1.1}$$

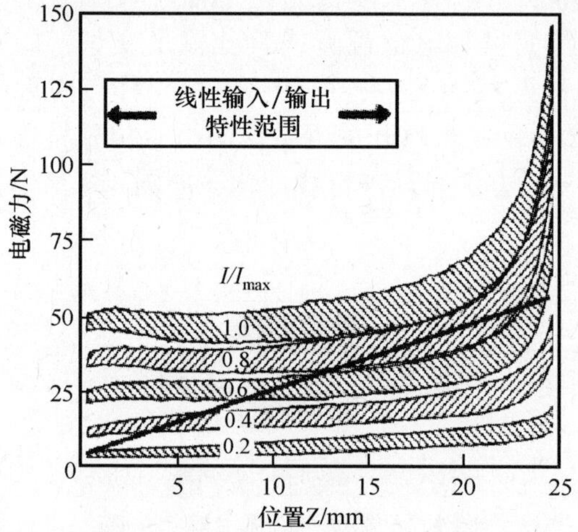

图4.4　开关电磁铁非线性电磁力－位置特性（图中直线为线性弹簧特性）

图4.5为线性化的电磁铁静态特性曲线，其具有非常明显的滞环特性。曲线的梯度为电磁铁的增益K_p，线性化后可认为其为常数。与位置相关的滞环曲线宽度可以用来评价摩擦力和磁场滞环的大小。

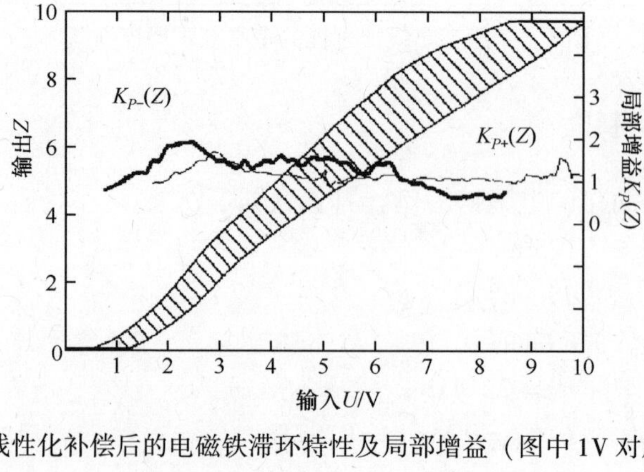

图4.5　线性化补偿后的电磁铁滞环特性及局部增益（图中1V对应2.5mm）

除了进行非线性力特性补偿外，通过对库仑摩擦力系数进行估计，还可以对摩擦力进行自适应补偿，见文献［4.4］、［4.6］和文献［4.16］。

包括非线性力-位置特性补偿的电磁铁线性化模型可以由两个方程进行描述。其中内部电流环模型为

$$T_I\dot{I}(t)+I(t)=K_IU(t) \tag{4.1.2}$$

对于机械子系统，在工作点附近近似有 $\Delta Z=z$，则模型为

$$m\ddot{z}(t)+d\dot{z}(t)+cz(t)=K_{\text{mag}}I(t)-F_C\text{sign}(\dot{z})+F_L(t) \tag{4.1.3}$$

电磁铁的输入/输出特性可由三阶模型表示。在预先辨识阶段使用特殊输入信号对电磁铁进行激励，通过辨识获得未知参数，采样时间为 2.5ms。考虑库仑摩擦力的影响，通过输出误差参数估计方法获得正负方向的传递函数为

$$G_+(s)=\frac{z(s)}{U(s)}=\frac{382.4}{(s+116.4)(s^2+40.4s+3329.4)}e^{0.0025s} \tag{4.1.4}$$

$$G_-(s)=\frac{z(s)}{U(s)}=\frac{220.0}{(s+47.9)(s^2+47.9s+3444.5)}e^{0.0025s} \tag{4.1.5}$$

式中：+/-号为电枢的运动方向，传递函数中的死区用于描述异步 PWM 效应。

图 4.6 为使用数字式最优位置控制器时的控制效果。控制器传递函数为

$$G_q(q^{-1})=\frac{\Delta U(k)}{r(k)}=\frac{2.231-4.204q^{-1}+2.000q^{-2}}{(1-q^{-1})(1-0.616q^{-1})} \tag{4.1.6}$$

控制器为增加一阶滞后环节的 PID 控制器，采样时间 T_0 为 2.5ms。式中：q^{-1} 为移位算子，即 $u(k)q^{-1}=u(k-1)$。虽然电磁铁的动态特性在正负方向不一致，而控制器是根据较慢的负方向运动（最恶劣情况）模型进行设计的，但对于正向运动仍具有足够的鲁棒性。在 $17\text{mm}<Z<25\text{mm}$ 的范围内，仅使用线性控制并且不进行非线性补偿时会出现不稳定现象，而使用该控制器和非线性补偿方法，可以在整个运动范围内均具有较好且稳定的控制性能。

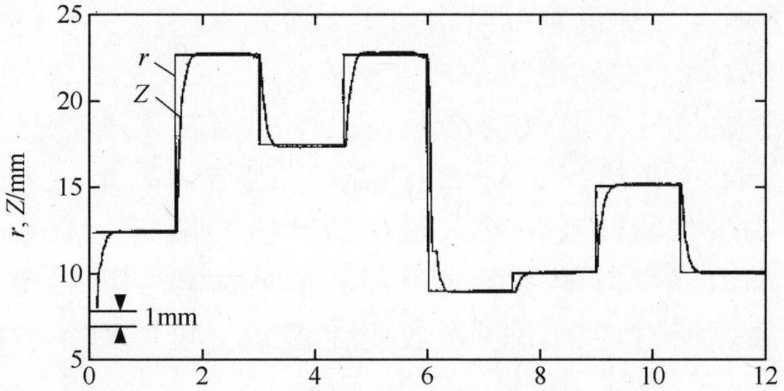

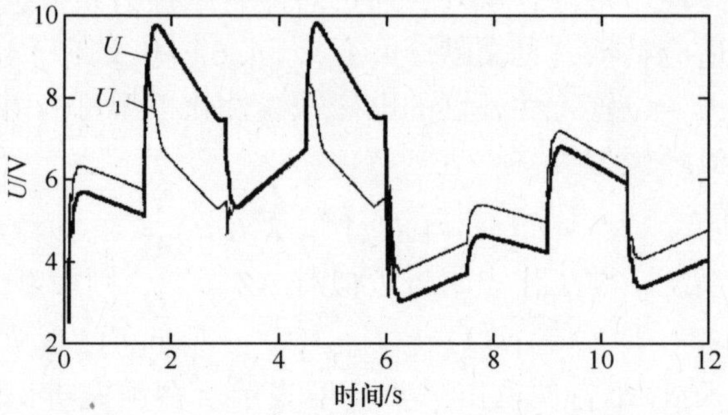

图 4.6　非线性特性补偿（未进行摩擦力补偿）后的电磁铁闭环位置控制效果

4.1.2　使用参数估计的故障检测方法

仅考虑电磁铁 0 ~ 25mm 的线性工作区域，由电流环方程（式（4.1.2））和机械子系统方程（式（4.1.3）），得到三阶微分方程为

$$z'''(t) + a_2^* z''(t) + a_1^* z'(t) + a_0^* z(t) = b_0^* \Delta U(t) + c_0^*(t) \tag{4.1.7}$$

参数的连续时间形式表示为

$$\boldsymbol{\Theta}^T(t) = \begin{bmatrix} a_2^* & a_1^* & a_0^* & b_0^* & c_0^* \end{bmatrix} \tag{4.1.8}$$

参数取决于电磁铁的系数，为

$$\boldsymbol{p}^{\mathrm{T}} = \begin{bmatrix} T_1 & D & \omega_0 & K_P & c_0^* \end{bmatrix} \tag{4.1.9}$$

由文献［4.4］有

$$D = \frac{d}{2\sqrt{mc}}, \quad \omega_0 = \sqrt{\frac{c}{m}} \tag{4.1.10}$$

电磁铁系数可以由参数估计 $\boldsymbol{\Theta}$ 进行表示，因此通过测量电压 U 和位置 Z 对模型参数 $\boldsymbol{\Theta}$ 进行估计，可以计算得到电磁铁的所有系数 $\boldsymbol{p}$[4.16]。

在试验中人为产生如下故障：

F_1：弹簧预紧力过大；

F_2：弹簧常数减小（断裂或老化，变化范围 $c = 1650 \sim 1200\mathrm{N/m}$）；

F_3：摩擦力增大（表面粗糙度增加或卡滞）；

F_4：电流环故障（驱动电流小）。

使用特定激励信号，通过输出误差最小化方法对参数进行估计，采样时间为 0.2ms。图 4.7 给出了对于不同故障的估计结果，表 4.1 列出了不同故障时电磁铁系数的改变情况。根据估计值的偏离（故障征兆）情况对所有故障进行辨识。可以使用模式识别方法或故障 - 征兆树等方法实现故障辨识。根据故障所对应的不同参数变化模式，可以对 4 种故障进行唯一的诊断。

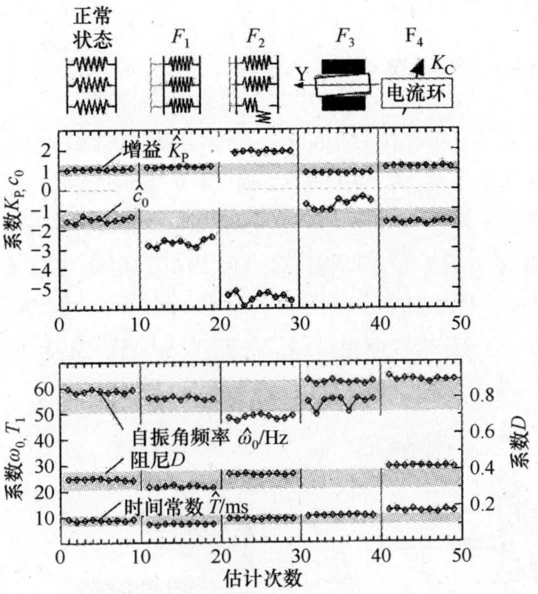

图 4.7　不同故障时的电磁铁参数估计情况（正向运动）

表 4.1　不同故障时电磁铁系数的改变情况
（0：无明显变化；+：增加；-：减小；++：明显增加；--：明显减小）

故障类型	静态系数		动态系数		
	K_{p+}	c_{0+}	ω_{0+}	D_+	T_1
F_1	0	--	0	0	0
F_2	++	--	-	+	0
F_3	-	+	0	++	0
F_4	0	0	0	+	++

4.2　汽车电子节气门执行器

从20世纪90年代开始，电子节气门已经成为汽油发动机的标配。电子节气门控制通过吸气歧管进入汽缸的空气流量。电子节气门由加速踏板传感器通过电子控制单元进行控制，同时还受怠速控制、牵引力控制和定速巡航控制的操作指令。对于多数汽车，电子节气门是第一种“电传操控”（Drive By Wire，DBW）的部件，替代了传统的机械控制[4.17]。由于电子节气门与行驶安全息息相关，因而其可靠性和安全性至关重要。下面对电子节气门的质量控制计算机测试过程中的故障检测、诊断方法以及相应设备进行研究，所用的方法同样可以用于车载在线故障诊断中。

4.2.1 执行器结构和模型

图4.8为电子节气门执行器剖面图。一个永磁直流有刷电动机通过两级齿轮减速器驱动节气门的开关运动。由主弹簧阻碍节气门运动，备份弹簧工作在反向的关闭区域，以便断电时可以打开节气门进入降级模式（机械冗余）。电动机由PWM电压 U_A 控制（±12V）。试验中的测量变量为电枢电压 U_A、电枢电流 I_A 以及节气门位置角度 φ_k（0°~90°）。由工作在两个方向的双余度电位器测量节气门位置。执行器的一些技术数据见表4.2。位置控制器由基于模型的滑模控制器或一阶滞后PID控制器控制，采样时间为1.5ms[4.14,4.15]。

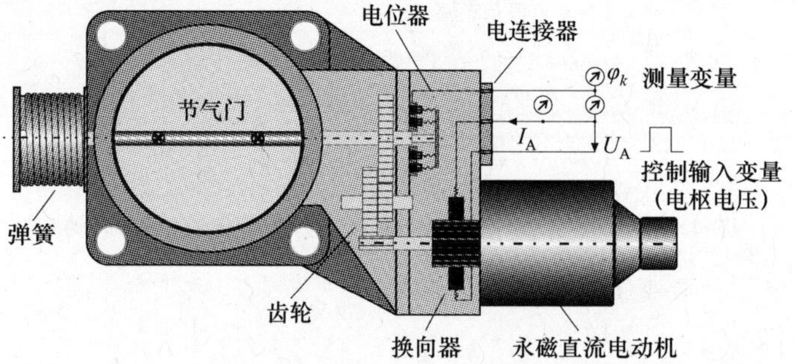

图4.8 电子节气门结构

表4.2 电磁节气门参数表（Bosch，DV－E4）
（永磁直流有刷电动机：一对极、12个电刷整流换向片、2个球轴承、供电电压12V、1.4A；节气门直径：70mm，针型轴承）

参数	参考值
电枢电阻 R_A/Ω	1.2
电感 $L_A/\mu H$	600
磁链 Ψ/（N·m/A）	0.029
电动机转动惯量 J/（kg m²/rad）	0.0000092
弹簧常数 c_{S_1}/N·m	0.002－0.0021
弹簧预紧力矩 M_{S_0}/N·m	0.29±0.03
库仑摩擦力矩 M_{F_0}/N·m	ca. 0.18
减速比 ν	43/12×55/12＝16.42

根据节气门理论模型，结合式（3.1.1）、式（3.1.2）和文献［4.4］，获得如下模型方程：

电气部分

$$U_A(t) = R_A I_A(t) + \Psi\omega_A(t) + c_{0e} \tag{4.2.1}$$

$$M_{\mathrm{el}}(t) = \Psi I_{\mathrm{A}}(t) \tag{4.2.2}$$

机械部分（折算至电动机轴）

$$vJ\dot{\omega}_k = M_{\mathrm{el}}(t) - M_{\mathrm{mech}}(t) \tag{4.2.3}$$

$$M_{\mathrm{mech}}(t) = \frac{1}{v}(c_{S_1}\varphi_k(t) + M_{S_0} + M_{\mathrm{F}})(\varphi_k > \varphi_{k0}) \tag{4.2.4}$$

$$M_{\mathrm{F}}(t) = M_{\mathrm{F0}}\mathrm{sign}\omega_k(t) + M_{\mathrm{F}_1}\omega_k(t) \tag{4.2.5}$$

式中：R_{A} 为电枢电阻；Ψ 为磁链；v 为齿轮齿数比（$v=16.42$）；J 为电动机转动惯量；M_{F_0}为库仑摩擦力矩；M_{F_1}为黏性摩擦力矩；c_{S_1}为弹簧常数；M_{S_0}为弹簧预压缩；$\omega_k=\dot{\varphi}_k$ 为节流角速度；ω_{A} 为电动机角速度 $\omega_{\mathrm{A}}=v\omega_k$。

将 3.1 节中给出的直流电动机通用方程与图 4.9 进行对比可知，由于电气时间常数 $T_{\mathrm{el}} = L_{\mathrm{A}}/R_{\mathrm{A}} \approx 1\mathrm{ms}$，远远小于机械时间常数，因而可以忽略电枢电感。式（4.2.1）中的常数 $c_{0\mathrm{e}}$ 为施加在系统上的加性故障。

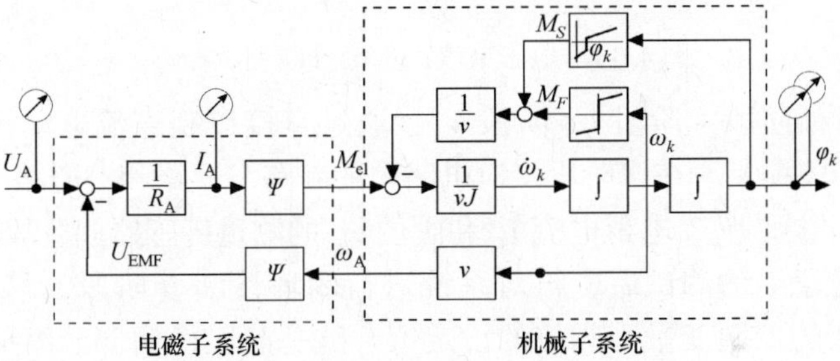

图 4.9　电子节气门信号流图

图 4.10 为故障检测和诊断系统原理框图。

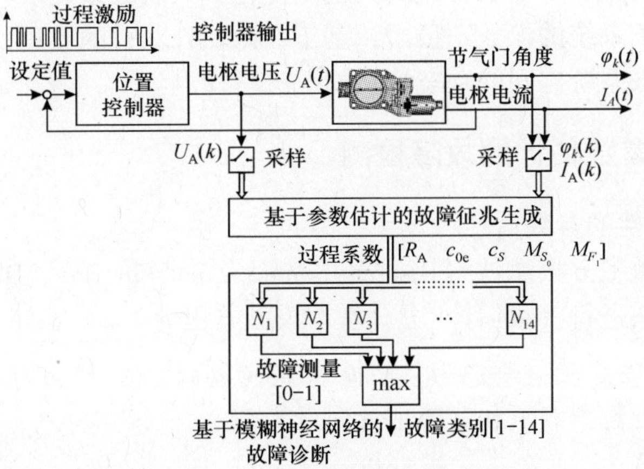

图 4.10　电子节气门执行器故障诊断系统框图（N：归一化）

4.2.2 质量控制的测试循环

为了达到最佳的故障诊断效果，测试循环由不同阶段组成，每个阶段被用于对执行器的特定子系统进行更深入地检测和诊断，见图 4.11。

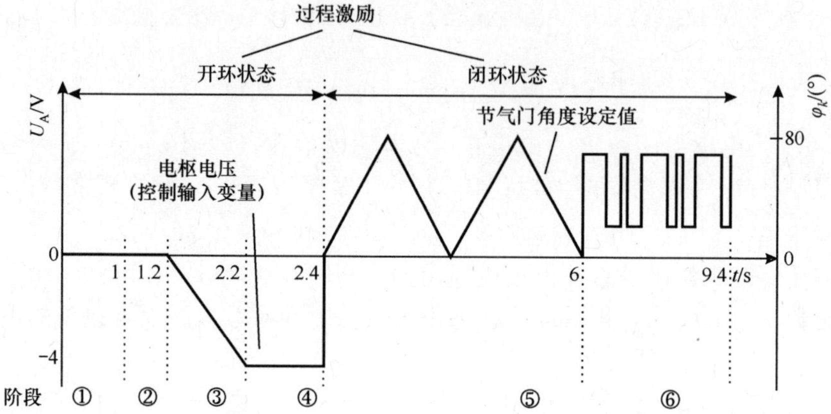

图 4.11 电子节气门故障诊断测试循环

在测试开始阶段（阶段 1 ~ 阶段 4），通过直接控制直流电动机电枢电压对执行器进行开关控制。在该阶段，对电路中的断路、短路和潜通路等故障进行检测，并对电枢电压 U_A、电枢电流 I_A 和阀位 φ_k 的测量传感器偏置故障进行检测。

在完成阶段 1 的测试后，再对系统进行闭环诊断（阶段 5 和阶段 6）。此时，诊断算法的控制变量为阀位的设定值。这一阶段由两部分组成。首先测试信号为三角波信号，对冗余电位器的测量信号进行真实性校验，并通过参数估计方法对执行器的机械部分进行检测。在阶段 6，使用高动态信号作为测试激励信号，以实现直流电动机转速的大范围变化，然后通过连续时间参数估计算法，获得电气子系统的参数。最后，基于参数估计获得的模型，使用一致性方程对模型与名义系统之间的动态偏离情况进行检测。

4.2.3 使用参数估计的故障检测

1）动态特性的参数估计

使用以离散平方根滤波（Discrete Square - root Filtering，DSFI）为形式的递归最小二乘法进行参数估计[4.4]。基本模型方程为

$$y(t) = \boldsymbol{\psi}^{\mathrm{T}}(t)\hat{\boldsymbol{\theta}} + e(t) \tag{4.2.6}$$

电气部分的数据向量和参数估计向量为

$$y(t) = U_A(t) \tag{4.2.7}$$

$$\boldsymbol{\psi}^{\mathrm{T}}(t) = \begin{bmatrix} I_A(t) & v\omega_k(t) & 1 \end{bmatrix} \tag{4.2.8}$$

$$\hat{\boldsymbol{\theta}}^{\mathrm{T}} = \left[\hat{\Theta}_1 \quad \hat{\Theta}_2\hat{\Theta}_3\right] \tag{4.2.9}$$

机械部分的数据向量和参数估计向量为

$$y(t) = \dot{\omega}_k(t) \tag{4.2.10}$$

$$\boldsymbol{\psi}^{\mathrm{T}}(t) = \left[I_{\mathrm{A}}(t)\varphi_k(t) \quad \omega_k(t) \quad 1\right] \tag{4.2.11}$$

$$\hat{\boldsymbol{\theta}}^{\mathrm{T}} = \left[\hat{\Theta}_4\hat{\Theta}_5\hat{\Theta}_6\hat{\Theta}_7\right] \tag{4.2.12}$$

由于使用了快速输入激励，因而可以忽略库仑摩擦力，而仅当 $|\omega_k| > 1.5\mathrm{rad/s}$ 时，才对黏性摩擦力 M_{F_1} 进行估计。

过程系数与参数估计值之间的关系为

$$\hat{\Theta}_1 = R_{\mathrm{A}};\hat{\Theta}_2 = \Psi;\hat{\Theta}_3 = c_{0\mathrm{e}};\hat{\Theta}_4 = \frac{\Psi}{\mathrm{v}J};\hat{\Theta}_5 = -\frac{c_{S_1}}{v^2J};\hat{\Theta}_6 = -\frac{M_{F_1}}{v^2J};\hat{\Theta}_7 = -\frac{M_{S_0}}{v^2J}; \tag{4.2.13}$$

齿轮减速比 v 已知，转动惯量为

$$J = \frac{\hat{\Theta}_2}{v\hat{\Theta}_4} \tag{4.2.14}$$

其他过程系数均可直接由参数估计 $\hat{\Theta}_i$ 确定。

对于工作在闭环状态的执行器，在进行参数估计时设定值为10°~70°之间的PRBS信号。使用采样时间为2ms的状态变量滤波器进行微分，$\omega_k = \dot{\varphi}_k$ 和 $\dot{\omega}_k = \ddot{\varphi}_k$。参数估计的采样时间为6ms，最终的参数估计收敛速度非常快，电气部分的最大方程误差≤5%或≤3.5°，机械部分的最大方程误差为7%~12%[4.14]。表4.3为在多个执行器中引入14种故障后，7个参数估计值的变化情况。除了 F_{11} 故障与 F_1 和 F_2 故障有类似模式而难以被分离外，其他所有故障均有不同的故障模式。

表4.3 不同故障下执行器的过程参数变化情况

（+：增加；－：减小；0：无明显变化）

		特征+值						
		参数估计						
	故障	R_{A}	ψ	$c_{0\mathrm{e}}$	J	c_{S_1}	M_{F_1}	M_{S_0}
F_1	弹簧预紧力增大	0	0	0	0	0	0	+
F_2	弹簧预紧力减小	0	0	0	0	0	0	－
F_3	电刷短路	－	－	0	+	+	+	0
F_4	电枢线圈短路	0	－	0	+	+	+	0
F_5	电枢线圈断路	+	－	0	0	+	+	+
F_6	额外串联阻抗	+	0	0	0	0	0	0
F_7	额外并联阻抗	－	－	0	0	+	+	0

（续）

		特征值						
		参数估计						
	故障	R_A	ψ	c_{0e}	J	c_{S_1}	M_{F_1}	M_{S_0}
F_8	齿轮摩擦力增加	0	0	0	+	+	+	0
F_9	U_A传感器偏置故障	0	0	+/-	0	0	0	0
F_{10}	I_A传感器偏置故障	0	0		0	0	0	+/-
F_{11}	φ_k传感器偏置故障	0	0	0	0	0	0	-/+
F_{12}	U_A传感器增益故障	+/-	+/-	+/-	+/-	+/-	+/-	+/-
F_{13}	I_A传感器偏置增益故障	-/+	0	0	+/-	+/-	+/-	+/-
F_{14}	φ_k传感器偏置增益故障	0	-/+	0	-/+	-/+	-/+	-/+

2）静态特性的参数估计

为了获得机械部分更为精确的模型，特别是摩擦力等，需要使用比较慢的三角波指令信号作为输入，并对上升和下降阶段的静态特性（见图 4.10 中的阶段 5）进行研究。设 $\dot{\omega}_k = 0$，并忽略式（4.2.1）～式（4.2.5）中的黏性摩擦力，由 $t = kT_0$ 得

$$I_A(t) = \frac{1}{v\Psi}\left(c_{S_1}\varphi_k(k) + M_{S_0} + M_{F_0}\operatorname{sign}\omega_k(k)\right)$$

$$= \boldsymbol{\Psi}^T(k)\boldsymbol{\Theta}$$

由于库仑摩擦力与运动方向有关，所以分别对打开和关闭两种运动状态进行估计，从而有

$$\boldsymbol{\Psi}_1^T(k) = \left[\varphi_k^+(k) \quad 1\right] \quad \boldsymbol{\Psi}_2^T(k) = \left[\varphi_k^-(k) \quad 1\right]$$

$$\hat{\boldsymbol{\Theta}}^+(k) = \left[\hat{\Theta}_1 \quad \hat{\Theta}_2\right] \quad \hat{\boldsymbol{\Theta}}^-(k) = \left[\hat{\Theta}_3 \quad \hat{\Theta}_4\right]$$

式中

$$\hat{\Theta}_1 = \frac{c_{S_1}}{v\Psi} \qquad \hat{\Theta}_2 = \frac{M_{S_0} + M_{F_0}}{v\Psi}$$

$$\hat{\Theta}_3 = \frac{c_{S_1}}{v\Psi} \qquad \hat{\Theta}_4 = \frac{M_{S_0} - M_{F_0}}{v\Psi}$$

由式（4.2.13）可以得到磁链 Ψ，则过程参数为

$$c_{S_1} = v\Psi\frac{\hat{\Theta}_1 + \hat{\Theta}_3}{2}$$

$$M_{S_0} = v\Psi\frac{\hat{\Theta}_2 + \hat{\Theta}_4}{2}$$

$$M_{F_0} = v\Psi\frac{\hat{\Theta}_2 - \hat{\Theta}_4}{2}$$

使用递归 DSFI 方法对两个方向上的参数进行估计，采样时间 T_0 为 6ms。图 4.12 为无故障情况下的参数估计结果。弹簧的预压缩 M_{S_0} 导致线性弹簧的正偏置，并且干摩擦导致了 $M_{F_0}^+$ 和 $M_{F_0}^-$ 的滞环特性。通过与折算至节气门轴的电磁力矩 $M_{el}' = v\Psi I_A$ 进行对比可知，估计的滞环特性与实测结果有着非常好的一致性。弹簧常数的变化导致斜率 c_{S_1} 和摩擦力的改变，而预拉伸量的变化将造成特性曲线的改变（未建模的粘性摩擦力或爬行现象导致电磁计算力矩的波动。出于简化目的，在参数估计时对回复点附近区域进行了忽略）。

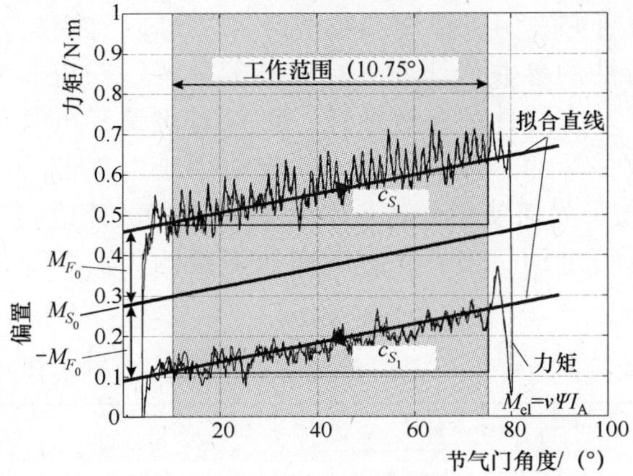

图 4.12　电子节气门静态特性估计值（无故障时）

4.2.4　使用一致性方程的故障检测

由于机械系统动态特性的精确建模较为困难，因而残差计算结果出现了非常大的波动。受电动机电刷、两级减速齿轮及弹簧中的干摩擦、黏性摩擦和爬行现象的影响，使用结构残差一致性方程（根据 3.1.2 节）方法进行故障检测并不成功。因此，仅对电气部分使用基于一致性方程的故障检测方法。由式（4.2.1）推导得到电压残差方程为

$$r(t) = U_A(t) - R_A I_A(t) - \Psi v \omega_k(t) \tag{4.2.15}$$

在连续时间域内对残差进行计算。使用状态变量滤波器（State Variable Filter，SVF）计算 $\omega_k(t) = \dot{\varphi}_k(t)$。在测量中，所有信号均使用同样参数的 SVF 进行低通滤波。仿真结果表明，对于位置传感器的突发性偏置故障，残差会突然增加，而改变电阻 R_A 或位移传感器增益后，大约在 200ms 后残差开始增加[4.14]。

参数 R_A 和 Ψ 随温度变化而发生改变，当温度范围为 −40 ~ +120℃时，R_A 为 1.0 ~ 1.81 Ω（额定值为 1.3 Ω），Ψ 为 0.0314 ~ 0.0224V · s（额定值为 0.028V · s）。这意味着需要使用参数估计方法对这两个值进行估计。另一选

择是使用自适应一致性方程[4.3,4.5,4.14]。电枢电阻的变化情况为

$$\Delta\hat{R}_{\mathrm{A}} = \frac{\sum_{i=0}^{N} \lambda^{j} I_{\mathrm{A}}(k-1) r(k-i)}{\sum_{i=0}^{N} \lambda^{j} I_{\mathrm{A}}(k-1) I_{\mathrm{A}}(k-i)}$$

式中：$\lambda \leqslant 1$ 为遗忘因子。当超过阈值 ΔR_{Ath} 后，对 $\hat{R}_{\mathrm{A}}$ 进行更新。由于在温度 ϑ 的影响下，$\Psi(\vartheta)$ 和 $R_{\mathrm{A}}(\vartheta)$ 存在着线性关系，因而可将 $\Psi(R_{\mathrm{A}})$ 的值事先存储在表格中。

理论和试验研究表明，使用参数估计方法可以实现较为详细的故障检测。基于静态特性的参数估计方法对机械部分可以获得非常好的故障检测结果。通过基于动态特性的参数估计，可以对机械和电气部分的故障进行检测。结合参数估计的一致性方程方法仅能用于电气部分的故障检测。文献［4.14］研究了如何使用一致性方程对传感器故障进行在线检测，并对位置控制结构进行重构。表 4.4 对不同故障检测方法的应用条件和适用性进行了总结。

表 4.4　针对节气门不同故障检测方法的应用条件和场合

数据运算方式	参数估计		一致性方程	应用场合
	动态	静态		
在线时实	动态激励	不适用	与参数估计方法同时使用	板上在线实时应用
离线	动态激励	斜坡测试信号	与参数估计方法同时使用	质量控制

4.2.5　故障诊断

对于质量控制的测试循环试验，由参数估计可以产生 30 个不同的故障征兆。进行故障诊断时，可以将故障征兆与故障－征兆表进行比较，见表 4.3，或使用模糊逻辑诊断方法进行系统评估[4.5]。基本的模糊 if－then 规则为

$$\text{if}\{S_1\ \text{为}\ A_{11}\,\text{and}\,S_2\ \text{为}\ A_{21}\}\ \text{then}\{f\ \text{为}\ F_1\}$$

图 4.13 为应用事例。故障征兆的隶属度函数可以为简单的三角形、梯形或斜坡，前提的模糊逻辑算子为最小/最大算子。对每个故障使用一条规则，并且使用单元素集合 $f_j \in (0,1)$ 表示故障，由前提的满足程度可以直接得到结论的满足程度，从而避免使用复杂的聚类和去模糊化评价方法，见图 4.14。使用多种执行器对诊断系统进行测试。结果表明，在仅使用 3 个测量信号时可以对 38 种故障进行诊断。

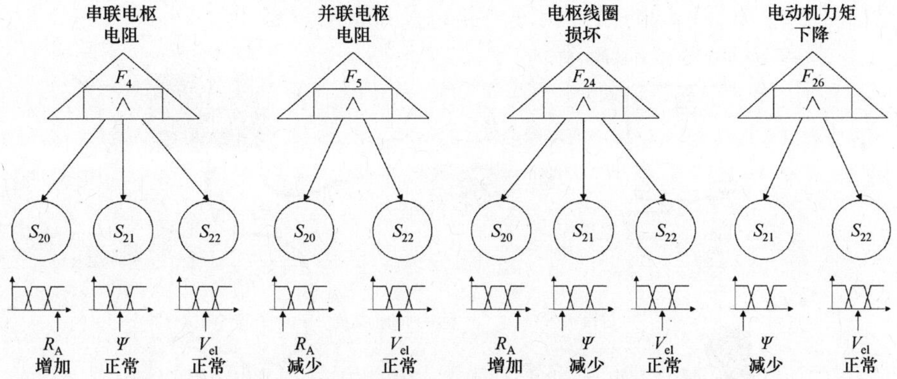

图 4.13　使用隶属度函数提取的故障－征兆关系

另外，使用了一种自学习模糊神经网络系统（SARAH）[4.1]，对于 22 条规则具有接近 100% 的分类成功率。

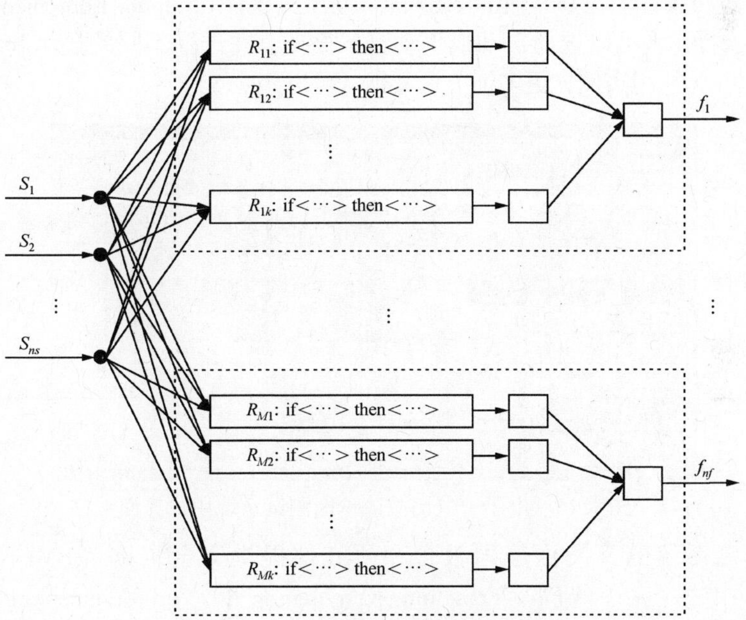

图 4.14　基于模糊逻辑的故障诊断

4.2.6　故障诊断设备

研制的诊断测试设备组成见图 4.15。设备由个人计算机（Pentium PC，75MHz），3 个实时数据处理板（dSpace DS 1003－192 数字信号处理板；32 通道 16 位 A/D 通道；dSpace DS 4001 数字 I/O 板：32TTL I/O 通道、5 个 16 位计时器、5MHz）和执行器接口板（基于 MOSFET 桥的 PWM 功放、限流器、

测量信号 U_A，I_A 和 φ_k 的信号调理电路以及抗混叠滤波器）。

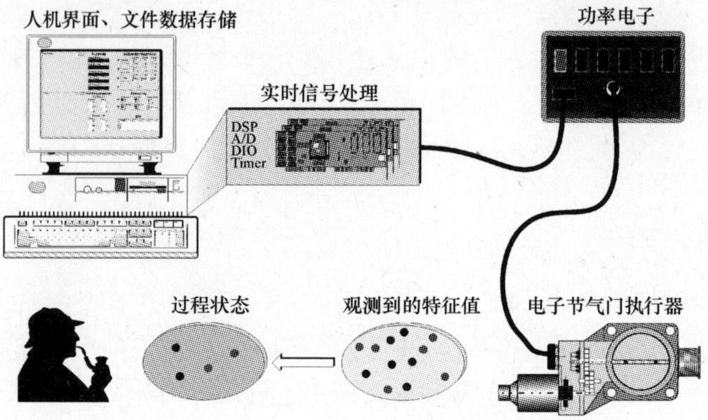

图 4.15　电子节气门执行器故障诊断测试系统

由 DSP 板执行实时控制任务，并对执行器进行故障检测和诊断。诊断算法使用 C 语言进行编程，在 PC 上由 Testpoint 2.0 工具软件（Capital Equipment®）设计人机界面。操作者可以选择自动或手动测试循环，并选择不同的显示和示波器功能。图 4.16 为使用实例，更多细节见文献［4.14，4.15］。

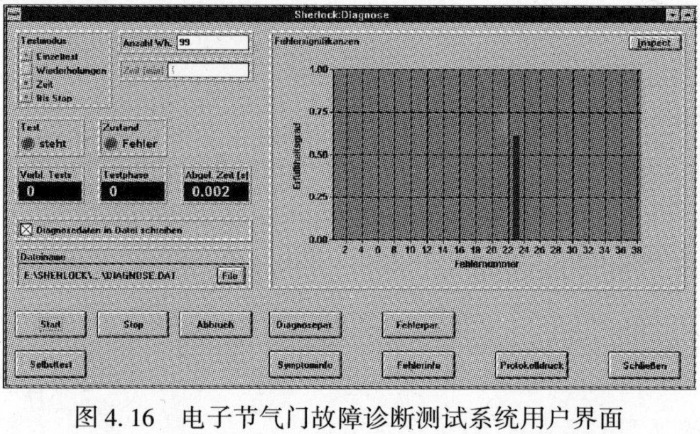

图 4.16　电子节气门故障诊断测试系统用户界面

该诊断系统的开发由德国教育和研究部提供资金资助（BMFT，13 MV 01080），由法兰克福（FVV Forschungsvereinigung für Verbrennungskraftmaschinen，FW）进行管理，项目编号为 540。

4.2.7　小结

针对汽车节气门执行器提出的故障检测和诊断方法可以用于如下场合：

（1）使用特定的测试循环，在制造过程中对产品进行质量控制（例如在生产线的最后进行测试）或对有问题的返厂执行器进行检测（离线数据处理）；

（2）在服务站对产品进行功能测试，发现并维修故障（离线数据处理）；

（3）在正常操作情况下对产品进行在线故障检测（在线数据处理）；

(4) 使用冗余位置传感器进行在线故障检测和重构（故障容错）。

参数估计方法适用于电气和机械部分的故障检测和诊断，而一致性方程仅适用于电气部分的故障检测和诊断。

4.3 无刷电动机和飞机机舱压力控制阀

4.3.1 结构和模型

客机舱室的压力由直流电动机驱动的排气阀进行控制。排气阀由两个无刷直流电动机进行驱动以实现容错控制，由电动机驱动齿轮杠杆机构控制阀门的开度，见图 4.17。

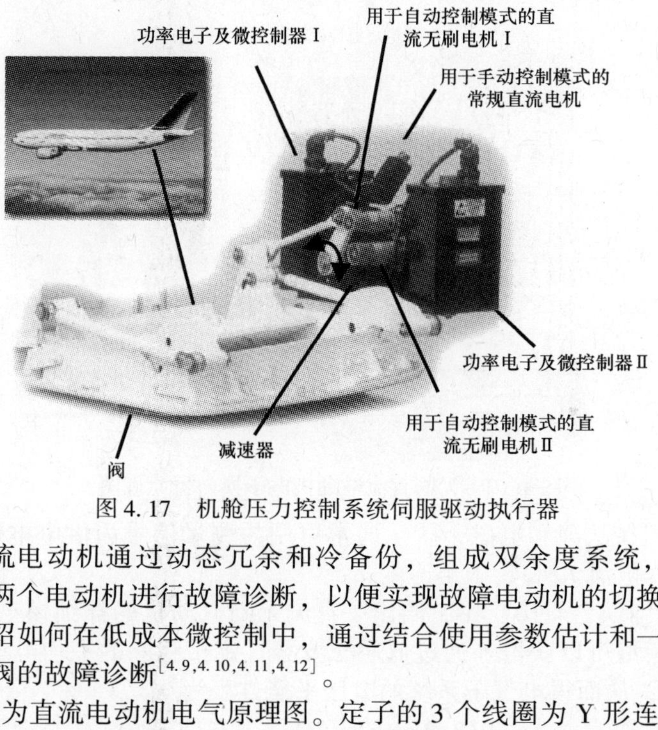

图 4.17 机舱压力控制系统伺服驱动执行器

两个直流电动机通过动态冗余和冷备份，组成双余度系统，见图 4.18。因此需要对两个电动机进行故障诊断，以便实现故障电动机的切换。

下面介绍如何在低成本微控制中，通过结合使用参数估计和一致性方程方法实现排气阀的故障诊断[4.9,4.10,4.11,4.12]。

图 4.19 为直流电动机电气原理图。定子的 3 个线圈为 Y 形连接（星形连接），由 PWM 逆变器控制。转子上有 4 个永磁体，由定子上安装的 3 个霍尔元件测量电动机磁体位置，从而确定 PWM 逆变器上 6 个 MOSFET 管的通断顺序。通断顺序由一个独立的可编程逻辑阵列实现。由直流电源总线向 PWM 逆变器供电，总线电压为 U_B，电流为 I_B。PWM 逆变器产生方波电压，由电子换向器控制 6 个 MOSFET 管驱动 3 个线圈（相）。

电子换向的优点是无需电刷，可以避免由电刷造成的磨损和电磁干扰，因而可靠性相对较高。直流无刷电动机中可能的故障为：霍尔传感器故障、电子换向电路故障、MOSFET 管故障（过热）、定子绕组故障、轴承和永磁体（偏

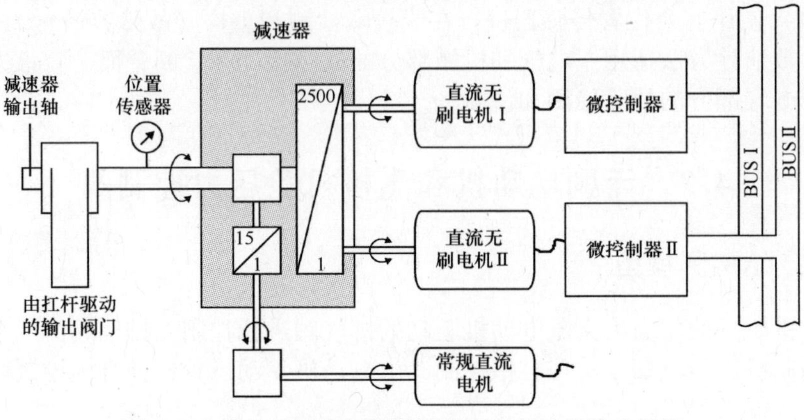

图 4.18　机舱压力控制阀门冗余直流电动机传动系统

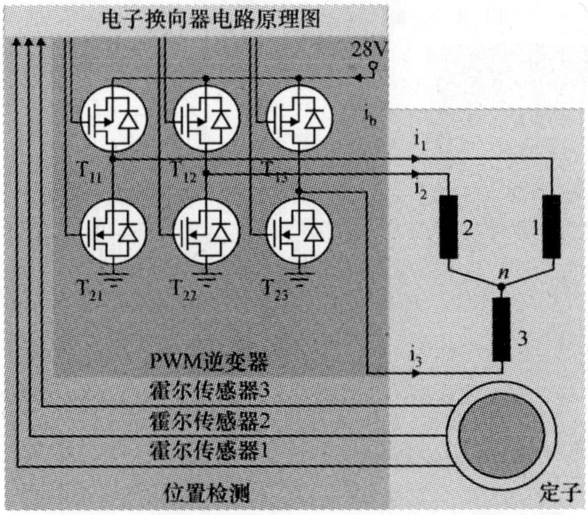

图 4.19　无刷直流电动机电子换向器原理图

心、断裂）机械故障和电磁干扰。通常可用的测量信号为供电电压 U_B、六相全桥电路输入电流 I_B 和转子角速度 ω。

在文献［4.4，4.10］中，给出了直流无刷电动机的详细模型。在故障检测时，根据模型可以获得（通过低通滤波器）定子线圈的平均电压 $U(t)$ 和平均电流 $I(t)$，从而得电气子系统的电压平衡方程为

$$U(t) - k_E \omega_r(t) = RI(t) \tag{4.3.1}$$

式中：R 为总电阻；k_E 为磁链。转子力矩与有效磁链 k_T 成正比，且 $k_T < k_E$，即

$$M_r(t) = k_T I(t) \tag{4.3.2}$$

机械子系统的力矩平衡方程为

$$J_r \dot{\omega}_r(t) = k_T I(t) - M_f(t) - M_L(t) \tag{4.3.3}$$

式中：J_r 为转动惯量；$M_L(t)$ 为负载力矩；$M_f(t)$ 为库仑摩擦力矩，即

$$M_f(t) = c_f \mathrm{sign}\omega_r(t) \tag{4.3.4}$$

电动机轴转动角度 φ_r 与阀门转动角度 φ_g 之比为减速比 v，对应关系为

$$\varphi_g = \varphi_r / v \tag{4.3.5}$$

式中：取减速比 $v = 2500$ 。直接作用在阀门上的负载力矩是转动角度 φ_g 的函数

$$M_L = c_S f\left(\varphi_g\right) \tag{4.3.6}$$

并且在稳态工作点附近负载力矩是近似已知的。(因而在试验时可以使用装有弹簧的连杆替代阀门)。

4.3.2 使用参数估计的故障检测

对于故障检测，需要使用如下测量值：$U(t)$ 、$I(t)$ 、$\omega_r(t)$ 和 $\varphi_g(t)$ 。并且有

$$y(t) = \boldsymbol{\psi}^{\mathrm{T}}(t)\boldsymbol{\theta} \tag{4.3.7}$$

参数估计时使用两个方程：

电气子系统

$$y(t) = U(t), \boldsymbol{\psi}^{\mathrm{T}}(t) = \left[I(t) \quad \omega_r(t)\right], \boldsymbol{\theta}^{\mathrm{T}} = \left[R \quad k_E\right] \tag{4.3.8}$$

机械子系统

$$\begin{aligned} y(t) &= k_T I(t) - c_S f(\varphi_g(t) - J_r \dot{\omega}_r(t)), \\ \boldsymbol{\psi}^{\mathrm{T}}(t) &= \left[\operatorname{sign}\omega_r(t)\right], \boldsymbol{\theta}^{\mathrm{T}} = \left[c_f\right] (J_r\text{已知}) \end{aligned} \tag{4.3.9}$$

对 3 个参数 $\hat{R}$、$\hat{k}_E$ 和 $\hat{c}_f$ 进行了估计，研究了不同的估计方法，诸如递归最小二乘法（Recursive Least Squares，RLS)、DSFI、快速离散平方根滤波算法（FDS-FI)、归一化最小均方算法（Normalized Least Mean Squares，NLMS)，并且对采用浮点运算和整数运算的估计效果进行对比。对于 16 位处理器，浮点运算是标准方法，可以运行 RLS、DSFI 和 FDFSI 方法。但如果只能使用廉价处理器，如 Siemens® 16 位 C167 控制器，就需要使用整数运算方法，但只能使用 NLMS 估计方法[4.9]。

4.3.3 使用一致性方程的故障检测

由基本方程式（4.3.1）和式（4.3.3)，并且假设参数已知（由参数估计获得）可以得到一致性方程

$$r_1(t) = U(t) - RI(t) - k_E\omega_r(t) \tag{4.3.10}$$

$$r_2(t) = k_T I(t) - J_r\dot{\omega}_r(t) - c_f \operatorname{sign}\omega_r(t) - c_S f(\varphi_g) \tag{4.3.11}$$

$$r_3(t) = U(t) - \frac{R}{k_T}(J_r\dot{\omega}_r(t) + c_S f(\varphi_g) + c_f \operatorname{sign}\omega_r(t) + k_E\omega_r(t)) \tag{4.3.12}$$

$$r_4(t) = \varphi_g(t) - \varphi_r(t)/v \tag{4.3.13}$$

每个残差与一个测量信号解耦，r_1 与 φ_g 无关，r_2 与 U 无关，r_3 与 I 无关，r_4 与除了 φ_r 以外的所有测量值无关。假设 φ_r 是正确的，可以直接在电动机控制电子中通过逻辑判断进行监督。图 4.20 给出了当施加 5 种不同故障时，测量信号、参数估计和残差的变化情况。

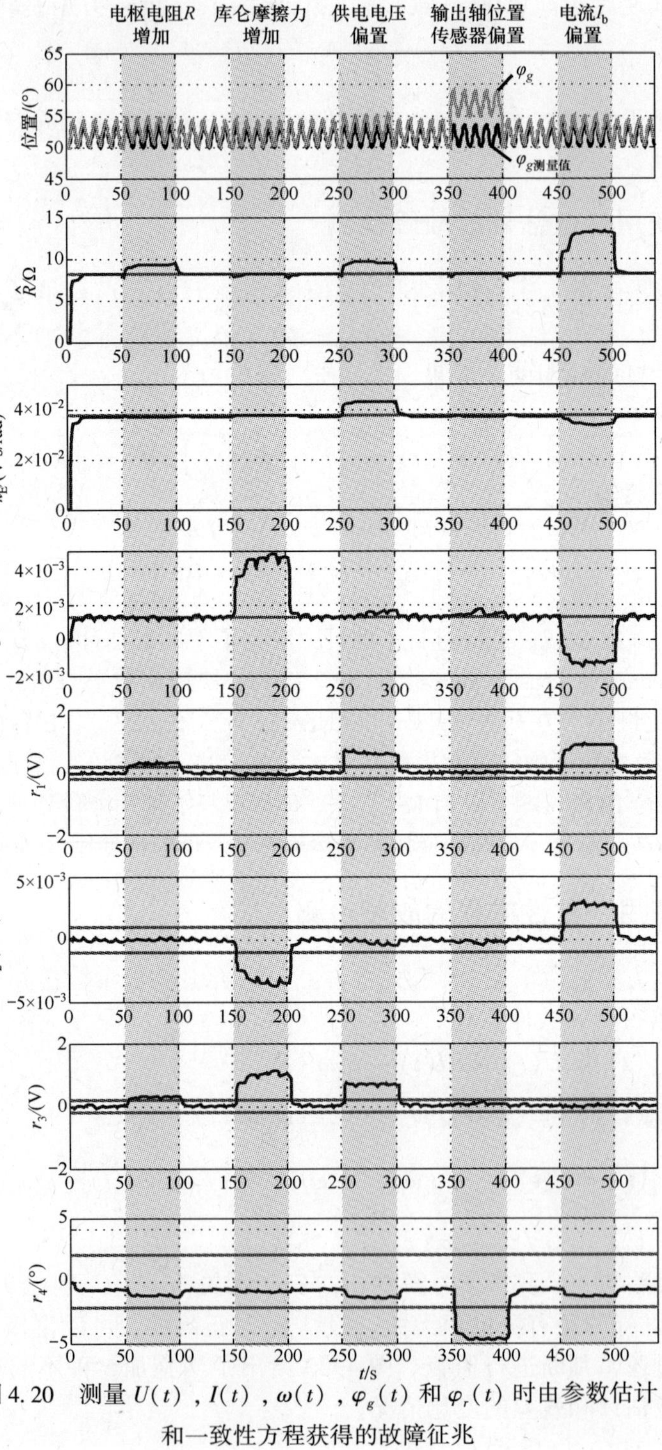

图 4.20　测量 $U(t)$，$I(t)$，$\omega(t)$，$\varphi_g(t)$ 和 $\varphi_r(t)$ 时由参数估计和一致性方程获得的故障征兆

执行器为闭环工作，指令信号为慢变的三角波。在 TI TMS 320C40 数字信号处理器上实现多种故障检测方法，采样周期为 1ms。表 4.5 对故障检测结果进行了总结。根据参数符号和大小的变化，使用 FDSFI 方法进行参数估计时可以清楚地辨别出参数故障，而使用一致性方程方法可以分辨出独立的传感器加性故障（偏置）。但两种方法之间仍然存在一定的交叉耦合情况：对于参数故障，一些残差也出现改变，而对于传感器加性故障，一些参数估计值也同样出现了变化（除了 φ_g）。根据文献［4.2］，由于 R 参数故障和 U 传感器的加性故障仅在一个故障征兆上有所差别，因而这两种故障模式是弱可分离的，但所有故障仍然都是可分离的。通过使用基于规则的模糊逻辑诊断系统对 8 种故障征兆进行处理，最终可以对 10 种不同的故障进行诊断[4.9]、[4.13]。

表 4.5　不同执行器故障时估计参数的偏离及残差变化情况
（0：无明显变化；+：增加；++：明显增加；-：减小；--：明显减小）

故障类型	参数估计			一致性方程残差			
	$\hat{R}$	$\hat{k}_E$	$\hat{c}_f$	r_1	r_2	r_3	r_4
R 增加	+	0	0	+	0	+	0
c_f 增加	0	0	++	0	--	++	0
U 传感器偏置	+	+	0	++	0	++	0
φ_g 传感器偏置	0	0	0	0	0	0	0
I_b 传感器偏置	++	-	--	++		0	0

由于转子位置和阀门位置传感器测量值 φ_r 和 φ_g 提供了冗余的位置信息，因而对 φ_g 进行故障检测，当其故障后可以立刻使用 φ_r 替代 φ_g 作为被控变量[4.9]。对于 16 位微处理器，该组合故障检测方法需要大约 8ms 的计算时间。因此，仅需测量 4 个比较容易获得的变量 U、I、ω_r 和 φ_g，即可在智能执行器上在线运行故障检测方法。

4.3.4　小结

通过对排气阀执行器的故障诊断方法研究表明，可以使用直流有刷电动机的建模方法建立直流无刷电动机模型。参数估计方法主要适用于模型参数的故障检测，而一致性方程则主要用于加性故障的检测。如果输入信号 U 保持近似恒定，仅使用一致性方程方法即可检测出故障。随后为了对故障进行隔离和诊断，可以将短时间测试信号叠加在 U 上，以获得更为深入的诊断信息。因此，通过结合使用参数估计和一致性方程方法，可以获得较好的故障收敛结果。

第5章　流体执行器故障诊断

流体执行器可以在恶劣环境中工作，并且具有较高的功率-质量比。通过液压缸和气动隔膜，可以较为容易地实现直线运动。流体执行器仅在运动过程中产生一定的能量消耗，而在保持阶段可以产生非常大的力但却仅消耗非常小的能量。文献［5.9，5.13，5.14，5.20，5.21］给出了流体传动执行器的特性和数学模型。下面对两类最基本的流体传动执行器，液压伺服缸和气动隔膜流量控制阀的故障检测方法进行研究。

5.1　线性液压伺服执行器

液压系统故障的经典检测方法是对直接测量变量进行监督，例如通过测量过滤器两侧压差，对堵塞进行检测，或对液压油液中的杂质情况进行监测[5.29]。而为了更深入地了解系统状况，需要增加更多的传感器，从而增加成本，并且传感器本身也容易发生故障。文献［5.12］对包括油液状态监测在内的先进检测方法进行了研究。

文献［5.12］研究了基于频率响应测量和扩展卡尔曼滤波器（Extended Kalman Filter，EKF）的线性液压伺服执行器故障检测方法。文献［5.26］对基于参数估计的故障检测方法进行了研究。基于线性化的阀流量特性曲线，文献［5.18，5.1］使用EKF从一种冗错比例阀的特性中提炼物理量(库仑摩擦力、总节流损失等)。文献［5.27］在微控制器中实现了故障检测功能，通过EKF方法对过程中的物理量，如内泄漏系数、阀口控制边磨损角度等进行估计，给出了对于线性模型和液压油温恒定时的试验结果。对于EKF等故障检测方法，通常需要使用阀芯位移传感器、液压缸压力传感器、活塞位移传感器和供油压力等信息，需要使用非线性模型对液压系统进行精确描述[5.14]。

下面将介绍基于标准传感器的线性液压伺服执行器的故障检测和诊断方法，并给出相应的试验结果。

5.1.1　线性液压伺服执行器结构

图5.1为典型液压线性执行器及液压源的基本结构。油箱和电动机驱动的柱塞泵组成液压源，由电液伺服阀或比例阀对液压缸进行控制。伺服阀为位置控制，通过控制阀芯位置改变液压缸的运动方向和速度。单向阀防止油液回流，溢流阀调整系统压力，液压蓄能器对柱塞泵出口压力进行缓冲。试验台架见图5.2。

液压系统由斜盘式恒压变量泵、比例阀、单出杆液压缸和液压缸内位移传感器等组成，控制结构和测量量见图5.3。活塞位置为主控制变量，使用数字式控制器进行控制，控制算法为简单的比例控制。

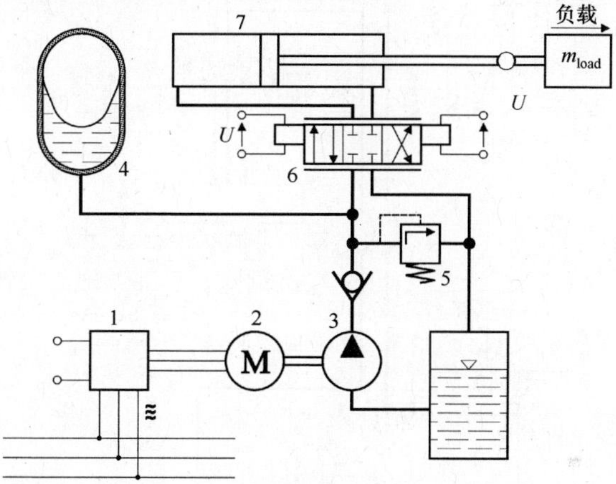

(a) 原理图

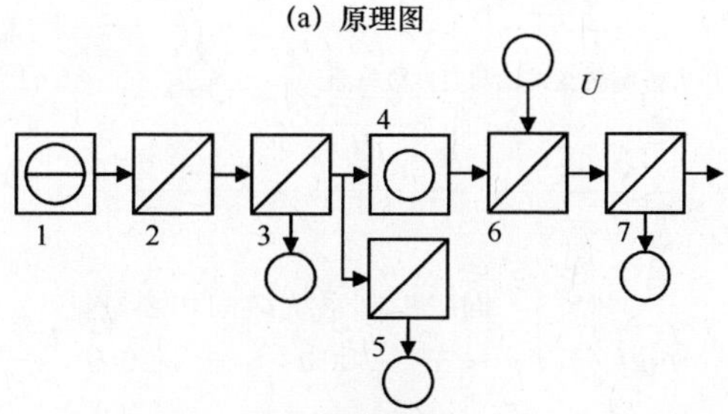

(b) 能量流图

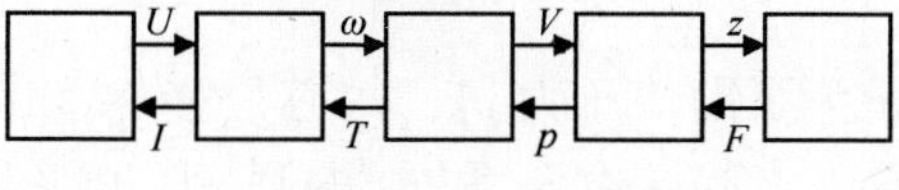

(c) 变量双向传递框图

图5.1　液压线性执行器及其液压源结构

1—电源；2—交流电动机；3—轴式活塞泵；4—蓄能器；
5—单向阀；6—比例阀；7—液压缸。

图 5.2　试验台架结构

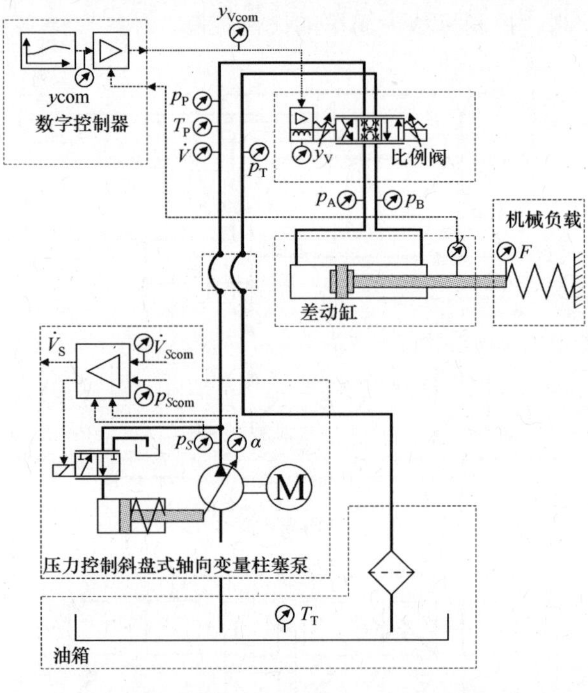

图 5.3　伺服控制系统结构和测量量

p_P—泵输出压力，p_A、p_B—左右腔压力；y_V—阀芯位移，y—活塞位移；

T_P—主阀前油温；p_{Scom}—压力设定值；$\dot{V}_{Scom}$—泵流量控制器的设定值。

标准的测量量为泵出口压力 p_P，阀芯位移 y_V 和活塞位移 y。出于试验目的，增加了液压缸左右腔压力 p_A 和 p_B 的测量，在实际使用中，通常并不对这两个压力值进行测量。

5.1.2　线性液压伺服执行器故障

线性液压伺服执行器的典型故障见表 5.1。液压油可能存在由未溶解的空气、油液蒸气和泡沫组成的气泡。未溶解的空气通常是由于吸油不充分造成的，也是液压系统试运行过程中最常出现的故障。油液蒸气主要是由于工作条件不良造成的，而泡沫的产生则是由于油箱的设计不合理。比例阀的主要故障是切槽和侵蚀。切槽主要是由于进入阀芯、阀套之间的金属碎屑造成的阀芯切削现象，并产生明显的切槽痕迹。控制边的侵蚀主要是由于空化和射流侵蚀，其中射流侵蚀是由悬浮在油液中的微小颗粒造成的。液压缸的主要故障是泄漏和含气量过大。液压缸两腔由活塞及密封件隔开，随着使用时间的增加，密封件出现磨损，造成油液从高压腔向低压腔的泄漏（内泄漏）。同时，油液还会从活塞杆和缸体之间的密封处往外泄漏（外泄漏）。

表 5.1 液压零部件的典型故障

子系统	故障
液压油	气泡
比例阀	切槽、控制边缘侵蚀、摩擦力增大、装配错误、线圈损坏
液压缸	内泄漏、外泄漏、气泡、摩擦力增大、液压缸与负载之间连接不好
管路	泄漏
蓄能器	气端泄漏

执行器中的传感器也会出现故障。传感器的故障原因很多，通常将这些故障按照对最终信号的影响，分为加性传感器故障、乘性传感器故障和完全失效故障。

虽然很难获得各种液压系统的失效率统计结果，但对于飞机液压系统，可以根据航空公司的维修记录获得失效率的统计结果。零部件统计分为阀芯阀套配偶件、阀体、液压缸、机械故障、能源控制单元和其他几部分。表 5.2 和表 5.3 为对 3000 个零部件进行失效率统计的结果，同见图 5.4 和图 5.5。

表 5.2 伺服液压零部件的失效率

失效率	阀芯阀套配件	阀体	液压缸	机械故障	能源控制单元	其他
%	32	19	16	14	3	14

表 5.3 阀芯阀套配偶件、阀和液压缸实效率统计（3000 个零件统计结果）[5.20]

阀芯阀套配偶件失效率	侵蚀	碎片损伤	外泄漏	其他
%	65	20	10	5
阀失效率	内泄漏	功能不正常	外泄漏	其他
%	35	35	15	15
液压缸失效率	外泄漏	内泄漏	破坏	其他
%	58	14	14	14

约 50% 返修的零部件为阀芯阀套配偶件和阀体，因此液压阀为最容易出现故障的零部件[5.20]。阀芯阀套配偶件中最多的故障为金属碎屑造成的侵蚀和损坏。阀体中的主要故障为内、外泄漏或无法确定原因的故障。液压缸的故障

率没有阀的高，主要故障为密封件损坏引起的内、外泄漏。

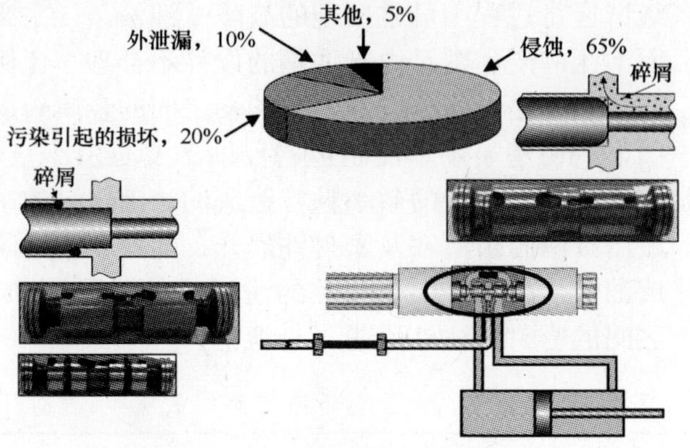

图5.4 比例阀的可能故障

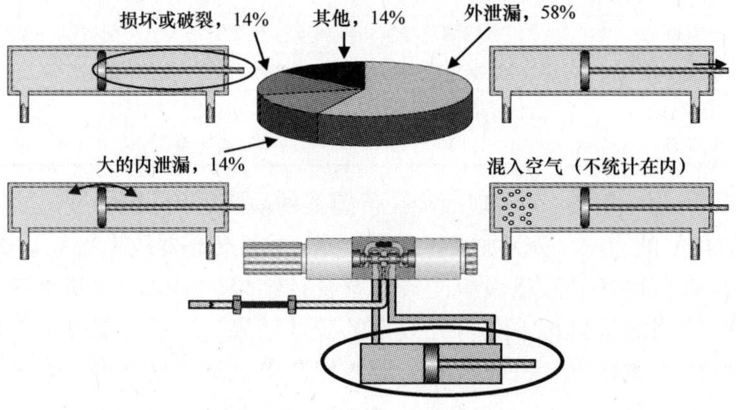

图5.5 液压缸的可能故障

在文献［5.20］中，针对线性液压伺服执行器进行故障诊断所使用的测量量和诊断步骤见图5.6。

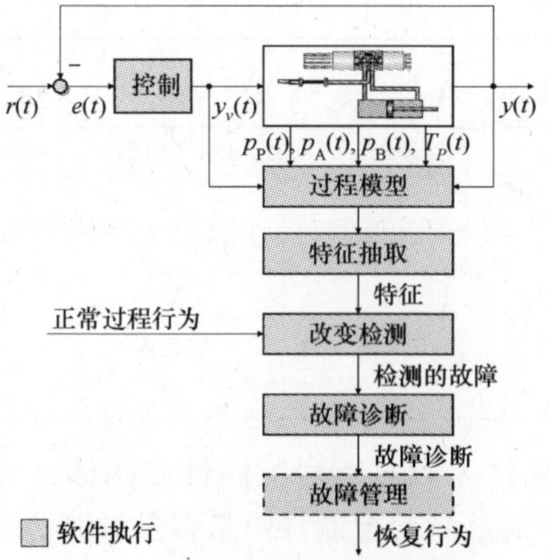

图5.6 故障检测与诊断结构图

5.1.3　滑阀和液压缸模型

1）滑阀模型

在液压阀中，油液通过节流口，节流口的控制边设计为锐边，以产生湍流，从而保证流量系数与温度无关。但实际测量结果却表明流量与温度有关，这主要是由于温度导致油液密度 ρ 发生变化。通过控制边（见图 5.7（b））的流量为

$$\dot{V} = \alpha_{\mathrm{D}}(y_V)A(y_V)\sqrt{\frac{2}{\rho(p,T)}}\sqrt{|\Delta p(t)|}\mathrm{sign}\Delta p(t) \tag{5.1.1}$$

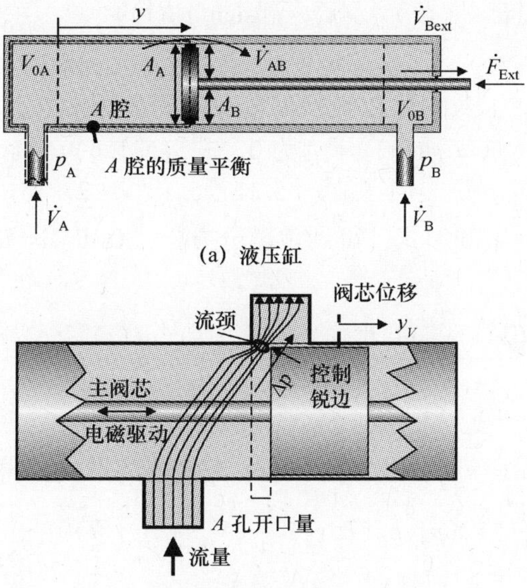

(a) 液压缸

(b) 阀口

图 5.7　结构图

将式中所有与温度有关的项合并为 b_V，则有

$$\dot{V}(\Delta p,T,y_V) = b_V(y_V,T)\sqrt{|\Delta p(t)|}\mathrm{sign}\Delta p(t) \tag{5.1.2}$$

式中

$$b_V(y_V,T) = \alpha_{\mathrm{D}}(y_V)A(y_V)\sqrt{\frac{2}{\rho(p,T)}} \tag{5.1.3}$$

2）液压缸模型

基于质量平衡方程，压力腔中的压力为（A 腔，见图 5.7（a））：

$$(V_{OA} + A_A y(t))\frac{1}{E(p_A,T)}\dot{p}_A + A_A\dot{y}(t) = (\dot{V}_A(t) - \dot{V}_{AB}(t)) \tag{5.1.4}$$

式中：E 为体积弹性模量；V_{OA} 为进入液压缸的油液体积。方程右侧为泄漏项，在双作用缸中存在两种泄漏，一种是从 A 腔至 B 腔的内泄漏，另一种是从 B

腔至外界的外泄漏。这两种泄漏均为层流，内泄漏流量计算公式为

$$\dot{V}_{AB}(p_A,p_B,T) = G_{AB}(T)(p_A(t) - p_B(t)) \quad (5.1.5)$$

3）总模型和模型输出选择

将式（5.1.2）、式（5.1.4）、式（5.1.5）合并为一个微分方程，有

$$(V_{oA} + A_A y(t)) \frac{1}{\bar{E}(T)} \dot{p}_A(t) + A_A \dot{y}(t) = \dot{V}_A(p_A,p_P,T,y_V) - G_{AB}(T)(p_A(t) - p_B(t)) \quad (5.1.6)$$

式中：通过阀口进入液压缸 A 腔的流量为

$$\dot{V}_A(p_A,p_P,T,y_V) = \begin{cases} b_{V_2}(y_V,T)\sqrt{|p_P(t) - p_A(t)|}\,\mathrm{sign}(p_P(t) - p_A(t)) & (y_V > 0) \\ b_{V_1}(y_V,T)\sqrt{|p_A(t)|}\,\mathrm{sign}(p_A(t)) & (y_V < 0) \end{cases} \quad (5.1.7)$$

对方程进行简化，忽略体积弹性模量对压力的影响，假设体积弹性模量为常值，并假设回油 T 口（油箱）压力为 0。式（5.1.6）包含两个导数：腔室压力 $p_A(t)$ 和活塞位移 $y(t)$ 。在文献［5.12，5.18，5.27］中，均将式（5.1.6）转换为以 $\dot{p}_A(t)$ 为输出的形式，得到常微分方程（Ordinary Differential Equation，ODE）为

$$\dot{p}_A(t) = \frac{\bar{E}(t)(\dot{V}_A(p_A,p_P,T,y_V) - G_{AB}(T)(p_A(t) - p_B(t)) - A_A\dot{y}(t))}{V_{oA} + A_A y(t)} \quad (5.1.8)$$

式（5.1.6）同样可以转换为以 $\dot{y}(t)$ 为输出的形式，得到 ODE 为

$$\dot{y}(t) = \frac{1}{A_A}(\dot{V}_A(p_A,p_P,T,y_V) - (V_{oA} + A_A y(t))\frac{1}{\bar{E}(T)}\dot{p}_A(t)) \quad (5.1.9)$$

由文献［5.20］可知，式（5.1.8）对测量噪声非常敏感，并且表现出明显的波动特性。因此，选择式（5.1.9）作为一致性方程的基础方程。通过对不同采样时间进行试验研究，最终确定采样时间为 2ms 进行实时计算。

4）阀曲线的参数化

在试验台架上，使用 V1 阀芯的 4WREE 型比例阀的阀芯位置与阀口开度之间为非线性关系，见图 5.8。这是很多比例直驱阀的典型阀口特性，这是由于通过选择特定的流量特性曲线，可以获得更好的控制性能。由于很难对阀的非线性流量特性进行线性化处理[5.20]，因此使用多项式对阀的流量系数进行近似，从而有

$$\dot{V}_A(p_A,p_P,T,y_V) = \begin{cases} \sum_{i=k}^{l} (b_{1i}(T) y_V(t)^i)\sqrt{|p_P(t) - p_A(t)|}\,\mathrm{sign}(p_P(t) - p_A(t)) & (y_V \geqslant 0) \\ \sum_{i=k}^{l} (b_{1i}(T) y_V(t)^i)\sqrt{|p_A(t)|}\,\mathrm{sign}(p_A(t)) & (y_V < 0) \end{cases} \quad (5.1.10)$$

取 $k=0$、$l=4$ 时可以得到非常好的近似结果，见图5.8。另一组参数为 $k=1$、$l=3$，以略微牺牲模型真实度为代价大大减少了对计算性能的要求。最终模型与真实曲线的对比结果见图5.9，模型参数化时使用的数据是当油温为20℃时的参数。

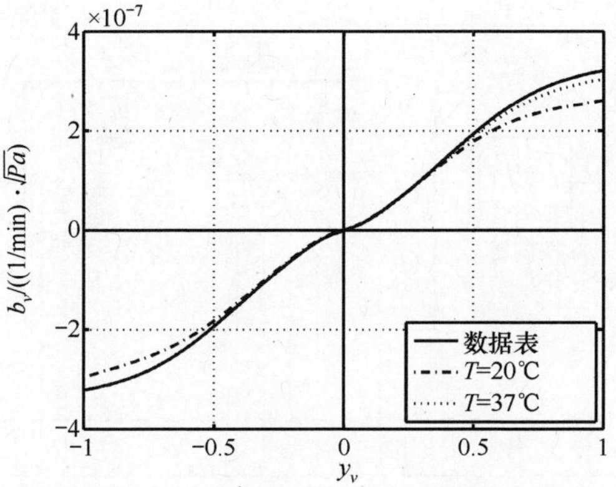

图5.8　阀流量特性的多项式近似结果

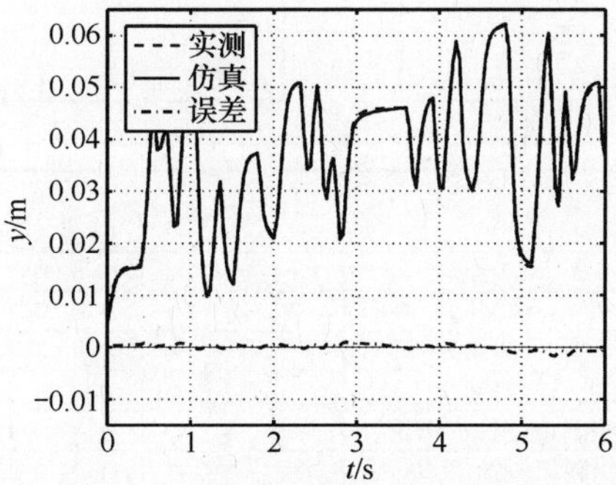

图5.9　实测活塞位移与多项式近似的仿真值对比图

5）与温度的关系

如图5.8所示，阀的流量特性随着温度的变化而改变。试验结果表明[5.20]，当油液温度在 $T_{P1}=20°C$ 至 $T_{P2}=40°C$ 的范围内时，模型参数几乎为线性变化。因此，使用线性近似方法对模型进行温度修正，即

$$b_{ij}(T_P)=\frac{b_{ij}(T_{P2})-b_{ij}(T_{P1})}{T_{P2}-T_{P1}}(T_P-T_{P1})+b_{ij}(T_{P1}) \tag{5.1.11}$$

式中：模型参数已经事先在 $T_{P1}=20°C$ 和 $T_{P2}=40°C$ 的情况下进行了确定。经过修正，模型的精确度可以满足在线故障检测微小故障的要求，并且可以作为油液温度变化监测的解析余度。很明显，当传感器故障时，该精确模型可以作为“模型传感器”使用。

5.1.4 阀和液压缸的故障检测和诊断

基于模型的故障检测和诊断系统如图 5.10 所示。阀和液压缸的模型可以直接扩展至 B 腔。

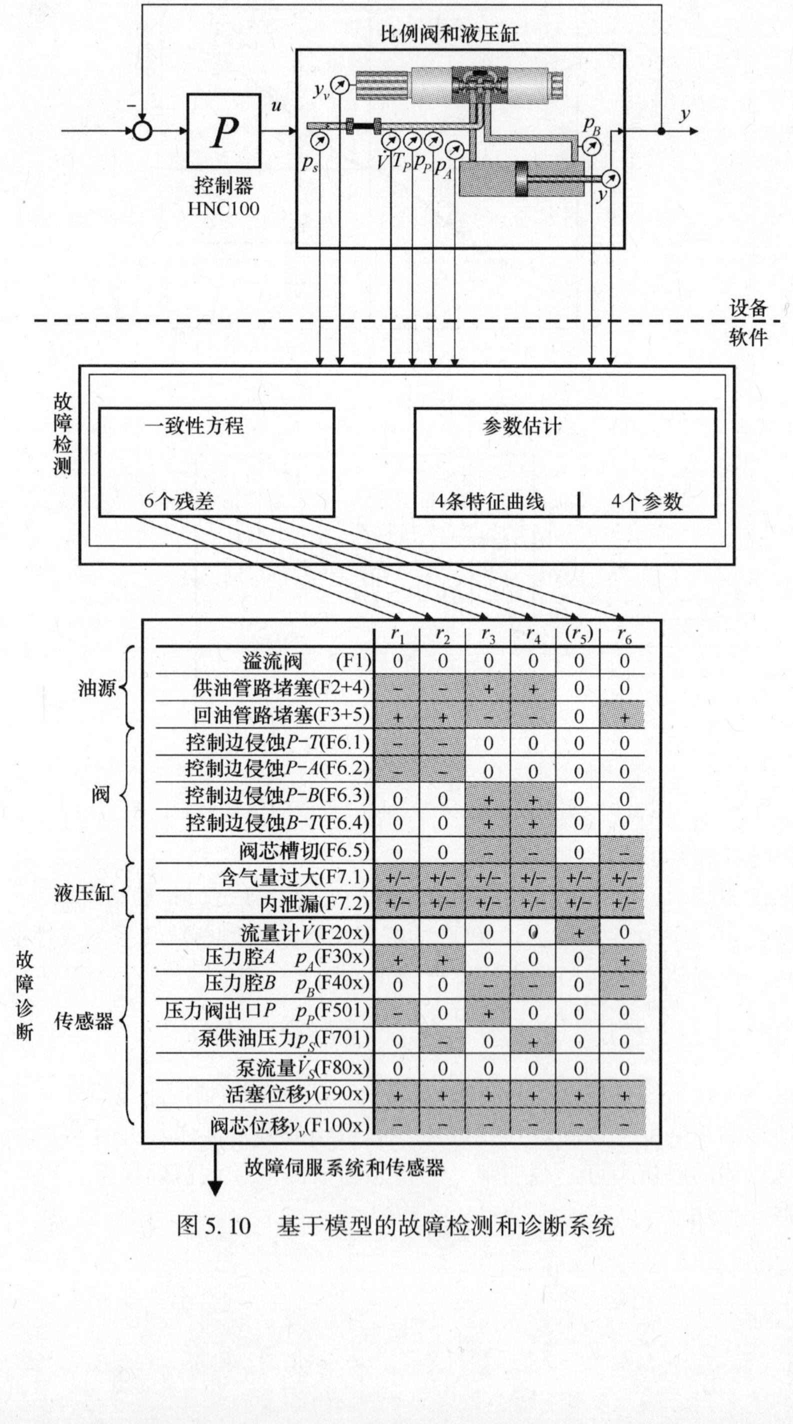

		r_1	r_2	r_3	r_4	(r_5)	r_6
油源	溢流阀 (F1)	0	0	0	0	0	0
	供油管路堵塞(F2+4)	−	−	+	+	0	0
	回油管路堵塞(F3+5)	+	+	−	−	0	+
阀	控制边侵蚀 $P-T$(F6.1)	−	−	0	0	0	0
	控制边侵蚀 $P-A$(F6.2)	−	−	0	0	0	0
	控制边侵蚀 $P-B$(F6.3)	0	0	+	+	0	0
	控制边侵蚀 $B-T$(F6.4)	0	0	+	+	0	0
	阀芯槽切(F6.5)	0	0	−	−	0	−
液压缸	含气量过大(F7.1)	+/−	+/−	+/−	+/−	+/−	+/−
	内泄漏(F7.2)	+/−	+/−	+/−	+/−	+/−	+/−
传感器	流量计 $\dot{V}$(F20x)	0	0	0	0	+	0
	压力腔 A p_A(F30x)	+	+	0	0	0	+
	压力腔 B p_B(F40x)	0	0	−	−	0	−
	压力阀出口 P p_P(F501)	−	0	+	0	0	0
	泵供油压力 p_S(F701)	0	−	0	+	0	0
	泵流量 $\dot{V}_S$(F80x)	0	0	0	0	0	0
	活塞位移 y(F90x)	+	+	+	+	+	+
	阀芯位移 y_v(F100x)	−	−	−	−	−	−

图 5.10 基于模型的故障检测和诊断系统

1）一致性方程

根据试验台架上不同的传感器组合，可以建立6个一致性方程

$$r_1(t) = y(t) - \hat{y}_1(p_P, p_A, p_B, T_P, y_V) \tag{5.1.12}$$

$$r_2(t) = y(t) - \hat{y}_2(p_S, p_A, p_B, T_P, y_V) \tag{5.1.13}$$

$$r_3(t) = y(t) - \hat{y}_3(p_P, p_A, p_B, T_P, y_V) \tag{5.1.14}$$

$$r_4(t) = y(t) - \hat{y}_4(p_S, p_A, p_B, T_P, y_V) \tag{5.1.15}$$

$$r_5(t) = y(t) - \hat{y}_5(\dot{V}, p_A, p_B, T_P, y_V) \tag{5.1.16}$$

$$r_6(t) = y(t) - \hat{y}_6(p_A, p_B, T_P, y_V) \tag{5.1.17}$$

式中：$r_1(t)$ 和 $r_3(t)$ 为基于 A 腔的质量平衡方程，$r_2(t)$ 和 $r_4(t)$ 为基于 B 腔的质量平衡方程。残差 $r_5(t)$ 是唯一由流量驱动的残差，而流量计是非标准传感器。由于流量计的成本较高，而动态性能有限，所以并不适合于液压系统的故障检测和诊断。图5.11（a）给出了通过一系列试验获得的无故障时残差 $r_1(t)$ 的特性，图5.11（b）为阀控制边侵蚀故障对 $r_1(t)$ 的影响。图5.12为传感器故障对残差的影响，其中对阀芯位置传感器施加偏置 $\Delta y_V = 0.002\text{m}$。

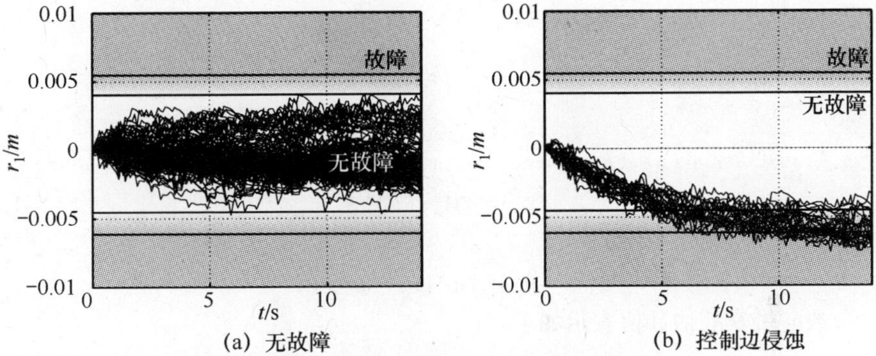

图5.11　多次试验时残差1的变化情况

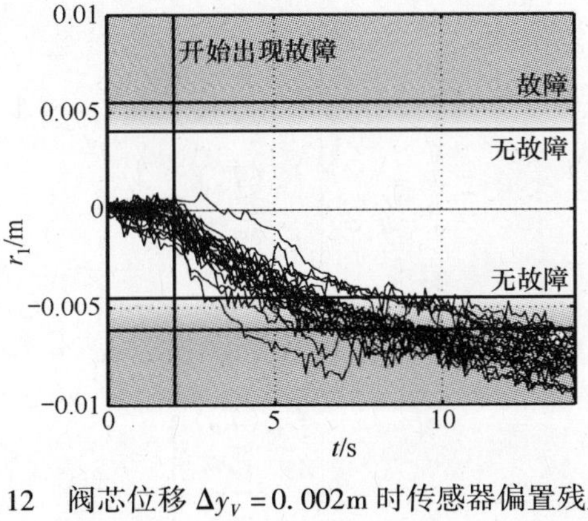

图5.12　阀芯位移 $\Delta y_V = 0.002\text{m}$ 时传感器偏置残差1

2）参数估计

同样以精确模型作为最小二乘参数估计的基础，通过一系列的试验测量估计出阀的流量系数、体积弹性模量和泄漏系数。由于参数估计需要对信号进行采样，因而时间 t 是固定采样时间 T_0 的整数倍。基于上节给出的式（5.1.9）和式（5.1.10）的模型方程，可以建立参数估计方程。

参数估计问题将被分成数据矩阵的形式，出于简化目的，式中使用 k 替代 kT_0。

$$
\boldsymbol{\Psi}^{\mathrm{T}} = \begin{pmatrix}
\sqrt{|p_P(k) - p_A(k)|}\,\mathrm{sign}(p_P(k) - p_A(k))(y_V(k) \geqslant 0) & \cdots \\
y_V(k)\sqrt{|p_P(k) - p_A(k)|}\,\mathrm{sign}(p_P(k) - p_A(k))(y_V(k) \geqslant 0) & \cdots \\
\vdots & \\
y_V(k)^4\sqrt{|p_P(k) - p_A(k)|}\,\mathrm{sign}(p_P(k) - p_A(k))(y_V(k) \geqslant 0) & \cdots \\
\sqrt{|p_A(k)|}\,\mathrm{sign}(p_A(k))(y_V(k) < 0) & \cdots \\
y_V(k)\sqrt{|p_A(k)|}\,\mathrm{sign}(p_A(k))(y_V(k) < 0) & \cdots \\
\vdots & \\
y_V(k)^4\sqrt{|p_A(k)|}\,\mathrm{sign}(p_A(k))(y_V(k) < 0) & \cdots \\
p_A(k) - p_B(k) & \cdots \\
A_A y(k)\dot{p}_A(k) & \cdots
\end{pmatrix} \tag{5.1.18}
$$

式中：当满足条件时，$y_V(k) = 1$，当不满足条件时，$y_V(k) = 0$。输出向量为

$$
\boldsymbol{y}^{\mathrm{T}} = [A_A\dot{y}(k)\cdots] \tag{5.1.19}
$$

解为

$$
\hat{\boldsymbol{\theta}} = (\boldsymbol{\Psi}^{\mathrm{T}}\boldsymbol{\Psi})^{-1}\boldsymbol{\Psi}^{\mathrm{T}}\boldsymbol{y} \tag{5.1.20}
$$

参数向量 $\boldsymbol{\theta}$ 的估计值表示如下

$$
\hat{\boldsymbol{\theta}} = \begin{pmatrix}
\hat{b}_{10}(T_P) \\
\hat{b}_{11}(T_P) \\
\vdots \\
\hat{b}_{14}(T_P) \\
\hat{b}_{20}(T_P) \\
\hat{b}_{21}(T_P) \\
\vdots \\
\hat{b}_{24}(T_P) \\
\hat{G}_{AB}(T_P) \\
\dfrac{1}{\hat{\bar{E}}(T_P)}
\end{pmatrix} \tag{5.1.21}
$$

参数向量包含12个随油液温度 T_P 变化的参数。虽然使用计算机后可以轻易地解决参数估计问题，但该参数估计方法将仅用于离线辨识。

在线参数估计问题分成两个部分，分别对于 $y_V(k)\geqslant 0$ 和 $y_V(k)<0$ 两种情况，建立了两个独立的参数估计方程，以限制每次迭代所需估计的参数数量。由于在任何时刻，滑阀位移只能是正的或负的，因此可以对参数估计问题进行简化。

当 $y_V(k)\geqslant 0$，将式（5.1.9）展开成如下形式：

$$
\begin{aligned}
&b_{10}(T_\mathrm{P})\sqrt{|p_P(k)-p_A(k)|}\,\mathrm{sign}(p_P(k)-p_A(k))\\
&+b_{11}(T_\mathrm{P})y_\mathrm{V}(k)\sqrt{|p_P(k)-p_A(k)|}\,\mathrm{sign}(p_P(k)-p_A(k))\\
&+\cdots+b_{11}(T_P)y_V(^k)4\sqrt{|p_P(k)-p_A(k)|}\,\mathrm{sign}(p_P(k)-p_A(k))\\
&-G_{AB}(T_P)(p_A(k)-p_B(k))-\frac{(V_{0A}+A_Ay(k))}{\bar{E}(T_\mathrm{P})}\dot{p}_\mathrm{A}(k)=A_\mathrm{A}\dot{y}(k)
\end{aligned}
\tag{5.1.22}
$$

建立参数估计数据矩阵为

$$
\boldsymbol{\Psi}^\mathrm{T}=\begin{bmatrix}
\sqrt{|p_\mathrm{P}(k)-p_\mathrm{A}(k)|}\,\mathrm{sign}(p_\mathrm{P}(k)-p_\mathrm{A}(k)) & \cdots\\
y_\mathrm{V}(k)\sqrt{|p_\mathrm{P}(k)-p_\mathrm{A}(k)|}\,\mathrm{sign}(p_\mathrm{P}(k)-p_\mathrm{A}(k)) & \cdots\\
\vdots & \\
y_\mathrm{V}(k)^4\sqrt{|p_\mathrm{P}(k)-p_\mathrm{A}(k)|}\,\mathrm{sign}(p_\mathrm{P}(k)-p_\mathrm{A}(k)) & \cdots\\
p_\mathrm{A}(k)-p_\mathrm{B}(k) & \cdots\\
A_\mathrm{A}y(k)\dot{p}_\mathrm{A}(k) & \cdots
\end{bmatrix}
\tag{5.1.23}
$$

输出向量为

$$
\boldsymbol{y}^\mathrm{T}=\left[A_\mathrm{A}\dot{y}(0)\quad A_\mathrm{A}\dot{y}(1)\quad\cdots\quad A_\mathrm{A}\dot{y}(k)\quad\cdots\quad A_\mathrm{A}\dot{y}((N-1))\right]
\tag{5.1.24}
$$

解为

$$
\hat{\boldsymbol{\theta}}=(\boldsymbol{\Psi}^\mathrm{T}\boldsymbol{\Psi})^{-1}\boldsymbol{\Psi}^\mathrm{T}\boldsymbol{y}
\tag{5.1.25}
$$

参数向量 $\boldsymbol{\theta}$ 的估计值为

$$
\hat{\boldsymbol{\theta}}=\begin{pmatrix}
\hat{b}_{10}(T_P)\\
\hat{b}_{11}(T_P)\\
\vdots\\
\hat{b}_{14}(T_P)\\
\hat{G}_{AB}^{+}(T_P)\\
\dfrac{1}{\hat{\bar{E}}_A^{+}(T_P)}
\end{pmatrix}
\tag{5.1.26}
$$

式中：+号代表泄漏系数的估计值为阀芯位移为正时的值。当 $y_V(k)<0$，可以建立第2个类似的参数估计方程，其参数估计数据矩阵为

$$\boldsymbol{\Psi}^{\mathrm{T}}=\begin{bmatrix}\sqrt{p_A(k)} & \cdots \\ y_V(k)\sqrt{p_A(k)} & \cdots \\ \vdots & \\ y_V(k)^4\sqrt{p_A(k)} & \cdots \\ p_A(k)-p_B(k) & \cdots \\ A_A y(k)\dot{p}_A(k) & \cdots\end{bmatrix} \tag{5.1.27}$$

输出向量为

$$\boldsymbol{y}^{\mathrm{T}}=(A_A\dot{y}(0)\quad A_A\dot{y}(1)\quad\cdots\quad A_A\dot{y}(k)\quad\cdots\quad A_A\dot{y}((N-1))) \tag{5.1.28}$$

第2个参数估计方程的参数向量 $\boldsymbol{\theta}$ 的估计值为

$$\hat{\boldsymbol{\theta}}=\begin{bmatrix}\hat{b}_{20}(T_P)\\ \hat{b}_{21}(T_P)\\ \vdots\\ \hat{b}_4(T_P)\\ \hat{G}_{AB}^-(T_P)\\ \dfrac{1}{\hat{\bar{E}}_A^-(T_P)}\end{bmatrix} \tag{5.1.29}$$

图5.13为无故障和控制边侵蚀时，使用参数估计方法进行故障检测的对比结果。由图可知，参数估计方法对系统中的故障非常敏感。

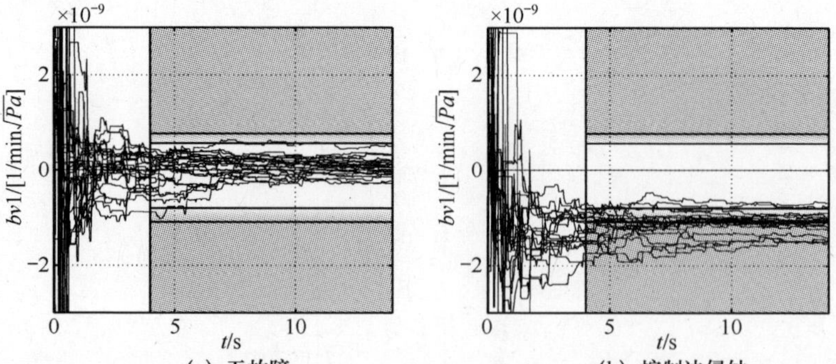

(a) 无故障　　(b) 控制边侵蚀

图5.13　参数估计情况

通过对比能够可靠检测和诊断的最小传感器故障大小，可以对不同算法的性能进行比较。因此，在对测量数据进行后处理时，可以将不同大小的故障注

入系统中并进行检测和诊断。对所有传感器的最小可靠检测和诊断数值见表5.4。

表5.4　最小可检测和诊断的传感器故障大小

传感器故障种类	p_A/bar	p_B/bar	p_P/bar	y/mm	y_V/%
最小检测值	1.2	0.4	1.2	3	0.2
最小诊断值	3.7	1.5	3.0	9	0.4

5.1.5　小结

对阀的流量特性和液压缸进行精确建模，是建立基于模型的故障检测和诊断系统的关键。为了增加模型精度，应使用以活塞位移为输出的微分方程，而不应使用液压缸的压力。此外，使用多项式对阀门特性进行近似，可以对几乎具有任意几何形状控制边的比例阀进行建模。最后，在建模时必须考虑温度的影响，因为即使是10℃的温度变化对过程特性造成的影响，也会影响对微小故障的检测。使用一致性方程的故障检测和诊断方法，可以在微控制器上实时运行。在失去位置传感器后，所建立的精确模型可以作为冗错的"模型传感器"进行使用。

在参数估计方法的帮助下，可以进行更为深入的故障诊断。基于参数估计的故障检测和诊断方法对过程中的故障是非常敏感的，但如果不是专为参数估计而建立的模型，则对传感器故障不是很敏感。阀流量的变化可以精确地归结为4个控制边中的1个或多个出现侵蚀或滑阀出现槽切。通过对液压缸两腔的体积弹性模量和泄漏系数进行估计，理论上可以检测出油液含气量（体积弹性模量降低）和内泄漏增加（内泄漏系数增加）故障。由于分别对两腔的体积弹性模量进行估计，因而可以明确诊断是哪一腔出现问题。表5.5为不同传感器配置所能进行的故障检测和诊断项目。

表5.5　可检测和可诊断的故障与可使用的传感器之间关系
（括号表示该故障相对难以辨识）

可检测故障	使用的传感器				
	y_V，y	p_S，y_V，y	p_S，V_S，y_V，y	p_S，p_A，p_B，y_V，y	p_S，V_S，p_A，p_B，y_V，y
负载必须为常值	x	x	x		
完全故障	x	x	x	x	x
泄压阀			x		
高压管路堵塞	x	x	x	x	x
低压管路堵塞	x	x	x	x	x
控制边侵蚀		(x)	(x)	x	x

(续)

可检测故障	使用的传感器				
	y_V，y	p_S，y_V，y	p_S，V_S，y_V，y	p_S，p_A，p_B，y_V，y	p_S，V_S，p_A，p_B，y_V，y
阀芯切槽		(x)	(x)	x	x
含气量过大		(x)	(x)	x	x
内泄漏		(x)	(x)	x	x
传感器故障	x	x	x	x	x
可诊断故障	使用的传感器				
	y_V，y	p_S，y_V，y	p_S，V_S，y_V，y	p_S，p_A，p_B，y_V，y	p_S，V_S，p_A，p_B，y_V，y
负载必须为常值	x	x	x		
完全故障	x	x	x	x	x
泄压阀			x		
高压管路堵塞		(x)	(x)	x	x
低压管路堵塞		(x)	(x)	x	x
控制边缘侵蚀		(x)	(x)	x	x
阀芯切槽		(x)	(x)	x	x
含气量过大		(x)	(x)	x	x
内泄漏		(x)	(x)	x	x
传感器故障	x	x	x	x	x

通过详细的研究表明，使用一致性方程可以实现故障的实时检测，在某些情况下还可以进行故障诊断。在检测到故障后，可以开始参数估计以获得额外的故障征兆，从而实现大多数故障的诊断。

5.2 气动执行器

气动执行器利用压缩空气的物理特性，气体的高压缩性可以存储非常大的能量，并且气体的低黏度使得气动执行器高效且迅速。气动系统结构简单（仅需要供气管），非常适合于输出力为 N 至几 kN 的应用场合。气动执行器的速度相对较高，并且具有非常长的行程。除了以上优点，气动执行器在极端环境下具有较好的安全性（抗温度变化、抗污染、抗过载、防爆结构和通过弹簧回中实现故障 - 安全功能），并且气动系统不受电场、磁场和辐射的影响。

气动执行器可以粗略地分为气动缸、产生平移运动的隔膜执行器和产生旋转运动的气动马达 3 大类，更多细节见文献[5.2，5.8]。

5.2.1 气动执行器组成

气动执行器由流量控制阀和将气能转换为机械能的作动装置组成。图 5.14 为使用电控阀的气动执行器原理图。阀与气源（空气压缩机）相通，控制进入作动装置的空气流量。

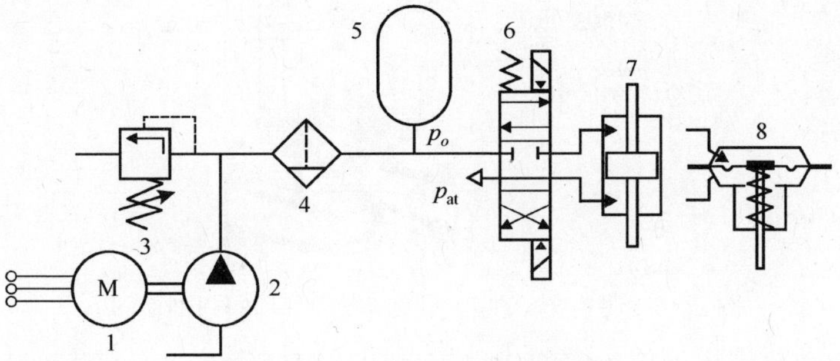

(a) 原理图

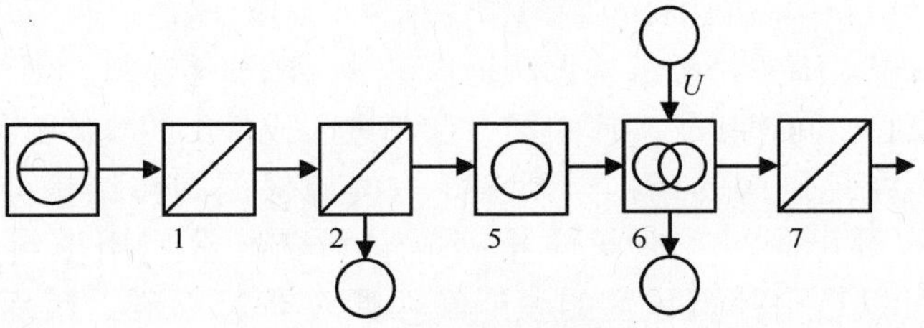

(b) 能量流图

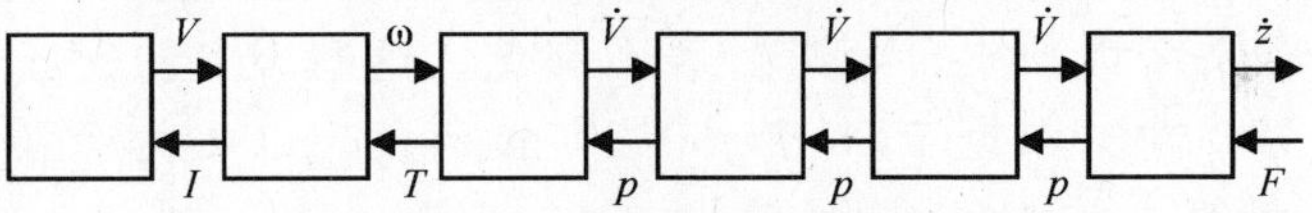

(c) 变量双向传递框图

图 5.14 包括能源的直线运动气动执行器

1—交流电动机；2—空气压缩机；3—泄压阀；4—带除水装置的空气过滤器；5—蓄能器；6—三位四通电磁比例阀；7—双出杆气缸；8—弹簧对中隔膜驱动器。

阀可以是比例阀或开关阀。比例阀可以对气体流量进行连续控制。比例阀即可由两个电磁铁进行电控，如图 5.14 所示，也可以由气动调节器和回中弹簧实现比例控制，如图 5.15 所示。开关阀由电磁铁驱动，由 PWM 信号进行控制，通过气缸和隔膜的低通特性实现执行器的位置控制。

气动流量阀门的工作原理见图 5.15。气动子系统由隔膜密封的容腔组成，隔膜作用在阀杆上控制阀杆位移。阀杆末端为阀体，与阀座相配合控制开口面积实现流量控制。对于不同的控制精度和流体类型，需使用不同的阀体形状。对于小流量和大流量的精确控制，通常使用针阀结构，而对于全开或全闭的阀门，通常选择蝶形或球形阀体。阀杆通过填料结构（填料盒）对流体进行密封。图5.15中的位置控制器通常直接安装在阀门上。

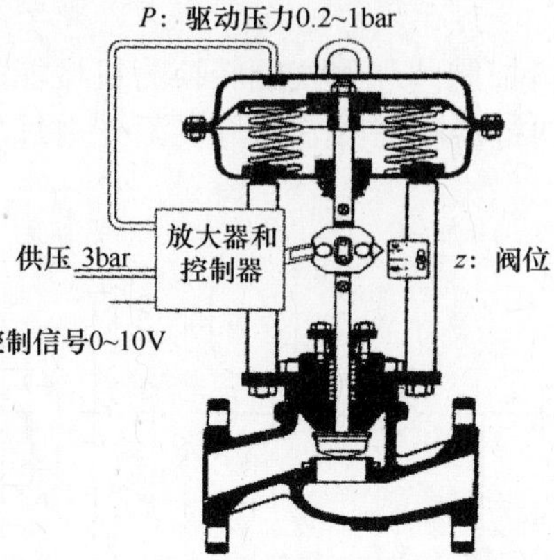

图5.15　带有电-气位置控制器的气动阀门剖面图

位置控制器根据外部给定的指定信号调节阀杆位置。控制器为喷嘴-挡板结构（先导级），根据阀杆位置与指令信号之间的偏差，改变进入隔膜腔的气体压力。由于喷嘴-挡板结构无法提供足够大的气体流量，因而在喷嘴-挡板结构与隔膜腔之间连接气动放大器，控制进入或排出的气体流量。

气动流量控制阀的结构类型多样，例如根据阀体结构分为具有一个或两个塞杆的截止阀、三通阀或角阀等。塞杆通常使用填料密封或金属密封。填料可以是由弹簧预紧的聚四氟乙烯V形环、碳、编织物或石墨，具体根据流体和蒸汽的类型、压力和温度进行选择。塞头和阀座由不锈钢制造，并使用钴铬钨硬质合金进行表面硬化。这些设计决定了流量系数 k_V 和泄漏等阀门特性。根据DIN EN 60534的定义，以水为介质的规一化流量系数 k_V 的计算方法为

$$k_V = \sqrt{\frac{\rho}{\rho_0}\frac{\Delta p_0}{\Delta p}}\dot{V} \tag{5.2.1}$$

式中：标准值为 $\rho_0 = 1000\text{kg/m}^3$，$\Delta p_0 = 0.98\text{bar}$，水的动力粘度为 $v = 1\text{mPa}\cdot\text{s}$。

k_{VS} 为全行程 $z = 100\%$ 时所对应的额定系数。阀的特定决定了流量系数 k_V 与阀位 z 之间关系。

图5.16为使用位置控制器 G_{C1} 和流量控制器 G_{C2} 的气动控制阀门的信号流框图。如图5.15所示，位置控制器为常规的气动比例控制器，用于控制隔膜腔压力 p_1。阀位 z 由机械方式进行测量，并通过杠杆作用在放大器上。由于没有使用电子信号，因而阀位 z 无法用于故障检测。如果流量控制器 G_{C2} 同样为气动的，那么系统中仅有的电子信号为输出流量 $\dot{V}$ 和设定值 W_2。

如果使用电子流量控制器，那么可以使用的信号为 $\dot{V}$、W_2、W_1、U_1 和 z。

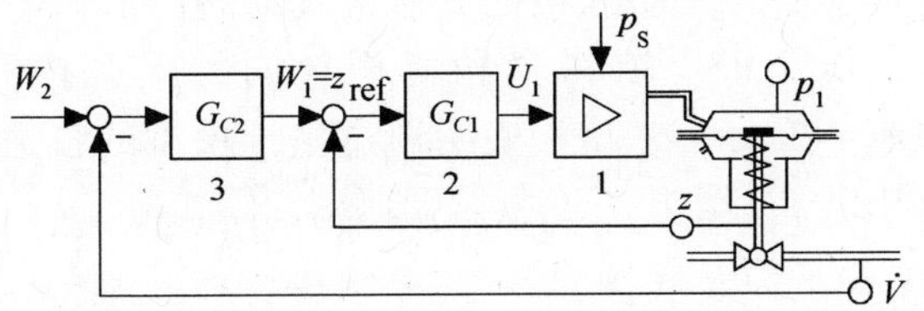

图 5.16 使用位置控制器和流量控制器的气动阀门结构

p_1：隔膜腔压力；p_s：空气供压；z：阀位；$\dot{V}$：流速

1—流量放大器（如喷嘴挡板）；2—位置控制器；3—流速控制器。

5.2.2 气动阀门故障

气动阀门故障主要包括气源、管路、活塞或隔膜执行器、阀杆密封和阀体阀座等，典型故障见表 5.6。

表 5.6 根据设备气体流量阀的典型故障和故障检测范围（×：是，0：否）

		电子流量控制器		
		气动位置控制器		电动位置控制器
阀部分	故障	可用测量信号		
		W_1，W_2，V	p_1	W_1，U_1，W_2，z，V
气体部分	F_1供压减小	0	×	×
	F_2管路泄漏	0	×	×
机械部分	F_3阀杆摩擦力增大	0	×	×
	F_4阀横截面积增大	×	×	×
	F_5位置传感器偏置	×	×	×
流量传感器	F_6流量传感器偏置	×	×	×

能否进行早期故障检测与可使用的电信号种类密切相关。如果使用气动位置控制器，可用的电信号将仅来自于电子控制器，如流量阀控制器中的流量 $\dot{V}$ 及其指令输入 W_2 和位置控制器的指令输入 W_1，见图 5.16。由于气动位置控制器可以对一些故障进行补偿，因而仅能对某些故障进行检测，见表 5.6。如果可以增加额外的电信号，如压力腔压力 p_1，就可以增加故障检测的收敛性能。如果位置控制器也是电子控制器，就可以使用操纵信号 U_1 和阀位信号 z，从而进一步改善故障检测性能，见表 5.6。

5.2.3 气动阀门模型

可以使用与气动缸相同的平衡方程建立气动阀门模型[5.9]，其中 A_D 是隔膜面积，z 是阀杆位置。但与气动缸相比，通常气动阀门的另一腔直接与大气相通，因而仅有一个压力腔。填料盒和塞杆导向的干摩擦和黏性摩擦非常大[5.6,5.17,5.22]。文献［5.13，5.23］表明通过基于模型的自适应控制算法，可以对摩擦力进行辨识与补偿。

气动部分的质量平衡方程为

$$\begin{aligned}\dot{m}_1(t) &= \frac{\mathrm{d}}{\mathrm{d}t}(V_1(t)\rho_1(t)) = \dot{V}_1(t)\rho_1(t) + V_1(t)\dot{\rho}_1(t)\\ &= A_D\rho_1(t)\dot{z}(t) + (V_0 + A_D z(t))\dot{\rho}_1(t)\end{aligned} \tag{5.2.2}$$

式中：V_0 为 $p_1 = 0$ 时的容腔体积。

使用气体方程 $\rho = p/RT$ 有

$$\dot{p}_1(t) + \frac{A_D}{V_0 + A_D z(t)}\dot{z}(t)\ p_1(t) = \frac{RT_1}{V_0 + A_D z(t)}\dot{m}_1(t) \tag{5.2.3}$$

因此，容腔压力的一阶微分方程参数为时变参数并与隔膜位置相关。

隔膜、阀杆和阀芯组成的机械部分力平衡方程为

$$m_v\ddot{z}(t) + d_v\dot{z}(t) + c_s z(t) + f_c\mathrm{sign}\dot{z}(t) = A_D p_1(t) - F_{\mathrm{ext}}(z) \tag{5.2.4}$$

式中：m_v 为阀杆和连接部分的质量；c_s 为弹簧刚度；d_v 和 f_c 为填料盒和导向的黏性摩擦和干摩擦系数；F_{ext} 为外力，主要由流体产生，且与阀塞压降 Δp 成正比。由于存在干摩擦以及与位置相关的阀塞力，机械部分模型为非线性方程。

由式（5.2.3）和式（5.2.4）得到系统的信号流图，见图 5.17。当 $\mathrm{d}z/\mathrm{d}t \approx 0$ 时，由式（5.2.4）得到阀位特性为

$$z = \frac{1}{c_S}(A_D p_1 - F_{\mathrm{ext}}(z) - f_c\mathrm{sign}\dot{z}) \tag{5.2.5}$$

忽略阀塞力，位置 z 与容腔压力为线性关系，但受与方向相关的干摩擦力的影响，因此阀位特性为滞环曲线。测量结果表明，阀位特性可以近似为

$$z = z_0 - C_{1p}p_1 + f_{C-} = z_{00-} - C_{1p}p_1 \quad (\dot{z} < 0) \tag{5.2.6}$$

$$z = z_0 - C_{1p}p_1 - f_{C+} = z_{00+} - C_{1p}p_1 \quad (\dot{z} > 0) \tag{5.2.7}$$

式中

$$z_{00-} = z_0 + f_{C-} \quad z_{00+} = z_0 - f_{C+} \tag{5.2.8}$$

如果无法测量容腔压力 p_1，则位置控制器的操纵变量 U_1 可以作为阀门输入。对于数字控制器，压力可由电流/压力转换器的输出电流进行测量。则阀位特性可描述为

$$z = z_{00-} - C_{1U}U_1 \quad (\dot{z} < 0) \tag{5.2.9}$$

$$z = z_{00+} - C_{1U}U_1 \quad (\dot{z} > 0) \tag{5.2.10}$$

除 U_1 外，还可以使用位置控制器的设定值 z_{ref}。

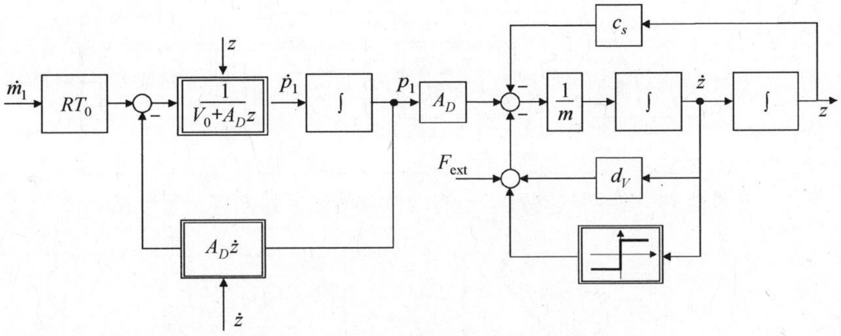

图 5.17 启动流量阀的信号流框图

气动执行器故障检测的相关研究成果见文献［5.11，5.15，5.16，5.19，5.24，5.25］，对摩擦力的故障检测方法见文献［5.5］。

下面将给出使用气动和电子位置控制器，以及使用不同类型传感器的气动阀门故障诊断理论和试验结果，具体内容见文献［5.3，5.6，5.7］。

5.2.4 使用阀位特性的故障检测

试验对象为一台使用气动位置控制器和串联数字式 PI 流量控制器的气动阀门，见图 5.18 和图 5.19。流量控制系统为整个热电厂试验装置的一部分。首先考虑闭环位置和开环流量控制回路时的阀位特性。图 5.20 描述了由于填料盒夹紧力过大造成摩擦力增加时的特性，由于位置控制器可以在一定程度上补偿摩擦力增加的影响，因而特性 $z(z_{ref})$ 没有出现明显变化，但 $p_1(z_{ref})$ 和 $z(p_1)$ 的滞环特性明显增加。干摩擦力的估计值是黏性摩擦力的 2~3 倍，且与阀位 z 相关[5.6]。

图 5.18 所研究的电－气阀门（霍尼韦尔 2000 型，K_{VS} = 25m^3/h）

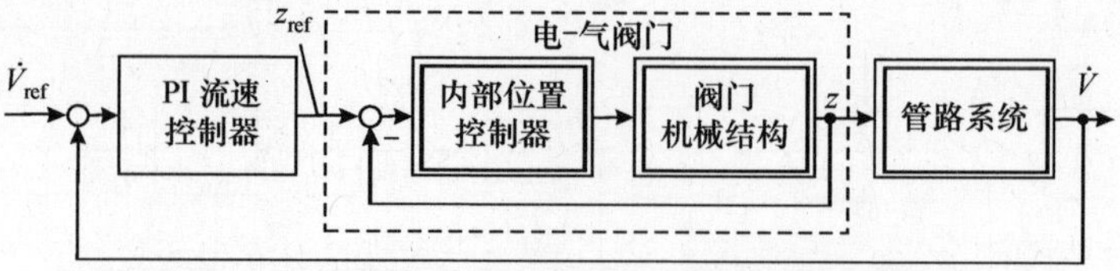

图 5.19 使用气动阀门和启动位置的流速控制环信号流图

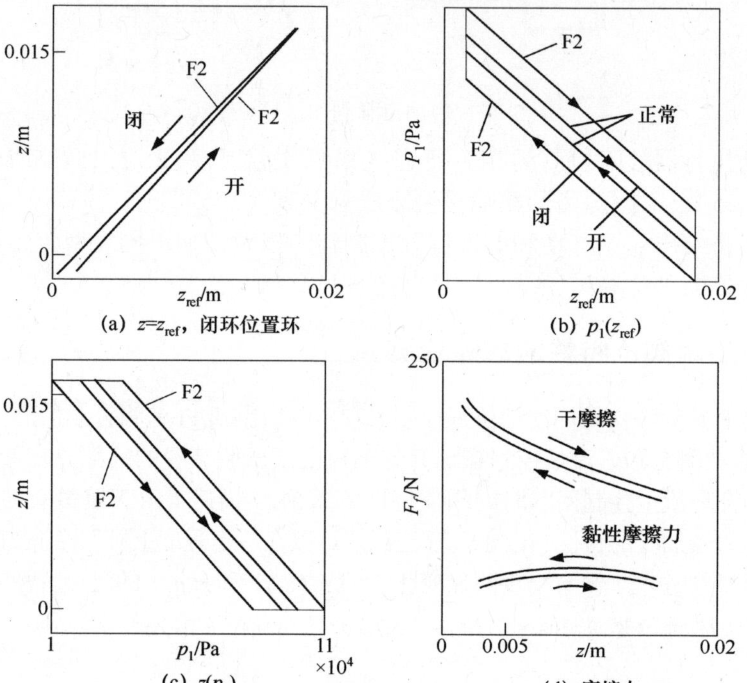

(a) $z=z_{ref}$，闭环位置环 (b) $p_1(z_{ref})$

(c) $z(p_1)$ (d) 摩擦力

图 5.20 正常情况和填料盒摩擦力增大（故障 F2）时测得的阀门特性

表5.7列出了研究的故障对几种线性化特性曲线的影响，见式(5.2.5) ~ 式（5.2.9)，其中 Δz_{00} 是偏置变化，ΔC_1 是增益变化。

表 5.7 位置和流量闭环控制下阀特性的故障征兆表

故障	z（p_1）		z（z_{ref}）		p_1（z_{ref}）		$\dot{V}(U_1)$	
	Δz_{00}	ΔC_{1p}	Δz_{00}	ΔC_{1u}	Δp_{10}	ΔC_{1Up}	ΔV_{00}	ΔC_{1V}
F_1 气动管路泄漏	0	0	0	0	−	0	−	−
F_2 摩擦力增大	+/−	0	0	0	+/−	0	+/−	0
F_3 阀门塞腐蚀	0	0	0	0	0	0	+	0
F_4 位置传感器故障（+）	+	0	−	0	0	0	−	0
F_5 管道阻力增大	0	0	0	0	0	0	−	−
F_6 流量传感器偏置（+）	0	0	0	0	0	0	+	0

阀门故障导致特性曲线的偏移或斜率（增益）的改变，但 $z(z_{ref})$ 无法对微小故障进行检测，而使用容腔压力 $z(p_1)$ 和 $p_1(z_{ref})$ 更适合于对微小故障进行检测。流量特征 $\dot{V}(U_1)$ 会受到所有可能故障的影响，但观测到的偏差仍然可能是由于被控对象故障造成的。因此，使用容腔压力 p_1 和流量 $\dot{V}$ 可以大大提高故障检测率。

为了辨识特性曲线，推荐使用与 5.1 节中建立液压阀芯运动方程相同的方法，与运动方向相关的多项式为

$$Y(z) = a_0 + a_1 z + a_2 z^2 + a_3 z^3 \tag{5.2.11}$$

同时也可以使用基于 LOLIMOT 方法的局部线性化模型。如果阀门工作在不同流量状态，可以在正常工作状态下对稳态值进行在线测量收集，当然也可以使用特定的测试信号对阀门进行测试，以获得阀门特性。

5.2.5 使用气动位置控制器的流量控制阀门故障检测

1. 流量和位置控制器指令值测量

如果气动阀门使用电－气转换器产生气动信号，并作为位置控制器的指令信号，将无法测量电子阀门的位置信号 z，则只能由下游设备中的流量或压力信号确定阀门特性。由于在化工设备中该类型阀门是非常典型的，所以下面首先对该类型阀门进行研究。

通过测量闭环气动位置控制回路的指令信号 $W_1 = z_{ref}$，被控变量 $\dot{V}$ 和串联的流量控制回路指令信号 $W_2 = \dot{V}_{ref}$，对气动流量控制阀门中的故障进行检测和诊断。因此需要使用闭环回路故障检测方法，综合使用多种故障检测方法，如闭环特性特征值法、参数估计法和一致性方程方法等[5.10]。一致性方程可以像应用在开环系统中一样在闭环系统中进行使用。

通过获得阀门的非线性特征 $\dot{V} = f(z)$ 或 $\dot{V} = f(p_1)$ 对阀门进行故障检测，但在该类型阀门中无法对 z 和 p_1 进行测量，则必须使用指令值 z_{ref} 和最终体积流量 $\dot{V}$ 之间的输入输出特性

$$\dot{V} = f(z_{ref}) \tag{5.2.12}$$

式中：f 包括了位置控制回路的特性，见图 5.20[5.4,5.7]。该关系式给出了与操作点相关的动态和静态非线性特性，并且动态特性与阀门运动方向有关（打开或关闭）。

由图 5.21（a）中对不同操作点的阶跃响应可以发现上述特性。打开和关闭时的时间常数和增益不同，并且死区时间接近 1s。由于被控对象的开环特性表现出强烈的非线性特征，因而无法使用常规线性模型进行近似。阀门的闭

环控制特性见图 5.21（b）。闭环控制时使用 PI 控制器，试验结果表明阀门开启时的响应较快（弹簧力），而阀门关闭时明显较慢（气动力）。研究表明，在设定值附近使用简化的线性一阶方程对式（5.2.12）进行近似，可以满足对阀门闭环特性进行描述的要求。因而，可以使用与操作点或方向相关的参数建立局部线性模型。

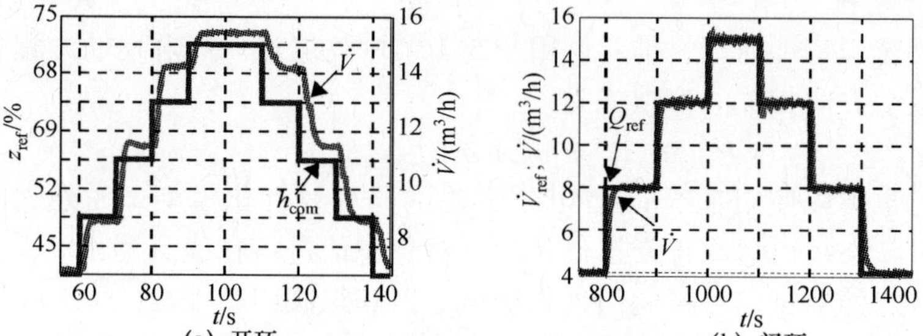

(a) 开环　　(b) 闭环

图 5.21　气动阀门阶跃响应

1）使用局部线性模型的故障检测和诊断

由于阀门的非线性特性，所以使用局部线性模型进行辨识

$$z(k) = w_0 + w_1 x_1(k) + \cdots + w_n x_n(k) \tag{5.2.13}$$

式中：$x_i(k)$ 为不同的输入信号，并且

$$w_j = \sum_{i=1}^{M} w_i \varphi_i(\boldsymbol{x}) \tag{5.2.14}$$

式中：w_j 为与工作点相关的参数[5.4,5.9,5.28]，$\varphi_i(\boldsymbol{x})$ 为与输入 $\boldsymbol{x}$ 相关的隶属度函数。获得局部线性过程模型结构，如图 5.22 所示。

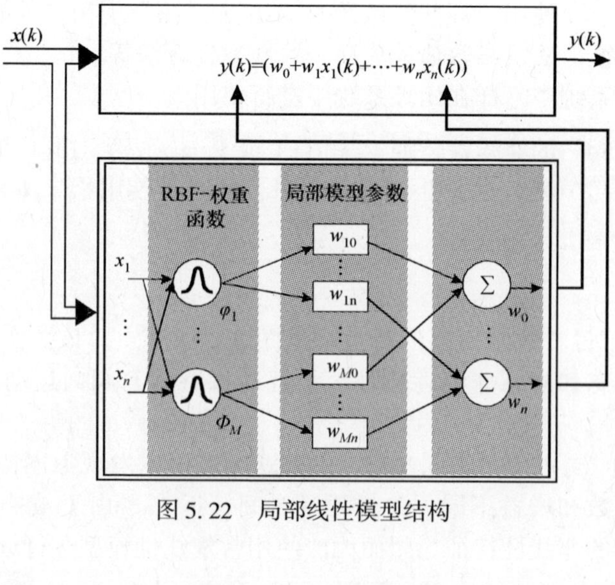

图 5.22　局部线性模型结构

将过程实际特征与模型的名义特征进行比较，从而获得需要的故障征兆。在实际使用时，由指令信号 $W_1 = z_{ref}$ 同时驱动闭环数学模型和实际过程，并对两个过程的输出结果进行比较。使用的故障检测和诊断方法以及故障征兆生成方法见图 5. 23。通过这种组合方式，可以对 3 类故障征兆进行区分[5.7]。

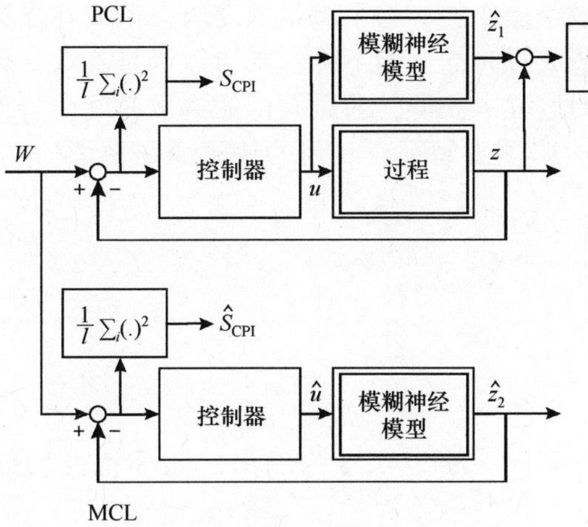

图 5. 23 使用过程模型的故障征兆生成方法

2）使用一致性方程的故障检测和诊断

基于残差的故障征兆生成方法即可用于开环系统，也可用于闭环系统，并且通常不需要对过程施加额外激励。最简单的残差为模型与阀门之间的输出误差，参见图 5. 23，在一定时间长度 l 内的残差为

$$S_r = \frac{1}{l}\sum_{i=1}^{l} |\hat{z}_1(k-1) - z(k-1)| \tag{5.2.15}$$

3）基于闭环性能的故障征兆

通过对控制回路的性能进行分析，可以对过程特性进行描绘，当系统特性变化时，控制回路的性能将会下降。因此，通过定义不同的控制性能指数（Control Performance Indices，CPI）可以获得所需要的故障征兆。一种定义 CPI 的方法是计算参考信号 $W(k)$ 和被控变量 $y(k)$ 之间的偏差

$$\begin{aligned} S_{CPI} &= I_{CPI} - \hat{I}_{CPI} \\ &= \frac{1}{l}\sum_{i=1}^{l} (W(k-1) - z(k-i))^2 - \frac{1}{l}\sum_{i=1}^{l} (W(k-1) - \hat{z}_2(k-i))^2 \end{aligned} \tag{5.2.16}$$

当参考值恒定时，故障征兆 S_{CPI} 不仅与控制性能相关，还受到干扰和噪声的影响。因此，为了获得明显的故障征兆，干扰和噪声应该相对较小。

当设定值变化时，为了对控制性能进行评价，必须将 S_{CPI} 除以设定值偏差，以保证获得的故障征兆是可比较的。另一种方法是在一段时间间隔内，输入一个预先定义的相对于参考值的误差范围。定义该误差范围为新设定值的

2%，则定义闭环特性的故障征兆为 $S_{T98} = \hat{T}_{98\text{model}} - T_{98\text{process}}$。

4）基于阀门参数的故障征兆

第三种故障征兆获取方法是对影响过程特性的参数进行辨识。常规方法是在设定值附近对线性模型进行辨识，这需要对过程进行充分激励，但通常在正常工作时是不允许进行激励操作的。为了满足该要求，可以在操纵信号 u 中叠加激励信号，这虽然会造成暂时的性能下降但却可以满足参数估计的要求。名义参数值可以从无故障的过程中获得，通过阀门的离散时间模型计算获得时间常数 T、增益 K 和偏置 O 等重要特征。获得的故障征兆为[5.7]

$$
\begin{aligned}
S_T &= \frac{\hat{T}}{T_{\text{dyn. lin.}}} \\
S_K &= \frac{\hat{K}}{K_{\text{dyn. lin.}}} \\
S_O &= \hat{O} - O_{\text{dyn. lin.}}
\end{aligned}
\tag{5.2.17}
$$

这些参数同样可以从以 z_{ref} 为输入，z 为输出的闭环特性局部线性模型中获得[5.3]。

下一步是确定故障与故障征兆之间的关系。可以通过先验知识、物理关系或试验确定两者之间关系。

5）故障诊断

使用生成的模糊分类树对故障征兆模式进行评估，并使用自学习分类树（SELECT）方法实现[5.7,5.10]。其对于故障征兆分类的优势在于最终的分类器具有较高的透明度，通过简单的综合即可将先验知识作为模糊规则使用，并且分类概念非常直观。

故障诊断过程分为 5 个阶段：

（1）建立适当的模糊隶属度函数（Membership Functions，MSF），并且去掉不相关的故障征兆；

（2）对最容易分离的故障选择一条规则；

（3）从数据集里删除该故障的测量值；

（4）返回第 2 步，直至对所有故障进行处理，从而产生一个树状结构；

（5）在约束条件下对关联权重进行微调，实现最优化。

6）试验结果

作为式（5.2.12）的近似，通过辨识获得一个由 12 个局部模型组成的离散模糊神经网络模型，采样时间 T_0 为 0.1s。每个局部模型为死区时间 T_d 为 1s 的一阶传递函数。

线性参数变量（Linear Parameter Variable，LPV）模型结构为

$$\dot{V}(k) = w_0 + w_1 z_{\text{ref}}(k-1-d) + w_2 \dot{V}(k-1) \tag{5.2.18}$$

式中：参数与参考信号和阀门的运动方向有关，即

$$w_i = f(z_{\text{ref}}(k-d), \text{sign}(z_{\text{ref}}(k-d))) \tag{5.2.19}$$

在试验中对工作在闭环状态的流量回路进行故障检测和诊断。所研究的故障包括：

F_1：位置控制器和膜片室之间气动管路泄漏；

F_2：阀摩擦增加（增加填料盒的摩擦力）；

F_3：阀门塞腐蚀（使用旁通通道进行模拟）；

F_4：阀门位置控制器故障；

F_5：管路系统流阻增加（部分阻塞）；

F_6：体积流量传感器故障（$\dot{V}_{\text{sensor}} = 1.1\dot{V}_{\text{normal}}$）。

对于线性参数模型的在线估计，生成故障征兆 S_T、S_K 和 S_O 需要设定值具有足够的激励。而由于设定值通常为定值，并且位置控制回路的动态特性非常慢，因而无法满足要求。对式（5.2.18）进行参数估计需要额外的输入激励。在该方法中，在每个恒定的参考信号 z_{ref} 中增加了 2 个持续时间为 10s 的小阶跃信号，见图 5.24。图中给出了参考信号及相应的阀门控制性能下降情况。虽然平均流量保证恒定，但故障仍然以不同的方式对故障征兆造成影响。选择的几种故障对 3 个故障征兆的影响见图 5.25。

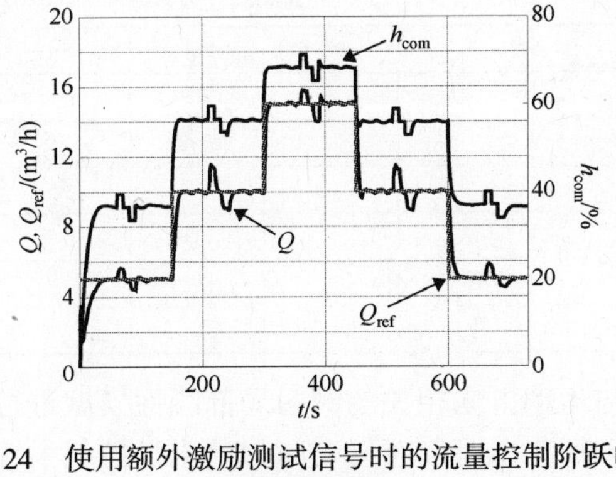

图 5.24　使用额外激励测试信号时的流量控制阶跃响应

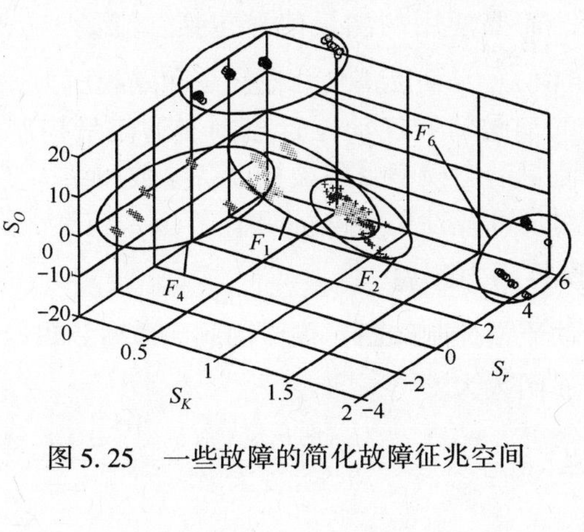

图 5.25　一些故障的简化故障征兆空间

利用所有6个故障征兆，使用SELECT方法完成了故障分类。每个故障的总训练数据由60个测量值组成，采用3层交叉验证方案进行学习和验证。但如图5.25所示，一些故障之间存在着一定的重叠，无法完成100%的分类成功率，并且一个诊断树无法覆盖整个工作范围。在小、大流量两种工况下，很多故障征兆存在着明显的区别，因而训练了两个诊断树，分别用于大流量工况（大于50% z_{ref}）和小流量工况。在这里，仅给出大流量工况下的试验结果，而小流量时的试验结果与此类似。

表5.8列出了从分类树中提取的故障和故障征兆之间的模糊关系。由表可知，对于所研究的故障，在分类表中故障征兆 S_K 和 S_O 比 S_T 出现得更多。表5.8同样根据故障的分类难度对故障进行，排列。很明显，供气管路系统中的侵蚀和泄漏是比较难以进行分类的，而流阻增加和控制器故障比较容易发现。对于所有6个故障，可以达到81%的分类率，而不考虑侵蚀故障时，分类率为84%。当诊断要求不高时，甚至可以达到更高的分类率。此外，对于没有被检测出的故障，诊断系统还将产生隶属度值，从而指示出其他可能的故障原因，更多详细内容见文献［5.4］。

表5.8　节点的模糊故障征兆－分类树的and关系

故障	S_K	S_r	S_O	S_T	S_{T98}	S_{CPI}
F_5 管路阻力增大	不大	大			改变	
F_4 位置传感器故障			改变		不变	改变
F_2 摩擦力增大				大	不变	不变
F_6 流量传感器偏置	大		小			不变
F_3 阀门塞腐蚀	不小					不变
F_1 气动管路泄漏						改变

因此，通过对与运动方向相关的阀门局部线性模型进行辨识，并从输出一致性方程中生成故障征兆，可以对气动阀门及流量控制系统中至少6个典型故障进行检测和诊断。需要使用的测量信号包括：流量 $\dot{V}$、流量的参考设定值 $\dot{V}_{ref}$ 和阀位参考设定值 z_{ref}，而无需使用阀位 z 和隔膜压力 p_1。因此，该故障诊断方法适合于使用气动阀门和气动位置控制器的流量控制场合，例如化工厂等。但辨识获得的流量动态模型受到被控设备参数和结构变化的影响，因而可以在设备调试阶段对局部线性模型进行调整。

2. 阀位和隔膜腔压力测量

对于同样的气动流量控制阀门，仅使用阀门位置 z 和参考值 z_{ref} [5.3]，局部线性模型的离散传递函数为

$$G_1(z) = \frac{z(z)}{z_{ref}(z)} = \frac{b_0 + b_1 z^{-1} + b_2 z^{-4} + b_3 z^{-7}}{1 + a_1 z^{-1} + a_2 z^{-2} + a_3 z^{-3}} + c_0 \qquad (5.2.20)$$

使用线性参数变量模型对上式参数进行辨识。考虑与方向相关的特性，使用了 10 个以 $\dot{z}_{\text{ref}}(z)$ 为附加输入的模型。由位置闭环控制，并在参考输入中增加阶跃信号作为激励，可以提取下列特性：增益 S_K、闭环时间常数 S_T、式（5.2.17）中的直流参数（偏置）S_O 和式（5.2.15）的输出残差 S_r。最终的故障－征兆表见表 5.9。根据不同的模式，除 F_3 外，其他所有故障均能被分离和诊断，但生成的故障征兆与阀门的工作点相关。例如，当阀门开度较小时，阀塞腐蚀可以被较好地检测出来，而当阀门开度较大时，管路阻力增加故障可以被较好地检测出来。

表 5.9　基于参数估计的阀位置控制故障征兆表

故障	故障征兆			
	闭环增益 S_K	闭环时间常数 S_T	补偿参数 S_O	输出残差 S_r
F_1 气动管路泄漏	−	0	0	+
F_2 摩擦力增大	0	+/−	++	−−
F_3 阀门塞腐蚀		−	−−	+
F_4 位置传感器故障	−−	−−	++	++
F_5 管路阻力增大	++	++	−−	−
F_6 流量传感器偏置	0	+/−	0	0/−

因此，对阀门位置和位置控制器的参考值进行测量，可以通过基于模型的非线性故障检测方法，使用参数估计和参考值的阶跃激励对多个故障进行诊断。

3. 隔膜腔压力和压差的附加测量

现在考虑不需要外部输入的情况。除测量 z、z_{ref}、$\dot{V}$ 和 $\dot{V}_{\text{ref}}$ 外，还额外测量隔膜腔压力 p_1 和阀门压力 Δp，并且建立一致性方程，使用如下的离散传递函数

$$
\begin{aligned}
&G_1(z)=\frac{z(z)}{z_{\text{ref}}(z)}\quad G_2(z)=\frac{\dot{V}(z)}{z(z)}\quad G_3(z)=\frac{\dot{V}(z)}{z_{\text{ref}}(z)};\\
&G_4(z)=\frac{p_1(z)}{z_{\text{ref}}(z)}\quad G_5(z)=\frac{\Delta p(z)}{z(z)}
\end{aligned}
\tag{5.2.21}
$$

利用 6～10 个阶数为 1～3 阶的局部线性模型，在正常工作状态下对传递函数进行辨识[5.3]。基于这些固定的多模型数学模型，可以计算得到如下一致性方程的残差

$$
\begin{cases}
r_1(k)=z(k)-G_1z_{\text{ref}}(k)\\
r_2(k)=\dot{V}_{\text{ref}}(k)-G_2z(k)\\
r_3(k)=\dot{V}_{\text{ref}}(k)-G_3z_{\text{ref}}(k)\\
r_4(k)=p_1(k)-G_4z_{\text{ref}}(k)\\
r_5(k)=\Delta p(k)-G_5z(k)
\end{cases}
\tag{5.2.22}
$$

对系统施加故障，最终残差的变化情况见表5.10。除 F_2 和 F_4 外，其他4个故障均可分离。

表5.10 基于一致性方程和额外测量的阀故障征兆表
(1：残差偏离，0：无变化)

故障	故障征兆				
	r_1	r_2	r_3	r_4	r_5
F_1 气动管路泄漏	1	0	0	0	0
F_2 摩擦力增大	1	1	1	1	1
F_3 阀门塞腐蚀	0	1	1	0	0
F_4 位置传感器故障	1	0	1	0	1
F_5 管路阻力增大	1	1	1	0	1
F_6 流量传感器偏置	1	1	1	1	1

因此，如果使用额外的测量值则可以使用更多的一致性方程，并且不需要像上一节一样进行永久性的参数估计和额外激励信号。但每隔一段时间，需要对动态模型进行修正，以适应被控对象的特性变化。

表5.10表明，如果仅测量 z 、z_{ref} 和 p_1 ，可以使用残差 r_1 和 r_4 ，对故障 F_5 和两个故障组合 F_1、F_5 和 F_2、F_4 进行检测。

更多气动阀门的故障诊断研究和试验结果见文献［5.6］。通过测量 z 、z_{ref} 、$\dot{V}$ 和隔膜腔压力 p_1 ，使用线性模型和对闭环特性进行参数估计可以实现多个故障的诊断。

5.2.6 具有电子位置控制器的流量控制阀门故障检测

使用数字式位置控制器替代气动控制器，可以获得位置参考设定值 $W_1 = z_{\text{ref}}$ 、阀杆位置 z 和操纵变量 U 等电子信号，见图5.16。如表5.6和表5.7所列，在对阀门气动和机械部分进行故障检测时可以获得较好的收敛效果。如果可以测量阀门的输入、输出变量，就可以使用基于模型的故障检测方法，参见5.1节中液压伺服缸和文献［5.6］。

但通常不对隔膜腔压力 p_1 进行测量，而仅能获得气动放大器的电信号。该值可以通过位置控制器的 i/p 转换器获取，其中 i 为标准的4～20mA电流，并且该值为位置控制器的操纵变量 U_1 。

在文献［5.15，5.16］中，介绍了如何通过数字式位置控制器提供自身及气动阀门的额外测量信息。位置控制器仍使用模拟PD控制器，位置信号和 i/p 转换器的操纵变量均为模拟量，但设定参考值由微控制器提供。由标准的诊断功能模块提供装置状态（运行时间、配置数据、阈值大小等）和工作状态（零点、硬件故障、数据故障等）。扩展的故障诊断功能可以对测量值进行评估。由直方图对位置工作面积进行统计，图表给出了阀位和操纵电流 i 之间的关系，从而给出泄漏、弹簧力改变、供给压力和流体介质反作用力变化的线索。通过参考变量 W_1 的小范围变化以及对阀杆位置进行观测，可以对塞杆摩擦力增加故障进行检测，但无法进行详细的故障诊断。因而提出使用更多的传感器（压力传感器、振动传感器等）以实现更为详细的故障诊断功能。

利用数字控制器和阀杆电位计对一个多层神经网络进行训练[5.11]，对位置阶跃响应的滞后时间、上升时间、超调量和稳态误差等 7 个特性值与 3 个故障（供气压力故障、隔膜腔排气阀堵塞和隔膜泄漏）之间关系进行训练。阀门离线工作（不通过流量），并且仅测量一个方向的阶跃响应，以避免滞环和死区的影响。最终可以对 3 种故障进行检测和分离，但不包括阀杆摩擦力增加等其他故障。

5.2.7 小结

通过使用多种方法对气动阀门进行故障检测和诊断结果表明，故障检测和诊断的收敛特性与可使用的测量量密切相关。对于仅位置设定值为可测量信号的气动位置控制器，由串联的电子流量控制器可以获得流量及其设定值，从而对多个阀门故障和流量控制故障进行诊断。如果可以使用额外的测量信号，如阀位或腔室压力，通过对静态特性进行辨识或对闭环回路使用非线性离散模型，可以对阀门及其控制系统进行更为详细的故障检测。在最后一个例子中，对于阀门的故障检测和诊断，可以在设定值上施加激励信号以进行参数估计，或在正常工作时使用一致性方程方法。

如果使用数字位置控制器，通常可以获得阀杆位置和控制器输出信号，从而在供气压力阈值校验、阀位直方图和限位开关监控等传统故障诊断方法基础上，使用静态特性、一致性方程和参数估计等基于模型的故障检测方法对阀门进行更为详细的故障诊断。

第三部分
机械与设备

第6章 泵的故障诊断

泵是工业系统中的基本元件之一，被广泛应用于电厂、化工厂、矿厂、制造、加热和制冷设备、冷却系统等。泵大多由电动机或内燃机驱动，其电能消耗占整个系统电能消耗的比例较高。离心泵主要用于低压大流量场合，液压泵或往复式泵则主要用于高压小流量场合。泵可以输送液体，也可以用于输送液固混合物。但在输送液固混合物时，由于阻力和发热增加，需要提高压力进行补偿。

以前，旋转泵通常为恒转速控制，通过节流阀控制流量，但这种控制方式会造成较大的节流损失。目前，随着更加便宜的交流调速电动机的普及，已经可以通过直接调节泵的转速以控制流量，从而大大降低能量消耗。

设备的可靠性和安全性与泵的健康状态直接相关。因此，对泵的工作状态进行监督和故障诊断是非常重要的工作。在本章中，将通过几个实例对离心泵、往复泵的故障检测和诊断方法进行研究。

6.1 离心泵

6.1.1 泵的监督和故障诊断技术现状

离心泵的损坏主要发生于液压或机械零部件中。德国 Fachgemeinschaft Pumpen 公司对化工行业和水处理设备中的离心泵进行调查后发现：59%的泵处于连续工作状态，19%的泵为每天使用，22%的泵为短时间工作。泵的平均检查周期为3个月，由于故障造成的非计划性维修时间间隔为9个月[6.29]。

表6.1列出了可能造成离心泵损坏的零件故障。

表6.1 造成离心泵损坏的故障零部件比例[6.29]

故障零部件	故障比例/%	故障零部件	故障比例/%
滑环密封	31	滑动轴承	8
滚动轴承	22	离合器	4
泄漏	10	对开管	3
电动机	10	外壳	3
转子	9	—	—

最常出现故障的零件是滑环密封和球轴承，见图6.1。表6.2列出了可能导致泵停止工作和维修的原因。其中空化、润滑失效、过度磨损和沉积物是需要进行重点故障监测的项目。

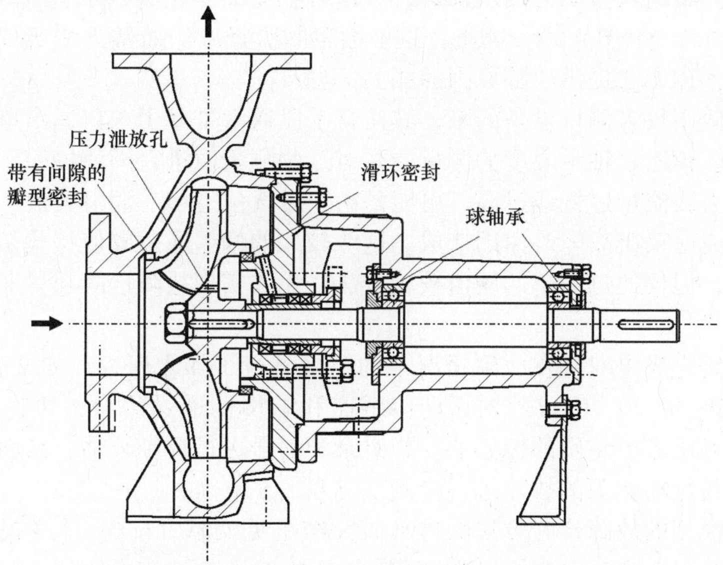

图6.1 典型离心泵剖面图（KSB Etanorm）

表6.2 离心泵故障原因及其后果

故障	原因及后果
空化	如果静压低于饱和蒸汽压，液体会逐渐变为气体从而形成气泡。气泡爆裂会对叶轮表面造成损伤，并产生爆裂声
油液中含气量过多	压力下降造成溶解在流体中的气体析出，从而导致气体与液体的分离，造成水头下降
干摩擦运行	缺少液体和润滑造成轴承缺乏冷却从而造成轴承过热，主要出现在初始工作阶段
磨损	侵蚀：由于硬颗粒或空化造成的表面机械损伤 腐蚀：腐蚀性流体造成的腐蚀损伤 轴承：由于疲劳和金属摩擦造成的机械损伤 溢流孔堵塞：造成轴向轴承过载并导致损坏 滑环密封堵塞：造成摩擦力增加、效率下降 瓣型密封间隙增大：造成效率下降
沉积物过多	有机物或化学反应导致沉积物在转子入口或出口堆积，造成效率下降、温度升高，最终引起整个泵的失效
振动	损坏或沉积物的影响造成转子不平衡，从而对轴承造成损坏

可使用的监督方法与可供使用的测量设备相关。对于转速已知，仅可测量输出压力的离心泵，如果输出压力大幅偏离正常值，说明出现了较大的故障。如增加体积流量测量设备，则可以观测到扬程特性的改变，但是仍然无法实现故障诊断。增加入口压力测量设备，可以对空化的净正吸入水头（Net Positive Suction Head，NPSH）进行测量。这些简单的监督方法通常无法实现小故障的早期检测，也无法提供故障原因的相关信息。

对于使用较多测量设备的泵，其监督手段通常是基于入口、出口压力、水头、流量、转速、轴承温度的测量，并对这些测量值进行阈值校验。例如，如果输出压力或流量过低或过高，可能是由于含气量过多、润滑失效、沉积物过多、轴承或电动机故障等原因造成。这些较大的偏差通过阈值校验是非常容易观测到的，但仅通过简单的阈值校验方法，无法实现故障诊断和早期的故障检测功能。

许多研究成果对泵在故障情况下的特性进行了深入研究。如文献［6.18，6.10，6.25，6.20，6.17］对振动传感器和结构传递噪声分析方法进行了研究。这些方法需要特殊的传感器，并对泵和信号进行详细评估，从而允许对特定工况下与振动相关的故障进行检测，见 6.1.5 节。

基于模型的故障诊断方法的仿真研究结果见文献［6.6］（变速泵和参数估计方法），文献［6.22］（定速泵和参数估计方法），文献［6.5，6.30］（不同功率的泵，并且结合使用一致性方程和参数估计方法）。这些研究是后面章节的基础。更多基于模型研究方法的论著包括文献［6.8，6.1］。前者给出了基于参数估计的故障检测方法，后者对基于状态观测器和参数估计方法的故障检测应用进行了研究。

6.1.2 离心泵和管路系统模型

1）泵

径向离心泵的输入扭矩为 M，转速为 ω，流体被输送至入口半径为 r_1，出口半径为 r_2 的旋转叶片通道内实现扭矩至流体角动量的转换。根据被称为欧拉涡轮方程的角动量平衡方程，获得泵的理论水头为

$$H_{\text{th}} = h_{\text{th1}}\omega^2 - h_{\text{th2}}\omega\dot{V} \tag{6.1.1}$$

定义水头为

$$H = \frac{p_2 - p_1}{\rho g} = \frac{\Delta p}{\rho g} \tag{6.1.2}$$

式中：p_1 和 p_2 分别为入口和出口压力；$\dot{V}$ 为体积流量。

对于有限数量的叶片，考虑叶片和管路的摩擦损失以及叶片入口处由非相切流动所造成的损失，获得泵水头的基本方程为[6.2,6.5,6.26]

$$H = h_{nn}\omega^2 - h_{nv}w\dot{V} - h_{vv}\dot{V}^2 \tag{6.1.3}$$

式中：系数 h_i 由基本方程和经验确定。

传递至流体的功率为

$$P = \rho g H \dot{V} = M\omega \tag{6.1.4}$$

由式（6.1.2）和式（6.1.1），得到泵的理论扭矩为

$$M_{\text{th}} = \rho g \frac{\dot{V}}{\omega} H_{\text{th}} = \rho g (h_{\text{th1}} \omega \dot{V} - h_{\text{th2}} \dot{V}^2) \tag{6.1.5}$$

考虑流量损失，将式（6.1.3）代入式（6.1.4），得到实际扭矩为

$$M_{\text{P}} = \rho g \left(h_{nn} \omega \dot{V} - h_{nv} \dot{V}^2 - h_{vv} \frac{\dot{V}^3}{\omega}\right) \tag{6.1.6}$$

泵机械部分的扭矩平衡方程为

$$J_{\text{P}} \frac{\mathrm{d}\omega(t)}{\mathrm{d}t} = M_{\text{mot}}(t) - M_{\text{P}}(t) - M_{\text{f}}(t) \tag{6.1.7}$$

式中：J_{P} 为电动机和泵的转动惯量；M_{f} 为摩擦扭矩，由库仑摩擦力 M_{f0} 和黏性摩擦力 $M_{\text{f1}\omega}$ 组成

$$M_{\text{f}}(t) = M_{\text{f0}} \operatorname{sign} w(t) + M_{\text{f1}} \omega(t) \tag{6.1.8}$$

图 6.2 为试验测量得到的离心泵水头 H 和扭矩 M 之间的特性关系。

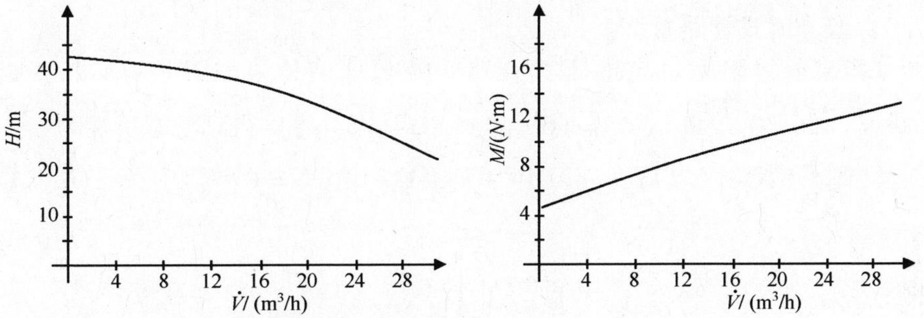

图 6.2　测量得到的离心泵特性（$n_{\text{N}} = 2900\text{r/min}$）

2）管路系统

如图 6.3 所示，假设泵将流体通过一个管路系统，从低处输送至高处的储箱中。根据管路的动量平衡方程，对于湍流有

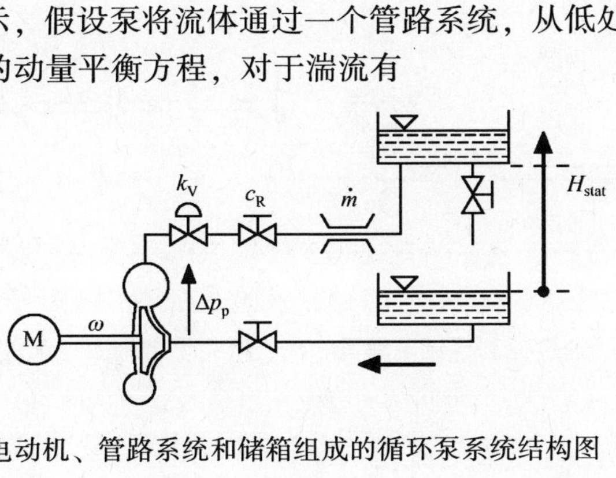

图 6.3　由电动机、管路系统和储箱组成的循环泵系统结构图（开式回路）

$$H(t) = a_F \frac{\mathrm{d}\dot{V}(t)}{\mathrm{d}t} + h_{rr} \dot{V}^2(t) + H_{\mathrm{stat}} \tag{6.1.9}$$

式中：h_{rr} 为考虑管件、管路弯头和节流阀时的管路阻力系数；$a_F = l/gA$，其中 l 为管长，A 为管路截面积；H_{stat} 为储箱相对于泵的高度，则静压为

$$p_{\mathrm{stat}} = \rho g H_{\mathrm{stat}} \tag{6.1.10}$$

假设能够在稳态体积流量 $\bar{\dot{V}}$ 和恒定 p_1 附近对式（6.1.9）进行线性化，可以得到一阶微分方程

$$T_F \frac{\mathrm{d}\Delta\dot{V}(t)}{\mathrm{d}t} + \Delta\dot{V}(t) = K_F \Delta p_2(t) \tag{6.1.11}$$

式中：增益和时间常数为

$$K_F = \frac{\Delta p_2}{\Delta \dot{V}} = \frac{1}{2\rho g h_{rr} \bar{\dot{V}}} \tag{6.1.12}$$

$$T_F = \frac{\alpha_F}{2h_{rr}\bar{\dot{V}}} = \frac{l}{2gAh_{rr}\bar{\dot{V}}} \tag{6.1.13}$$

由上可知，随着管路长度 l 的增长和体积流量 $\dot{V}$ 的减小，时间常数增加。

3）泵和闭式管路系统

如果泵通过阻力恒定的闭式管路系统传递液体，如图 6.4 所示，则有 $\mathrm{d}\dot{V}/\mathrm{d}t = 0$ 和 $H_{\mathrm{stat}} = 0$，从式（6.1.3）和式（6.1.9）得到稳态特性为

$$(h_{rr} + h_{vv})\dot{V}^2 + h_{nv}\omega\dot{V} - h_{nn}\omega^2 = 0 \tag{6.1.14}$$

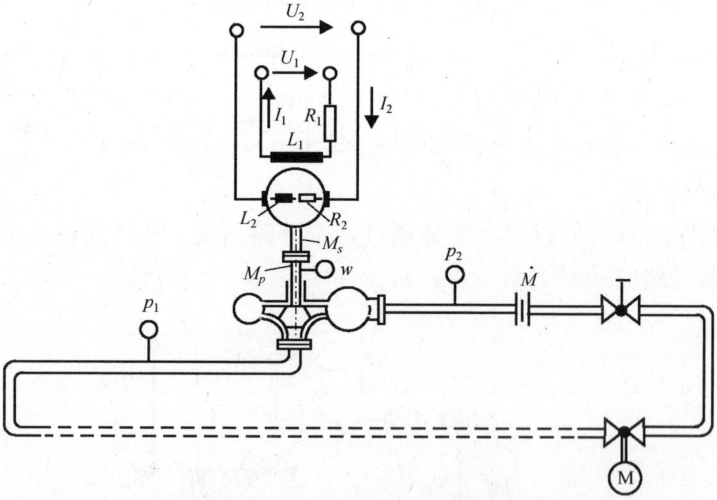

图 6.4　速度控制直流电动机和离心泵系统结构图（闭式回路）

（电动机：$P_{\max} = 4\mathrm{kW}$；$n_{\max} = 3000\mathrm{r/min}$；泵：$H = 39\mathrm{m}$；$\dot{V}_{\max} = 160\mathrm{m^3/h}$；$n_{\max} = 2600\mathrm{r/min}$
交流电动机用于稳定状态操作，直流电动机用于动态操作）

该方程的解为

$$\dot{V} = \kappa\omega \tag{6.1.15}$$

式中

$$\kappa = \frac{1}{2(h_{rr} + h_{vv})}\left(-h_{nv} + (-)\sqrt{h_{nv}^2 + 4h_{nn}(h_{rr} + h_{vv})}\right) \tag{6.1.16}$$

如果管路的阻力参数为常数（例如当阀位保持不变时），则体积流量与泵的转速成正比。

虽然泵的扭矩和转速之间为非线性关系，见式（6.1.7），但在稳态 $\bar{\omega}$ 附近可以对其进行线性化。对于闭式管路，由式（6.1.15）可将泵的扭矩方程（式6.1.6）简化为

$$\begin{aligned} M_P &= \rho g\kappa\left(h_{nn} - h_{nv}\kappa - h_{vv}\kappa^2\right)\omega^2 \\ &= k_m\omega^2 \end{aligned} \tag{6.1.17}$$

则式（6.1.7）变为

$$J_P\frac{\mathrm{d}\omega(t)}{\mathrm{d}t} = M_{\mathrm{mot}}(t) - k_m\omega^2(t) - M_{f0}\mathrm{sign}\omega(t) - M_{f1}\omega(t) \tag{6.1.18}$$

对其进行线性化，获得一阶微分方程为

$$T_P\frac{\mathrm{d}\omega}{\mathrm{d}t} + \Delta\omega(t) = K_P\Delta M_{\mathrm{mot}}(t) \tag{6.1.19}$$

式中：增益和时间常数为

$$K_P = \frac{\Delta\omega}{\Delta M_{\mathrm{mot}}} = \frac{1}{2k_m\bar{\omega} + M_{f1}} \tag{6.1.20}$$

$$T_P = \frac{J_P}{2k_m\bar{\omega} + M_{f1}} \tag{6.1.21}$$

由式（6.1.21）可知，当转动惯量 J_P 与平均转速之比减小时，电动机泵的时间常数减小。图6.5为考虑式（6.1.11）和式（6.1.19）后，泵-管路系统的线性化信号流程图。因此，根据泵-电动机转子存储的动量和管路中的流体质量，可以得到二阶动态系统。

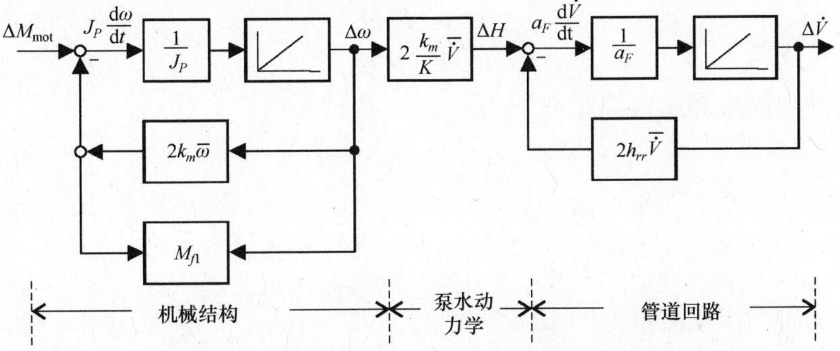

图6.5 稳定状态下的闭式泵-管路系统线性化系统信号流程图

6.1.3 使用参数估计的故障检测

本节首先针对离心泵的静态特性，介绍基于模型的参数估计故障检测方法，随后将检测方法扩展至考虑动态特性时的情况。所研究的泵、管路结构见图 6.4。

1. 恒转速工作和突然关闭电动机时的参数估计

多数情况下，均使用恒速交流电动机驱动离心泵，文献［6.22，6.23］对这种应用场合研究了两种可能的参数估计方法。由于泵的工作点由泵和被控对象之间的耦合特性决定，因而第一种方法是改变管路系统中某个阀门的开度，从而通过改变被控对象特性和泵的工作点对静态水头 - 流量曲线 $H(\dot{V},\omega)$ 进行参数辨识。除了电动机的滑转扭矩特性所造成转速的微小变化外，泵的转速基本是恒定的。第二种进行参数估计的方法是通过泵关闭时的动态过程获取泵的动态特性。从而当泵工作在正常流量或零流量时，突然将泵关闭，利用动态特性进行参数估计。

对这两种方法分别进行了试验研究。试验时测量的信号包括：交流电动机电压 U 、体积流量 $\dot{V}$ 、交流电动机电流 I 、泵水头 H 和泵转速 ω 。

对于通过改变阀位对泵的静态特性进行辨识时，由于转速与流量不再保持比例关系，因而需要使用完整的离心泵模型。水头特性为

$$H = h_{nn}\omega^2 - h_{nv}\omega\dot{V} - h_{vv}\dot{V}^2 \qquad (6.1.22)$$

扭矩特性为

$$M_P = \rho g\left(h_{nn}\omega\dot{V} - h_{nv}\dot{V}^2 - h_{vv}\frac{\dot{V}^2}{\omega}\right) \qquad (6.1.23)$$

文献［6.22，6.24］中的试验结果表明，对于所研究的泵，由下式对泵的扭矩特性进行更好的近似

$$M_P = k_0\omega\dot{V} - k_1\dot{V}^2 + k_2\omega^2 \qquad (6.1.24)$$

在转速恒定时改变阀位，水头 H 、电动机扭矩 M 和体积流量 $\dot{V}$ 将沿着特性曲线进行变化。基于最小二乘参数估计方法

$$H = \boldsymbol{\Psi}^{\mathrm{T}}\boldsymbol{\Theta}_H \qquad (6.1.25)$$

$$M_P = \boldsymbol{\Psi}^{\mathrm{T}}\boldsymbol{\Theta}_M \qquad (6.1.26)$$

式中：数据向量和参数向量分别为

$$\boldsymbol{\Psi}^{\mathrm{T}} = \begin{bmatrix}\omega^2 & \omega\dot{V} & \dot{V}^2\end{bmatrix} \qquad (6.1.27)$$

$$\boldsymbol{\Theta}_{\mathrm{H}}^{\mathrm{T}} = \begin{bmatrix}h_{nn} & -h_{nv} & -h_{vv}\end{bmatrix} \qquad (6.1.28)$$

$$\boldsymbol{\Theta}_{\mathrm{M}}^{\mathrm{T}} = \begin{bmatrix}k_2 & k_0 & -k_1\end{bmatrix} \qquad (6.1.29)$$

试验时，体积流量范围为额定流量的 0% ~150%，虽然 60% ~150% 的流量范围已经足够满足故障检测的要求。

在进行关闭电动机试验时，驱动扭矩立刻降至0。由于流阻仍为常数，因而可以假设泵的转速与流量成比例，可以由 ω^2 替代 $\omega\dot{V}$ 和 $\dot{V}^2$，见式（6.1.15）和式（6.1.17）。忽略摩擦项，由式（6.1.7）得

$$M_{\mathrm{mot}}(t) = J_P \mathrm{d}\omega/\mathrm{d}t + k_m\omega^2 \qquad (6.1.30)$$

虽然除了 $t \leqslant 0$ 时以外，$M(t)$ 均为0，但仍然可以对 J_P 和 k_m 进行辨识。这是因为在辨识时，需要通过低通状态滤波器对 $M(t)$ 和 $\omega(t)$ 进行滤波，因而 $M(t)$ 的滤波值将缓慢地减小至0，从而可以对参数估计进行充分激励。式中 $k_m\omega^2$ 项为关闭电动机后的负载项，通常增加负载将减小关闭过程的时间。

故障检测的基本思想是通过辨识泵的模型参数，发现由于磨损、腐蚀和空化所造成的缓慢性能退化。在泵中增加多种故障，以测试故障检测方法对故障的反应：

1）间隙环磨损

间隙环是离心泵中最常更换的零件。当间隙增加后，从叶片高压输出口向低压吸油口之间的泄漏将会增加，从而明显降低泵的效率，特别是当泵的转速较低时。但磨损度与泵的工作条件相关，如流体介质特性（含盐度、含沙度等）和工作点（泵输出流量、有效净吸入水头（Net Pressure Suction Head，NPSH）），因此无法建立一个覆盖全局的评定标准，以确定何时需要对间隙环进行更换。通过对不同间隙环的多次试验表明，间隙增加将会使阀门特征曲线向左侧移动，见图6.6。由于流体由外侧向内侧流动时，其圆周速度将变快，增加背部间隙流的影响，从而单级泵的圆盘摩擦力将增加。由于流体通过间隙时将产生额外负载，造成关闭过程变快（特别是当流量为0时），见图6.7和图6.8。因此，间隙磨损的故障征兆为 h_{nn} 减小，h_{vv}、k_2 和 k_m 增加，见表6.3。

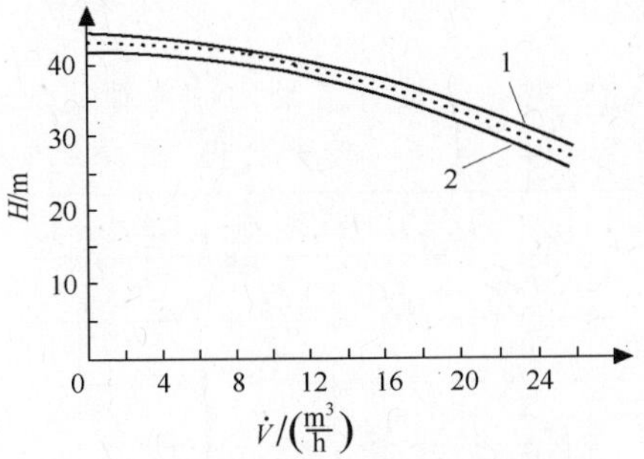

(a) 水头-流量特性（虚线：参考特性）

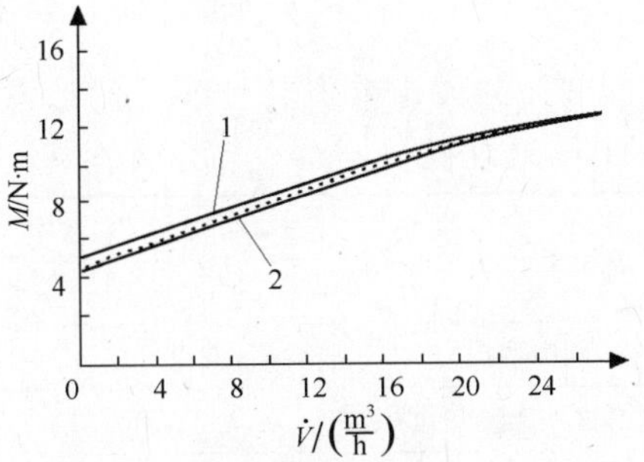

(b) 扭矩-流量特性（虚线：参考特性）

图6.6 考虑间隙磨损时泵的特性曲线

1—小间隙；2—大间隙。

2）叶轮出口处的磨损

对不同的叶轮故障进行了试验，但在这里仅讨论叶轮出口处磨损故障的影

响。磨粒磨损将导致叶片高压侧的腐蚀，其效果与打磨叶片相类似，造成出口处的叶片宽度减小，改善流动条件，从而增加泵的水头。

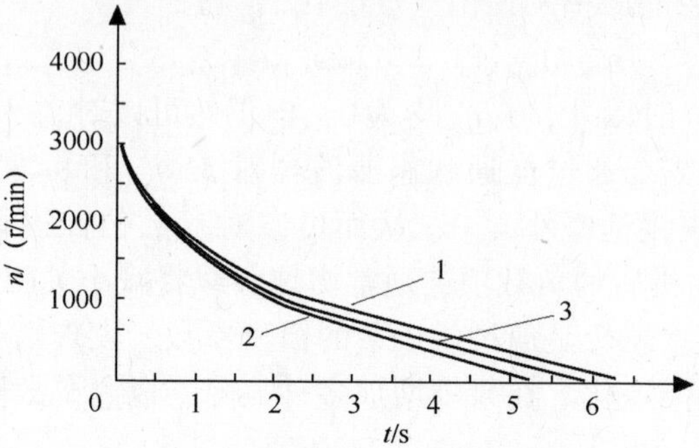

图 6.7　不同间隙时泵的关闭速度

1—小间隙；2—大间隙；3—参考间隙。

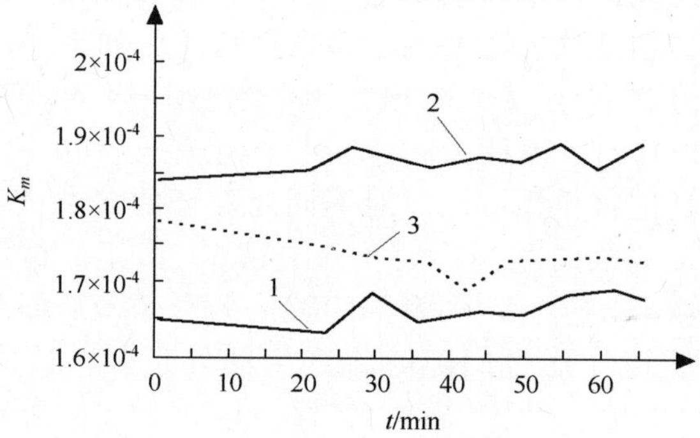

图 6.8　估计参数 K_m 与间隙之间关系

1—间隙特别小；2—大间隙；3—参考间隙。

表 6.3　由静态特性和关闭动态过程的参数估计得到的故障征兆
(0：无改变；+/-：正/负向变化；++/--：较大的正/负向变化)

故障	静态水头特性			静态力矩特性			关闭动态特性	
	h_{nn}	h_{nv}	h_{vv}	k_0	k_1	k_2	J_P	k_m
间隙磨损	- -	-	+ +	0	+	+ +	0	+ +
叶轮出口存在较少的沉积物	-	0	+ +	+	+	0	0	0
叶轮入口存在沉积物	-	+ +	+ +	0	0	+	0	0
叶轮出口磨损	+	+	0	0	0	+	0	0
叶片断裂	+	0	-	0	-	+	+	+
叶轮入口空化	-	-	0	0	0	-	0	+

因此，泵水头增加并不一定是泵状态改善的标志。叶轮出口处磨损的故障征兆主要是 h_{nn} 、h_{nv} 和 k_2 的增加。

3）叶轮入口沉积物

沉积物将严重影响泵的正常工作，极端情况下甚至可能导致整个泵的失效。通常，沉积物由有机废物组成，但有时也会来自于化学反应造成的缓慢沉淀，特别是当泵停止工作一段时间后。因此，对该故障进行辨识，对于备份泵的周期性检测，特别是化工厂具有较大的吸引力。

在正常负载和超载工况时，泵入口被部分堵塞时的压力 – 流量特性曲线见图 6.9。试验时，首先将一些棉纱固定在叶片入口，然后逐渐增加棉纱数量。在两种状态下观测到泵的特性曲线偏离了正常值。试验结果表明，出现沉积物故障时，h_{vv} 将显著增加而 h_{nn} 下降。

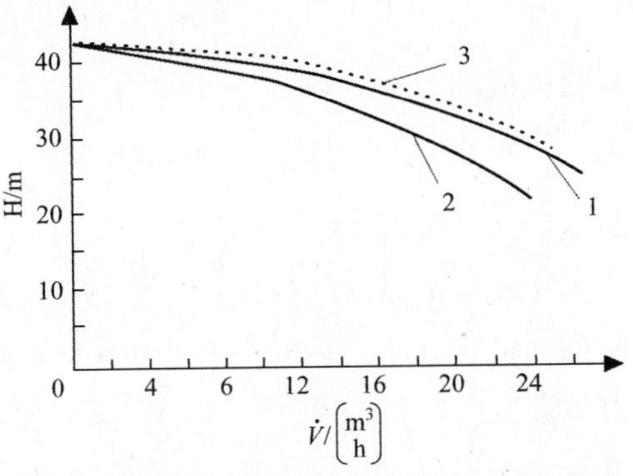

图 6.9　叶轮入口沉积物对水头 – 流量特性的影响

1—沉积物较少；2—沉积物较多；3—参考特性。

对试验获得的参数特性进行统计学分析，以区分正常的随机参数变化和故障时的明显参数变化。表 6.3 对多次试验结果进行总结，可以清楚地检测出磨损和腐蚀造成的水头损失。如果考虑故障征兆的大小，就可以对故障进行分离。更多泵的实际故障诊断结果见文献［6.24］。研究表明，通过改变阀位和关闭电动机对泵的特性进行参数估计，可以实现恒转速泵的故障诊断。由于腐蚀损害是一个非常慢的自然过程，通常不会明显改变泵的工作状态，通过基于模型的参数估计故障诊断方法，可以有效地对维修时间进行预测。

文献［6.8］对基于参数估计方法的离心泵故障检测应用进行了研究。文献使用泵的基本静态方程（式（6.1.3）），通过改变流量阀门的阀位，对泵的 3 个参数进行了估计。通过使用多层感知器神经网络，对最终水头残余的微小误差进行近似。水头偏差 $\Delta(n,\dot{V},T) = H_{meas} - H_{mod}$ 被用于估计参数偏差 $\Delta\hat{\Theta}$ 。式（6.1.28）中的 3 个参数偏差可以用于区分转子故障，如沉积、叶片断裂、空化腐蚀和间隙环摩擦等。文献［6.8］还研究了液体温度对故障诊断的影响。研究了液体温度在20℃ $\leqslant T_{fl} \leqslant$ 80℃ 范围时对模型精度的影响。试验结果表明，对于最终的故障分类结果，可以忽略温度的影响。因此，可获得与上述类似的故障诊断结果。

2. 转速逐步下降时的参数估计

如图6.4 所示，离心泵由调速直流电动机驱动，并组成闭合管路。将直流电动机和泵作为一个单元进行研究[6.6]。

测量的信号包括：电枢电压 U_2 、电枢电流 I_2 、体积流量 $\dot{V}$ 、角速度 ω 和泵总压头 H 。

经过简化后的基本方程为

（1）电枢电路方程

$$L_2 \frac{\mathrm{d}I_2(t)}{\mathrm{d}t} = -R_2 I_2(t) - \Psi\omega(t) + U_2(t) \tag{6.1.31}$$

（2）电动机和泵的机械动力学方程

$$J_P \frac{\mathrm{d}\omega}{\mathrm{d}t} = \Psi I_2(t) - M_{f0} - \rho g h_{\mathrm{th1}} \omega(t)\dot{V}(t) \tag{6.1.32}$$

（3）泵的水力学方程（［6.26］）

$$H(t) = h_{nn}\omega^2(t) - h_{nv}\omega(t)\dot{V}(t) - h_{vv}\dot{V}^2(t) = h'_{nn}\dot{V}^2(t) \tag{6.1.33}$$

由于 $\dot{V}$ 与 ω 成比例，见式（6.1.15），可将式中的3 个参数合并为1 个。

（4）管路的水力学方程

$$\alpha_F \frac{\mathrm{d}\dot{V}(t)}{\mathrm{d}t} = -h_{rr}\dot{V}^2(t) + H(t) \tag{6.1.34}$$

整个模型在本质上是非线性的，但对于将要估计的参数则是线性的。所以可以直接使用最小二乘法进行参数估计，具体方法见2.5.2 节。模型包括9 个过程系数

$$\boldsymbol{p}^{\mathrm{T}} = \begin{bmatrix} L_2 & R_2 & \Psi & J_P & M_{f0} & h_{\mathrm{th1}} & h'_{nn} & a_F & h_{rr} \end{bmatrix} \tag{6.1.35}$$

为了便于参数估计，将方程改写为如下形式

$$y_j(t) = \boldsymbol{\Psi}_j^{\mathrm{T}}(t)\hat{\boldsymbol{\Theta}}_j \quad (j = 1,2,3,4) \tag{6.1.36}$$

式中

$$\left.\begin{matrix} y_1(t) = \mathrm{d}I_2(t)/\mathrm{d}t & y_2(t) = \mathrm{d}\omega(t)/\mathrm{d}t \\ y_3(t) = H(t) & y_4(t) = \mathrm{d}\dot{V}(t)/\mathrm{d}t \end{matrix}\right\} \tag{6.1.37}$$

使用离散平方根滤波（Discrete Square Root Filtering，DSFI）最小二乘法对模型参数进行估计。模型参数为

$$\hat{\boldsymbol{\Theta}}^{\mathrm{T}} = [\hat{\boldsymbol{\Theta}}_1^{\mathrm{T}} \quad \hat{\boldsymbol{\Theta}}_2^{\mathrm{T}} \quad \hat{\boldsymbol{\Theta}}_3^{\mathrm{T}} \quad \hat{\boldsymbol{\Theta}}_4^{\mathrm{T}}] \tag{6.1.38}$$

通过对模型参数 $\hat{\boldsymbol{\Theta}}$ 进行估计，可由计算得到 $\boldsymbol{p}$ 中所有9 个系数的唯一值。

由 AC/DC 转换器通过串级控制系统对直流电动机转速进行调节，使用电

枢电流作为辅助控制变量，被控变量为电枢电流 U_2 。使用 DEC - LSI 11/23 型微型计算机对系统进行在线实时控制。试验时，转速设定值 $W(t)$ 以 375r/min 的速率逐步改变。工作点为 $n = 1000\ \mathrm{r/min}$，$H = 5.4\ \mathrm{m}$，$\dot{V} = 6.48\ \mathrm{m^3/h}$ 。当数据采集时间分别为 2.5s 和 10s 时，采样周期分别为 5ms 和 20ms，从而保证获得 500 个采样点。在进行参数估计前，将测量值存储在内存中，因而每隔 120s 可以获得一组参数和过程系数。在训练阶段，将使用 50 个系数集。表 6.4 列出了对于 19 种人为施加的故障，过程系数的变化情况。下面将从所进行的试验中选出几种代表性试验，对试验过程和试验结果进行研究。

（1）故障 A_5：电动机风冷不足，见图 6.10。通过逐步降低（25%、50%、75%、100%）冷却空气流量，造成整个电动机的温度变化，电枢电路和激励电路的电阻增加，从而造成 R_2 增加，磁链 Ψ 减小。在该故障中，系数向不同方向变化。

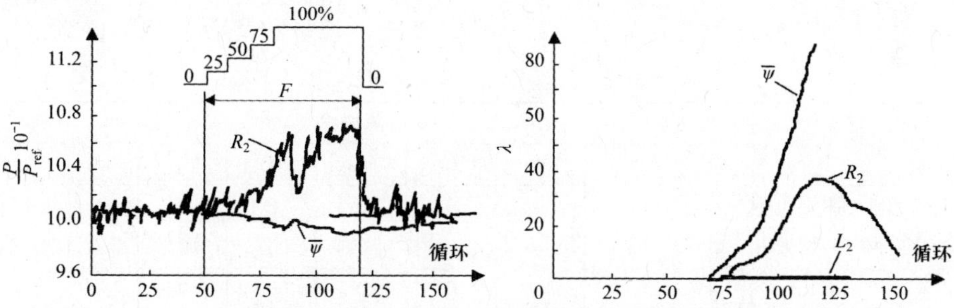

图 6.10　减少冷却空气时过程系数的变化情况

（λ 为贝叶斯决策测试的检测质量[6.6]）

（2）故障 P_3：离心泵间隙槽增大，见图 6.11。通过加大叶轮与泵体之间间隙以增加泵的内部损失，从而造成 h_{th1} 增加，h'_{nn} 减小。

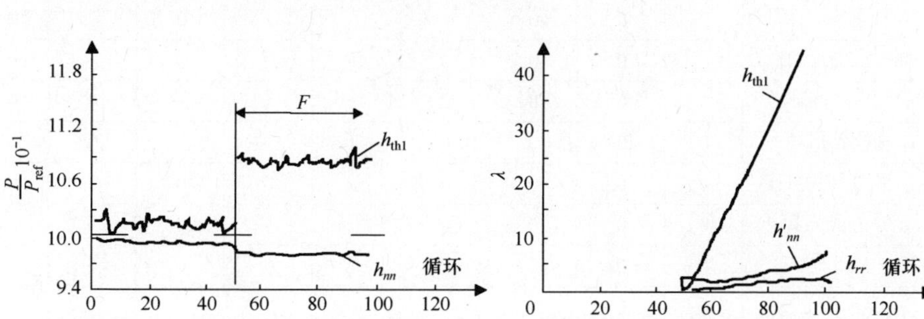

图 6.11　泵间隙增大时过程系数的变化情况

（3）故障 F_{1a}：离心泵内空化，见图 6.12。通过减小入口压力，在泵中产生较小的空化和气泡。试验结果表明，系数 a_F 增加，并与管路系统时间常数成比例，见式（6.1.13）。

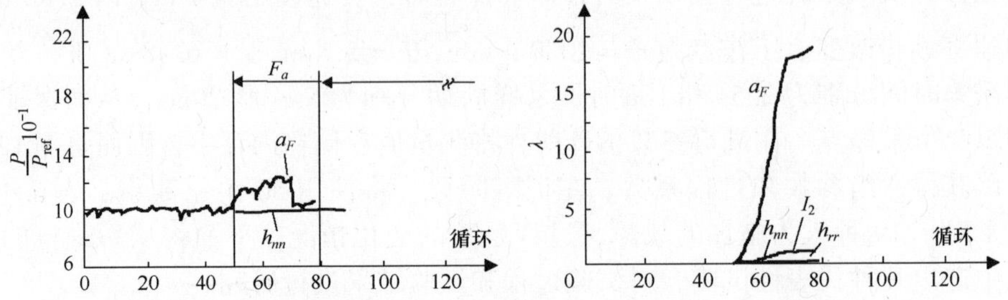

图6.12　泵中出现较小空化和气泡时过程系数的变化情况

试验结果表明，出现故障后过程系数出现了与预期一致的明显变化，从而实现故障的检测。基于表6.4列出的故障模式，可以实现多数故障的分离，将电动机故障与泵的故障清楚地分离开。

表6.4　转速改变时基于参数估计的直流电动机和离心泵故障征兆（+：增大，-：减小，0：不变）

故障	故障征兆								
	L_2	R_2	Ψ	J_P	M_{f0}	h_{th1}	h'_{nn}	a_F	h_{rr}
A_1：激励电阻增大	0	0	-	0	0	0	0	0	0
A_2：电枢电阻增大	0	+	-	0	0	0	0	0	0
A_3：电刷老化	-	+	-	0	0	0	0	0	0
A_4：新电刷	0	0	0	0	0	0	0	0	0
A_5：冷却不足	0	+	-	0	0	0	0	0	0
A_6：冷传动	0	0	+	-	0	0	0	0	0
K_1：主轴移位	0	0	0	-	0	0	0	0	0
P_{1a}：轴承无润滑	0	0	0	-	0	0	0	0	0
P_{1b}：轴承内有杂质	0	0	0	+	+	+	0	0	0
P_2：侧向推力补偿失效	0	0	0	0	0	0	0	0	0
P_3：瓣型密封间隙增大	0	0	0	0	0	+	-	0	0
P_4：叶轮损坏	0	0	0	-	0	+	-	0	0
P_{5a}：泵外壳损坏Ⅰ	0	0	0	0	+	0	0	0	0
P_{5b}：泵外壳损坏Ⅱ	0	0	0	0	-	+	0	+	-
F_{1a}：较小气穴	0	0	0	0	0	0	0	+	0
F_{1b}：中等气穴	0	0	0	0	0	+	-	+	-
F_2：排气不足	0	0	0	0	0	+	-	-	-
F_3：流体温度升高	0	0	0	0	0	0	-	0	-
F_3：阀位增加	0	0	0	0	0	+	0	0	+

6.1.4 使用非线性一致性方程和参数估计的故障检测

研究对象见图 6.13 和图 6.14，对在较大范围内工作的离心泵 - 管路 - 储箱系统的在线故障检测和诊断方法进行研究。泵由一台由磁场定向控制器进行转速控制的感应电动机驱动。测量定子电流向量 $\boldsymbol{I}_s = I_{s\alpha} + \mathrm{i}I_{s\beta}$，并变换至由转子磁通定义的参考系中，使用合适的模型获得 $\boldsymbol{I}_s = I_{sd} + \mathrm{i}I_{sq}$，见 3.2 节。

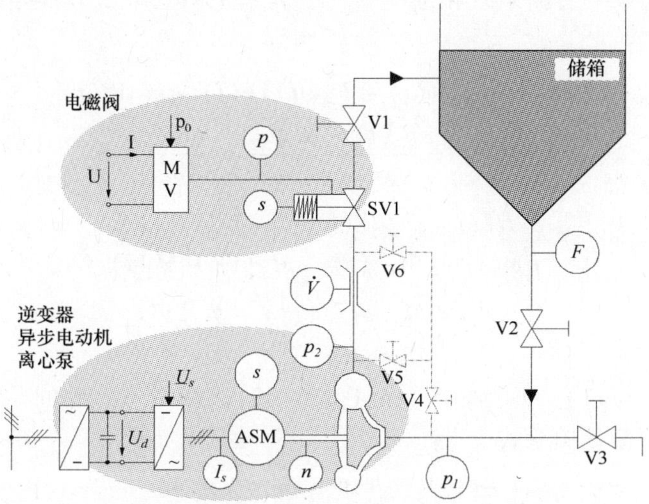

图 6.13 离心泵 - 管路 - 储箱系统及其测量参数

（交流电动机：Siemens® LA5090 - 2AA $P_N = 1.5$kW；$n_W = 2900$rpm；变频器：Lust® MC 7404；

循环泵：Hilge，$H_{max} = 130$m；$\dot{V}_{max} = 14\mathrm{m}^3/\mathrm{h}$；$P_{max} = 5.5$kW）

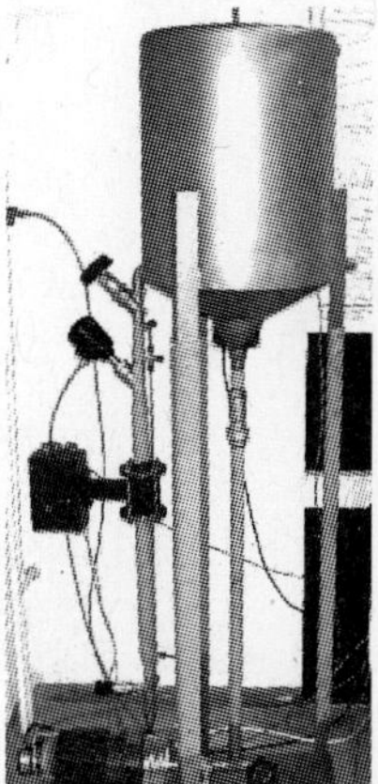

图 6.14 离心泵 - 管路 - 储箱试验系统

电动机扭矩为

$$M_{\mathrm{mot}} = k_T \Psi_R I_{sq} \tag{6.1.39}$$

式中：k_T 由电动机参数表获得。

需要使用的其他测量量为泵入口压力 p_1 、泵出口压力 p_2 、泵转速 ω 和体积流量 $\dot{V}$ 。

图6.15给出了所研究的泵－管路系统的总体结构原理图。使用的泵数学模型必须要与泵－管路系统相适应[6.5,6.30]。基于由6.1.2节推导的理论方程，使用如下模型：

$$H(t) = h_{nn}\omega^2(t) - h_{nv}\omega(t)\dot{V}(t) - h_{vv}\dot{V}^2(t) \tag{6.1.40}$$

$$H(t) = \frac{p_2(t) - p_1(t)}{\rho g} = \frac{\Delta p(t)}{\rho g} \tag{6.1.41}$$

$$H(t) = a_F d\dot{V}(t)/dt + h_{rr}\dot{V}^2(t) \tag{6.1.42}$$

$$J_p\dot{\omega}(t) = M_{\mathrm{mot}}(t) - M_{\mathrm{th}}(t) - M_f(t) \tag{6.1.43}$$

$$M_{\mathrm{th}}(t) = M_{\mathrm{th1}}\omega(t)\dot{V}(t) - M_{\mathrm{th2}}\dot{V}^2(t) \tag{6.1.44}$$

$$M_f = M_{f0}\mathrm{sign}\omega(t) + M_{f1}\omega(t) \tag{6.1.45}$$

由式（6.1.11），并忽略式（6.1.32）和式（6.1.8）中的黏性摩擦力项，可以得到如下简化关系式[6.30]：

$$\Delta p(t) = \tilde{h}_{nn}\omega^2(t) - \tilde{h}_{\omega}\omega(t) \tag{6.1.46}$$

$$J_P\dot{\omega}(t) = M_{\mathrm{mot}}(t) - M_{f0}(t) - M_2\omega^2(t) \tag{6.1.47}$$

上述模型同样可以用于描述更大的泵－管路系统[6.5]。图6.16给出了最终的信号流程图。

1）基于 I 、ω 、Δp 、$\dot{V}$ 测量的故障诊断

基于这些模型，并对其进行离散化，可获得如下残差，见图6.17、文献[6.30，6.32]：

泵的静态模型残差（式（6.1.46））

$$r_1(k) = \Delta p(k) - w_1\omega^2(k) + w_2\omega(k) \tag{6.1.48}$$

管路的动态模型残差（式（6.1.42））

$$r_2(k) = \dot{V}(k) - w_3 - w_4\sqrt{\Delta\hat{p}(k)} - w_5\dot{V}(k-1) \tag{6.1.49}$$

泵－管的动态模型残差（式（6.1.42）、式（6.1.46））

$$r_3(k) = \dot{V}(k) - w_3 - w_4\sqrt{\Delta\hat{p}(k)} - w_5\dot{V}(k-1) \tag{6.1.50}$$

$$\Delta\hat{p}(k) = w_1\omega^2(k) - w_2\omega(k) \tag{6.1.51}$$

由式（6.1.48）得泵的动态逆模型残差为

$$r_4(k) = M_{\mathrm{mot}}(k) - w_6 - w_7\omega(k) - w_8\omega(k-1) - w_9\omega^2(k) - w_{10}M_{\mathrm{el}}(k-1) \tag{6.1.52}$$

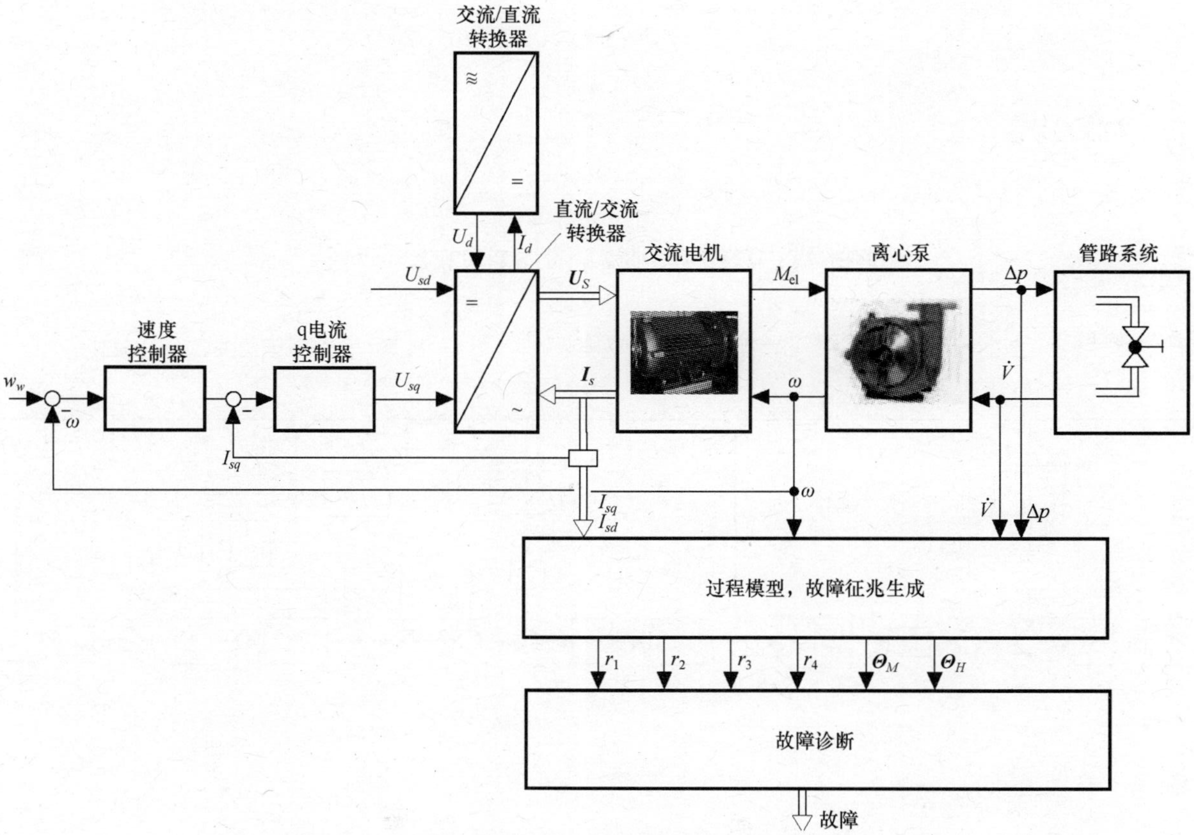

图6.15 基于模型的速度控制离心泵系统故障检测和诊断原理图

（U_s：定子脉宽调制电压向量；I_s：定子电流向量）

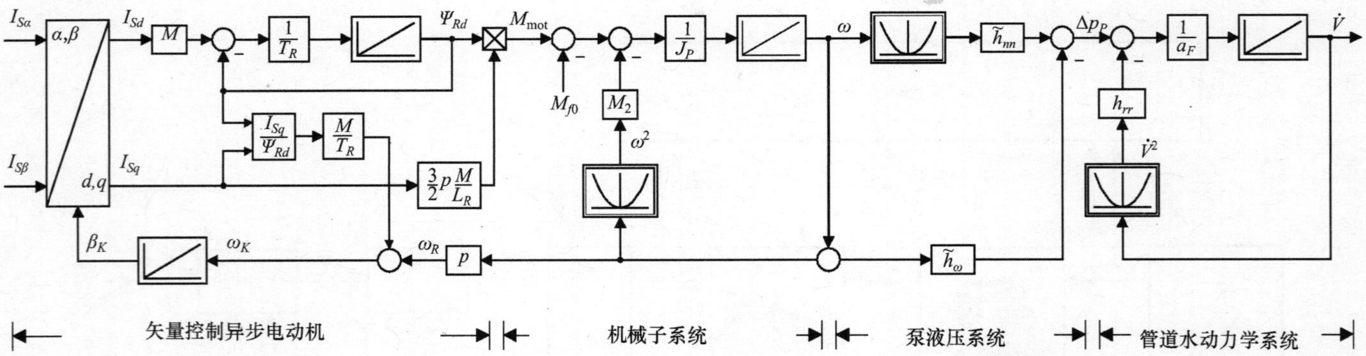

图6.16 简化的电机-泵-管路非线性系统总体信号流程图

将测量值 $\Delta p(k)$ 和 $\dot{V}(k)$ 与相应的模型输出进行比较，获得输出残差 $r_1(k)$ 、$r_2(k)$ 和 $r_3(k)$ ，见图 6.17。由于将 $M_{mot}(k)$ 与泵的逆模型输出进行比较，因此 $r_4(k)$ 为输入残差。$r_2(k)$ 和 $r_3(k)$ 包含了流量传感器的一阶动态模型，数据采样时间 $T_0 = 10$ ms。

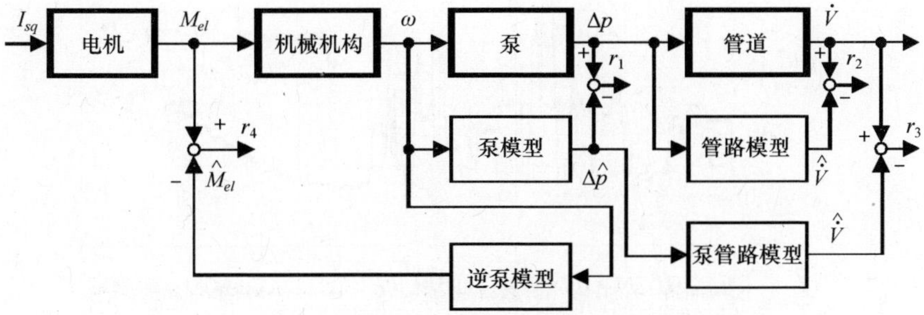

图 6.17　使用一致性方程的泵 – 管路系统残差生成方法

参数 $\omega_1, \omega_2, \cdots, \omega_{10}$ 中有些是已知的，有些则需要通过估计获得。例如，基于 $I_{sq}(t)$ 、$\omega(t)$ 、$\Delta p(t)$ 和 $\dot{V}(t)$ 的测量，使用最小二乘法进行参数估计。但参数 w_i 与工作点有关，特别是在低速工况时。因此，对于每个残差均使用了多模型方法。试验表明，仅考虑转速对参数的影响即可满足要求。

在整个工作范围内根据幅值调制 PRBS 调节泵的转速，从而对系统进行激励。并且使用局部线性模型网络 LOLIMOT，每次使用 3 个局部模型确定参数 $w_i(\omega), i = 1,2,\cdots,10$ ，见文献［6.15］。图 6.18 对测量值和基于模型的重构值进行对比，结果表明两者具有较好的一致性。

在泵 – 管系统中增加如下故障：

（1）测量 ω 、$\dot{V}$ 、p_1 和 p_2 的传感器偏置；

（2）分段关闭泵后阀门以增加流阻；

（3）分段关闭泵前阀门以增加空化；

（4）去除润滑脂并添加铁屑以增加轴承磨损；

（5）关闭两个叶片之间的一个通道以模拟叶轮损坏；

（6）打开旁通阀以模拟密封失效；

（7）在泵和流量传感器之间增加泄漏。

表 6.5 列出了最终的故障征兆。不使用输入激励即可获得一致性方程残差，例如在稳态工况下。结果表明，传感器偏置故障、密封失效和轴承摩擦力这三种故障是强可分离的。但是，流阻增加、空化和叶轮损坏这三种故障仅为弱可分离的或不可分离的。这意味着，所有故障均是可检测的，但其中一些故障无法被区分出来。由于在动态激励情况下，非线性模型非常精确，超过了残差结果的偏差。为了避免过大的阈值，使用了自适应阈值。在恒定阈值基础上，阈值还与转速 ω 的高通滤波值有关，当转速出现变化时，可以自动增大阈值[6.30,6.31]。

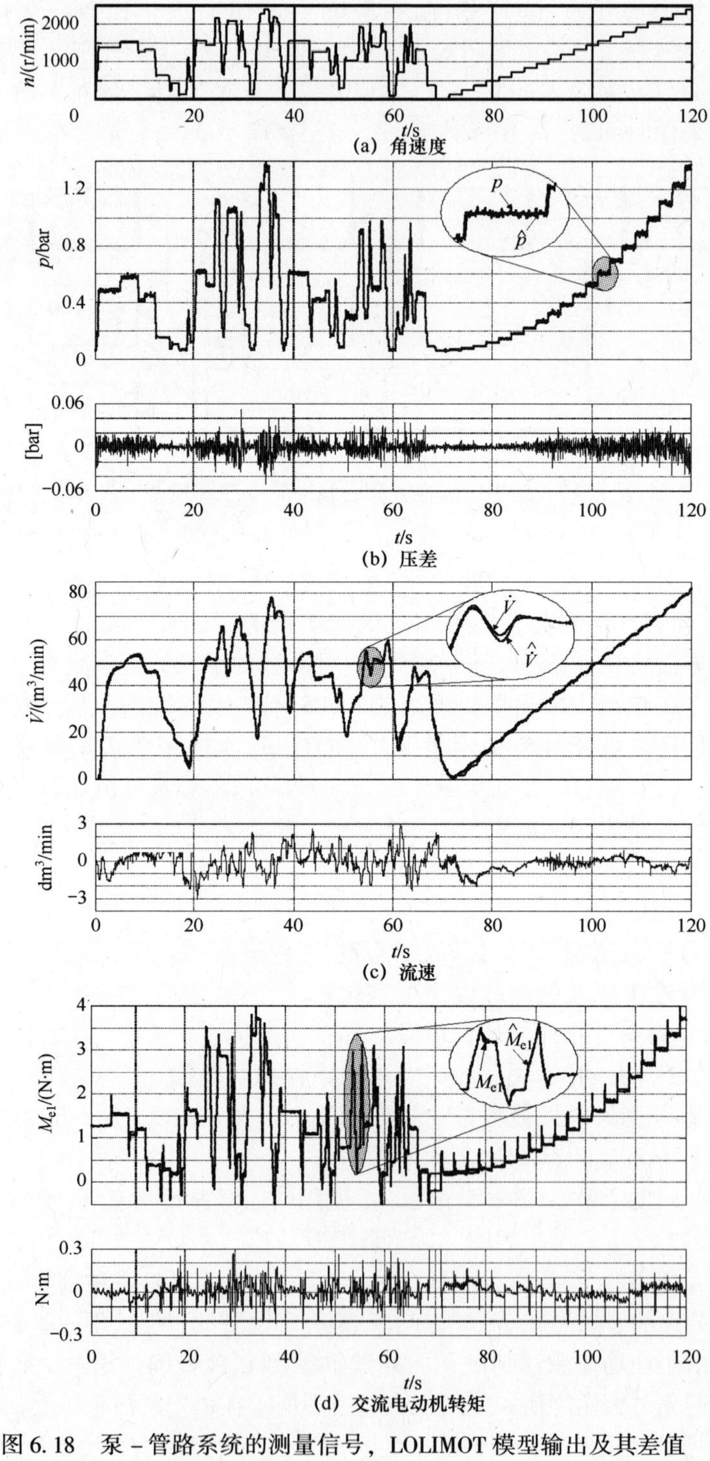

(a) 角速度

(b) 压差

(c) 流速

(d) 交流电动机转矩

图 6.18　泵－管路系统的测量信号，LOLIMOT 模型输出及其差值

表 6.5　由一致性方程和参数估计得到的泵－管路系统故障征兆表
（0：无改变；+/－：正/负向变化；++/－－：较大的正/负向变化）

	故障征兆										
	一致性方程				参数估计						
故障	$\|r_1\|$	$\|r_2\|$	$\|r_3\|$	$\|r_4\|$	ΔJ_P	ΔM_{f0}	ΔM_2	Δa_F	Δh_{rr}	$\Delta \tilde{h}_{nn}$	$\Delta \tilde{h}_{\omega}$
传感器 ω	+/++	0	+/++	+/++	0	0	0	0	0	0/－	+/++
传感器 $\dot{V}$	0	+/++	+/++	0	0	0	0	0/－	+	0	0
传感器 p_1，p_2	+/++	+/++	0	0	0	0	0	0/+	0	0/－	+/++
间隙损耗	+	0	0	0	0	0	0	0	0	－	+
泄漏	+	+	+	0	0	0	0	－	－	0	0
流动阻力增加 20%~40%	+	+	+	0	0	0	0	0	+	0	0
流动阻力增加 40%~60%	+	++	+	+	0	0	0	++	++	0	0
流动阻力增加 60%~90%	++	++	++	++	0	0	+	++	++	0	0
空化	+	++	++	+	0	0	+	－－	++	－－	++
轴承摩擦力增大	0	0	0	+	0	+	+	0	0	0	0
叶轮损坏	+	+	+	+	+	0	0	－	－	－	－

使用 PRBS 转速测试信号进行动态激励，利用 2.5 节和文献［6.13］第 2.5 节所介绍的自回归最小二乘方法对式（6.1.42）、式（6.1.46）和式（6.1.47）的模型参数进行估计。故障所对应的参数变化情况见表 6.5。结果表明，所有故障均是可分离的，可以通过联合使用这两种方法对系统故障进行诊断。

2）基于 I 和 ω 测量的故障诊断

如果压力 Δp 和流量 $\dot{V}$ 是不可测量的，则可以通过转速 ω 和电动机电流 I_{sq} 计算得到残差 r_4，从而允许对转速传感器故障和一些泵的故障进行检测。通过额外的参数估计可以确定式（6.1.47）中参数 J_P、M_{f0} 和 M_2 的偏差，并对更多泵的故障进行分离。

文献［6.5］中，在一个更大的功率为 3.3kW，$\dot{V}_{max}$ 为 150m^3/h 的泵和安装两个热交换器的管路系统上，获得了与上述类似的试验结果。在系统中使用了两个不同的流量传感器，从而产生 6 个残差和 4 个参数估计值。结合两个残差的方差，可以获得全部 13 个故障征兆，从而对传感器、泵和管路系统的 11 个故障进行诊断。

使用文献［6.15］第 17.3.5 节给出的 SELECT 程序，由这些故障征兆训练 20 个模糊规则，获得了 100% 的分类精度。

表 6.6 列出了联合使用一致性方程和参数估计方法时，哪些故障是可检测的，哪些是可检测且可诊断的。在测量扭矩 $M = f(I)$ 和转速 ω 时的最小测量条件下，可以对一些故障进行检测，但无法对故障进行诊断。在增加传感器对

p_1、p_2 或 Δp 进行测量后，可以对更多的故障进行检测和诊断。增加流量传感器不会增加可检测故障的数量，但可以帮助诊断更多的故障。研究结果表明，使用 3～4 个传感器就可以实现基于模型的故障检测，而额外增加 1 个传感器就可以大大提高故障诊断的能力（在本例中为增加流量传感器）。

表 6.6 可检测和可诊断的故障与可使用传感器之间关系

假设现代变频器在不需要额外传感器的情况下可以重构电动机转矩 M，忽略变频器本身和电动机的其他电气故障。括号表示该故障较难辨识，但不是完全无法辨识[6.5]

可检测的故障	使用的传感器				
	M	M,ω	M,ω,p_2	M,ω,p_1,p_2	M,ω,p_1,p_2
完全故障	×	×	×	×	×
叶轮损坏		(×)	×	×	×
主轴或电动机摩擦力增加			×	×	×
传感器 ω 故障		×	×	×	×
传感器 $\dot{V}$ 故障					×
传感器 p_1，p_2 故障			p_2	×	×
流体阻力减小		(×)	(×)	×	×
流体阻力增大		(×)	(×)	×	×
空化		(×)	(×)	×	×

可诊断的故障	使用的传感器				
	M	M,ω	M,ω,p_2	M,ω,p_1,p_2	M,ω,p_1,p_2
完全故障		×	×	×	×
叶轮损坏			×	×	×
主轴或电动机摩擦力增加			×	×	×
传感器 ω 故障					×
传感器 $\dot{V}$ 故障					
传感器 p_1，p_2 故障					×
流体阻力减小					×
流体阻力增大					×
空化					x

6.1.5 使用振动传感器的故障检测

离心泵和柱塞泵这类旋转机械会产生特定频率的振动。在离心泵中，旋转轴、叶片、球轴承以及湍流、旋涡和空化将产生不平衡振动和流体振动。因此，振动频率与转速、流量和特殊的流体现象相关。

很明显，通过振动和频率的测量，可以对系统中的异常、失灵和故障现象进行检测，特别是可以通过人耳直接对某些故障进行检测。通常使用的传感器包括低频振动速度传感器、高频振动加速度传感器和质量小、刚度大的压电陶瓷传感器。

在过去20年里，对基于振动传感器的故障检测技术开展了大量研究，并发表了相当多的研究成果。

文献［6.20］对同时使用4个压电加速度传感器，2个压力传感器和1个测量电动机电流相位的霍尔传感器的故障检测方法进行了研究。系统采样频率为125kHz，持续时间为1.4s（3000r/min时对应电动机转动圈数为70r）。分别在5～10kHz、10～15kHz和15～20kHz三个频带内对结构传递噪声进行分析。旋转叶片将在压力频谱上产生一个基本频率，并受到空化和叶片破损等故障的影响。使用分类方法可以对一些泵的故障进行分离。

文献［6.17］对结合使用信号分析和模糊－神经网络方法，通过测量压力和外壳振动进行故障检测的方法开展了研究。文献中对两个垂直安装的振动传感器信号进行傅里叶分析，对轴与滑动轴承之间的相对运动进行检测，从而发现不平衡、阻塞和磨损故障。

很多文献对安装在泵体上或磁偶合泵密封外壳上的加速度传感器结构传递噪声分析方法进行了研究[6.16,6.10,6.19,6.12,6.9,6.25]。文献中研究了多种信号分析方法、特征生成方法和计算机实时学习方法。对于特定的转速，可以实现多种故障的检测和分类，但这些方法无法直接用于变速泵和其他尺寸及类型的泵的故障检测。同时，研究结果表明，将加速度传感器安装在最合适的位置是非常重要的。

文献［6.11］报道了通过压力和流量的频率分析，获得了叶轮损坏、空化、两相流和阻塞等故障时的频谱变化情况。

通过对电动机电流进行高频分析，可以获得扭矩的随机和周期性干扰信息，见3.2.2节。在潜水泵上的应用结果表明，对电流5～100Hz的频谱进行分析，可以检测出轴承间隙增加、小流量时的内泄漏和阻塞等故障[6.21]。

使用振动传感器的优点在于，如果找到合适的安装位置，可以非常简便地将传感器安装在泵壳上。但由于旋转和流体介质产生的振动与转速和流量的平方成正比，因而当转速较低和流量较小时，信号幅值相对较小，无法提供有效信号。并且，使用FFT、参数自回归滑动平均模型或小波分析对信号进行分析，需要非常高的采样频率和计算能力，而且还容易受到其他设备产生的噪声和振动干扰。振动分析从原理上被限制在仅能检测对旋转、流动和空化等特殊流体现象产生振动的故障，所以无法对其他类型的故障进行检测。如果设备具备 Δp 、ω 、M 和 $\dot{V}$ 的测量能力，则可以将振动分析与其他检测方法联合使用。当泵没有安装其他传感器，并且为恒转速工作时，基于振动分析的故障检测方法将是首选方案。

6.1.6 小结

本节所研究的基于离心泵模型的故障检测和诊断方法，需要对电压、电流、电动机转速、入口和出口压力、压差（水头）、流体体积或质量流量等进行测量。研究表明，通过被控对象模型并利用被测变量之间的物理关系，可以提高故障检测和诊断的性能。并且，如果使用更多的传感器，就可以获得更为深入的故障诊断能力。基于模型的故障检测方法的优点在于它使用了泵的物理模型，因而可以在较大的工作范围内使用，并可以直接用于其他离心泵。通过这种方法获得的故障征兆通常是比较透明且容易让人理解的。

由泵的工作状态可以决定使用哪种故障检测方法，具体见表 6.7。如果泵是长期工作在稳定状态，如恒转速和恒流量状态，则可以使用一致性方程方法，以获得不同输入、输出变量的残差，见图6.17 和表6.5。随着可用传感器数量的增加，可诊断的故障数量也随之增加。如果泵工作在不同的稳定状态，例如经常改变转速和流量，通过物理定律和/或试验结果建立泵特性的代数方程，可以对一些与流体动态相关的系数进行参数估计。通过系数的变化可以发现不同的故障，见图 6.6、图 6.12 和表 6.3，并且根据故障对系数的不同影响（符号和大小），可以对一些故障进行诊断。系数的变化符号与泵的类型和工作点有关[6.22]。从原理上分析，代数特性方程的结构基于泵的理论模型，但针对特定的泵和管路系统时，则需要一些简化或自适应的处理，并且方程还受到系统工作方式的影响，如开环回路还是闭环回路。

如果泵是连续工作并且通过快速改变电动机转速或控制阀门实现动态工作（瞬态）状态，就可以使用参数估计方法获得泵和管路的动态方程，见图 6.10 ~ 图 6.12 和表 6.4。作为辅助方法，还可以使用一致性方程获得残差。表 6.5 中的结果表明，通过联合使用两种故障检测方法，可以产生较多的故障征兆并且对一些传感器和泵的故障进行分离。

另一种故障检测方法是对电动机突然关闭后泵的速度特性进行观测。图 6.7 和表6.3 表明，该方法可以对一些泵的故障进行检测。但该方法的有效程度与连接的管路系统尺寸有关。该方法可以增加故障征兆的数量，特别是当管路较短时。

需要注意的是，除了泵的故障，所有基于模型的方法都可以对电动机和管路中的故障进行检测。基于信号分析的故障诊断方法可以作为基于模型的故障诊断方法的补充，见 6.1.5 节，通过测量泵外壳的加速度和结构传递噪声可以对空化或转子不平衡故障进行检测。

对于数据评估的类型（离线评估或在线评估），不同的方法具有不同的特点，见表 6.7。一致性方程方法主要用于在线实时应用，作为一种基于信号模型的方法，在出现故障后可以立即给出故障信息。而稳态参数估计方法则只能在收集到所有数据后进行处理（批处理方法）。但对于动态参数估计方法，可以通过回归算法进行在线实时工作。

表 6.7 基于模型的故障检测方法与操作条件和数据评估方法之间关系

		静态特性		动态特性	
模型类型		非线性特性（稳定状态）	非线性特性（稳定状态）	非线性动态特性	非线性动态特性
检测方法		参数估计	一致性方程	参数估计	一致性方程
操作条件	单稳定状态	—	√	—	—
	不同稳定状态	√	√	—	—
	动态激励	—	—	√	√
	关闭	—	—	√	√
数据评估类型	离线	√	√	√	√
	在线（实时）	—	√	√	√

对于泵的故障检测，可以在线实时使用一致性方程，而不需要付出过高的计算代价。通过固定在泵外壳上的振动传感器增强故障检测和诊断的能力，但需要增加额外的传感器。如果残差显示出较大的偏差，可以施加特殊的动态激励信号（如调幅伪随机二进制序列（Amplitude Pseudo Random Binary Sequence，APRBS）），再使用动态参数估计方法在短时间内获得更多的故障类型信息。

6.2 往复式泵

往复式泵可以输送各种介质，在化工和医药工业领域应用最广。往复式泵也被称为摆动式容积泵，主要用于高压和中小流量工况。往复式泵的最高压力可达3000bar，体积流量范围为0.1ml/h～1000m^3/h，最大额定功率达1MW。通过活塞和隔膜的精确运动，可以实现精确的流量控制。使用往复式隔膜，可以对腐蚀性和有毒介质进行泵送。由于往复式泵往往是设备的核心部件，因而提高其可用性就显得非常重要[6.3,6.27]。

6.2.1 往复式隔膜泵结构

图6.19为往复式隔膜泵的结构。交流调速电动机通过减速齿轮与曲轴相连，驱动安装在泵头部的活塞产生周期性往复运动。活塞推动油液前后运动，从而产生隔膜的容积变化。在吸油阶段，入口单向阀打开，出口单向阀关闭，在加压排油阶段则正好相反。

由于长期工作在高压重载工况下，随着工作时间的增加，泵会出现很多故障。例如阀泄漏造成流体回流和系统效率下降、气包体、吸入空化以及齿轮和轴承的故障等。

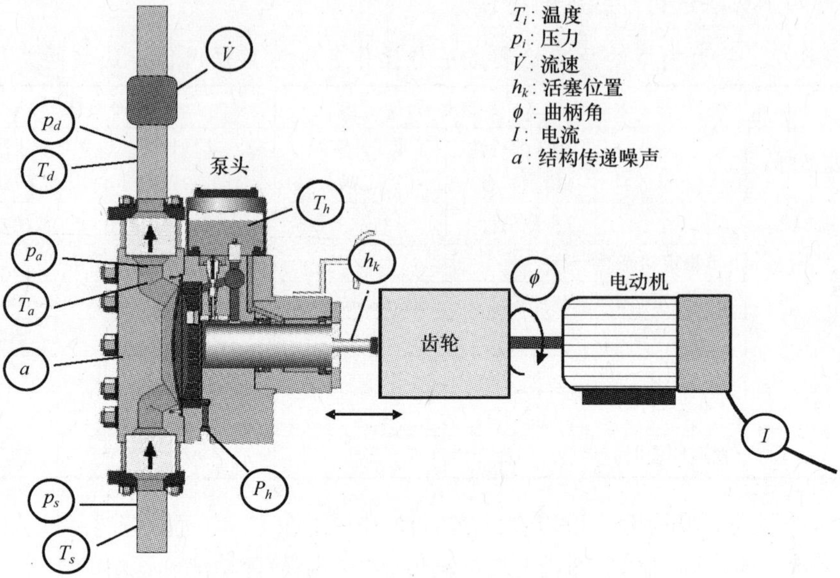

图 6.19　往复式隔膜泵的结构及其测量变量

对于往复式隔膜泵的故障监督，通常使用阈值校验法对压力阀后压力、液压压力和电动机电流进行校验。下面将研究基于被控对象模型和信号模型的故障检测和诊断方法，对系统中较小故障进行检验，同时实现深入的故障诊断[6.7]。

6.2.2　往复式隔膜泵模型

隔膜泵的往复运动包括建压、排出、压力释放和吸入四个阶段。图 6.20 为活塞运动时泵压力回环特性曲线。对于可压缩流体，压力与体积之间关系为

$$\mathrm{d}p = -\frac{\mathrm{d}V}{V} \tag{6.2.1}$$

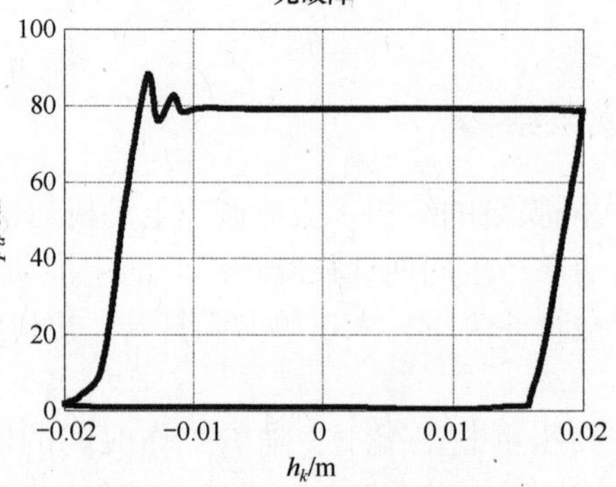

图 6.20　压力回环特性曲线

式中：E 为弹性模量。弹性模量与压力 p 、温度 T 和含气量 $\lambda = V_{air}/V_{fluid}$ 有关，见图6.21。在对泵送的流体压力和液压压力进行建模时，需要使用弹性模量 E 。工作空间（泵送区）压力 p_a 和液压空间压力 p_h 可以认为是一致的，即

$$p_a(t) = p_h(t) \tag{6.2.2}$$

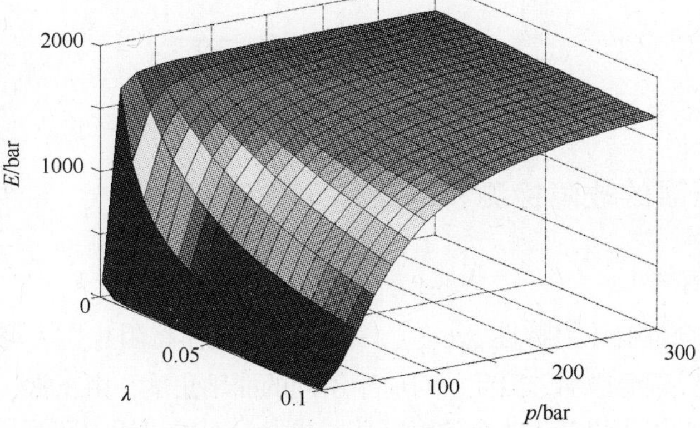

图6.21　弹性模量与压力和液压油含气量之间关系

泵工作区域的体积为

$$V(t) = V_0 - A_p h_p(t) \tag{6.2.3}$$

式中：V_0 为工作和液压空间总体积；A_p 为活塞面积；h_p 为活塞位移。对式（6.2.1）进行积分，得到建压阶段压力为

$$p_a(t) - p_0 = \int_0^t \frac{E'(p_a,\lambda)}{V_0 - A_p h_p(\tau)} A_p v_p(\tau)\mathrm{d}\tau \tag{6.2.4}$$

式中：p_0 为 $t = 0$ 时的初始压力；$v_p(t)$ 为活塞速度。对于 E' 可以由解析式进行表达[6.7]。

考虑阀、管路的压降和脉冲消除装置的绝热特性，建立压力排出、压力释放和吸入阶段的模型。图6.22为泵正常工作时的压力特性。通过对泵的变量进行测量，使用爬山法对4个过程中的未知参数进行估计，保证模型输出与真实测量值之间具有较好的一致性[6.7]。

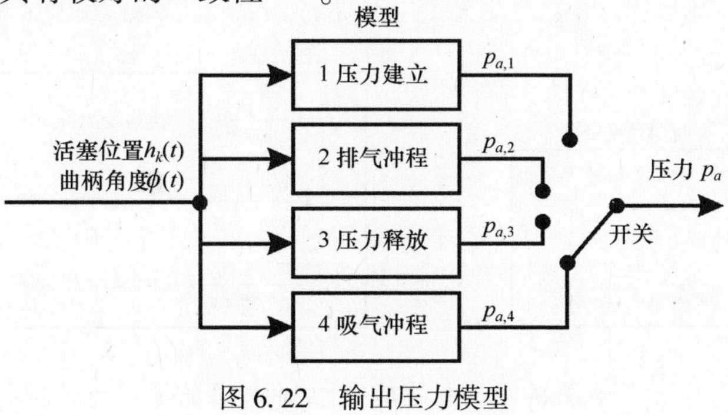

图6.22　输出压力模型

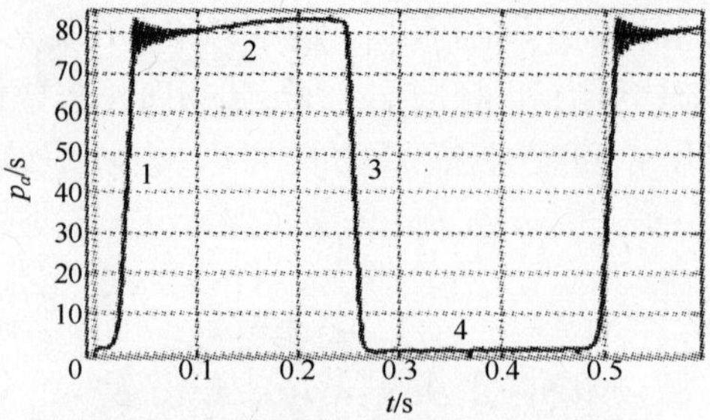

图 6.22　输出压力模型（续）

6.2.3　液压泵的故障检测和诊断

1. 压力信号

一些故障会改变压力特性 $p_a(h_p)$ 。例如，气包体将阻止压力增加，压力阀的泄漏会导致前置压力增加。因此，对应于不同的曲轴角度，由正常压力值与测量值之间的偏差 $p_a(\phi)$ 可以产生4 个故障征兆，再通过对输出压力和测量压力进行积分可以产生另外 3 个故障征兆，见图 6.23。通过对压力差在曲轴角度内进行积分可以产生偏差面积，从而获得最后几个故障征兆。这意味着通过一致性方程，可以产生泵模型和真实特性之间的偏差，从而计算得到反映故障的特征。

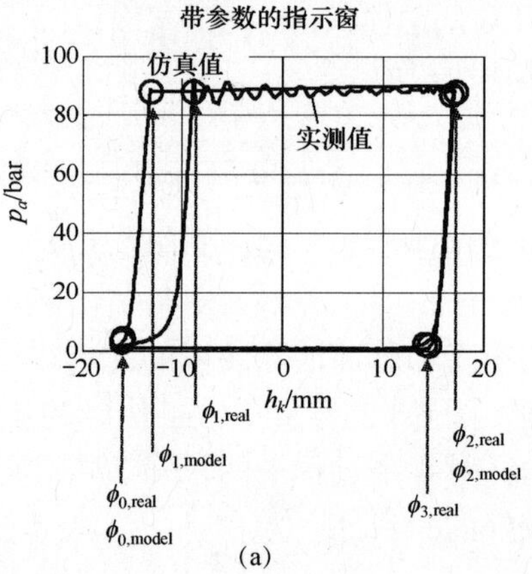

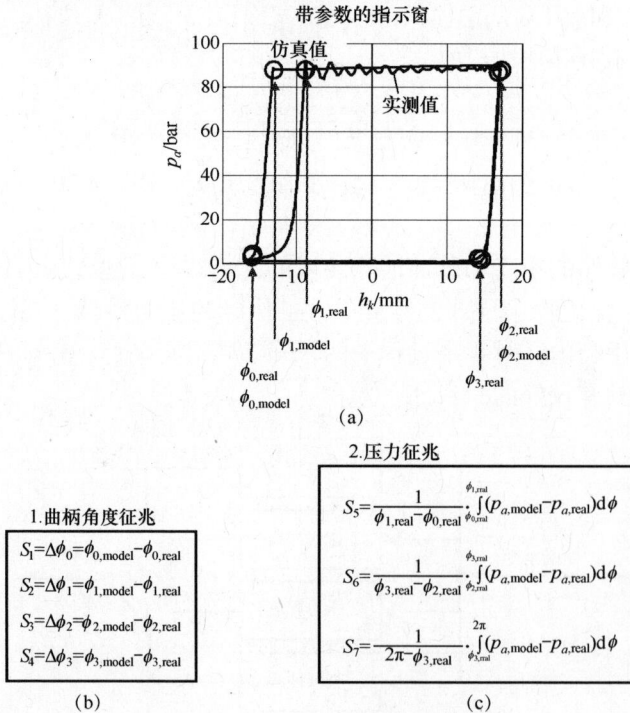

(a)

1.曲柄角度征兆

$$S_1=\Delta\phi_0=\phi_{0,\mathrm{model}}-\phi_{0,\mathrm{real}}$$
$$S_2=\Delta\phi_1=\phi_{1,\mathrm{model}}-\phi_{1,\mathrm{real}}$$
$$S_3=\Delta\phi_2=\phi_{2,\mathrm{model}}-\phi_{2,\mathrm{real}}$$
$$S_4=\Delta\phi_3=\phi_{3,\mathrm{model}}-\phi_{3,\mathrm{real}}$$

(b)

2.压力征兆

$$S_5=\frac{1}{\phi_{1,\mathrm{real}}-\phi_{0,\mathrm{real}}}\cdot\int_{\phi_{0,\mathrm{real}}}^{\phi_{1,\mathrm{real}}}(p_{a,\mathrm{model}}-p_{a,\mathrm{real}})\mathrm{d}\phi$$
$$S_6=\frac{1}{\phi_{3,\mathrm{real}}-\phi_{2,\mathrm{real}}}\cdot\int_{\phi_{2,\mathrm{real}}}^{\phi_{3,\mathrm{real}}}(p_{a,\mathrm{model}}-p_{a,\mathrm{real}})\mathrm{d}\phi$$
$$S_7=\frac{1}{2\pi-\phi_{3,\mathrm{real}}}\cdot\int_{\phi_{3,\mathrm{real}}}^{2\pi}(p_{a,\mathrm{model}}-p_{a,\mathrm{real}})\mathrm{d}\phi$$

(c)

图 6.23　由 $p(h_p)$ 生成的故障征兆

设计了泵试验台架对故障检测方法进行试验验证，见图 6.24。在台架上可以对图 6.19 中的所有变量进行测量。

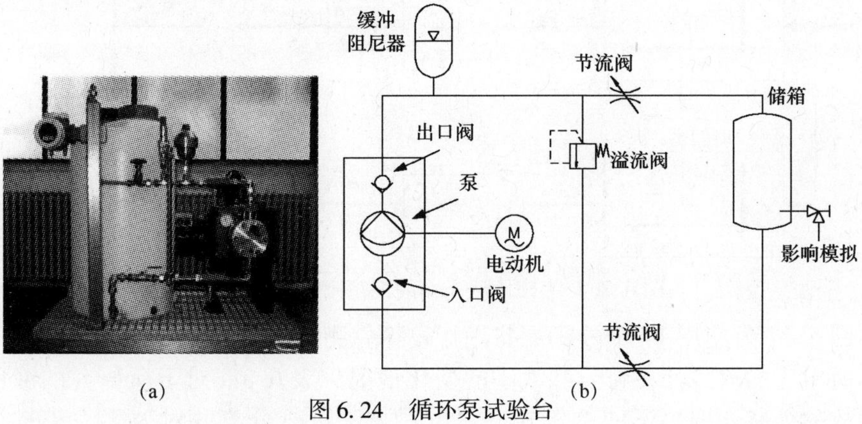

图 6.24 循环泵试验台

（$p_{max}=100$bar，$\dot{V}_{max}=342$L/h，最大速度 $n=200$r/min，4kW 交流电动机，手动冲程调节）

2. 加速度信号

由安装在泵头的加速度传感器可以获得更多的额外信息，见图 6.19。特别是对于压力阀和吸入阀的泄漏故障，在特定时间窗口内可以观测到结构传递噪声。对采集到的加速度信号 $a(t)$ 的方差进行计算，则有

$$\sigma_a^2 = \frac{1}{N-1}\sum_{k=1}^{N}[a(k)-\bar{a}]^2 \tag{6.2.5}$$

式中：采样时间为 $T_0=t/k=1$ms，得到释放和吸入阶段的故障征兆为

$$\begin{cases} S_{10} = \sigma^2_{a,\text{disch}}(a) - \sigma^2_{\text{ref,disch}}(a) \\ S_{11} = \sigma^2_{a,\text{suc}}(a) - \sigma^2_{\text{ref,suc}}(a) \end{cases} \tag{6.2.6}$$

在非常大的压差条件下，阀门泄漏处的流体将会产生非常强烈的流体噪声，如果压力降达到饱和蒸气压还会出现空化现象，导致噪声增加，见图 6.25。对加速度信号的评估仅在释放和吸入这两个特定时间窗口内进行，见图 6.25 和图 6.26。

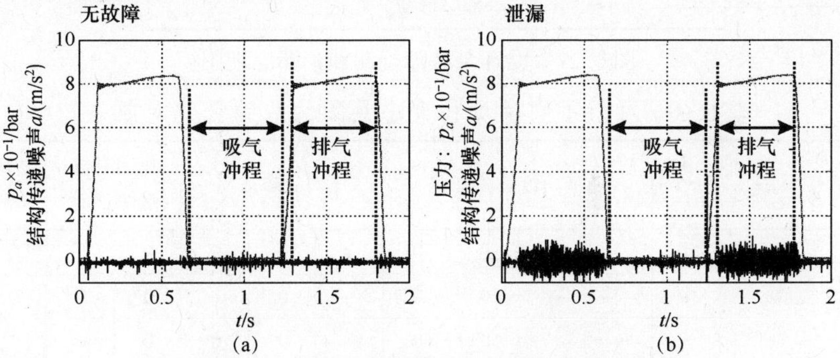

图 6.25 进气阀泄漏时的结构传递噪声

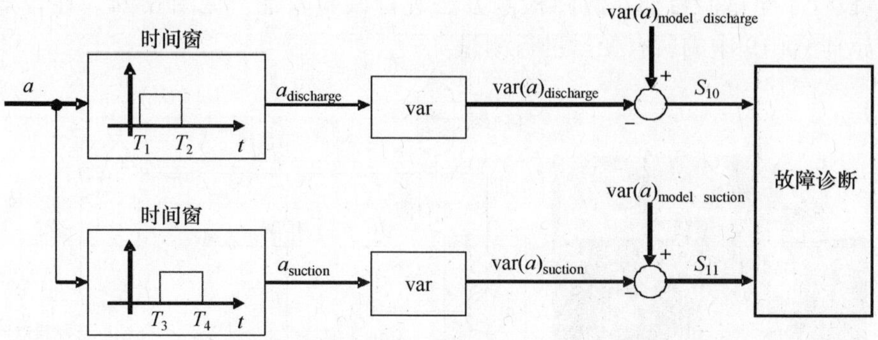

图 6.26　结构传递噪声的加窗方差产生方法

图 6.27 为使用 11 个故障征兆进行故障检测时的总体结构框图。对于不同故障所对应的故障征兆符号和大小的变化情况见表 6.8。对于所研究的液压故障，故障征兆表现出不同的模式，可以对故障进行分离并对故障大小进行指示。最终使用模糊 if－then 规则实现故障诊断[6.7]。故障检测系统对泵容积效率下降的最小分辨率为 2%，而且可以对一些复合故障进行检测。

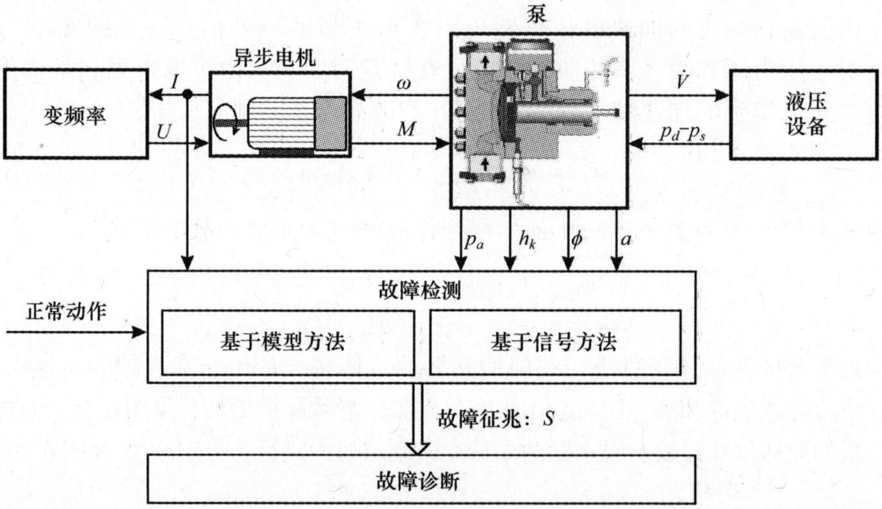

图 6.27　循环泵故障检测和诊断原理图

表 6.8　对于不同种类和大小故障的故障征兆对照表

		曲柄角度故障征兆				压力故障征兆			压力升高故障征兆		结构传递噪声故障征兆	
流体含气量大	小	−	−	0	0	+	0	0	0	0	0	0
	中	− −	− −	0	0	+ +	0	0	0	0	0	0
	大	− − −	− − −	0	0	+ + +	0	0	0	0	0	0

（续）

		曲柄角度故障征兆				压力故障征兆			压力升高故障征兆		结构传递噪声故障征兆	
空化	小	–	–	0	0	+	0	+	0	0	0	0
	中	– –	– –	0	0	+ +	0	+ +	0	0	0	0
	大	– – –	– – –	0	0	+ + +	0	+ + +	0	0	0	0
出口阀泄漏	小	0	0	0	0	0	0	+	0	0	0	+ +
	中	0	+	0	–	–	–	0	–	+	0	+ + +
	大	–	+ +	0	– –	– –	– –	0	+ +	+ +	0	+ + +
入口阀泄漏	小	0	0	0	0	0	0	+	0	0	+ +	0
	中	0	–	0	+	+	+	0	+	–	+ + +	0
	大	0	– –	+ +	+ +	+ +	+ +	0	+ +	+ +	+ + +	0
		压力信号									结构传递噪声	

6.2.4 泵传动系统的故障检测

对泵传动系统进行故障检测所需要的测量信号包括：交流电动机有效相电流 I_S、电动机角速度 ω_{rot}、活塞位移 h_p 和泵压力 p_a。作用在电动机轴上的力矩平衡方程为

$$J\dot{\omega}_{\mathrm{rot}}(t) = M_{\mathrm{el}}(t) - M_{\mathrm{pump}}(t) - M_f(t) \tag{6.2.7}$$

式中：J 为转动惯量；M_{el} 为电动机扭矩；M_{pump} 为泵扭矩；M_R 为轴承、齿轮和曲轴的摩擦扭矩。电动机扭矩 M_{el} 可以由简化方程和相电流 $I_S(t)$ 的有效值计算获得[6.4,6.28,6.14]。摩擦力矩为

$$M_f(t) = M_c(t) + c_\nu \omega_{\mathrm{rot}}(t) \tag{6.2.8}$$

式中：M_c 为库仑摩擦力；c_ν 为黏性摩擦系数。

泵的负载力矩为

$$M_{\mathrm{pump}}(t) = M_{\mathrm{hyd}}(t) + M_{\mathrm{fric}}(t) + M_{\mathrm{mass}}(t) \tag{6.2.9}$$

式中

$$M_{\mathrm{hyd}} = \frac{1}{\omega'_{\mathrm{rot}}} A_p \dot{h}_p (p_a - p_{\mathrm{atm}})$$

$$M_{\mathrm{fric}} = \frac{1}{\omega'_{\mathrm{rot}}} (F_p + c_{p,\nu} \dot{h}_k) \dot{h}_k$$

$$M_{\mathrm{mass}} = \frac{1}{\omega'_{\mathrm{rot}}} m_k \ddot{h}_k \dot{h}_k$$

$$\omega'_{\mathrm{rot}} = \omega_{\mathrm{rot}}/i \quad (i = \text{传动比})$$

通常 $M_{\text{mass}} \ll M_{\text{hyd}}$，所以可以忽略 M_{mass}。基于这些模型，传动系统摩擦力的残差为

$$
\begin{aligned}
r_f(t) &= M_f(t) - M_{f,\text{ref}}(t) \\
&= M_f(t) - M_c(t) - c_v \omega_{\text{rot}}(t)
\end{aligned}
\tag{6.2.10}
$$

式中：观测到的摩擦力矩由式（6.2.9）获得，见图 6.28。如果残差超过预设的阈值，则可以观测到摩擦力的异常增加，从而检测出轴承、齿轮或曲轴中的故障。图 6.29 给出了摩擦力矩增加后残差的变化情况。试验结果表明，使用给出的基于模型的故障检测方法，可以对导致摩擦力矩变化超过 10% 时的故障进行检测。

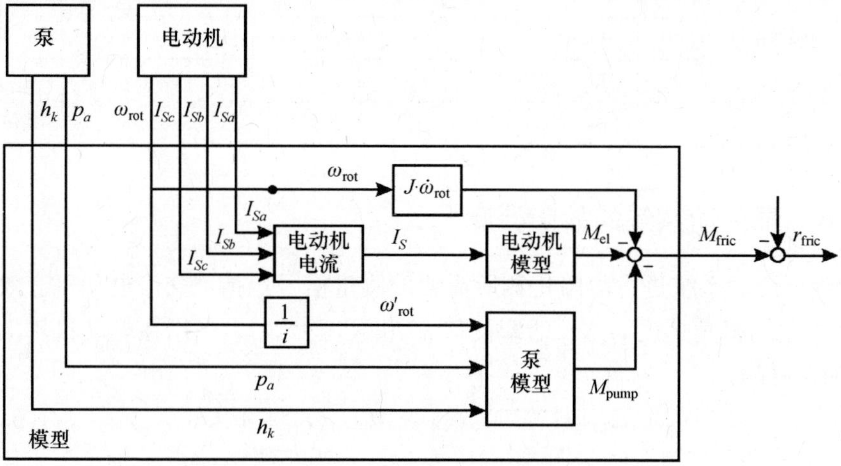

图 6.28　驱动机构基于模型故障检测的信号流程图

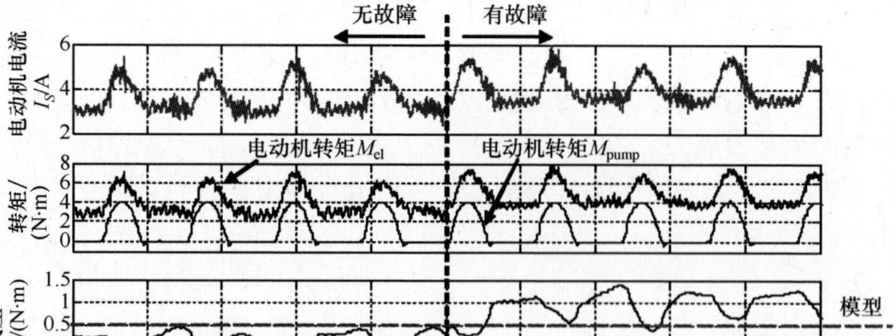

图 6.29　$t=7$s 时摩擦力增加后电动机电流测量值，电动机和泵力矩计算值以及摩擦力残差的变化情况

6.2.5 小结

图 6.27 为基于模型的往复式隔膜泵故障检测和诊断方法总体结构框图。台架试验表明，通过对泵压力特性和结构传递噪声的残差进行计算以获得特征值，可以对液压部分较小的故障进行诊断。如果再增加电动机电流和转速的测量，可以对机械结构中可能造成摩擦力增加的故障进行检测。因此，通过联合使用过程模型和信号模型，可以成功地对往复式泵进行故障检测和诊断。

第7章　管路泄漏检测

对于任何管路系统，泄漏检测都是一个必须面对的基本问题。大型运输管路通常由长度30~100km的不同分段组成。泵或压缩机安装在管路入口，储箱安装在管路出口，见图7.1。通常可以使用的测量量为整个管路或管路分段的入口压力 p_0 、出口压力 p_l 、入口质量流量 $\dot{m}_0$ 、出口质量流量 $\dot{m}_l$ 、入口温度 T_0 、出口温度 T_1 。在某些应用场合，可以使用阀门将管路分段隔开，并且可以提供额外的压力测量值。而测量信号通常由电缆、光缆或无线通信方式传送至控制站，有时还需要对通信系统进行余度配置。对于泄漏的检测和定位，需要考虑以下问题：

图7.1　管路或管路分段使用的常规测量仪器（p：压力；$\dot{m}$：质量流量）

（1）介质：流体、气体和多相流；

（2）工作状态：停止、平稳和非平衡；

（3）泄漏大小：小、中、大；

（4）泄漏发展情况：突然性的（焊缝突然失效）、缓慢发展的（锈蚀）、已存在的；

（5）泄漏监控方式：连续检测、例行检测和按需检测。

7.1　管路监督技术发展现状

管路系统泄漏检测的基本方法如下：

（1）压力测量法：使用阀门封闭加压管路，观测压力变化情况。该方法非常敏感，但需要停止泵送过程，且无法确定泄漏点。

（2）质量平衡测量法：计算输入、输出流体的质量差，即

$$\dot{m}_L(t) = \dot{m}_0(t) - \dot{m}_l(t) \tag{7.1.1}$$

该方法检测出的最小质量差为：液体管路2%，气体管路10%。由于固有动态、测量噪声和测量精度的影响，该方法通常无法检测出较小的泄漏，而且

无法确定泄漏点位置。

(3) 压力波检测法：当液体管路中突然发生较大泄漏时，会产生非常明显的震动波，使用高敏感度、高动态的压力传感器可以对震动波进行检测。由于振动波的传播速度为 800 ~ 1500m/s，因而可以实现小于 100m 的故障定位精度[7.9]。

(4) 超声波检测法：管壁会传播泄漏时产生的声音，因而可以沿着管路不同位置安装接收器对声音进行测量，利用测得信号的时间偏移量对泄漏位置进行估计。

(5) 液体敏感电缆检测法：例如，在管路末端安装液体敏感电缆，当出现泄漏时，电缆的阻抗会出现变化，从而对故障进行检测。通过对多个串联电缆阻抗网络进行分析，可以对泄漏位置进行定位。

(6) 基于过程模型的检测方法：通过建立管路压力和质量流量的动、静态数学模型，将模型输出与测量值进行比较产生残差，并对参数进行估计，实现对液体和气体泄漏的检测和定位。下面将对基于过程模型的检测方法进行研究。该类方法最早见于［7.8］、［7.7］和［7.3］。

7.2 管路模型

图 7.2 所示简化管路模型作为研究对象。管路模型的物理参数为：z 为管路长度；d_F 为管路内径；$A_F = \pi d_F^2/4$ 为管路截面积；$H(z)$ 为管路高度；$p(z,t)$ 为压力；$\rho(z,t)$ 为密度；$T(z,t)$ 为流体绝对温度；$w(z,t)$ 为流体速度；m 为流体质量；$\dot{m}(z,t)$ 为流体质量流量；$\dot{m}_L$ 为泄漏质量流量；R 为气体常数；$c_F = \sqrt{p/\rho}$ 为声速；λ 为摩擦系数；v_f 为流体黏度；$\dot{V}$ 为体积流量。

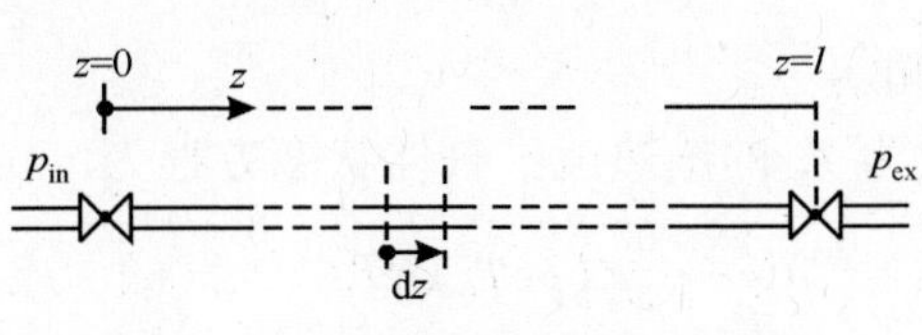

图 7.2　简化的管路结构（H 为常量）

对于长度为 dz 的管路单元，质量平衡方程为

$$\frac{\partial m}{\partial t} = A_F\rho\omega - A_F\left(w + \frac{\partial w}{\partial z}\mathrm{d}z\right)\left(\rho + \frac{\partial \rho}{\partial z}\mathrm{d}z\right) \tag{7.2.1}$$

质量流量为

$$\dot{m} = A_F\rho w \tag{7.2.2}$$

忽略小项，有

$$\frac{\partial}{\partial z}(\rho w) + \frac{\partial \rho}{\partial t} = 0 \tag{7.2.3}$$

动量平衡方程为

$$\frac{\partial}{\partial t}(A_F \rho w \mathrm{d}z) = A_F\left(p + \frac{\rho w^2}{2}\right) - A_F\left(p + \frac{\partial p}{\partial z}\mathrm{d}z + \frac{\rho w^2}{2} + \frac{\partial}{\partial z}\frac{(\rho w^2)}{2}\mathrm{d}z\right) - A_F F - A_F Y \tag{7.2.4}$$

或

$$\frac{\partial}{\partial t}(\rho w) + \frac{\partial}{\partial z}\left(p + \frac{\rho w^2}{2}\right) = -F - Y \tag{7.2.5}$$

摩擦力为

$$F = \frac{\partial p_F}{\partial z} = \lambda \frac{\rho}{2d_F} w|w| \tag{7.2.6}$$

式中：λ 为摩擦系数。与雷诺数关系为

$$Re = \frac{d_F w}{v_f} \tag{7.2.7}$$

通常当 $Re \leqslant 2320$ 时为层流，有

$$\lambda = \frac{64}{Re} \tag{7.2.8}$$

当 $Re > 2320$ 时为湍流，有

$$\lambda = \frac{0.3164}{Re^{0.25}} \tag{7.2.9}$$

则静压项为

$$Y = \rho g \frac{\mathrm{d}H}{\mathrm{d}z} = \rho g \sin\alpha \tag{7.2.10}$$

式中：α 为管路上升角。

假设流体为温度为 T_0 的绝热流，气体状态方程为

$$p\frac{1}{\rho} = Z(p, T_0)RT_0 = c_F^2(p) \tag{7.2.11}$$

式中：$c_F^2(p)$ 为绝热流所对应的声速。引入 $\dot{m}(z,t)$ 和 $p(z,t)$ 后，两个平衡方程变为

$$A_F\frac{\partial}{\partial t}\left(\frac{1}{c_F^2(p)}p\right) + \frac{\partial \dot{m}}{\partial z} = 0 \tag{7.2.12}$$

$$\frac{1}{A_F}\frac{\partial \dot{m}}{\partial t} + \frac{\partial}{\partial z}\left(p + \frac{\dot{m}^2 c_F^2(p)}{2A_F^2 p}\right) = \frac{1}{A_F}\frac{\partial \dot{m}}{\partial t} + \left(1 - \frac{\dot{m}^2 c_F^2}{2A_F^2 p^2}\right)\frac{\partial p}{\partial z} + \frac{\dot{m}c_F^2 \partial \dot{m}}{A_F^2 p \partial z} = -F - Y \tag{7.2.13}$$

式中

$$F = \frac{\lambda}{2d_F}\frac{c_F^2(p)}{A_F^2 p}\dot{m}\,|\dot{m}|$$

$$Y = \frac{gp}{c_F^2(p)}\frac{\mathrm{d}H}{\mathrm{d}z}$$

由以下假设可对管路模型进行简化：

（1）在管路分段 j 中，绝热流的声速为常数：$c_F(p) = c_{Fj}$。

（2）流体速度 w_F 均远小于声速 c_F，有

$$w_F^2 \ll c_F^2$$

$$\text{i. e.}\quad \frac{\dot{m}^2 c_F^2}{A_F^2 p^2} = \frac{w_F^2}{c_F^2} \approx 0$$

（3）对于动态较慢且管路较长的工况时，有

$$\frac{\dot{m} c_F^2}{A_F^2 p}\frac{\partial \dot{m}}{\partial z} \approx 0$$

假设 $\partial H/\partial t = 0$，得到简化的“长管道模型”为

$$k_1 \frac{\partial p}{\partial t} + \frac{\partial \dot{m}}{\partial z} = 0 \tag{7.2.14}$$

$$k_2 \frac{\partial \dot{m}}{\partial t} + \frac{\partial p}{\partial z} = -k_3 \dot{m}\frac{|\dot{m}|}{p} \tag{7.2.15}$$

该模型为双曲型偏微分方程，式中系数为

$$k_1 = \frac{A_F}{c_{Fj}^2}$$

$$k_2 = \frac{1}{A_F} \tag{7.2.16}$$

$$k_3 = \frac{\lambda}{2d_F}\frac{c_{Fj}^2}{A_F^2}$$

求解该偏微分方程，将管路分为 j 个分段，见图 7.3，从而有

$$\begin{aligned}
&\frac{\partial p_j}{\partial t} = g_{1j}\left(\dot{m}_{j+1} - \dot{m}_{j-1}\right) \quad (j = 1,3,\cdots,l-1)\\
&\frac{\partial p_j}{\partial t} = g_2\left(p_{j+1} - p_{j-1}\right) + g_{3(j-1)}\,\dot{m}_j\,|\dot{m}_j| \quad (j = 2,4,\cdots,l-2)\\
&\frac{\partial \dot{m}_0}{\partial t} = g_{20}(p_1 - p_0) + g_{30}\,\dot{m}_0\,|\dot{m}_0|\\
&\frac{\partial \dot{m}_1}{\partial t} = g_{21}(p_l - p_{l-1}) + g_{31}\,\dot{m}_l\,|\dot{m}_l|
\end{aligned} \tag{7.2.17}$$

式中

$$
\begin{aligned}
g_{1j} &= -\frac{1}{k_1 \Delta z} \quad & g_{20} &= -\frac{2}{k_2 \Delta z} \\
g_2 &= -\frac{1}{k_2 \Delta z} \quad & g_{21} &= -\frac{2}{k_2 \Delta z} \\
g_{3(j-1)} &= -\frac{k_{3j}}{p_{j-1}} \quad & g_{30} &= -\frac{k_3}{p_0} \\
\Delta z &= \frac{2L}{l} \quad & g_{31} &= -\frac{k_3}{p_{l-1}}
\end{aligned}
\qquad (7.2.18)
$$

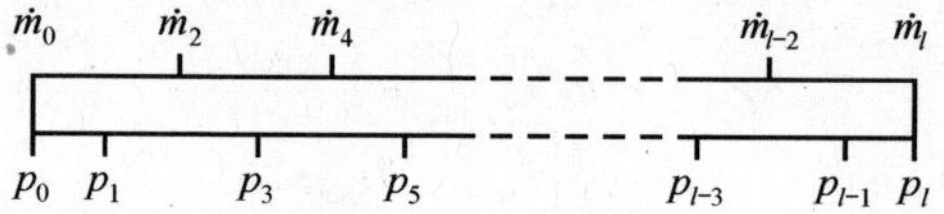

图 7.3　管路分段

由阀门的流量方程得出边界条件为

$$
\left\{
\begin{aligned}
\dot{m}_0 &= k_{v0}\sqrt{\left(\frac{\rho_{00}}{p_{00}}\rho_0\right)}\sqrt{[(p_{\text{in}} - p_0)]} = c_{v0}\sqrt{(p_{\text{in}} - p_0)} \\
\dot{m}_l &= k_{vl}\sqrt{\left(\frac{\rho_{00}}{p_{00}}\rho_l\right)}\sqrt{[(p_l - p_{\text{ex}})]} = c_{vl}\sqrt{(p_l - p_{\text{ex}})}
\end{aligned}
\right\}
\qquad (7.2.19)
$$

式中：ρ_{00} 为水的标准密度；k_v 为阀门的流量增益值。将式（7.2.17）表示为非线性状态变量的形式

$$
\begin{cases}
\dot{x}(t) = A(x)x(t) + Bu_p(t) \\
y(t) = Cx(t)
\end{cases}
\qquad (7.2.20)
$$

式中

$$
\boldsymbol{x}^{\mathrm{T}} = [\dot{m}_0 \quad \dot{m}_2 \quad \cdots \quad \dot{m}_l \vdots p_1 \quad p_3 \quad \cdots \quad p_{l-1}]
$$

$$
\boldsymbol{u}_p^{\mathrm{T}} = [p_0 \quad p_l] \qquad \boldsymbol{y}^{\mathrm{T}} = [\dot{m}_0 \quad m_l]
$$

$$
\boldsymbol{A} = \begin{bmatrix}
g_{30}|\dot{m}_0| & 0 & \cdots & 0 & g_{20} & \cdots & 0 \\
0 & g_{31}|\dot{m}_2| & \cdots & 0 & -g_2 & g_2 & 0 \\
\vdots & \vdots & & \vdots & \vdots & \vdots & \vdots \\
-g_{11} & g_{11} & \cdots & 0 & 0 & \cdots & 0 \\
0 & -g_{13} & g_{13} & 0 & 0 & \cdots & 0 \\
\vdots & \vdots & \vdots & \vdots & \vdots & \vdots & \vdots \\
0 & \cdots & -g_{1(l-1)} & g_{1(l-1)} & 0 & \cdots & 0
\end{bmatrix}
$$

$$
\boldsymbol{B} = \begin{bmatrix} -g_{20} & 0 \\ 0 & 0 \\ \vdots & \vdots \\ 0 & g_{21} \\ 0 & 0 \\ \vdots & \vdots \\ 0 & 0 \end{bmatrix} \quad \boldsymbol{C} = \begin{bmatrix} 1 & 0 & \cdots & 0 & 0 & \cdots & 0 \\ 1 & 0 & \cdots & 0 & 0 & \cdots & 0 \end{bmatrix} \tag{7.2.21}
$$

上述方程同样可以用于可压缩流体。式（7.2.13）中的系数 $\dot{m}|\dot{m}|$ 变为

$$
\frac{k_3}{p} = \frac{\lambda}{2d_F A_F^2}\frac{c_{Fj}^2}{p_j} = \frac{\lambda}{2d_F A_F^2}\rho_j \tag{7.2.22}
$$

因而对于每个分段 j，$g_{3(j-1)}$ 均为常数。

如果小的泄漏 $\mathrm{d}\dot{m}_{L\xi}$ 发生在分段 $j=\xi$，见图7.4，将其代入式（7.2.3）的质量平衡方程，从而有

$$
\frac{\partial}{\partial z}(\rho w)_{\xi} + \frac{\partial \rho_{\xi}}{\partial t} + \frac{1}{A_F}\frac{\partial \dot{m}_{L\xi}}{\partial z} = 0 \tag{7.2.23}
$$

从而式（7.2.14）变为

$$
k_1\frac{\partial p_{\xi}}{\partial t} + \frac{\partial \dot{m}}{\partial z} + \frac{\partial \dot{m}_{L\xi}}{\partial z} = 0 \tag{7.2.24}
$$

式（7.2.17）变为

$$
\frac{\partial p_{\xi}}{\partial t} = g_{1\xi}\left(\dot{m}_{\xi+1} - \dot{m}_{\xi-1}\right) + g_{1\xi}\dot{m}_{L\xi} \tag{7.2.25}
$$

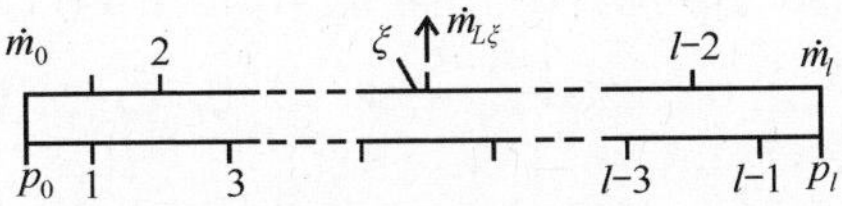

图7.4　分段管路 ξ 的泄漏量 $\dot{m}_{L\xi}$

7.3　基于模型的泄漏检测

基于管路数学模型，针对液体和气体管路，对于非稳态或变量小摄动的慢动态、突然或逐渐出现的小泄漏等工况，研究连续监控的泄漏检测方法。

当小摄动、阀门位置为正时，对式（7.2.17）的动量平衡方程进行线性化，即

$$
\frac{\partial \dot{m}_j}{\partial t} = g_2(\Delta p_{j+1} - \Delta p_{j-1}) + 2g'_{3(j-1)}\Delta \dot{m}_j \tag{7.3.1}
$$

式中：所有系数为 $\bar{p}_j$ 和 $\bar{\dot{m}}_j$ 为稳态时所对应的值。引入阀门流量方程

（式（7.2.19）），并将其线性化为如下形式

$$\begin{cases}\Delta p_0 = c'_{v0}\Delta \dot{m}_0 + \Delta p_{\text{in}} \\ \Delta p_l = c'_v\Delta \dot{m}_l + \Delta p_{\text{ex}}\end{cases} \tag{7.3.2}$$

线性状态方程表达式为

$$\begin{cases}\dot{x}(t) = Ax(t) + Bu(t) \\ y(t) = Cx(t)\end{cases} \tag{7.3.3}$$

式中变量为

$$\begin{aligned}\boldsymbol{x}^{\mathrm{T}}(t) &= [\Delta \dot{m}_0 \quad \Delta \dot{m}_2 \quad \cdots \quad \Delta \dot{m}_l \vdots \Delta p_1 \quad \Delta p_3 \cdots \Delta p_{l-1}] \\ \boldsymbol{u}^{\mathrm{T}} &= [\Delta p_{\text{in}} \quad \Delta p_{\text{ex}}] \\ \boldsymbol{y}^{\mathrm{T}} &= [\Delta \dot{m}_0 \quad \Delta \dot{m}_l]\end{aligned} \tag{7.3.4}$$

对于多数气体管路，由于气体具有非常大的储容以及与时间相关的消耗量，所此气体管路很少达到稳态，因而必须使用式（7.2.20）所示的非线性状态方程。

7.3.1 使用状态观测器的泄漏检测

假设在分段 $j = \xi$ 处出现小的泄漏，泄漏流量为 $\delta \dot{m}_L$。将泄漏质量流量引入质量平衡方程对泄漏进行建模，见式（7.2.23）~式（7.2.25）。式（7.3.3）的线性状态方程变为

$$\boldsymbol{x}(t) = \boldsymbol{A}\boldsymbol{x}(t) + \boldsymbol{L}\boldsymbol{v}(t) + \boldsymbol{B}\boldsymbol{u}(t) \tag{7.3.5}$$

式中：泄漏流量向量 $\boldsymbol{v}$ 和泄漏影响矩阵 $\boldsymbol{L}$ 分别为

$$\boldsymbol{v}^{\mathrm{T}}(t) = [0 \quad 0\cdots \dot{m}_{l\xi}\cdots 0 \quad 0\cdots 0] \tag{7.3.6}$$

$$\boldsymbol{L} = \begin{bmatrix} 0 & \cdots & 0 & 0 & \cdots & 0 \\ \vdots & & \vdots & \vdots & & \vdots \\ 0 & \cdots & 0 & 0 & \cdots & 0 \\ 0 & g_{11}\cdots & 0 & 0 & \cdots & 0 \\ \vdots & g_{1\xi} & \vdots & \vdots & & \vdots \\ 0 & \cdots & g_{1(m-1)} & 0 & \cdots & 0 \end{bmatrix} \tag{7.3.7}$$

因此可以将泄漏作为干扰或未知输入进行处理，见图7.5。

泄漏监督系统的任务包括对出现的泄漏进行检测，确定泄漏位置 $\hat{z}_L$ 并对泄漏量 $\dot{m}_L$ 进行估计。多数情况下，可以使用的测量变量仅为管路输入和输出端的质量流量 $\dot{m}_0(t)$、$\dot{m}_1(t)$ 和压力 $p_0(t)$、$p_1(t)$。

当汽油管路和乙烯气体传送管路，在不同位置突然出现5%的质量流量泄漏时的仿真结果见文献［7.11］。结果表明，如果泄漏位置近似在管路的中间位置，则流量 $\dot{m}_0(t)$ 和 $\dot{m}_1(t)$ 出现扰动后的过渡过程时间相同。汽油管路大约

在4min后达到稳态，而气体管路大约在2h后达到稳态。如果泄漏位置接近于末端，则两个流量的响应时间和幅值将变得更加不同。下面将给出多种可行的泄漏监督方法。

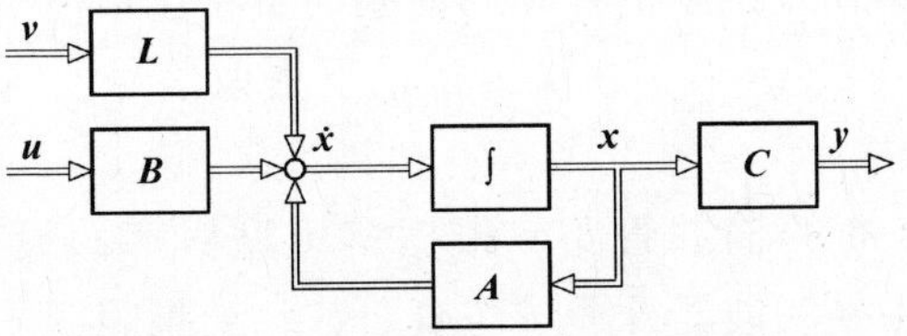

图7.5　将泄漏作为干扰进行处理

1）状态观测器作为故障敏感滤波器

对于泄漏的检测任务，设计如下状态观测器

$$\dot{\hat{\boldsymbol{x}}}(t)=\boldsymbol{A}\hat{\boldsymbol{x}}(t)+\boldsymbol{B}\boldsymbol{u}(t)+\boldsymbol{H}\left[\boldsymbol{y}(t)-\boldsymbol{C}\hat{\boldsymbol{x}}(t)\right] \tag{7.3.8}$$

假设管路系统中所有参数均为已知，通过状态重构，计算如下残差

$$\tilde{\boldsymbol{y}}(t)=\boldsymbol{y}(t)-\boldsymbol{C}\hat{\boldsymbol{x}}(t) \tag{7.3.9}$$

在初始调整阶段，滤波器增益H较大以加快估计过程。而对于泄漏检测，则需要调低增益H。如果突然出现泄漏$\dot{m}_{L\xi}$，残差$\tilde{y}$将会出现$\Delta\dot{m}_0(t)$至$-\Delta\dot{m}_l(t)$的变化，因此可以利用残差在特定方向上的变化实现故障检测。

该方法的不足在于，滤波器会对系统受到的泄漏干扰进行补偿，因而泄漏信号将会逐渐消失。

2）使用故障模型的状态观测器

另一个方法是使用滤波器对故障影响进行建模，从而对泄漏流量向量$\boldsymbol{v}(t)$进行重构，见图7.6。突然出现（阶跃）的泄漏影响模型为

$$\dot{\boldsymbol{V}}=\boldsymbol{v}(t) \tag{7.3.10}$$

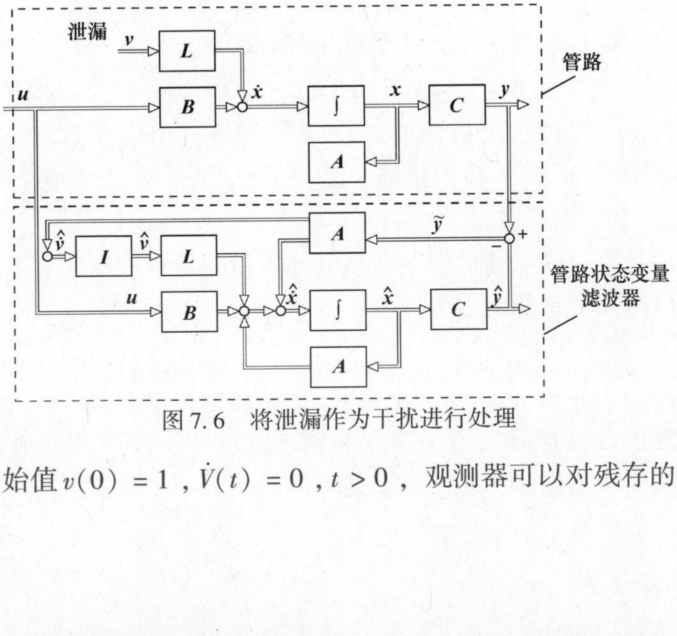

图7.6　将泄漏作为干扰进行处理

模型初始值$v(0)=1$，$\dot{V}(t)=0$，$t>0$，观测器可以对残存的泄漏向量进

行重构

$$\hat{v} = H_v \int_{t_1}^{t} \tilde{y}(t')\,\mathrm{d}t' \tag{7.3.11}$$

如果观测器正确收敛，则估计到的泄漏向量将包括泄漏大小和泄漏的发生位置（管路分段编号 ξ）。为了在噪声背景下提取信号，需要使用多个滤波器进行处理。

针对长度为 30km 的输油管路，根据多模型概率假设，使用文献［7.6］中所介绍的并联卡尔曼滤波器开展了仿真研究。结果表明，对于泄漏量为总流量 1% 的泄漏点，可以在故障发生后大约 160s 内被检测到。

故障敏感状态变量检测器应用的另一个参考文献见文献［7.5］。文献对钚浓缩器中核材料的转移或丢失（相当于泄漏）的检测进行了仿真研究。研究中对扩展卡尔曼滤波器的残差使用了统计决策方法，但需要相对较长的计算时间和较大的计算存储量。

当需要对一条长 100km 的管路泄漏位置进行估计，并要求估计精度在 ± 1km 以内时，就需要对最少 50 个分段进行建模，从而导致计算量过大。并且，很多过程参数并不是精确已知，如摩擦系数、温度效应等。因而需要使用参数估计方法对模型参数进行估计[7.4]。

因此，考虑使用时的一些实际要求以及特殊的管路工况，针对液体管路提出了一种更为简单的泄漏检测方法。

7.3.2 使用质量平衡和相关性分析的液体管路泄漏检测

假设液压管路工作在静稳状态，仅入口质量流量 $\dot{m}_0(k)$ 和出口质量流量 $\dot{m}_l(k)$ 是可测量的。

对泄漏进行监控的最简单方法是使用静态平衡方程

$$\dot{m}_L(k) = \dot{m}_0(k) - \dot{m}_l(k) \tag{7.3.12}$$

当泄漏量 $\dot{m}_L$ 超过预定极值时触发报警信号。但由于测量噪声、零漂，以及进出口流体动态的影响，该简单的平衡方程方法很难用于较小泄漏的检测。

通过使用离散时间低通滤波器获得液体质量的低频特性，可以对该方法进行改进。离散时间低通滤波器为

$$\dot{m}_j^*(k) = \kappa_m \dot{m}_j^*(k-1) + (1-\kappa_m)\dot{m}_j^*(k)(j = 0, l) \tag{7.3.13}$$

取 $\dot{m}_0^*(k)$ 和 $\dot{m}_l^*(k)$ 为参考值，由于传感器的标定误差可能导致这两个值不一致。而在正常泵送时，由于温度和黏度的变化，同样会造成数值缓慢变化。通过下式确认泄漏

$$\begin{cases}\Delta \dot{m}_0(k) = \dot{m}_0(k) - \dot{m}_0^*(k) \\ \Delta \dot{m}_l(k) = \dot{m}_l(k) - \dot{m}_l^*(k) \\ \dot{m}'_L(k) = \Delta \dot{m}_0(k) - \Delta \dot{m}_l(k)\end{cases} \tag{7.3.14}$$

对其进行滤波，有

$$\dot{m}''_L(k) = \kappa_L \dot{m}'_L(k-1) - (1-\kappa_L)\dot{m}'_L(k) \tag{7.3.15}$$

式中：$\kappa_L < \kappa_m$ 以保证对突然出现的泄漏进行检测。如果 $\dot{m}''_L(k)$ 超过了设定阈值时将触发泄漏警报。

由上述低通滤波方法，可以部分消除测量噪声和缓慢零漂的影响。但由于无法消除固有流体动力学所造成的摄动，因此需要将阈值 $\dot{m}_{L\text{th}}$ 设置的相对较大，以避免频繁的虚警。

由上述问题，提出使用互相关原理对偏差进行分析[7.8,7.12]，取互相关为

$$R_{MM}(\tau) = \frac{1}{N}\sum_{k=1}^{N} \Delta\dot{m}_0(k-\tau)\Delta\dot{m}_l(k) \tag{7.3.16}$$

使用互相关函数可以测量较小的泄漏，并对测量噪声不敏感。为了进一步降低噪声影响，对互相关函数取平均，即

$$R_{\Sigma} = \frac{1}{2P+1}\sum_{\tau=-P}^{P} R_{MM}(\tau) \tag{7.3.17}$$

当出现泄漏后，故障征兆为在预定方向上的改变量 $+\Delta \dot{m}_0$ 和 $-\Delta \dot{m}_l$，且二者乘积为负，R_{Σ} 变小，见图 7.7。当满足如下要求时，触发故障报警

$$R_{\Sigma} < R_{\Sigma\varepsilon} \tag{7.3.18}$$

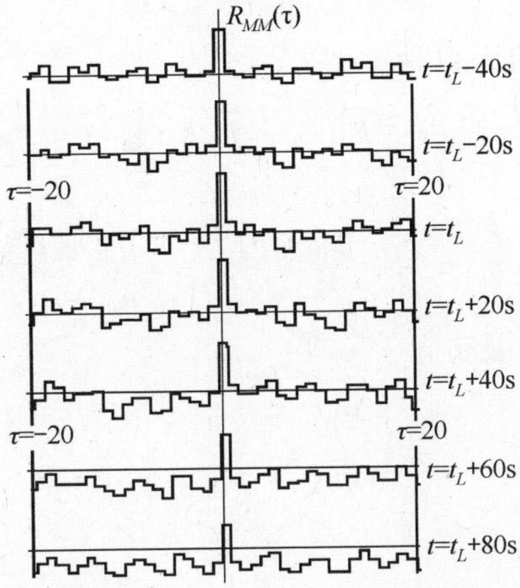

图 7.7　在 t_L 时刻出现泄漏后进口和出口流量测量值的互相关函数 $R_{MM}(\tau)$

使用遗忘系数对互相关函数进行递归计算，即

$$R_{MM}(\tau,k) = \lambda R_{MM}(\tau,k-1) + (1-\lambda)\left[\Delta \dot{m}_0(k-\tau)\Delta \dot{m}_l(k)\right] \tag{7.3.19}$$

式中：$0.9 < \lambda < 1$。当 λ 较大时，结果变得更为平滑，降低测量噪声的影响，但会造成一定的滞后。

当检测到泄漏后，需要对泄漏位置和泄漏质量流量进行估计。假设在静态工作条件下，对输入、输出口压力 p_0 和 p_l 进行测量，可以得到泄漏前的压力梯度，见图 7.8，即

$$\frac{\partial p}{\partial z} = pz = \frac{p_0 - p_l}{l} = \frac{\dot{m}^2}{p_0 - p_l} \tag{7.3.20}$$

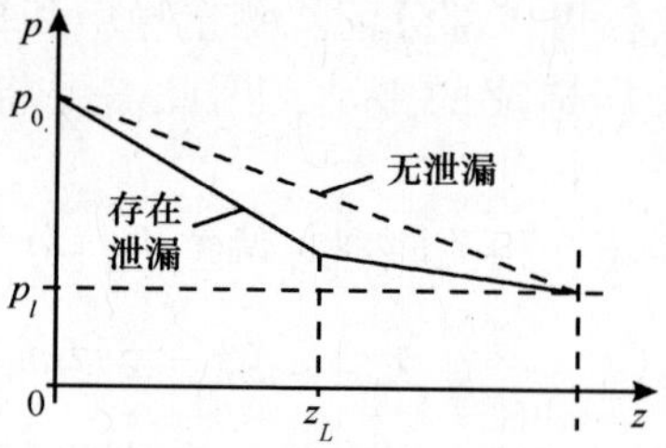

图 7.8　水平管路泄漏前后的压力分布曲线

泄漏发生后，上游梯度为

$$p_{z\mathrm{I}}^{L} = \frac{\dot{m}_0^2}{p_0 - p_L} \tag{7.3.21}$$

下游梯度为

$$p_{z\mathrm{II}}^{L} = \frac{\dot{m}_l^2}{p_L - p_l} \tag{7.3.22}$$

式中：在泄漏点 z_L 处的压力为

$$p_L = p_0 - p_{z\mathrm{I}}^{L} z_L = p_l + p_{z\mathrm{II}}^{L}(L - z_L) \tag{7.3.23}$$

从而有

$$z_L = \frac{p_l - p_0 + p_{z\mathrm{II}}^{L} l}{p_{z\mathrm{II}}^{L} - p_{z\mathrm{I}}^{L}} = l\frac{p_{z\mathrm{II}}^{L} - p_z^{L}}{p_{z\mathrm{II}}^{L} - p_{z\mathrm{I}}^{L}} \tag{7.3.24}$$

设泄漏后梯度的小摄动为

$$\begin{cases} \Delta p_{z\mathrm{I}} = p_{z\mathrm{I}}^{L} - p_z \\ \Delta p_{z\mathrm{II}} = p_{z\mathrm{II}}^{L} - p_z \end{cases} \tag{7.3.25}$$

得到泄漏位置

$$z_L = l\frac{\Delta p_{z\mathrm{II}}^{L}}{\Delta p_{z\mathrm{II}}^{L} - \Delta p_{z\mathrm{I}}^{L}} \tag{7.3.26}$$

为了对干扰进行滤波，使用递归平均方法对上下游压力梯度进行估计，即

$$p_{zj}(k) = \kappa_p p_{zj}(k-1) + (1-\kappa_p)\frac{\dot{m}_j^2(k)}{p_0(k) - p_l(k)} \quad (j = \mathrm{I}, \mathrm{II}) \tag{7.3.27}$$

参考质量流量为

$$\dot{m}^{*2}_j(k) = p_{zj}(k)\left[p_0(k) - p_l(k)\right] \quad (j = \text{I}, \text{II}) \tag{7.3.28}$$

一旦触发泄漏报警，立即将当时的压力梯度值 $p_{zj}(k)$ 固定下来，并计算质量流量差，即

$$\Delta m_j^2(k) = \dot{m}_j^2(k) - \dot{m}^{*2}_j(k) \quad (j = \text{I}, \text{II}) \tag{7.3.29}$$

对其取平均

$$\overline{\Delta m_j^2(k)} = \frac{1}{N}\sum_{k=1}^{N}\Delta m_j^2(k) \quad (j = \text{I}, \text{II}) \tag{7.3.30}$$

在稳态工作时，式（7.2.15）可以简化为

$$\begin{cases} \dfrac{\partial p}{\partial z} = -k_F\,\dot{m}^2 \\ k_F = \dfrac{\lambda}{2d_F A_F^2 \rho} = \dfrac{\lambda c_F^2(p)}{2d_F A_F^2 p} \end{cases} \tag{7.3.31}$$

因而，式（7.3.21）和式（7.3.22）可以表示为

$$\begin{cases} \Delta p_{z\text{I}}^L = p_{z\text{I}}^L - p_z = k_F(\dot{m}_0 + \Delta\dot{m}_0)^2 \\ \Delta p_{z\text{II}}^L = p_{z\text{II}}^L - p_z = k_F(\dot{m}_l + \Delta\dot{m}_l)^2 \end{cases} \tag{7.3.32}$$

忽略小项 $\Delta\dot{m}^2$，设 $\dot{m}_0 = \dot{m}_l$，并将其代入式（7.3.26），获得泄漏位置为

$$\hat{z}_L = l\,\frac{1}{1 - \overline{\Delta\dot{m}_0}/\overline{\Delta\dot{m}_l}} \tag{7.3.33}$$

根据式（7.3.33）可知，由式（7.3.30）确定的质量流量摄动即可计算出泄漏位置。

另一种方法是使用自相关函数

$$R_{m_0m_0}(\tau) = \frac{1}{N}\sum_{k=1}^{N}\Delta\dot{m}_0(k-\tau)\Delta\dot{m}_0(k)$$

$$R_{m_lm_l}(\tau) = \frac{1}{N}\sum_{k=1}^{N}\Delta\dot{m}_l(k-\tau)\Delta\dot{m}_l(k)$$

使用与式（7.3.17）一样的方法对自相关函数进行平均，计算得到泄漏位置为

$$\hat{z}_L = l\,\frac{1}{1 - R_{\Sigma m_0}/R_{\Sigma m_l}} \tag{7.3.34}$$

出现泄漏后，泄漏的质量流量为

$$\dot{M}_L = (\dot{m}_0 + \overline{\Delta\dot{m}_0}) - (\dot{m}_l + \overline{\Delta\dot{m}_l}) = \overline{\Delta\dot{m}_0} - \overline{\Delta\dot{m}_l} \tag{7.3.35}$$

因此，$\Delta\dot{m}_0 > 0$，$\Delta\dot{m}_l < 0$，并且式（7.3.34）中的比例 z_L/l 变为 $z_L/l < 1$。由式（7.3.35）可以计算得到泄漏质量流量。

7.3.3 气体管路的泄漏检测

1. 气体管路模型

与液体管路不同，由于气体是可压缩的，并且参数与管路节段 j 相关，因而无法对气体管路状态方程进行线性化。由式（7.2.14）和式（7.2.15）的长管路模型可知，基本质量平衡和动量平衡方程为

$$\frac{A_F}{c_F^2}\frac{\partial p}{\partial t} + \frac{\partial \dot{m}}{\partial z} = 0 \tag{7.3.36}$$

$$\frac{1}{A_F}\frac{\partial \dot{m}}{\partial t} + \frac{\partial p}{\partial z} = -\frac{\lambda c_F^2}{2d_F A_F^2}\frac{\dot{m}|\dot{m}|}{p} - \frac{g\sin\alpha}{c_F^2}p = -F - Y \tag{7.3.37}$$

上述方程与式（7.2.14）和式（7.2.15）基本一致，但包含了与高度剖面梯度角 α 相关的静压项。

在气体管路中，声速 c_F 为常数的假设不成立，需要使用如下线性关系式对声速进行近似

$$c_F(p) = \bar{c}_F + \frac{\partial c_F}{\partial p}(p - \bar{p}) \tag{7.3.38}$$

式中：$\partial c_F / \partial p$ 为常数。对于质量平衡方程有

$$\frac{\partial}{\partial t}\left(\frac{p}{c_F^2(p)}\right) = \frac{1}{\bar{c}_F^2}\left(1 - \frac{2\bar{p}}{\bar{c}_F}\frac{\partial c_F}{\partial p}\right) = \frac{1}{c_F^2}\beta$$

式中：修正因子 β 为常数，则有

$$\beta\frac{A_F}{c_F^2}\frac{\partial p}{\partial t} + \frac{\partial \dot{m}}{\partial z} = 0 \tag{7.3.39}$$

对于动量平衡方程式（7.3.37），仅需要将式（7.3.38）中的 $c_F(p)$ 代入式中并进行处理，从而获得如下系统方程

$$\begin{bmatrix} \beta\dfrac{A_F}{\bar{c}_p^2} & 0 \\ 0 & \dfrac{1}{A_F} \end{bmatrix}\begin{bmatrix} \dfrac{\partial p}{\partial t} \\ \dfrac{\partial \dot{m}}{\partial t} \end{bmatrix} + \begin{bmatrix} 0 & 1 \\ 1 & 0 \end{bmatrix}\begin{bmatrix} \dfrac{\partial p}{\partial z} \\ \dfrac{\partial \dot{m}}{\partial z} \end{bmatrix} = \begin{bmatrix} 0 \\ -\dfrac{\lambda|\dot{m}|\dot{m}c_F^2(p)}{2d_F A_F^2 p} - \dfrac{pg\sin\alpha}{c_F^2(p)} \end{bmatrix} \tag{7.3.40}$$

对上式进行数值求解，离散时间为 $t = k\Delta t$。将管路分为 N 个分段，如图 7.9所示，有

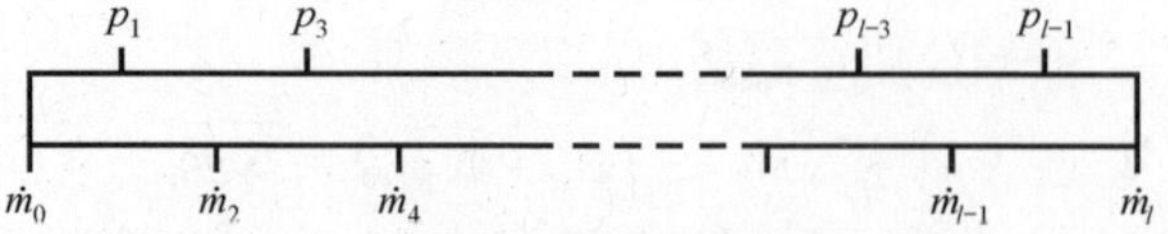

图 7.9 数字仿真时的管路离散化图

$$\Delta z = \frac{l}{N} \tag{7.3.41}$$

使用中心差分法对导数进行近似计算[7.2,7.4]，有

$$\begin{cases} \left.\dfrac{\partial x}{\partial t}\right|_{z,k} = \dfrac{3x_z^{k+1} - 4x_z^k + x_z^{k-1}}{2\Delta t} \\ \left.\dfrac{\partial x}{\partial z}\right|_{z,k} = \dfrac{x_{z+1}^{k+1} - x_{z-1}^{k+1} + x_{z+1}^k - x_{z-1}^k}{4\Delta z} \end{cases} \tag{7.3.42}$$

获得如下解

$$\boldsymbol{A}\boldsymbol{x}^{k+1} = \boldsymbol{f}\left(\boldsymbol{x}^k, \boldsymbol{x}^{k-1}\right) + \boldsymbol{s}\left(p_0^{k+1}, p_N^{k+1}\right) \tag{7.3.43}$$

状态向量为

$$\boldsymbol{x}^k = \begin{bmatrix} \dot{m}_0^k & \dot{m}_2^k & \cdots & \dot{m}_l^k & p_1^k & p_3^k & \cdots & p_{l-1}^k \end{bmatrix}^{\mathrm{T}} \tag{7.3.44}$$

由于系统矩阵为常数，式（7.3.43）的解为

$$\boldsymbol{x}^{k+1} = \boldsymbol{A}^{-1}[\boldsymbol{f}(\boldsymbol{x}^k, \boldsymbol{x}^{k-1}) + \boldsymbol{s}(\boldsymbol{p}_0^{k+1}, \boldsymbol{p}_N^{k+1})]$$

方程输出为

$$\boldsymbol{y}^{k+1} = \begin{bmatrix} \dot{m}_0^{k+1} \\ \dot{m}_l^{k+1} \end{bmatrix} = \begin{bmatrix} 1 & 0 & \cdots & 1 & 0 & \cdots & 0 \end{bmatrix} \boldsymbol{x}^{k+1} \tag{7.3.45}$$

该求解过程仅需要将逆矩阵与包括最后两个状态的非线性函数、摩擦系数、高度修正系数和两个输入压力信号 $\boldsymbol{p}_0$ 、$\boldsymbol{p}_N^{k+1}$ 的向量相乘，计算量较小。输出信号 $\dot{m}_0$ 和 $\dot{m}_N$ 为状态向量中的元素。对于同样的应用对象，在使用更加复杂的求解方法时（如非线性方法，但需要更大的计算量），获得了与本方法较为接近的结果，见文献［7.2］。

2. 使用状态重构和相关函数的泄漏检测

假设在位置 z_L 处出现了较小的泄漏，泄漏流量为 $\dot{m}_L$ 。在受影响的分段内考虑泄漏对质量平衡的影响，可以得到包含与泄漏位置相关的泄漏影响向量 $\boldsymbol{I}$ 的扩展管路模型。

$$\boldsymbol{x}^{k+1} = \boldsymbol{A}^{-1}[\boldsymbol{f}(\boldsymbol{x}^k, \boldsymbol{x}^{k-1}) + \boldsymbol{s}(\boldsymbol{p}_0^{k+1}, \boldsymbol{p}_{\mathrm{N}}^{k+1})] + \boldsymbol{I}\,\dot{m}_{\mathrm{L}} \tag{7.3.46}$$

为了对较大范围工况下工作的管路泄漏进行检测，必须使用非线性管路模型，从而提出使用非线性状态观测器进行检测，但前提条件是泄漏信息不会随着时间的增加而消失。对于式（7.3.35）中的管路模型，除了随时间变化的摩擦系数 λ 外，大多数系数已知且具有较高精度。因而，使用最小二乘法对摩擦系数进行在线估计，从而所使用的观测器成为自适应非线性状态观测器。该方法的优点在于，估计出的摩擦系数不会改变式（7.3.37）质量平衡方程的稳态解，因而泄漏效应不会被观测器补偿掉。

图 7.10 给出了最终包括管路观测器和泄漏检测监控器的泄漏监督系统结

构图。

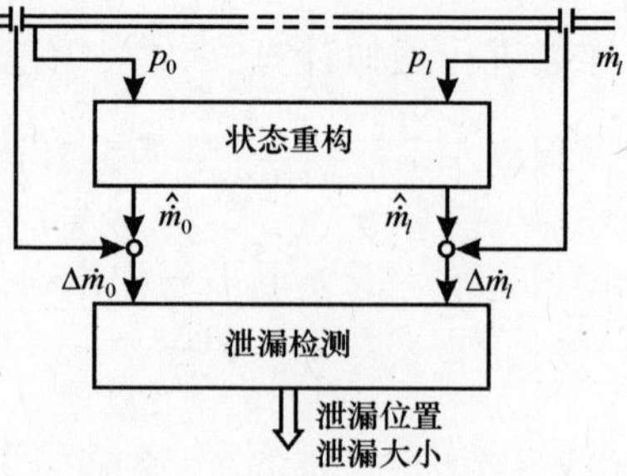

图 7.10 使用状态重构的气体管路泄漏检测方法

该方法中使用的相关方程如下：

（1）管路

$$\begin{cases} \boldsymbol{x}^{k+1} = \boldsymbol{A}^{-1}\left[\boldsymbol{f}\left(\boldsymbol{x}^{k},\boldsymbol{x}^{k-1},\boldsymbol{\lambda},\boldsymbol{h}\right) + \boldsymbol{s}\left(\boldsymbol{p}_0^{k+1},\boldsymbol{p}_N^{k+1}\right)\right] + \boldsymbol{I}\,\dot{m}_L \\ \boldsymbol{y}^{k+1} = \begin{bmatrix}1 & 0 & \cdots & 1 & 0 & \cdots & 0\end{bmatrix}\boldsymbol{x}^{k+1} \end{cases} \tag{7.3.47}$$

（2）观测器

$$\begin{cases} \hat{x}^{k+1} = \boldsymbol{A}^{-1}\left[\boldsymbol{f}\left(\hat{\boldsymbol{x}}^{k},\hat{\boldsymbol{x}}^{k-1},\boldsymbol{\lambda},\boldsymbol{h}\right) + \boldsymbol{s}\left(\boldsymbol{p}_0^{k+1},\boldsymbol{p}_l^{k+1}\right)\right] \\ \hat{\boldsymbol{x}}^{k+1} = \begin{bmatrix}1 & 0 & \cdots & 1 & 0 & \cdots & 0\end{bmatrix}\hat{\boldsymbol{x}}^{k+1} \end{cases} \tag{7.3.48}$$

（3）残差

$$\boldsymbol{e}^{k} = \boldsymbol{y}^{k} - \hat{\boldsymbol{y}}^{k} = \begin{bmatrix} \dot{m}_0^k - \hat{\dot{m}}_0^k \\ \dot{m}_l^k - \hat{\dot{m}}_l^k \end{bmatrix} = \begin{bmatrix} \Delta\dot{m}_0^k \\ \Delta\dot{m}_l^k \end{bmatrix} \tag{7.3.49}$$

为了模拟突然出现的泄漏，设定气体管路参数为：$\dot{m}_L = 0.35\text{kg}\cdot\text{s}^{-1}$ 和 $z_L/L_R = 0.5$ 。更多参数见 7.4.2 节。管路入口质量流量摄动 $\Delta\dot{m}_0$ 和管路出口质量流量摄动 $\Delta\dot{m}_l$ 与泄漏流量和泄漏位置相关，见图 7.11。

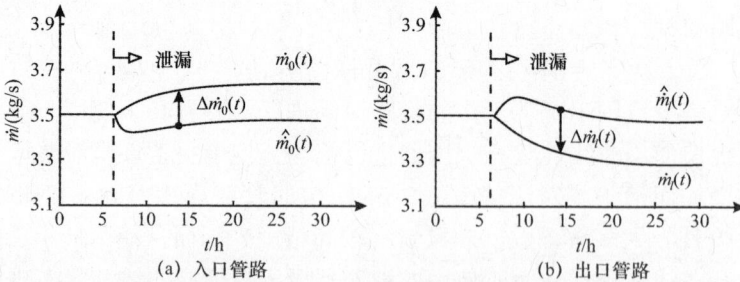

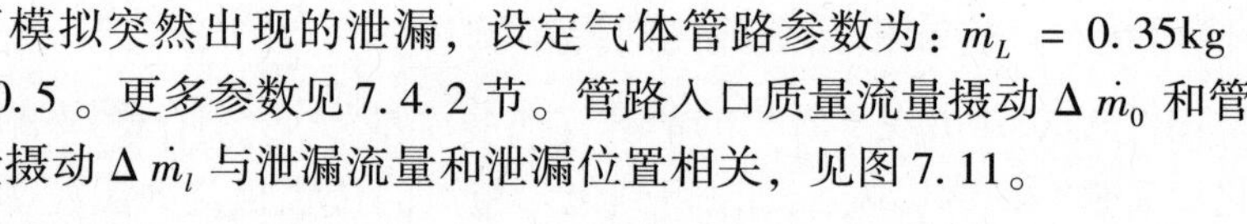

图 7.11 出现泄漏后气体质量流量的变化情况（仿真参数：$z_L/l = 0.5$，$m_L = 0.3\text{kg/s}$（8%））

使用互相关函数判断是否泄漏，与式（7.3.16）相类似

$$R_{MM}(\tau) = E\{\Delta\dot{m}_0(k-\tau)\Delta\dot{m}_l(k)\} \tag{7.3.50}$$

理论结果为

$$R_{MM}(\tau)=\begin{cases}0, & \text{无泄漏}\\ -f(\dot{m}_L,z_L), & \text{有泄漏}\end{cases} \tag{7.3.51}$$

式（7.3.51）意味着它在预定方向上出现了改变。与式（7.3.19）相类似，使用递归一阶滤波器进行计算。

为了减少测量噪声的影响，使用如下平均和作为报警判据

$$R_{\Sigma}=\frac{1}{2M+1}\sum_{\tau=-M}^{M}R_{MM}(\tau) \tag{7.3.52}$$

当互相关和超过阈值后将发出泄漏报警，即使对较小的泄漏，该报警判据同样具有非常好的敏感度。

当检测出泄漏后，立刻冻结对 λ 的参数估计，同时开始对泄漏位置进行估计。由式（7.3.34），泄漏位置的估计值为

$$\hat{z}_L(k)=l_R\Big/\left(1-\frac{R_{\Sigma m_0}}{R_{\Sigma m_l}}\right) \tag{7.3.53}$$

式中：l_R 为管路长度[7.12]。使用动态平衡方程对泄漏流量进行估计

$$\dot{m}_L(k)=\Delta\dot{m}_0^k-\Delta\dot{m}_l^k \tag{7.3.54}$$

下面给出的测试过程是基于气体管路的测量信号进行的。为了模拟泄漏，使用泄漏流量为负的泄漏影响向量 $\boldsymbol{I}$ 对观测器进行扩展，从而与真实的泄漏动态特性相一致。并且由最终的残差可知，泄漏影响的动态特性与管路中真实出现的突然泄漏影响具有很高的一致性[7.1]。

乙烯管路长度为150km，直径为0.26m，声速与压力相关。每隔3分钟对4个测量信号 $\dot{m}_0$、p_0、$\dot{m}_l$ 和 p_l 进行采样。由于观测器的时间间隔为30s，所以需要对测量信号进行插值处理。当每个管路分段长度为9.4km时，系统阶数为17阶。在仿真中考虑了地理高度剖面的影响，见图7.12。

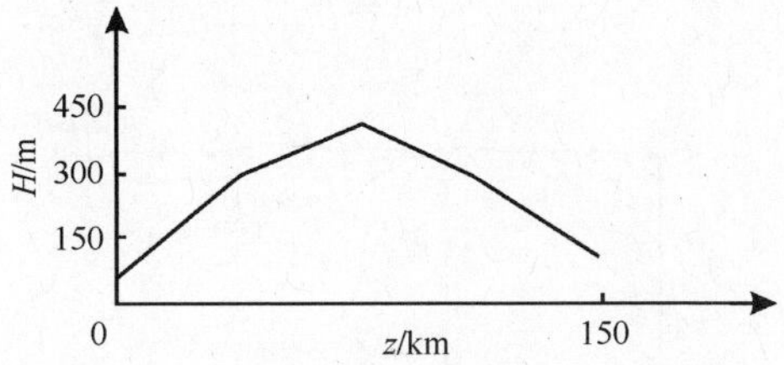

图7.12　乙烯管路地理高度近似剖面

对决策算法进行修正，使用下式对式（7.3.19）和式（7.3.50）中的 $\Delta\dot{m}_0(k)$ 和 $\Delta\dot{m}_l(k)$ 进行替代，从而得到更高的敏感度，且与泄漏位置无关。

$$\begin{cases}\Delta\dot{m}'_0(k)=\Delta\dot{m}_0(k)-E\{\Delta\dot{m}_l(k)\}\\ \Delta\dot{m}'_l(k)=\Delta\dot{m}_l(k)-E\{\Delta\dot{m}_0(k)\}\end{cases} \tag{7.3.55}$$

图 7.13 给出了在时长为 65h 的试验周期内，管路输入和输出压力的测量值。

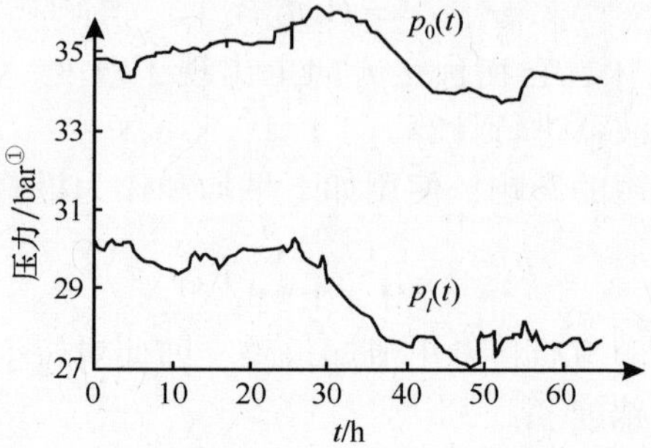

图 7.13　乙烯管路输入和输出压力的测量值

如图 7.14（a）和图 7.14（b）所示，管路观测器可以非常好地描述管路的动态特性，实现较为敏感的泄漏检测。图 7.15 给出了对应多个不同泄漏率（泄漏率为泄漏量与平均流量的比值）的仿真结果。图 7.16 给出了泄漏率为 5% 时的泄漏位置检测结果。

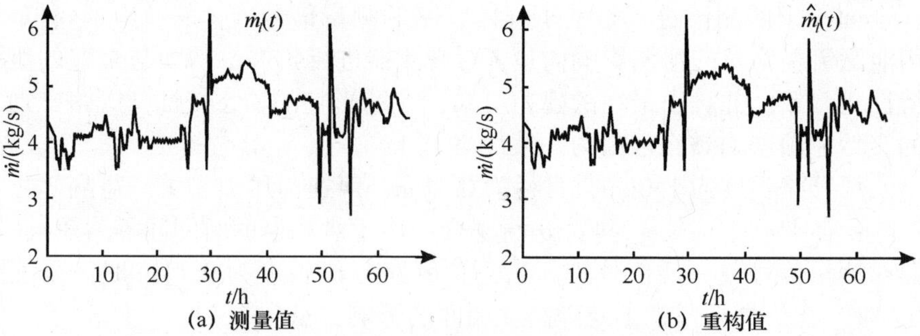

图 7.14　气体管路出口流量

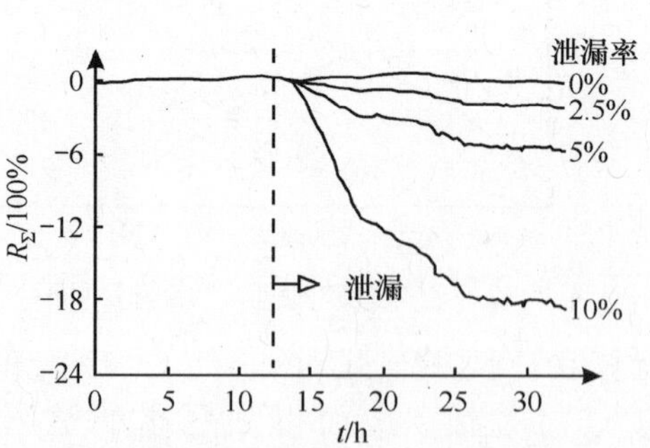

图 7.15　$z_L = 80\text{km}$ 时，互相关值与泄漏率大小的关系

① $1\text{bar} = 0.1\text{MPa} = 10^5\text{Pa}$。

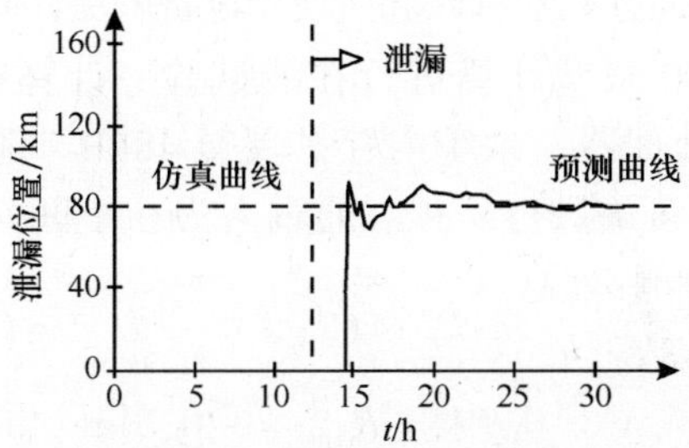

图 7.16　泄漏率为 5% 时的泄漏位置检测结果

7.4　试验结果

7.4.1　汽油管路

在一个长度为 48km、直径为 273mm 的汽油输送管路上，对 7.3.2 节所介绍的基于相关性分析的质量平衡泄漏检测方法进行了试验验证。图 7.17 给出了沿管路长度方向管路的海拔高度以及泵的安装位置。两台主泵由 400kW 交流异步电动机驱动，两台主泵即可单台工作也可同时工作。全功率时的流量为 $330m^3/h$，初始传输压力 p_{in} 为 69bar。该压力由安装在泵和阀门之间的压力传感器测量。管路壁厚为 8mm，中间站的位置分别为 21.1km、27.3km、35.8km、43.9km 和 46.7km。

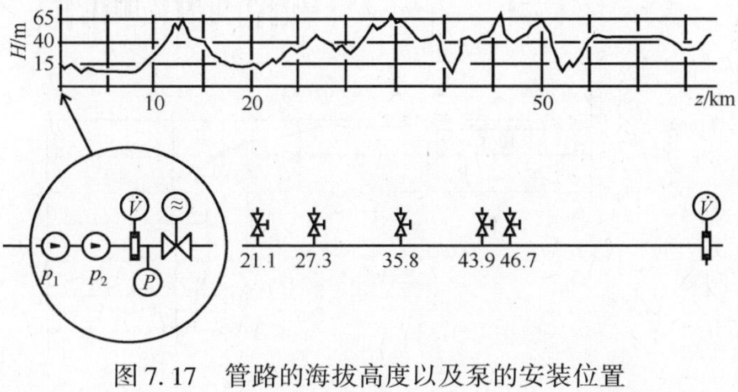

图 7.17　管路的海拔高度以及泵的安装位置

使用节流孔和 Barten@ 压差传感器测量体积流量，而用精度为 0.1% 的 Barten® 压力传感器测量压力。在管路末端对体积流量 $\dot{V}_l$ 进行测量，并由遥测装置发射出去。遥测数据为 8 位数据，对应分辨率为 $0.16m^3/h$，或 0.05% 全量程（全量程为 $330m^3/h$ 时）。

由于管路末端的压力近似等于大气压，未对其进行测量和纪录，因而仅 $\dot{V}_0$ 、$\dot{V}_l$

和 p_{in} 3 个量被用于泄漏监控。对管路和所使用设备的更详细介绍见文献［7.13］。

使用 Intel@ MDS800 微型计算进行在线试验。计算机的处理字长为 8 位，使用 8080A 作为中心处理器。系统内存扩展至 48kB。泄漏监控的程序包大小为 16kB，使用 ASM80 言语进行编程。通过人为在中间站的歧路上制造泄漏故障，开展一系列泄漏检测试验。

假定下列参数为常数

$$\kappa_m = 0.0075,\quad \lambda = 0.99,\quad R_{\Sigma th} = -0.5[m^3/h]^2,\quad P = 200$$

在 $t = t_L$ 时出现泄漏，试验结果见图 7.18，图中给出了 3 个测量信号的记录值，用于指示泄漏故障的互相关函数 R_Σ 的和，以及给出了泄漏位置和泄漏量的计算结果。

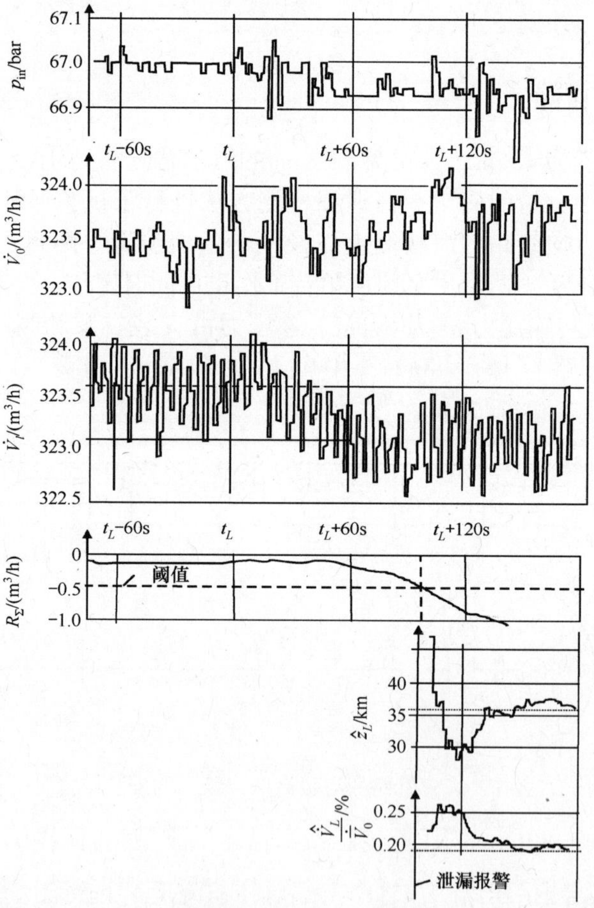

图 7.18 汽油管路泄漏前后变量 p_{in}（t）和 $\dot{V}(t)$ 的测量值

（R_Σ：互相关值；$\hat{z}_L$：泄漏位置估计值；$\hat{\dot{V}}_L$：泄漏量估计值，泄漏发生位置：$l = 35.8$km；泄漏量：0.19%）

试验结果表明，泄漏位置发生在35.8km处，平均泄漏量为0.19%，约为0.2L/s，在泄漏发生98s后超过阈值触发报警。在报警后90s，泄漏位置的估计误差为±0.7%或±500m。

在所有泄漏情况下，特征变量 R_{Σ} 的值均明显超过了无泄漏时的正常值。试验结果表明，即使非常小的泄漏故障也可以被精确地检测和定位。

与低通滤波质量平衡方法相比，在使用同样测量数据情况下，低通滤波质量平衡方法的阈值必须设置的更大（约3~4倍）。更多细节内容见文献[7.11]。

7.4.2 气体管路

由于很难在真实气体管路上进行泄漏试验（体积大、无法存储、成本高、环境问题等），所以仅对泄漏进行模拟仿真，但使用实际的测量值。为了模拟突然出现的泄漏（如焊缝突然破裂），需要在式（7.3.36）的模型中突然增加泄漏影响向量 $\boldsymbol{I}$。管路用于传送乙烯，总长度为150km，内径为0.26m。对4个测量值 $\dot{m}_0$、p_0、$\dot{m}_l$ 和 p_l 的采样时间为3min。仿真时的每个分段长度为9.4km，从而共17个分段。模型的采样时间为30s，因而需要对测量信号进行插值处理。管路的高度剖面见图7.12，在65h内测量得到的压力信号见图7.13。模型中假设声速与压力有关，约为260m/s。整个泄漏检测算法的计算周期为1s。

考虑到信号传送系统的精度和测量噪声的影响，实际测量的流量和重构获得的流量具有较好的一致性，见图7.14。由图7.15可知，使用相关性分析方法可以发现≥2%的泄漏，并且泄漏量越大，故障检测时间越短。对于2%的泄漏，检测时间为10h，而对于5%的泄漏，检测时间为3.5h。同时，随着泄漏的增大，泄漏点位置的估计响应时间也相应缩短。由图7.16可知，对于5%的泄漏，当泄漏发生2h后开始对泄漏位置进行估计，在15h后泄漏位置的估计值与真实值几乎一致。同样，对泄漏大小的估计时间同样需要15h，精度可达8%。这些结果明显优于仅能检测泄漏大于10%的质量流量平衡检测方法。

7.4.3 小结

由仿真和试验研究可知，使用基于模型的故障检测方法，可以提高液体和气体管路早期泄漏检测和泄漏点定位能力。所研究的泄漏检测方法基于数学动态模型、自适应状态重构和相应性检测技术，使用的测量量为每段管路末端的流量和压力信号。由于所需的计算量较小，因此可以使用微型计算机进行。

文献［7.10］中报道了在德国、奥地利和俄罗斯等国，使用所研究的故障检测与诊断方法，针对特定液体管路对检测与诊断方法进行了适应性改进，并在实际运营中成功应用的实例。

第 8 章　工业机器人故障诊断

针对六轴工业机器人，本章首先研究通过对系统参数进行估计，获得解析故障征兆的方法，然后研究在其基础上增加来自于维护人员的启发式故障征兆知识，如 2.3 节和图 2.7 所示。继而研究如何同时使用解析和启发式的故障征兆信息，通过模糊逻辑推理进行故障诊断的方法。由于工业机器人（Industrial Robots，IR）通常是在伺服系统驱动下进行点到点或轨迹跟踪运动，因而满足动态激励条件，可以使用参数估计方法进行故障检测。

8.1　六轴工业机器人结构

以 Jungheinrich® R106 型工业机器人为研究对象，开展基于知识的故障诊断策略研究，见图 8.1。机器人由 6 个旋转关节组成，每个关节由高动态性能的直流伺服电动机驱动。出于对机器人机械子系统进行定期检修和初始故障诊断的强烈需求，本章的研究重点集中于机械子系统的故障检测和诊断方法[8.1,8.2,8.5]。

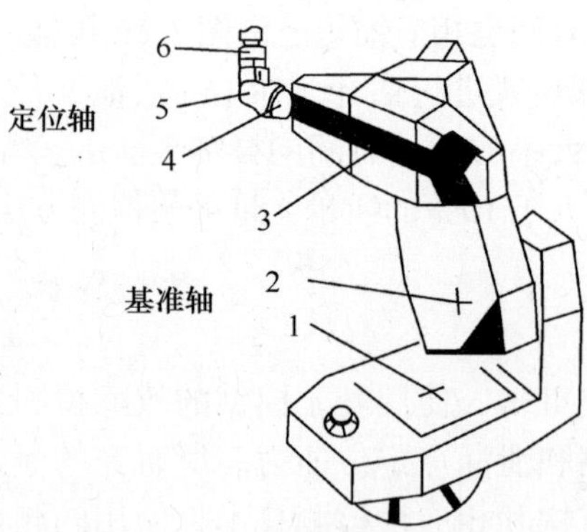

图 8.1　六轴工业机器人

每个关节轴的机械传动部分由多种标准机械零部件（齿轮、轴承、同步带和轴等）组成，用于将电动机的旋转运动转换为机械手的运动，见图 8.2。

关节轴采用串联控制结构，内环为直流电动机转速控制，外环为关节位置控制，图 8.3 为其控制信号流图。故障检测时所用的测量变量包括：φ ，关节位置；ω，电动机转速；I_A，直流电动机电枢电流。

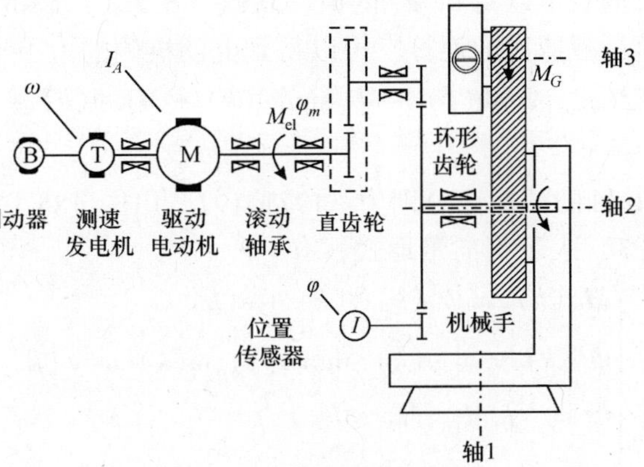

图 8.2　工业机器人传动方案

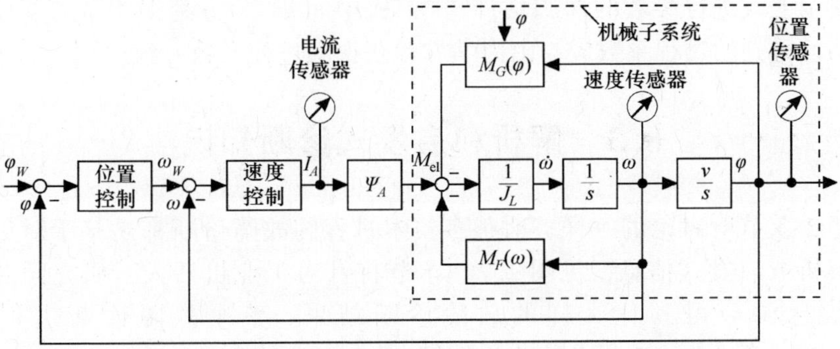

图 8.3　传统串联闭环控制工业机器人驱动单元框图

8.2　机器人关节模型及参数估计方法

假设机械手为刚体，则每个关节的力矩平衡方程为

$$M_{el}(t)/v_i = J_L(\varphi_0, m_L)\ddot{\varphi}(t) + M'_{F0}\text{sign}\dot{\varphi}(t) + M'_{F1}\dot{\varphi}(t) + M'_G(m_L, \varphi_0) \tag{8.2.1}$$

式中：$M_{el} = \Psi_A I_A$ 为电动机输出力矩；Ψ_A 为电枢磁链；I_A 为电枢电流；v 为齿轮减速比 φ/φ_m；J_L 为转动惯量；M'_{F0} 为库仑摩擦力矩；M'_{F1} 为黏性摩擦力矩；M'_G 为重力力矩；m_L 为作用在末端执行器上的负载质量；φ 为手臂位置；φ_0 为手臂基准位置；$\omega = \dot{\varphi}/v$ 为电动机角速度。

重力力矩模型为

$$M_G(m_L, \varphi_0) = M'_{G0}\cos\varphi \tag{8.2.2}$$

重力力矩与重力力矩补偿装置的运动学特性有关，如气缸。如果运动速度不是非常快，可以忽略各轴之间的耦合效应。

由电动机数据表可以得到 $\boldsymbol{\Psi}_A$ 的值。将式（8.2.1）离散化，$k=t/T_0$，T_0 为采样时间。通过减速比的换算，可以得到电动机侧的力矩平衡方程

$$M_{el}(k)=J(\varphi_0,m_L)\dot{\omega}(k)+M_{F0}\mathrm{sign}\omega(k)+M_{F1}\omega(k)+M_{G0}\cos\varphi(k) \tag{8.2.3}$$

机器人1~6轴的减速比分别为：197、197、131、185、222和194。

将式（8.2.3）表示为向量形式，有

$$\begin{cases}\boldsymbol{M}_{el}(k)=\boldsymbol{\psi}^{\mathrm{T}}(k)\hat{\boldsymbol{\Theta}}(k)+e(k)\\ \boldsymbol{\psi}^{\mathrm{T}}(k)=\left[\dot{\omega}(k),\mathrm{sign}\omega(k),\omega(k)\cos\varphi(k)\right]\\ \hat{\boldsymbol{\Theta}}=[\hat{J},\hat{M}_{F0},\hat{M}_{F1},\hat{M}_{G0}]\\ \dot{\boldsymbol{\omega}}(k)=\left.\dfrac{\mathrm{d}\omega(t)}{\mathrm{d}t}\right|_k=\dfrac{\omega(k)-\omega(k-1)}{T_0}\end{cases} \tag{8.2.4}$$

使用上式进行参数的递归估计[8.3]，式中 $e(k)$ 为方程误差。需要注意的是，估计得到的过程系数应与由力学方程获得的过程系数一致。

8.3 解析和启发式诊断知识

如2.3节所讨论的一样，对很多技术过程的故障诊断都是基于对过程状态的解析或启发式信息，见图2.7。本节将针对工业机器人，研究同时使用两种信息源会得到什么样的故障诊断结果。整个故障诊断过程依照文献［8.4］第15~17章中的方法进行。

8.3.1 故障征兆表示

故障诊断依赖于不同信息源的有效故障征兆，分类定义如下。

1. 解析式故障征兆

解析式故障征兆集合 S_a 事先存储在控制计算机内存内。该“故障征兆缓冲区”的安排如下：

〈故障征兆 S_{ia} 记录〉

（1）故障征兆所对应机器人轴的编号；

（2）使用字符串表示的故障征兆名称；

（3）故障征兆的平均值（系数）；

（4）故障征兆的名义值（系数）；

（5）故障征兆的物理单位（系数）；

（6）计算得到的置信度 $\mu(S_{ia})$；

(7) 故障征兆进入缓冲区的时间；

(8) 指定故障征兆的说明文本。

在进行故障诊断时，将这些解析式故障征兆（过程系数与名义值之间偏差）信息存储在缓冲区内。因此，可以将缓冲区作为基于知识的机器人故障诊断系统中解析部分和启发式部分的结合点。

2. 启发式故障征兆

第二类故障征兆由启发式故障征兆集 S_b 表示。它既不是通过直接测量获得的，也不是通过解析计算获得的，例如，维护人员的经验知识。由诊断系统中的人机交互对话子系统将这些故障征兆提供至诊断系统中。

3. 使用维护记录和故障统计

第三类经常在实际工程中使用的诊断依据与被诊断机器人的总体状态有关。出于知识库结构的一致性考虑，将这些诊断依据与故障征兆按照同样的方式进行处理。对于通过大量存储数据分析获得的相关数据，按照 a 类故障征兆进行处理，而根据维修经验得到的启发式知识，按照 b 类故障征兆进行处理。

8.3.2 诊断知识表示

作为对启发式知识进行处理的一种较为合适的工具，推理方法可以建立故障征兆与未知故障之间的逻辑交互关系。单条规则的表示形式如下：

$$\text{if}\langle\text{条件}\rangle\text{then}\langle\text{结论}\rangle \tag{8.3.1}$$

式中：条件部分以由 and 和 or 连接的事实（故障征兆）作为输入，结论部分则被称为事件，作为事实的逻辑结果。链式规则建立了故障征兆和故障之间的因果关系。通过引入中间事件 E_k $(k = 1,\cdots,j)$，可以建立规则的层次结构（故障－征兆树），从而系统地建立故障征兆与事件或故障之间的联系，见 2.6.2 节和文献［8.4］第 17 章。

对解析和启发式的故障征兆进行系统处理，需要一套统一的符号表示方法，见文献［8.4］第 15 章。对于故障征兆 S_i，可以基于置信度 $0 \leqslant c(S_i) \leqslant 1$，或在模糊逻辑框架下使用隶属度函数 $0 \leqslant \mu(S_i) \leqslant 1$ 进行表示。

通过正向或反向推理链进行诊断推理。使用如式（8.3.1）所示的正向推理链，将事实与前提相匹配，再基于逻辑结果（演绎推理）获得结论。在条件部分（前提）中，以故障征兆 S_i 作为事实输入，而在结论部分则包含以事件 E_k 和故障 F_j 为事实的逻辑原因。如果多个故障征兆同时指向一个事件或故障，则通过 and 或 or 将事实连接起来，产生如下规则：

$$\text{if}\ \langle S_1\ \text{and}\ S_2\rangle\ \text{then}\ \langle E_1\rangle \tag{8.3.2}$$

$$\text{if}\ \langle E_1\ \text{or}\ E_2\rangle\ \text{then}\ \langle F_1\rangle \tag{8.3.3}$$

由于故障征兆通常是不确定的事实，因此使用模糊逻辑进行近似推理是一种系统且统一的处理因果关系的方法。

因此，可以使用隶属度函数$\mu(S_{ia})$和$\mu(S_{ih})$将事实分配至模糊集，再通过模糊逻辑进行近似推理，最后以单元素集合作为输出。具体方法见文献［8.4］第17章。

可以使用最大－最小方法对if－then规则的条件部分进行评估，以获得最为可能的故障

$$\text{模糊 and}:\mu(\eta) = \min\left[\mu(\xi_1),\cdots,\mu(\xi_v)\right] \tag{8.3.4}$$

$$\text{模糊 or}:\mu(\eta) = \max\left[\mu(\xi_1),\cdots,\mu(\xi_v)\right] \tag{8.3.5}$$

取非操作为

$$\text{非}:\mu(\eta) = 1 - \mu(\xi) \tag{8.3.6}$$

使用反向推理链时；需要假设结论是已知的，进而搜索相关前提（演绎推理）。这种方法在故障征兆不完整时显得更有意义。在根据已知故障征兆完成正向推理后，将得到的事件和故障显示给操作者。但这需要故障诊断系统具有人机交互功能。

8.3.3 机器人的故障、启发式故障征兆和事件

现在考虑所研究工业机器人的解析式故障征兆和启发式故障征兆。根据机器人的维护手册以及IR公司维护人员的维护经验，考虑机器人驱动部分可能出现的以下几种机械故障：

F_1：直齿轮支撑螺钉松动；

F_2：轴驱动部分明显磨损；

F_3：驱动链的支撑力过大；

F_4：电动机－齿轮单元过热；

F_5：轴超载；

F_6：电磁制动器故障（无法完全松开）。

通过参数估计得到如下解析式故障征兆：

S_{1a}：J_L减小；

S_{2a}：J_L增大；

S_{3a}：M_{F_0}减小；

S_{4a}：M_{F_0}增大；

S_{5a}：M_{F_1}减小；

S_{6a}：M_{F_1}增大。

通过对机器人的大量试验研究，以及从制造商处得到的数据，获得如下非可测量的启发式故障征兆，并使用特定的符号名称对其命名：

S_{1h}：声学噪声特性 Ⅰ → char_noise_ Ⅰ；

S_{2h}：声学噪声特性Ⅱ→ char_noise_Ⅱ；

S_{3h}：明显的定位不准确 → inacc_pos；

S_{4h}：手动测试：轴运动迟滞 → test_move；

S_{5h}：假设：传动链出现间隙 → backl_assum。

由被控对象的使用历史数据和故障统计可获得如下事实：

S_1：最后维护：最后一次维护距今时间 → last_maint；

S_2：工作时间：短或长 → operat_hours；

S_3：发生过机械碰撞 → mech_coll。

针对特定故障 F_1、F_2 和 F_3，以多层故障－征兆树的形式对知识库进行表示，给出了故障与故障征兆之间的因果关系，见图 8.4。诊断过程的中间步骤以事件的形式被包含在图中，对不同故障的效果进行表示。

E_1：传动链的支撑力过低 → brace_low；

E_2：传动链摩擦力明显降低 → fric_decr；

E_3：轴运动迟滞→ slugg_mov；

E_4：传动链摩擦力明显增加→ fric_incr；

E_5：传动链间隙增加→ b_ lash_incr；

E_6：轴中出现极限环→ limit_cycles。

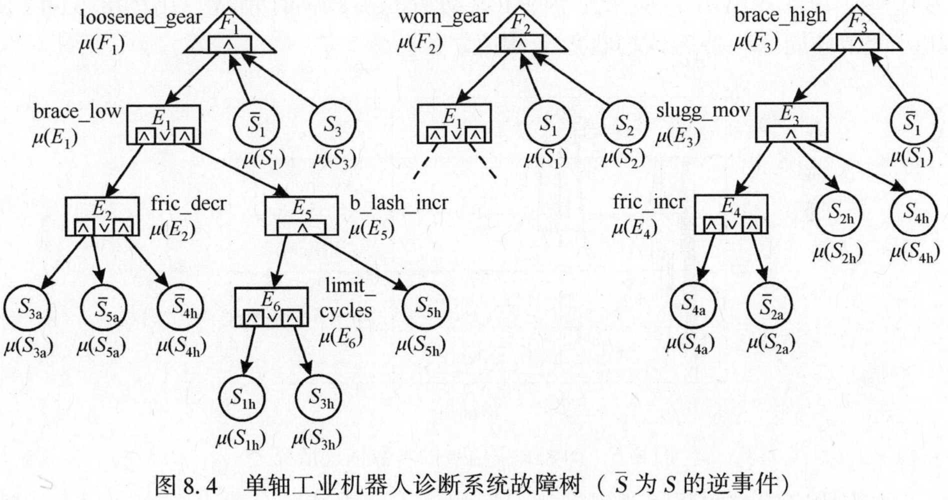

图 8.4　单轴工业机器人诊断系统故障树（$\bar{S}$ 为 S 的逆事件）

8.4　试验结果

对于轴 1，将给出针对故障 F_1、F_2 和 F_3 的故障诊断试验结果。故障 F_1 和 F_3 来源于装配不正确或机械碰撞（中、短时间工作），而 F_2 则主要来源于驱动部件的磨损（长时间工作）。

8.4.1 使用解析知识的故障诊断

图 8.5 给出了空载时，轴 1 进行点对点运动时的典型响应曲线。数据采样周期为 5ms，与机器人嵌入式位置控制器诊断软件的采样时间一致。模拟低通滤波器的截止频率为 40Hz，通过数值微分产生 $\dot{\omega}$ 的滤波器截止频率为 20Hz。

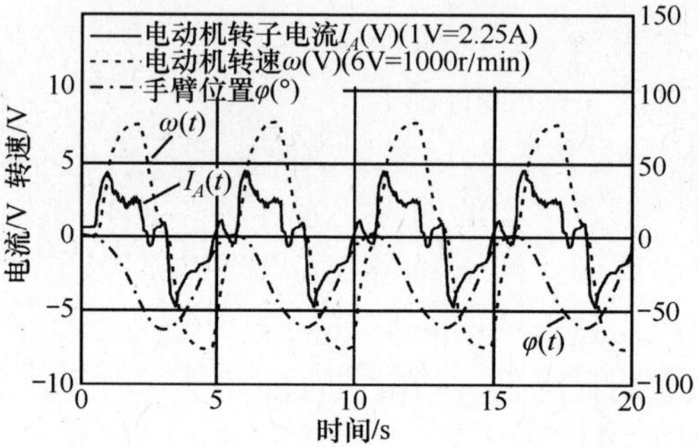

图 8.5 轴 1 进行点对点运动时的测量数据

由于分散信息平方根滤波（Discrete Square - Root Filtering in Information, DSFI）方法具有较好的数值特性，因而使用它进行参数估计。设遗忘因子 λ 为 0.99，图 8.6 给出了参数估计程序启动后的参数估计情况。由图 8.6 可知，在一个循环周期内各参数均收敛至常值。

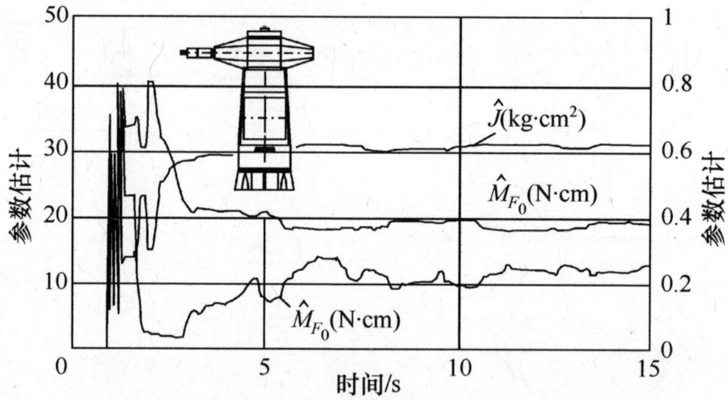

图 8.6 图 8.5 中信号的参数估计情况

根据固定的时间间隔或根据故障检测请求，将被控对象系数信息写入故障征兆缓存中，而通过前期训练已经获得了这些系数的名义值。

针对故障征兆的正负变化设计隶属度函数为

$$\mu_i(S_i) = \frac{1}{(b_i - a_i)}(S_i - a_i) \tag{8.4.1}$$

从而有：

当 $S_i < a_i$ 时，$\mu_i(S_i) = 0$，则 <无明显增加>；

当 $a_i < S_i < b_i$ 时，$\mu_i(S_i) \in [0,1]$，则 < μ_i 明显增加 >；

当 $S_i \geqslant b_i$ 时，$\mu_i(S_i) = 1$，则 < 明显增加 >。

a_i、b_i 为基于特性的统计数据，如标准差 σ_{si} 等确定的上下阈值。例如 $a_i = \kappa_i\sigma_{si}$，$\kappa_1$ 为 2 或 3，$b_i = \kappa_2\sigma_{si}$，$\kappa_2 = 5$。将来源相同但符号不同的故障征兆作为独立的故障征兆进行处理。

在机器人轴 1 上施加不同故障，在存储第 60 个参数集后，通过拧松直齿轮与环形齿轮之间的支撑螺栓制造故障 F_1，如图 8.7 所示。在存储完第 120 个参数集后，人为消除该故障。60 步后，再人为扭紧该支撑螺栓，制造故障 F_3。图 8.8 给出了摩擦系数的估计值响应及相应的隶属度函数。

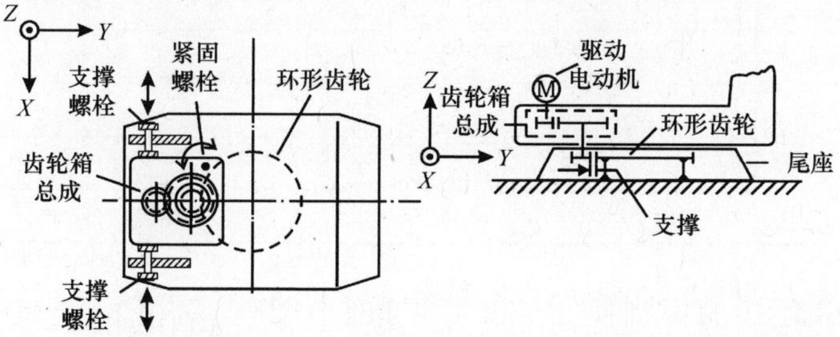

图 8.7　轴 1 的齿轮传动方案（图中了给出了故障 F_1 和 F_2 的位置）

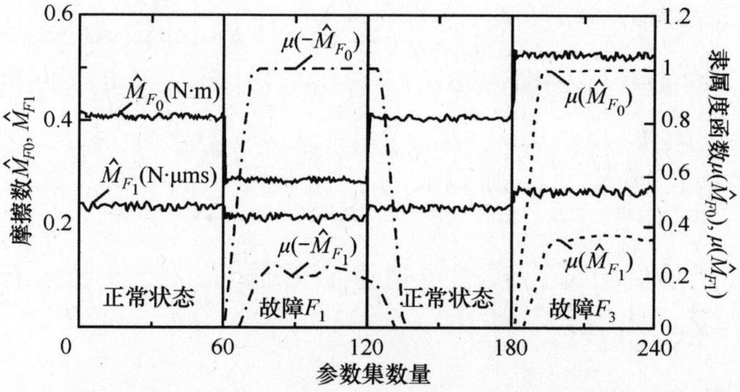

图 8.8　在故障 F_1 和 F_3 情况下摩擦系数的估计值响应及相应隶属度函数

许多研究表明，使用基于模型的方法，可以在不增加传感器的前提下对轴内机械状态进行早期故障检测。表 8.1 对试验结果进行了总结，给出了不同故障下系数的偏离情况。该试验结果对机器人的每个轴均有效。由表可知，通过模式识别，可以直接对多种故障进行诊断。下面将证明如何通过启发式方法提高故障诊断的深度和可靠性。

8.4.2　使用解析和启发式知识的故障诊断

为了证明启发式部分在故障诊断中的作用，假设缓存中解析式故障征兆为

$\mu(S_{3a})=1$，$\mu(S_{5a})=0.2$，分别表示由于较大过载或其他故障导致的干摩擦明显减少和黏性摩擦力略微减少的故障。根据图 8.4 中的故障-征兆树，获得附加的隶属度函数为

$$\mu(\bar{S}_{5a}) = 1-0.2=0.8 \quad \mu(S_{S4h}) = 0 \quad \mu(E_5) = 0$$

表 8.1　工业机器人在不同机械传动故障时的过程系数偏离情况
（+/++：系数增加/明显增加；-/--：系数减小/明显减小；，0：无改变）

F_j	θ_j			
	$\Delta\hat{J}\ (E_0,\ m_L)$	$\Delta\hat{M}_{F0}$	$\Delta\hat{M}_{F1}$	$\Delta\hat{M}_{G0}$
F_1	0	--	-	0
F_2	0	--	-	0
F_3	0	++	+	0
F_4	0	-	--	0
F_5	++	+	0	++
F_6	+	+	++	0

对由 and 连接的规则使用 min 算子进行计算，对由 or 连接的规则使用 max 算子进行计算，从而有

$$\mu(E_2) = 0.8 \quad \mu(E_1) = 0.8 \quad \mu(E_3) = 0$$

由于刚对机器人完成了维护，因而 $\mu(S_1)=0.2$ 或 $\mu(\bar{S}_1)=0.8$。此外，$\mu(S_3)=0.7$（可能发生碰撞），$\mu(S_2)=0.7$（中等工作时常），从而有

$$\mu(F_1) = 0.7 \quad \mu(F_2) = 0.2 \quad \mu(F_3) = 0$$

由故障隶属度函数可以得到结论：出现了 F_1 故障，直齿轮支撑螺栓松弛。

通过该研究事例可知，模糊逻辑诊断方法可以通过较为直观的方式将解析知识和启发式知识结合成为一个整体。

8.5　小结

如果工业机器人进行动态运动，就可以对工业机器人动力学的二阶微分方程进行参数估计，并与特定运动和负载情况下的标准值进行比较，从而对机械结构中的多种故障进行诊断。将这些解析知识与通过隶属度函数表示的维修人员经验等启发式知识相结合，可以对前者的诊断结果进行校验，并大大扩展诊断的范围。

第 9 章　机床的故障诊断

制造加工系统的效率在很大程度上取决于机床的可靠性和有效性，因而对机床设备的早期故障和突发性故障进行检测和诊断就显得尤为重要。对故障原因的统计表明，对于数控（Computer Numerical Control，CNC）钻床，钻头故障占 27%、CNC 故障占 16%、机械故障占 5%、电器故障占 4%[9.10,9.40]。因此，刀具的磨损、断裂和碰撞被认为是机床的主要故障之一。1993 年左右对旋转类机床和加工中心的故障统计表明，CNC 故障和电气故障占总故障的 8%；机械部件故障，如刀架故障占 25%、工件夹持装置故障占 16%。这些数字表明对于机床，研制自动监督和状态监控系统是非常用重要的。这些故障不仅仅会造成制造过程的中断，还会对工件和刀具造成严重损害。

下面研究基于模型的机床故障检测和诊断方法，将仅使用标准传感器或一些额外的较为容易实现的传感器。主要研究对象包括钻床、铣床和磨床，以及机床的主传动装置和进给装置。

9.1　机床结构

机床通过切削作用将金属从工件上移除。切削过程主要包括车、钻、铣、磨等。机床分为通用机床、专用机床和 CNC 加工中心[9.39]。通用机床主要用于小批量零件的通用化加工，是最为典型的机床产品。专用机床用于大批量零件的高效加工，负责完成一道或几道工序。专用机床多为数字控制，由自动物料传送系统供料。CNC 加工中心为高度自动化的机床设备，可以进行非常复杂的零件加工，可以同时安装不同种类的刀具，使用多功能刀架自动更换切削刀具，并且能够在多个轴上同步运动。由于 CNC 加工中心具有一定的柔性，因而比较适合于中等批量产品的加工。

机床主要由机械结构、传动系统和控制系统三部分组成。静止的机械结构主要包括：床身、立柱、连接梁、齿轮箱等。运动的机械结构主要包括：工作台、滑块及导轨、主轴、齿轮、轴承和拖架等。为了将静、动态变形降至最小，需要机械部件具有较高的机械刚度、热稳定性和振动阻尼。

传动部分由主轴传动和进给传动两部分组成，见图 9.1。主轴传动为旋转主轴提供所需的扭矩和转速，在旋转主轴的夹紧装置上安装切削刀具。主轴箱包括驱动电动机、传动带、离合器和齿轮组。如果电动机集成在主轴里实现直接传动，则称这种主轴形式为电主轴。

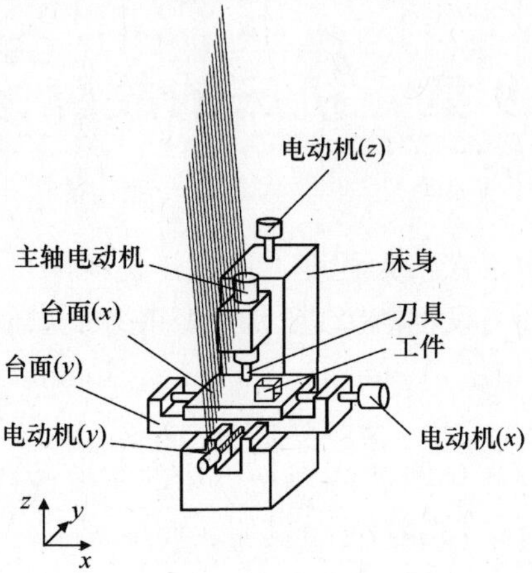

一个主轴传动和三个进给传动

图 9.1　铣削和钻孔机床的结构图

通过进给运动，移动工作台或拖架，可以实现刀具与工作之间的相对运动。进给传动由驱动电动机和机械传动两部分组成。对于移动工作台的机床，工作台通常与螺母和丝杠连接。丝杠可以由电动机直接驱动，也可以通过齿轮组减速或带轮进行传动。

驱动部分可以是电动机、液压电动机或气动电动机。多数情况下，选择直流/交流电动机或直线电动机作为驱动电动机。

自动机床需要使用 CNC 控制单元，通过软件程序对整个机床进行数字控制。控制功能主要包括：主轴转速控制、进给运动的位置和速度控制、插补程序、监控和监督功能等。

钻床、车床、铣床和磨床等切削机床，通常包括一个主传动（主轴转动）以及单个/多个进给传动。对于转床和铣床，钻头和铣刀安装在主轴上进行旋转运动，工件则固定在工作台的卡盘中进行进给传动。对于车床，工件夹持在主轴上进行旋转运动，而刀具在两个方向上完成进给运动。对于磨床，主轴带动砂轮旋转并完成进给运动，工件由卡盘固定在工作台上或同样进行旋转运动。

更多的机床结构及相关技术见文献［9.2，9.5，9.7，9.39，9.52］第 1 卷。

钻床、铣床的主轴传动和进给传动的信号流图见图 9.2。由图可知，进给速度影响工件对刀具的反作用力，反之亦然。主轴的运动速度影响作用在工件上的力，因此切削过程和传动系统的状态变化会造成电动机电流和转速的变化，并用于基于模型的故障检测中。下面，在对特定的机床开展研究前，将首先给出主传动和进给传动的数学模型。

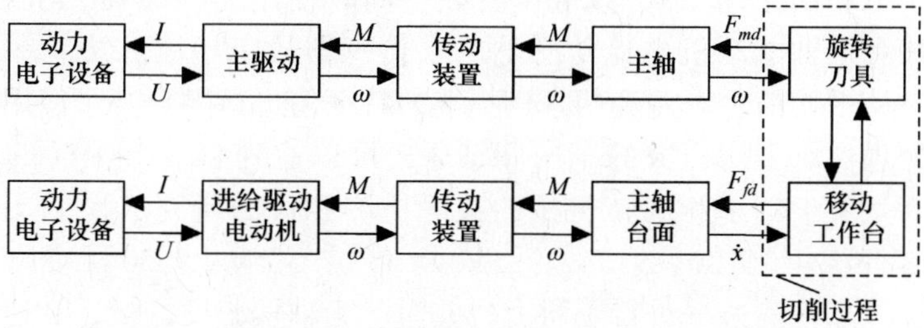

图9.2 钻床和铣床主轴运动和进给运动的信号流图

9.2 机床监督技术现状

在数字控制单元的控制下，数控机床通过车、钻、铣、磨等加工手段对工件进行自动加工。但是，由于刀具和工件之间存在剧烈的振动、冲击和发热等交互过程，从而出现加工误差、故障和失效等问题。对加工质量造成影响的现象主要包括：振动、刀具磨损、铁屑和发热等。工作时可能出现的较大故障包括刀具断裂、工件滑移和碰撞。因此，对于 CNC 机床，对机床工作状态进行连续监控和故障诊断是非常重要的任务。

机床监督技术的全面介绍和总结见文献［9.52］第1卷和第3卷。在文献［9.48］中，将机床的状态监控和控制技术作为专题进行了研究。

刀具和工件之间的切削力由切削深度、进给量、材料和其他一些参数决定，见9.4节、9.5节和9.6节。切削力的异常将直接反映系统状态的异常。因此，通过对一个或多个方向的切削力进行测量，可以进行直接故障检测。但需要使用基于应变测量或压电原理的力传感器对切削力进行测量。虽然这些力传感器并不非常昂贵，但会明显降低刚度。因此直接测量切削力进行故障检测的方法仅在实验室进行了验证，而未在实际工程中得到应用。针对这个问题，继而提出了非直接故障检测方法。仅通过使用常规的电流、加速度等传感器，对主轴/进给电动机的电流、系统振动和结构传递噪声，以及声频发射信号等进行测量。

通常对电动机电流进行测量，并使用阈值校验方法进行监控可以避免电动机和机床的超载，防止工件和刀具的严重损坏。

目前国际上已经对机床的间接故障检测方法进行了大量研究，并发表了大量的研究成果，如文献［9.52］第3卷和文献［9.47］。

由于通常无法将传感器直接安装在需要监控的位置上，所以间接故障检测方法可能无法提供精确且鲁棒的故障信息[9.45]。虽然有时候间接故障检测方法可以较好地对某种特定故障进行指示，但对于其他故障却无法较好地收敛。

使用超声波传感器（20～20000kHz）进行故障检测的研究成果见

文献［9.31］。对于精密磨床，可以将声频发射传感器附着安装在刀具上。

对于车床和钻床，文献［9.8］研究了同时使用力传感器、扭矩传感器、振动传感器和主轴电动机电流传感器的多传感器故障检测方法。在进行分析时，首先对从平均值、方差和功率谱提取的特征值进行融合，再使用模糊神经网络进行处理。对于所研究的车床和钻床，可以达到80%～95%的故障检测成功率。大量关于轴承和旋转机械的故障检测和诊断研究成果见文献［9.9，9.11，9.18，9.24，9.30，9.33，9.54，9.55］。文献［9.30］对旋转机械中的滚动轴承故障检测方法进行了研究，并对基于轴偏心度测量、加速度测量和振动测量的3种故障检测方法进行了对比研究。

变柔性以及制造和装配过程中的缺陷，如表面粗糙度、波动度、零件的尺寸公差等，是滚动轴承产生振动和噪声的根源。即使是全新的轴承也存在振动和噪声，且通常在出现故障（滚动体碎裂、凹坑、剥落等）后会逐渐或突然增大。

可直接观测到的振动频率范围为1Hz～25kHz，超声波噪声的频率范围为20～100kHz，声频发射（表面波）和冲击脉冲的频率范围为100kHz～1MHz。对于频率大于1kHz的振动，使用加速度传感器进行测量是最为合适的方式，例如压电传感器。但首选加速度传感器进行测量时，对传感器的安装位置要求非常严格。根据故障位置、几何形状和转速，可以计算得到轴承的基本频率。但由于滑动和负载的影响，理论计算值与实际测量值不一致。另外，与其他机械频率之间的交互作用将导致幅值和频率被调制，造成分析困难。振动信号可在时域和频域范围内进行分析。负载是另一个对测量结果造成影响的因素。当负载增加时，振动减小，而负载通常是未知的。在理想情况下，当轴承出现初期故障后，可以对轴承的剩余寿命进行预测。

但使用振动传感原理进行轴承监控的一个普遍问题是：其他轴承和机械零件产生的振动（齿轮、凸轮轴、传动链和传动带等）会对测量结果造成影响，在振动频谱中产生多个峰值，对分析并追溯故障来源造成困难。如果无法从理论上对频谱中的多峰值进行解释，则可以通过试验对振动进行分析。例如，通过人为制造特定故障，对神经网络等特征提取方法进行训练，该方法被用于内燃机装配过程的测试[9.22]。

更多切削过程的故障检测研究成果见文献［9.1，9.4，9.29，9.38，9.41，9.43，9.51］。

文献［9.52］第3卷对机床的故障检测和诊断技术，以及状态监测的标准方法进行了详细总结。对于车床和铣床，切削力与刀具磨损之间的关联度较低，因而使用被动切削力较为合适。因此，由主传动计算得到的有效功率对于磨损检测不够敏感。在对较大直径钻床的研究中，获得了类似结果。对结构传递噪声进行频谱分析通常可以获得频带较宽且变化的频谱。相比于刀具磨损的检测，结构传递噪声检测方法更适用于刀具断裂故障的检测。对于磨床，结构传递噪声检测方法是对磨削过程进行检测和监督的标准方法。

上述讨论表明，由于价格、刚度和接线等问题，使用力传感器等额外传感器进行直接故障检测的方法很难应用于实际机床中。结构传递噪声方法仅能用于已经清楚知道故障发生位置的情况。因此，下面章节里将研究仅使用现有传感器或低成本附加传感器的情况下，基于模型的非直接故障检测和诊断方法。

9.3 主传动

9.3.1 双质量模型

以图 9.3 所示的加工中心（MAHO® MC5）主传动系统为研究对象。系统中调速直流电动机依次驱动带轮、齿轮、刀具主轴、车刀或钻头。因此，系统为包括 6 个质量的多质量 – 弹簧 – 阻尼系统。下面考虑系统的小摄动线性化模型。直流电动机的动态模型为

$$L_A \dot{I}_A(t) = -R_A I_A(t) - \Psi\omega_1(t) + U_A(t) \tag{9.3.1}$$

$$J_1 \dot{\omega}_1(t) = -\Psi I_A(t) - M_1(t) \tag{9.3.2}$$

式中：L_A 为电枢电感；U_A 为电枢电压；R_A 为电枢电阻；I_A 为电枢电流；Ψ 为磁链；$\omega_1 = \dot{\varphi}$ 为电动机转速；J_1 为转动惯量；M_1 为负载转矩。

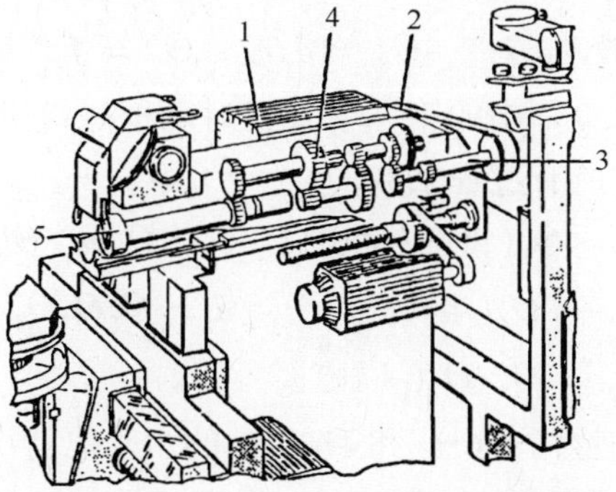

图 9.3 加工中心（MAHO® MC5）主传动系统

1—直流电动机；2—皮带传动；3—轮轴；4—齿轮；5—刀具主轴。

对主传动的特征频率进行分析可知，开环时电动机的特征频率小于 80Hz，闭环时电动机的特征频率小于 300Hz[9.13,9.50]。带轮的特征频率为 123Hz，轴、齿轮和主轴的特征频率分别为 706Hz、412Hz 和 1335Hz。所以主传动系统的动态特性主要由电动机和带轮的特性所决定。因此可以建立转动惯量分别为 J_1（电动机和带传动主动轮）和 J_2（带传动被动轮、轴、齿轮和主轴）的双质量系统。主传动机械部分的线性状态空间模型为

$$\dot{\boldsymbol{x}}(t) = \boldsymbol{A}\boldsymbol{x}(t) + \boldsymbol{b}u(t) + \boldsymbol{F}\boldsymbol{z}(t) \tag{9.3.3}$$

式中

$$\boldsymbol{x}^{\mathrm{T}}(t) = [I_A(t) \quad \varphi_1(t) \quad \dot{\varphi}_1(t) \quad \varphi_5(t) \quad \dot{\varphi}_5(t)] \tag{9.3.4}$$

$$u(t) = U_A(t) \tag{9.3.5}$$

$$\boldsymbol{z}^{\mathrm{T}}(t) = [M_6(t) \quad M_F(t)] \tag{9.3.6}$$

其中，M_6 为负载扭矩；M_F 为库仑摩擦扭矩。

9.3.2 参数估计

由制造商提供的设备数据直接确定主传动部分的参数。如果无法确定所有参数，则需要通过测量信号对系统进行参数估计。

使用可测量信号 $U_A(t)$、$I_A(t)$、$\omega_1(t)$ 和主轴转速 $\omega_5(t)$，对空转状态下的主传动部分进行参数估计，需要使用如下方程：

$$\begin{cases} U_A = \Theta_1\omega_1(t) + \Theta_2 I_A(t) + \Theta_3 \dot{I}_A(t) \\ \Theta_1 I_A(t) - M_F(t) = \Theta_4 \dot{\omega}_1(t) + \Theta_5 \dot{\omega}_5(t) \\ \omega_5(t) = \Theta_6 \dot{\omega}_1(t) + \Theta_7\omega_1(t) - \Theta_8 \dot{\omega}_5(t) - \Theta_9 \ddot{\omega}_5(t) \end{cases} \tag{9.3.7}$$

式中

$$\begin{aligned} &\Theta_1 = \Psi; \quad \Theta_2 = R; \quad \Theta_3 = L_A; \\ &\Theta_4 = J_1; \quad \Theta_5 = iJ_2; \quad \Theta_6 = di/c; \\ &\Theta_7 = i; \quad \Theta_8 = d/c; \quad \Theta_9 = J_2 i^2/c \end{aligned} \tag{9.3.8}$$

首先使用式（9.3.7）中的第一个方程对电枢磁链进行估计（或由参数表获得），随后可以确定所有过程系数

$$\begin{cases} i = \Theta_7(\text{齿轮传动比}), \quad c = \Theta_5\Theta_7/\Theta_9 \\ J_1 = \Theta_4(\text{电动机}), \quad d = \Theta_5\Theta_7\Theta_8/\Theta_9 \\ J_2 = \Theta_5/\Theta_7(\text{主轴}) \end{cases} \tag{9.3.9}$$

使用转折频率分别为 79.6Hz 和 47.8Hz 的六阶巴特沃恩滤波器对状态变量进行滤波，确定连续时间参数估计中的一阶和二阶导数。由增量式光电码盘测量主轴和电动机角度。其中主轴角度的测量分辨率为 1/4096，电动机角度的测量分辨率为 1/1024，采样时间为 0.5ms。对于转速阶跃信号，使用 DSFI 方法进行参数估计的结果见图 9.4～图 9.7[9.13,9.18]。

由图 9.5～图 9.7 可知，电动机系数 Ψ、R_A 和 L_A 的收敛速度非常快，收敛时间仅需要 2s。而机械系数 J_1、J_2、M_F、c 和 d 的收敛速度较慢，收敛时间约为 5s。在 15s 后，所有 8 个系数均收敛至稳态值，且与理论值相吻合[9.49]。

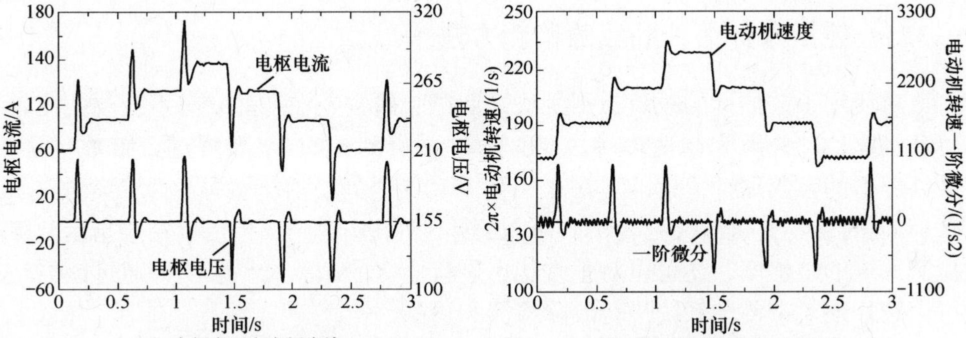

(a) 电枢电压和电枢电流　　(b) 电动机转速及其一阶微分

图 9.4　主传动系统的测量信号（转速控制器阶跃输入）

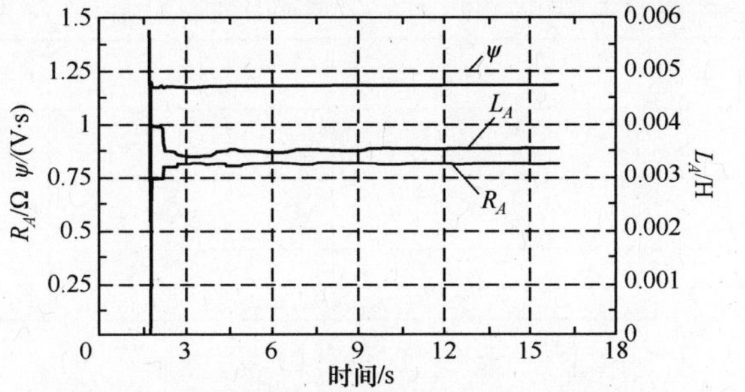

图 9.5　直流电动机的参数估计值 R_A、Ψ 和 L_A

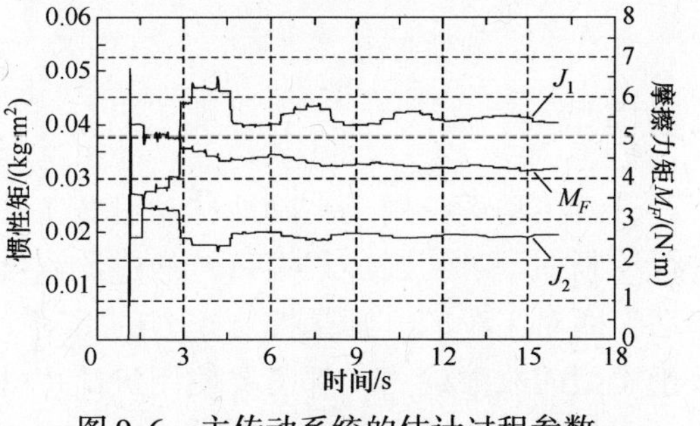

图 9.6　主传动系统的估计过程参数

（J_1、J_2：马达和主轴的惯性矩；M_F：干摩擦力矩）

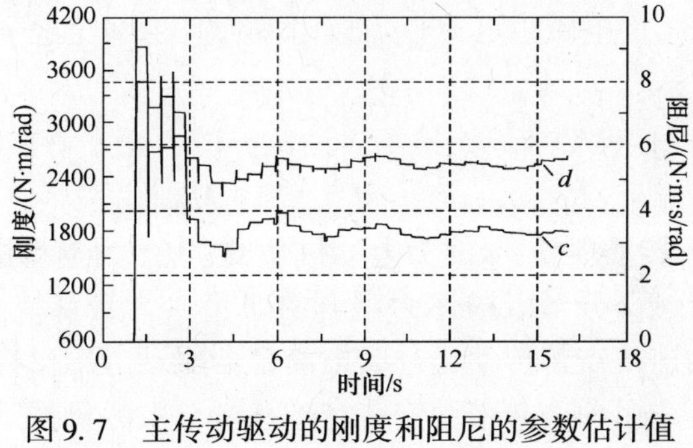

图 9.7　主传动驱动的刚度和阻尼的参数估计值

9.3.3 使用参数估计的故障检测方法

对使用参数估计的故障检测方法开展试验研究。在空转状态下，改变主轴转速设定值，并人为制造多种故障。通过采集到的60组数据进行参数估计，最终获得的参数估计值标准差在0.01%～10%之间。对于多种故障，参数 J_2、M_F 和 c 的参数变化情况见表9.1。F_1 虽然不是真实故障，但可以用于指示故障检测系统的敏感度，还可以对正常状态进行监督。试验结果表明，通过该方法可以较好地对带传动系统进行故障检测和诊断[9.49]。

表9.1 空载情况下使用参数估计的主传动故障诊断征兆表
（+：小幅增加；++：大幅增加；-：小幅减少；--：大幅减少；0：无变化）

	J_2	M_F	c
F_1 刀具 $D=120\text{mm}$	++	+	-
F_2 带张力增加	0	+	++
F_3 带的宽度变为一半	0	-	--

9.4 进给传动

9.4.1 双/三质量模型

对于切削机床，进给传动系统用于精确地移动机械工作台。进给传动系统通常由数控单元进行控制，调节切削过程中每转的进给深度。对于铣床，机械工作台带着工件运动，而对于车床，则是控制车刀的运动。对于精确的位置和轨迹控制，以及基于模型的故障检测，都需要使用进给传动系统的精确数学模型。下面将以图9.8所示的 x 方向进给传动系统为例进行研究[9.28]。

进给传动系统的伺服电动机为恒定激励同步电动机。在经过简化，并使用PI电流控制器，产生的电磁扭矩 M_{elx} 可以由一阶惯性环节进行描述

$$T_{1Mx}\dot{M}_{elx}(t)+M_{elx}(t)=\Psi_x I_{xref}(t) \tag{9.4.1}$$

式中：T_{1Mx} 为闭环时间常数[9.17]。进给机械部分的力矩平衡方程为

$$J_{Mx}\ddot{\varphi}_{Mx}(t)=M_{elx}(t)-M_{Mf}(t) \tag{9.4.2}$$

式中：J_{Mx} 为电动机转动惯量；φ_{Mx} 为电动机角度；M_{Mf} 为电动机摩擦力矩。

进给传动的机械部分可以描述为耦合的质量－弹簧系统。在进给传动中，电动机轴与带传动连接。带传动通过摩擦离合器驱动进给丝杠运动。进给丝杠将旋转运动变为直线运动，并带动安装在丝杠螺母上的机械工作台运动。系统

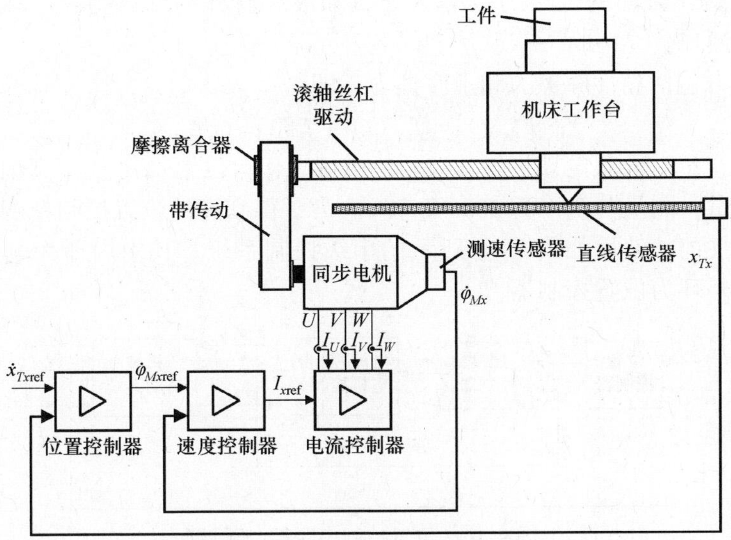

图 9.8　x 方向进给驱动系统

模型中包括电动机与第一个带轮的转动惯量 J_{Mx}，第二个带轮与滚珠丝杠主轴的转动惯量 J_{Gx}，丝杠螺母与机械工作台的质量 m_{Tx}，得到图 9.9（a）所示的三质量系统模型。由于主要惯量为电动机转动惯量和机械工作台质量，因而可以忽略转动惯量 J_{Gx}，从而得到如图 9.9（b）所示的双质量系统模型。

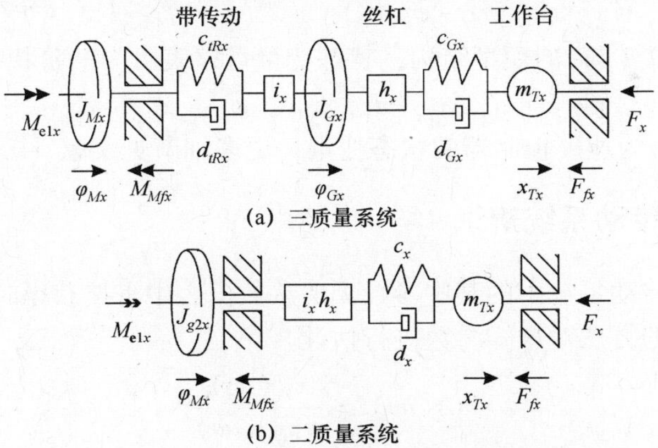

(a) 三质量系统

(b) 二质量系统

图 9.9　进给传动的机械部分模型

由牛顿第二定律建立主轴、丝杠和工作台的力平衡方程如下：

$$m_{Tx}\ddot{x}_{Tx}(t) = c_x(i_x h_x \varphi_{Mx}(t) - x_{Tx}(t)) + d_x(i_x h_x \dot{\varphi}_{Mx}(t) - \dot{x}_{Tx}(t)) - F_{fx}(t) - F_x(t) \tag{9.4.3}$$

式中：m_{Tx} 为机械工作台质量；x_{Tx} 为工作台位置；φ_{Tx} 为滚珠丝杠旋转角度（驱动侧）；h_x 为滚珠丝杠导程；c_x 为综合刚度（皮带传动、轴、螺丝）；d_x 为总阻尼；F_x 为 x 方向的进给力；F_{fx} 为导轨和滚珠丝杠的摩擦力；$i_x = \varphi_{Gx}/\varphi_{Mx}$ 为带传动减速比。

摩擦力包括黏性摩擦力和干摩擦力，即

$$F_{fx}(t) = f_v \dot{x}(t) + f_c \operatorname{sign} \dot{x}(t) \tag{9.4.4}$$

测量变量为伺服电动机转速 $\dot{\varphi}_{Mx}$，机械工作台位置 x_{Tx}（使用高精度增量式光栅尺测量，测量分辨率为500槽/转）。为了得到高的位置控制精度和较快的动态响应性能，使用如图9.10所示的串级控制系统。其中内环为电动机转速控制器，外环为位置控制器。

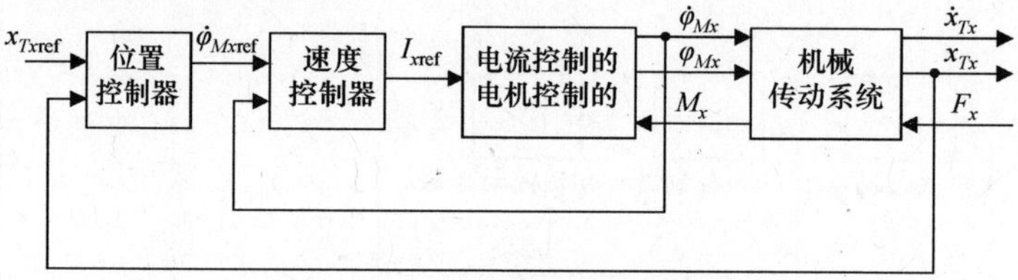

图9.10　位置控制串联控制系统

由数控单元计算得到位置设定值 $x_{Tx\mathrm{ref}}$。位置控制器为比例控制，即

$$G_{P_x}(s) = \frac{\dot{\varphi}_{Mx\mathrm{ref}}(s)}{x_{Tx\mathrm{ref}}(s) - x_{Tx}(s)} = K_{Px} \tag{9.4.5}$$

内环的转速控制器为带超前环节的类PI控制器

$$G_{nx}(s) = \frac{I_{x\mathrm{ref}}(s)}{\dot{\varphi}_{Mx\mathrm{ref}(s)} - \dot{\varphi}_{Mx}(s)} = K_{nx}\left(1 + \frac{1}{T_{1nx}s}\right)\left(\frac{1}{1 + T_{1nx}s}\right) \tag{9.4.6}$$

基于图9.9（b）的模型结构，状态变量可以表示为七阶状态向量形式

$$\boldsymbol{x}^{\mathrm{T}} = [x_{1n} \quad x_{2n} \quad I_x \quad \varphi_{Mx} \quad \dot{\varphi}_{Mx} \quad x_{Tx} \quad \dot{x}_{Tx}] \tag{9.4.7}$$

式中：x_{1n} 和 x_{2n} 为速度控制器的状态变量，更多细节见文献［9.28］。

9.4.2　进给传动系统辨识

如果进给传动系统中的某些参数无法从数据表中直接获得时，就需要使用基于频率响应的方法对未知参数进行估计

$$G_{\dot{x}}(i\omega) = \frac{\dot{x}_{Tx}(i\omega)}{\varphi_{Mx\mathrm{ref}}(i\omega)}$$

频响测试时位置为开环控制，速度为闭环控制，假设减速比 i_x 和 h_x 已知。试验时，速度控制器的参考输入为正弦信号。为了避免干摩擦的非线性影响，在参考输入中增加一定的线性偏置。在对如图9.9（a）所示的三质量模型进行参数估计时，使用针对模型输出误差的数字最优方法（单纯形算法）进行处理。图9.11对直接测量的频响特性和三质量九阶线性模型进行参数估计获得的频响特性进行了对比。由对比结果可知，当 $f \leqslant 120\mathrm{Hz}$ 时，两种方法具有非常好的一致性。图9.12给出了直接测量得到的伺服电动机和机床工作台的

摩擦特性。最终获得的系统总模型见图9.13。通过测量带轮位置 φ_{Gx} 和工作台位置 x_{Tx}，使用模型成功地对铣床动态切削力进行重构，并用于基于模型的铣刀故障检测中，见9.5节所述。

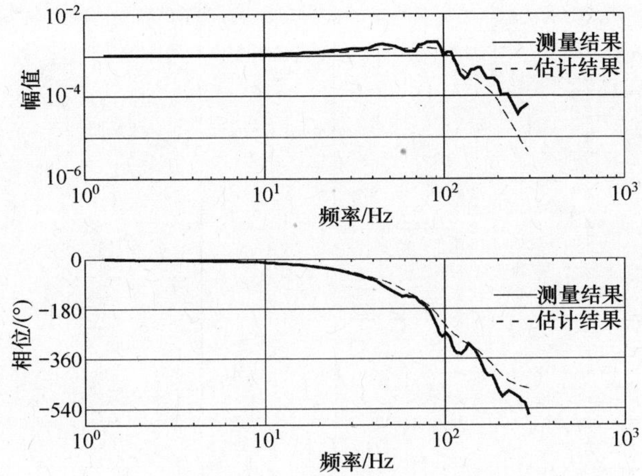

图9.11 进给传动系统频率响应对比结果

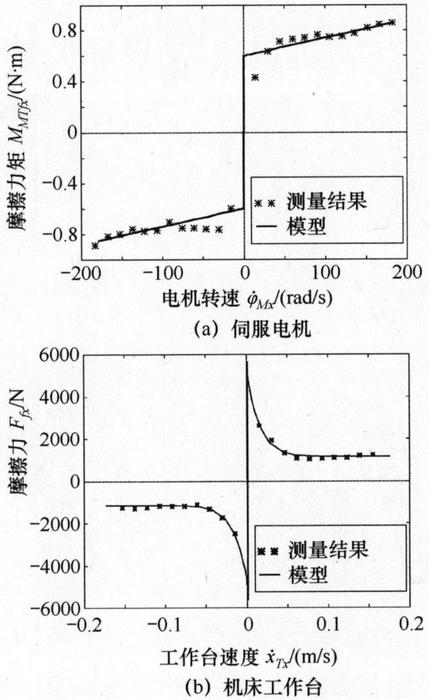

图9.12 通过测量和辨识得到的摩擦特性对比图

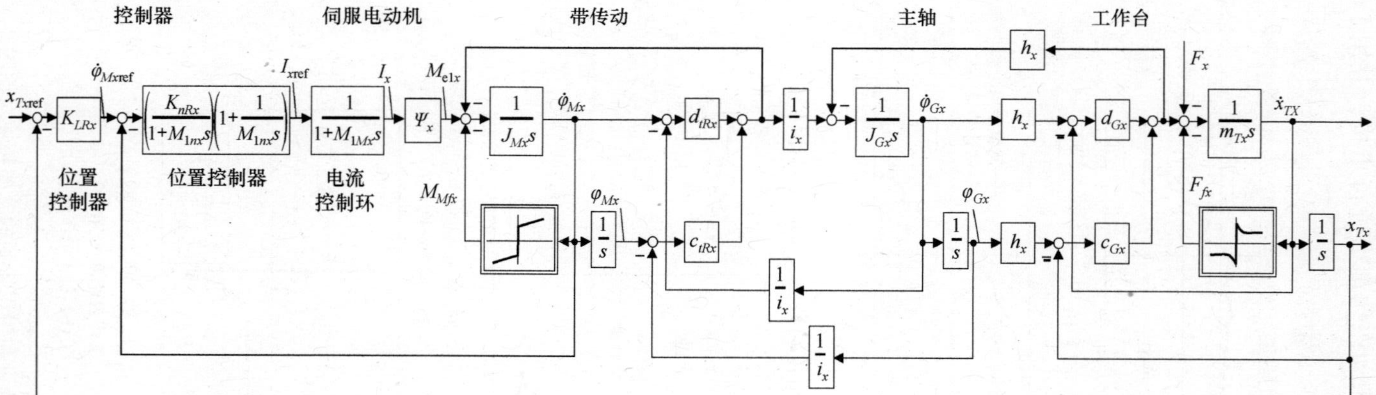

图9.13　基于三质量模型的机床进给驱动系统总模型方框图（电动机，主轴，工作台）

9.4.3 进给传动故障检测方法台架试验

设计了可以人为制造故障的试验台架，对基于参数估计的故障检测方法进行研究[9.12,9.44]，其结构原理图见图9.14。一台功率为1.8kW的直流电动机通过齿形带驱动滚珠丝杠进行传动。安装在导轨上的工作台质量为150kg，通过调节预紧螺钉控制工作台与导轨之间的摩擦力。再通过调节张紧螺钉改变两个带轮之间距离，对带轮张紧力进行调节。测量变量为电枢电压U_A、电枢电流I_A和转速闭环控制下的直流电动机转速ω_1。对于机械部分，使用单质量模型已经足够满足参数估计的要求。其模型为

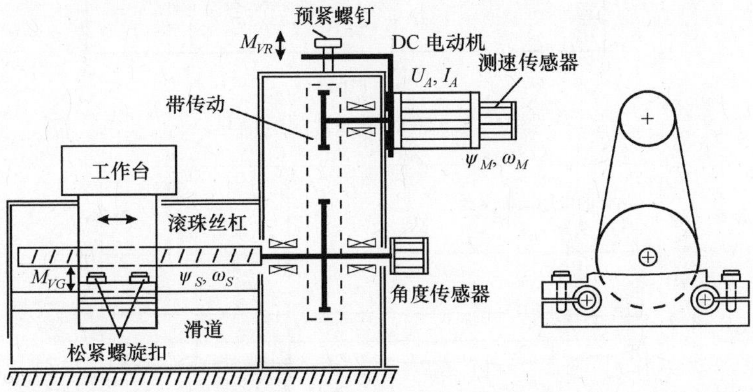

图9.14 进给传动测试台原理图

$$\Psi_A\omega_1(t) = -L_A\dot{I}_A(t) - R_AI_A(t) + U_A(t) \tag{9.4.8}$$

$$\Psi_AI_A(t) = J\dot{\omega}_1(t) + M_{F_1}\omega_1(t) + M_{F_0}\text{sign}\omega_1(t) \tag{9.4.9}$$

式中：J为包括电动机、主轴和工作台的总转动惯量。参数估计时使用的相关参数为

$$\begin{aligned}\boldsymbol{\Theta}_1^{\mathrm{T}} &= [a_{11} \quad a_{10} \quad b_{10}] = [L_A/\Psi_A \quad R_A/\Psi_A \quad 1/\Psi_A] \\ \boldsymbol{\Theta}_2^{\mathrm{T}} &= [a_{21} \quad a_{20} \quad a_{200}] = [J/\Psi_A \quad M_{F1}/\Psi_A \quad M_{F0}/\Psi_A]\end{aligned} \tag{9.4.10}$$

基于参数估计，可以确定如下6个过程系数

$$\begin{cases} R_A = a_{10}/b_{10}, & J = a_{21}/b_{10} \\ L_A = a_{11}/b_{10}, & M_{F1} = a_{20}/b_{10} \\ \Psi_A = 1/b_{10}, & M_{F0} = a_{200}/b_{10} \end{cases} \tag{9.4.11}$$

图9.15给出了转速设定值为1000r/min（峰峰值），角频率$\omega_r = 3.1242\text{rad/s}$正弦信号时的测量信号。测量时首先使用转折频率为50Hz的八阶Butterworth滤波器对测量信号进行抗混叠滤波，测量采样时间为6ms。对于连续时间参数估计，使用四阶数字Butterworth滤波器得到一阶微分$\dot{\omega}_m(t)$。由图9.16可知，

使用最小二乘参数估计方法，电动机参数可以较快收敛。图9.17为通过调节预紧螺钉增加负载时，电动机参数的估计情况。当温度出现变化后，R_A 和 Ψ_A 出现了明显变化，而 L_A 的变化则相对较小。

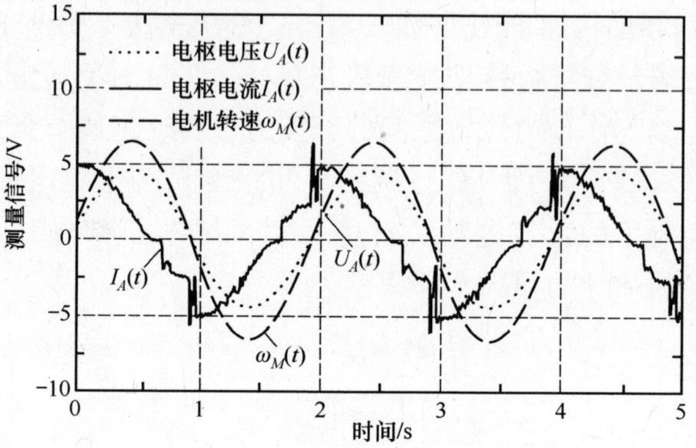

图9.15　驱动测试台测量信号

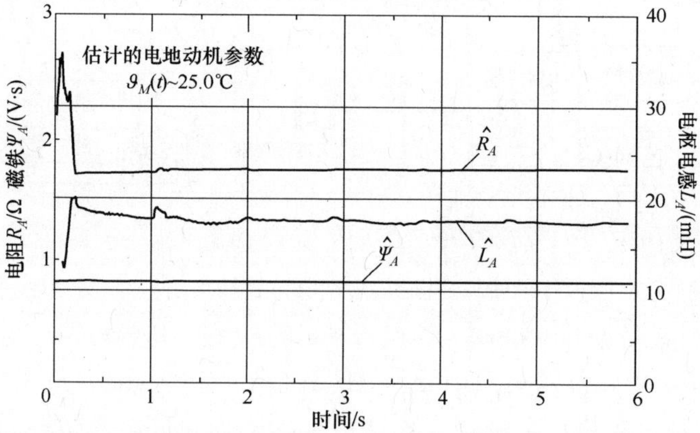

图9.16　直流电动机参数估计情况

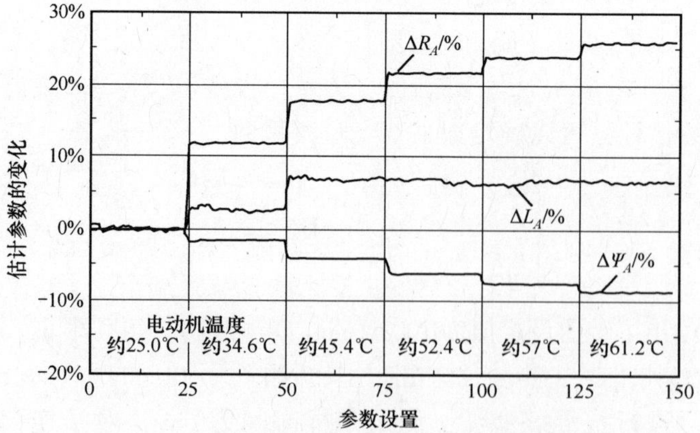

图9.17　电动机温度影响下的参数估计情况

增加作用在导轨上的预紧螺钉扭矩，由图 9.18 所示的参数估计结果表明干摩擦系数增加，但黏性摩擦力无变化。但当增加带传动的预紧力时，干摩擦系数和黏性摩擦系数均增加，如图 9.19 所示。表 9.2 对不同故障所对应参数估计值的变化情况进行总结。由表 9.2 可知，对于所研究的故障，各参数的变化模式不同，从而可以对故障进行诊断。

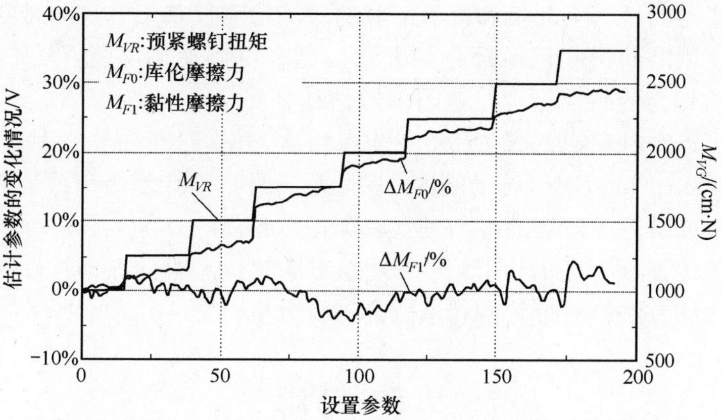

图 9.18　导轨预紧力变化时摩擦力 $\hat{M}_{F0}$ 和 $\hat{M}_{F1}$ 变化图

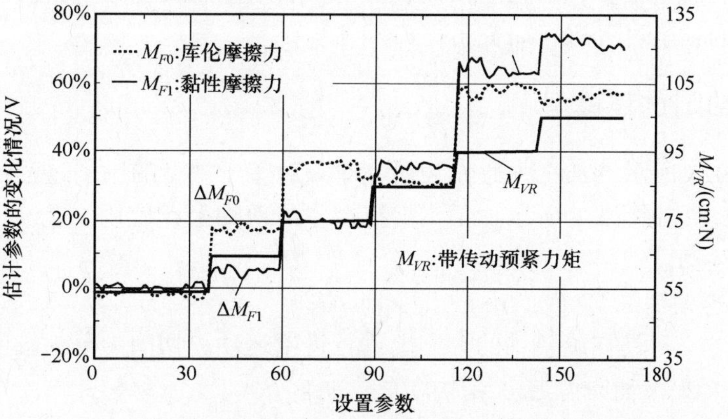

图 9.19　带传动预紧力矩变化时估计参数的变化图

表 9.2　不同故障下进给传动系统故障征兆表

（+：小幅增加；++：大幅增加；−：小幅减少；−−：大幅减少；0：无变化）

参数估计	R_A	L_A	Ψ_A	J	M_{F0}	M_{F1}
F_1 电动机过热	++	+	——	0	0	0
F_2 整流器缺陷	+	0	—	0	0	0
F_3 导轨润滑失效	0	0	0	0	++	—
F_4 导轨张力过大	0	0	0	0	++	0

（续）

参数估计	R_A	L_A	Ψ_A	J	M_{F0}	M_{F1}
F_5张力过大	0	0	0	–	+ +	+ +
F_6传动带缺陷	0	0	0	0	— —	+ +
F_7工作台过载	+	0	–	+	+ +	+

需要注意的是，电动机和机械部分的故障检测仅基于容易测量的电动机信号。通过使用电动机和机械部分的数学模型，可以使用文献［9.14］所提出的“电动机作为传感器原理”进行参数估计。

如果可以对电动机转角 φ_1 和主轴转角 φ_2 分别进行测量，基于两者之差 $\Delta\varphi = \varphi_1 - \varphi_2$，可以对带传动刚度 c 和阻尼 d 进行估计。使用这种方法可以将预紧力超差或带轮失效等故障与其他故障进行分离。

由于带轮张紧力变化和带轮故障将会导致横向和纵向振动特性的改变，所以另一种检测方法是对带轮的转速频谱进行分析[9.32]。

9.5 钻床

钻床的类型很多，如独立钻床、加工中心或生产线上的多头钻床等。下面仅对标准的钻削过程进行研究。

9.5.1 钻削过程模型

以图 9.3 所示的加工中心作为研究对象对基于模型的钻削过程故障检测方法进行研究。如图 9.1 所示，钻头夹持在主传动轴上，使用 z 进给传动轴控制钻头进给运动。

1. 静态模型

钻削时，刀具在旋转轴的方向上进行进给运动。切削力分为轴向力和径向力，见图 9.20。轴向力与进给力的关系为[9.37]

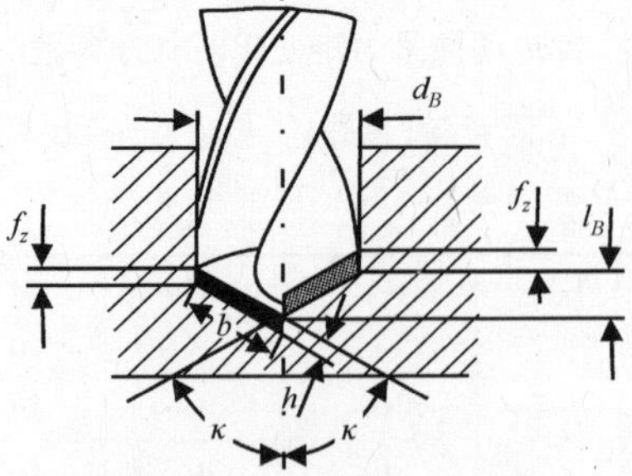

图 9.20 钻头切削受力图

$$F_f = A_f k_f \tag{9.5.1}$$

式中：A_f 为切削面积；k_f 为单位进给力。

单位进给力 k_f 与材料、进给速度以及刀具磨损程度相关。为了将这些影响因素考虑进去，对基本单位进给力 $k_{f1.1}$ 添加修正因子进行修正，有

$$k_f = k_{f1.1} k_w k_r h^{-m} \tag{9.5.2}$$

式中：$k_{f1.1}$ 为基本单位进给力因数；k_w 为刀具磨损影响因子；h 为切削深度影响因子；m 为材料影响因子；k_r 为其他影响因子。

因数 k_f 描述了材料、进给速度和刀具角度 κ 的影响，见图 9.20。切削面积为

$$A_f = d_B h \tag{9.5.3}$$

式中：d_B 为刀具直径。

最终进给力为

$$F_f = k_{f1.1} k_w k_r d_B (f_z \sin \kappa)^{1-m} \tag{9.5.4}$$

式中：$f_z = \dot{f}\pi/\omega$ 为每齿进给量；$\dot{f}$ 为进给速度；ω 为钻头角速度。

其简化方程为

$$F_f = \alpha \dot{f} \tag{9.5.5}$$

式中：α 为进给速度 $\dot{f}$ 的函数。

切削刃与工件接触会产生机械应力和热应力，产生较大的摩擦力造成刀具磨损。刀具磨损是一个较为宽泛的概念，其影响主要包括[9.26]：切削刃破裂和变形、黏附、扩散、氧化等。

通常，上述效应作为摩擦特性的一个整体，无法通过对切削力的测量将其分离。

2. 动态模型

在钻孔过程中，通过考虑工件和钻头的塑性和阻尼特性，可以建立以进给速度 $\dot{f}$ 为输入，切削力 F_f 为输出的动态模型[9.34]，即

$$T_{1f} \dot{F}_f(t) + F_f(t) = K_f \dot{f}(t) \tag{9.5.6}$$

式中

$$\begin{cases} K_f = \alpha \\ T_{1f} = \dfrac{\alpha}{c_f} + \tau_f \end{cases} \tag{9.5.7}$$

其中，c_f 为工件－钻头刚度，并且 $\tau_f \approx l_B/3\dot{f}$。

9.5.2 钻床的故障检测

1. 钻头磨损检测

在加工中心上对进给力 F_f 进行测量，结果表明随着钻头切削刃的磨损，

参数 K_f 和 T_{1f} 均增加[9.35,9.51]。

为了避免直接使用力传感器进行测量，可以利用进给电动机的电流 I 对进给力进行间接测量。对于直流电动机、交直两用电动机和永磁同步电动机，电流与扭矩关系为

$$M_{\text{mot}} = \Psi I_{\text{mot}}$$

功率关系为

$$P = M_{\text{mot}}\omega_{\text{mot}} = F_f f \eta \tag{9.5.8}$$

式中：η 为效率。

$v = \omega_{\text{mot}}/f$，为减速比，则进给力为

$$\begin{cases} F_f = k_m I_{\text{mot}} \\ k_m = \Psi v/\eta \end{cases} \tag{9.5.9}$$

从而得到一阶模型为

$$\frac{I_{\text{mot}}(s)}{f(s)} = \frac{k_m}{1 + T_{1f}s} \tag{9.5.10}$$

在加工中心上进行试验，使用最小二乘法进行参数估计，参数估计值 $\hat{k}_m$ 和 $\hat{T}_{1f}$ 与钻孔数之间的关系见图 9.21。在钻孔数达到 212 个前，两个参数仅出现轻微地增加。随后人为磨损钻头切削边，可以观测到增益 $\hat{k}_m$ 出现了剧烈增加。因此，通过监控进给电动机电流与进给速度之间的关系，可以对钻头的磨损情况进行检测。由于时间常数 T_{1f} 较小，因此可以直接对 $I_{\text{mot}}(k)$ 和 $\dot{f}(k)$ 进行低通滤波，并直接相除得到 k_m，同样可以满足磨损检测的要求。

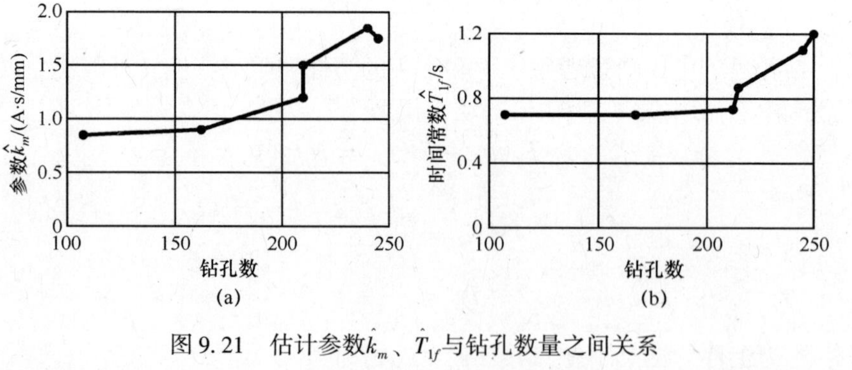

图 9.21　估计参数 $\hat{k}_m$、$\hat{T}_{1f}$ 与钻孔数量之间关系

（切削速度：$v_c = 18.5\text{m/min}$；$f_z = 0.042\text{mm}$；孔径：$d_B = 5\text{mm}$；采样频率：$f_0 = 5\text{kHz}$）

2. 钻头断裂检测

对钻头断裂的相关研究表明，断裂时进给速度 f 出现变化的时间要早于进给电动机转速 ω_{mot} 发生变化的时间。因而可以计算如下两个残差：

$$r_f(k) = \dot{f}(k) - \hat{\dot{f}}(k) \quad (9.5.11)$$

$$r_\omega(k) = \omega_{mot}(k) - \hat{\omega}(k) \quad (9.5.12)$$

式中：使用进给传动的二阶模型，并以电流 $I(t)$ 作为输入设计状态观测器，对 $\hat{\dot{f}}$ 和 $\hat{\omega}$ 进行重构。由于观测器被不同的输出驱动，因而这些观测器也被认为是专用观测器组（Dedicated Observer Scheme，DOS）。它可以对其他输出进行估计，是解决传感器故障检测问题的一种标准方法[9.6]。如果 r_f 突然早于 r_ω 超过阈值，则表明出现了钻头断裂故障。在试验时使用 5mm 的麻花钻头（$n = 1600$r/min，$f = 150$mm/min），采样时间为 0.4ms。试验结果表明，故障检测时间约为 15ms，即从断裂发生到检测出断裂故障，转头的转动圈数为 0.4r。

9.6 铣床

9.6.1 铣削加工过程模型

考虑图 9.1 和图 9.3 所示的加工中心，相应的信号流图见图 9.2，x 方向的进给传动控制系统见图 9.8。

铣削加工中最常见的故障为铣刀镶块磨损和断裂，另一种较为常见的故障为由于错误安装或调整不当造成的镶块移位，见图 9.22。

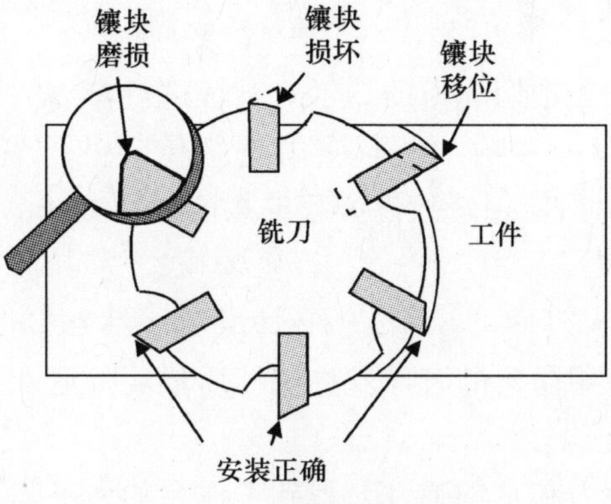

图 9.22　铣刀故障情况

铣削加工过程的故障检测方法分为直接和间接两大类。使用直接方法通常需要更多的技术设备，例如使用特殊装备对铣刀的工作状态进行直接观测。而间接方法则是对受到故障影响的易测量信号进行测量。由于铣刀故障会对切削力造成剧烈影响，因此目前大多数间接故障检测方法均使用力传感器（测力仪）对切削力进行测量，如文献［9.3，9.41，9.42］。但由于力传感器的价格较高，而且受到安装空间的限制，因而力传感器仅适用于试验研究。除了直接力测量外，还可以利用传动系统中与切削力相关的各种信号，如文献［9.1，9.15，9.19，9.38］。文献［9.1］和文献［9.38］使用进给电动机电流作为虚拟力传感器，对铣削过程进行监控。但由于传动系统的阻尼特性，测量电流的方法仅适用于低频切削力的应用场合。

如果由测量信号生成的特征值超过了阈值，则可以检测出铣削过程中的故障。但如何确定阈值却比较困难，特别是当切削条件频繁变化时。这是因为大多数特征不仅受到故障的影响，还受到主轴转速、进给量、切削深度、切刀类型和工件材料的影响。为了避免误报警，阈值的选择需要对不同操作条件具有自适应能力。并且大多数故障检测方法仅能对单类型故障进行检测，如磨损或断裂等。

因此，本书将给出一种无须直接力测量，且与切削条件无关，并可用于多种故障检测的基于模型的故障检测方法。为了获得这些优良特性，需要利用进给传动和铣削过程的解析模型。图9.23为故障诊断系统原理图。

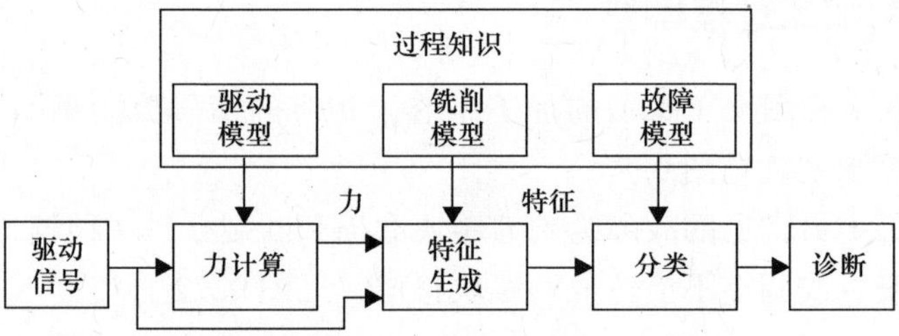

图9.23　铣床故障诊断系统原理图

下面将首先基于三轴切削力的测量对系统进行参数估计，从而对模型进行验证并初步了解故障的影响，进而使用进给传动的位置测量值替代力测量值[9.27,9.28]。最后将给出使用一致性方程的故障检测方法。

1. 进给传动模型

在铣削过程中，x 方向的进给力 F_x 会造成滚球丝杠的弹性变形，并使工作台产生加速度。使用简化的滚球丝杠线性质量 - 阻尼 - 弹簧模型作为切削力计算的基础，见图9.24。

考虑导轨的摩擦力和主轴弹性，得到工作台的力平衡方程为

$$F_{xc} = c(h\varphi_x - x) + d(h\dot{\varphi}_x - \dot{x}) - m\ddot{x} - F_f \tag{9.6.1}$$

式中：F_{xc}为进给力的计算值（x 方向）(N)；φ_x为滚珠丝杠角度（传动侧）(rad)；x 为工作台位置(m)；c 为滚珠丝杠刚度(N/m)；d 为滚珠丝杠阻尼系数(N·s/m)；m 为工作台质量(kg)；F_f 为导轨摩擦力(N)；h 为滚珠丝杠导程($h=0.01/2\pi m$)(m)。

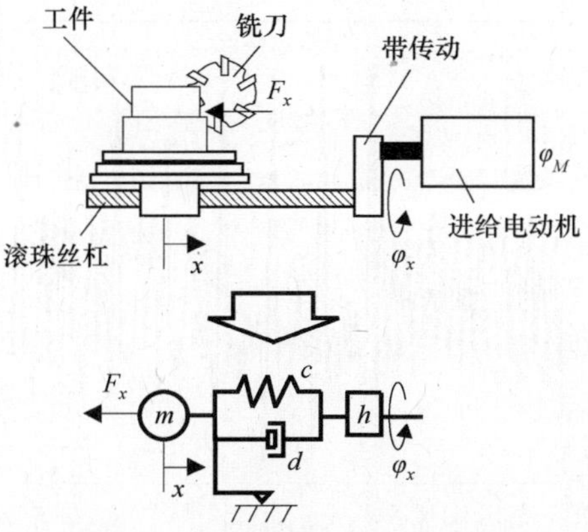

图 9.24　滚珠丝杠主轴传动模型

使用最小二乘法对参数 c、d、m 和摩擦力进行参数估计。对于 N 个切削力计算值 F_{xc} 和测量值 F_x 采样点，设计损失函数为

$$V = \sum_{k=1}^{N} (F_{xc}(k) - F_x(k))^2 \tag{9.6.2}$$

为了对该模型进行辨识，需要使用直接力测量传感器，并且每隔一段时间，重新执行一次辨识流程，以补偿刀具寿命对模型的影响。

在加工中心上对辨识方法进行了试验验证，使用 Kistler® 动态力传感器 9255A 测量进给力，由分辨率为 2000 个脉冲/mm 的线性光栅尺测量工作台位置 x，使用分辨率为 20000 个脉冲/r 的 Hdidenhain® 光电编码器测量滚珠丝杠角度。使用如下 4 种不同的铣刀状态对工作台进行激励：

M_1：单镶块断裂；

M_2：单镶块移位；

M_3：所有镶块均磨损；

M_4：所有镶块均为新的。

将前 3 次测量值组成一个数据集进行模型辨识。在建模时，能否对摩擦力 F_f 进行精确建模是至关重要的。假设 F_f 为库仑摩擦力 $F_{f\text{coul}}$ 和 $F_{f\text{pos}}$ 之和，即

$$F_f = F_{f\text{coul}} \text{sign}\dot{x} + F_{f\text{pos}} x \tag{9.6.3}$$

式中：$F_{f\text{pos}}$ 用于对与位置有关的摩擦力进行建模，例如当导轨不同位置磨损状态不同时。文献 [9.1，9.38] 的研究结果表明，摩擦力对建模的准确性具有非常明显的影响，在这两份文献中均使用电流信号对切削力进行计算，。

为了证明切削力模型的准确性，图 9.25 将估计值与实测值进行了对比。由结果可知，实测值与计算值具有非常好的一致性，可以清晰地分辨出不同工作状态。当然，上面给出的切削力计算方法仅对所研究的进给传动系统有效。

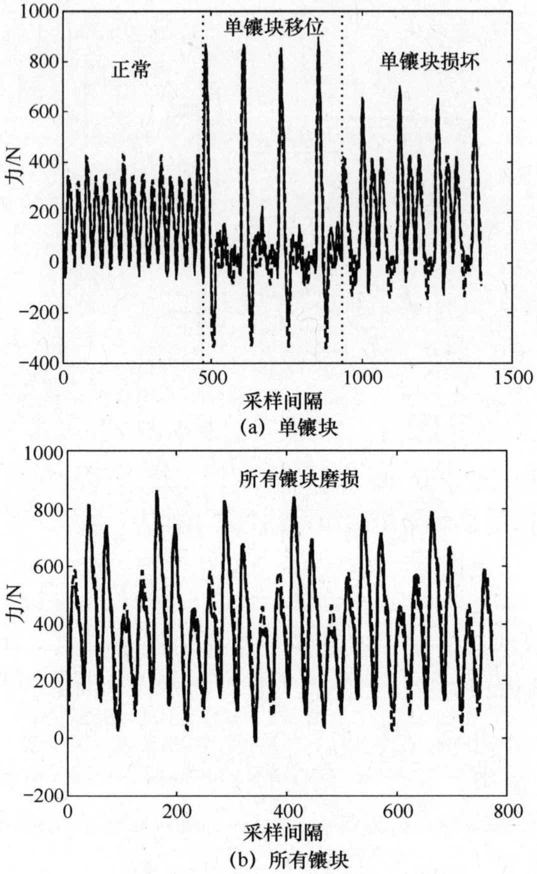

图9.25　进给传动的辨识结果

—— 测量值F_x　　- - - 重构值F_{xc}

2. 切削力模型

根据文献［9.46，9.23，9.25］，由图 9.26 可知，主切削刃切向切削力F_{ti}的计算公式为

$$F_{ti} = k_t a_p h_i^{1-m_t} \tag{9.6.4}$$

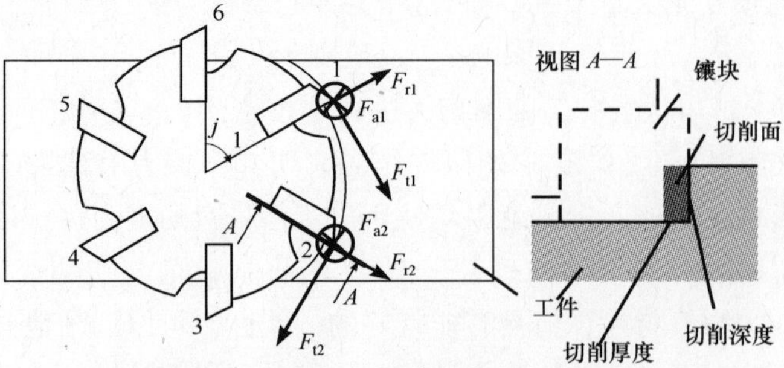

图 9.26　使用正交镶块的铣刀受力图

对于铣削切削刃，切削厚度为

$$h_i = f_z \sin\varphi_i \tag{9.6.5}$$

从而有

$$F_{ti} = k_t a_p (f_z sin\ \varphi_i)^{1-m_t} \tag{9.6.6}$$

式中：k_t 为比切削力（N/mm^2）；a_p 为切削深度（mm）；h_i 为局部切削厚度（mm）；m_t 为常数；f_z 为每齿（镶块）进给量（mm）；φ_i 为镶块 i 的角度(°)；z 为镶块数量。

比切削力 k_t 与工作材料、刀具几何外形、切削速度和刀具磨损等因素有关。使用如下方法对上述影响进行修正：

$$k_t = k_{t1.1} k_w k_r \tag{9.6.7}$$

式中：$k_{t1.1}$为基本比切削力；k_w 为刀具磨损影响因子；k_r 为其他影响因子。

刀具旋转角度为 φ_i 时，作用在第 i 个镶块上的径向切削力为

$$F_{ri} = \mu F_{ci} \tag{9.6.8}$$

在刀具的固定参考坐标系中，第 i 个镶块的切削力为

$$\begin{cases} F_{xi} = F_{ti}\cos\varphi_i + F_{ri}\sin\varphi_i \\ F_{yi} = F_{ti}\sin\varphi_i - F_{ri}\cos\varphi_i \end{cases} \tag{9.6.9}$$

所有切削刃的受力之和为

$$F_t = \sum_{i=1}^{z} \delta(\varphi_i) F_{ti} \tag{9.6.10}$$

式中

$$\delta(\varphi_i) = \begin{cases} 1 & (\varphi_1 \leqslant \varphi_i \leqslant \varphi_2) \\ 0 & (\text{其他}) \end{cases}$$

其中，φ_1 为工件的进入角；φ_2 为工件的离去角。

最终刀具承受的力矩为

$$M_t = F_c r \tag{9.6.11}$$

式中：r 为有效切削半径。

为了对故障进行评估，需要对无故障时每个镶体的受力方程进行修正，即

$$F_{tim}(k) = C_{ti}F_{ti}(k) = C_{ti}\{a_P k_{t1.1}(f_z \mathrm{sign}(\varphi_i(k)))^{1-m_t}\} \tag{9.6.12}$$

$$F_{rim}(k) = C_{ri}F_{ri}(k) = C_{ri}\{a_P k_{r1.1}(f_z \mathrm{sign}(\varphi_i(k)))^{1-m_r}\} \tag{9.6.13}$$

$$F_{aim}(k) = C_{ai}F_{ai}(k) = C_{ai}\{a_P k_{a1.1}(f_z \mathrm{sign}(\varphi_i(k)))^{1-m_a}\} \tag{9.6.14}$$

式中：C_{ti}，C_{ri}，C_{ai}分别为切向、径向和轴向力的修正系数；F_{ti}，F_{ri}，F_{ai}分别为无故障时的切向、径向和轴向力（N）；F_{tim}，F_{rim}，F_{aim} 分别为修正后的切向、径向和轴向力（N）；$k_{t1.1}$，$k_{r1.1}$，$k_{a1.1}$ 分别为比切削力常数（N/mm^2）；m_t，m_r，m_a 分别为常数。

修正模型包括了切削深度、每齿进给量和比切削力常数等可变切削条件。

所此修正因数仅与加工状态有关，而与切削条件无关。如切削过程无故障，所有修正参数为 1，反之修正参数不为 1。

最终 x 方向的切削力为

$$F_{xm} = \sum_{i=1}^{z} F_{\mathrm{t}im}(k)\cos\varphi_i(k) + \sum_{i=1}^{z} F_{\mathrm{r}im}(k)\sin\varphi_i(k) \tag{9.6.15}$$

式中：z 为镶体数量。

9.6.2 刀具的故障检测

1. 基于力测量的故障检测

作用在镶体上的力 $\boldsymbol{F}_{im}(k)$ 与进给力测量值 $\boldsymbol{F}_{Di}(k)$ 有如下关系

$$\begin{bmatrix} F_{xm}(k) \\ F_{ym}(k) \\ F_{zm}(k) \end{bmatrix} = \begin{bmatrix} \cos\varphi_i(k) & \sin\varphi_i(k) & 0 \\ -\sin\varphi_i(k) & \cos\varphi_i(k) & 0 \\ 0 & 0 & 1 \end{bmatrix} \begin{bmatrix} F_{\mathrm{t}im}(\varphi_i(k)) \\ F_{\mathrm{r}im}(\varphi_i(k)) \\ F_{\mathrm{a}im}(\varphi_i(k)) \end{bmatrix} \tag{9.6.16}$$

$$\boldsymbol{F}_{Di} = \boldsymbol{T}(\varphi_i(k))\boldsymbol{F}_{im}(k)$$

式中：$\boldsymbol{T}$ 为与镶体 i 的角度 $\varphi_i(k)$ 相关的转换矩阵。

对于所有镶体 $i = 1,2,\cdots,z$，由式（9.6.4）有

$$\boldsymbol{F}_{Di}(k) = [\boldsymbol{T}(\varphi_1(k))\boldsymbol{F}_{1m}(k) + \cdots + \boldsymbol{T}(\varphi_z(k))\boldsymbol{F}_{zm}(k)] \begin{bmatrix} C_{\mathrm{t1}} \\ C_{\mathrm{r1}} \\ C_{\mathrm{a1}} \\ \vdots \\ C_{\mathrm{tz}} \\ C_{\mathrm{rz}} \\ C_{\mathrm{az}} \end{bmatrix} \tag{9.6.17}$$

$$\boldsymbol{y}_m(k) = \boldsymbol{\psi}^{\mathrm{T}}(k)\boldsymbol{\theta}$$

对未知参数 θ 进行估计，使用进给力的测量值替代输出 $y_m(k)$，即

$$\boldsymbol{y}(k) = \boldsymbol{F}(k) = \begin{bmatrix} F_x(k) \\ F_y(k) \\ F_z(k) \end{bmatrix} \tag{9.6.18}$$

引入方程误差 $\boldsymbol{e}(k)$，从而有

$$\boldsymbol{y}(k) = \boldsymbol{\psi}^{\mathrm{T}}(k)\boldsymbol{\theta} + \boldsymbol{e}(k) \tag{9.6.19}$$

进行 k 次测量，$k=1, 2, \cdots, N$，且 $N \geqslant 3z$，得到方程为

$$\boldsymbol{y} = \boldsymbol{\psi}(N)\boldsymbol{\theta} + \boldsymbol{e} \tag{9.6.20}$$

对损失函数进行最小化，即

$$V = \boldsymbol{e}^{\mathrm{T}}\boldsymbol{e} \tag{9.6.21}$$

则最小二乘估计为

$$\hat{\boldsymbol{\theta}} = [\boldsymbol{\Psi}^{\mathrm{T}}\boldsymbol{\Psi}]^{-1}\boldsymbol{\Psi}^{\mathrm{T}}\boldsymbol{y} \tag{9.6.22}$$

通过对进给力 $F_x(k)$、$F_y(k)$ 和 $F_z(k)$ 进行测量，使用该参数估计方法可以对每个镶体 i 的校正系数进行估计。

表 9.3 列出了不同故障时的试验结果。由结果可知，使用该方法可以对所有故障进行检测和诊断。对于磨损和镶体移位故障，校正系数出现了不同程度的增加，而对于断裂故障，校正系数小于 1，见下一小节。

表 9.3　直接测量进给驱动力时的估计校正系数

	校正系数		
	C_{ti}	C_{ri}	C_{ai}
（1）无故障	1 ±0.15	1 ±0.15	1 ±0.2
（2）磨损	>1.5	>1.7	>2
（3）断裂	≈0	≈0	≈0
（4）镶体移位	>1.3	>1.2	>1.5

2. 基于位置测量的故障检测

上述研究结果表明，仅使用进给力 F_x 即可对切向力和径向力的校正系数 C_{ti} 和 C_{ri} 进行估计。为了省去力测量传感器，由式（9.6.1）的进给传动模型并对工作台位置 x、驱动侧的滚珠丝杠角度 φ_x 和主轴角度 φ_s 进行测量，从而对进给力进行重构。

由式（9.6.12）、式（9.6.13）和 φ_s 的测量值，对镶体受力 $F_{tim}(k)$ 和 $F_{rim}(k)$ 进行计算。由式（9.6.15）的铣削模型计算得到输出力 $F_{xm}(k)$。力的误差为

$$e(k) = F_{xc}(k) - F_{xm}(k) \tag{9.6.23}$$

根据上式使用最小二乘法对每个镶体的校正系数 $\hat{C}_{ti}$ 和 $\hat{C}_{ri}$ 进行估计，见图 9.27。

在加工中心按表 9.4 所列的加工条件对矩形工件进行加工，并测量了大量数据，对该方法的性能进行测试。

试验过程中，在给定范围内改变每齿进给量和主轴转速，并人为生成不同故障，甚至同时施加多种不同故障。例如施加单个镶体断裂和其他镶体磨损的故障。图 9.28 对校正后的进给力计算值和进给力的模型值进行了比较。由图可知，当第 4 个镶体断裂，铣刀在工作 3 圈后就可以获得比较明显的故障特

征。当铣刀旋转到断裂镶体所对应的角度区域时，切削力会变得非常小，而后续镶体的受力明显增加。

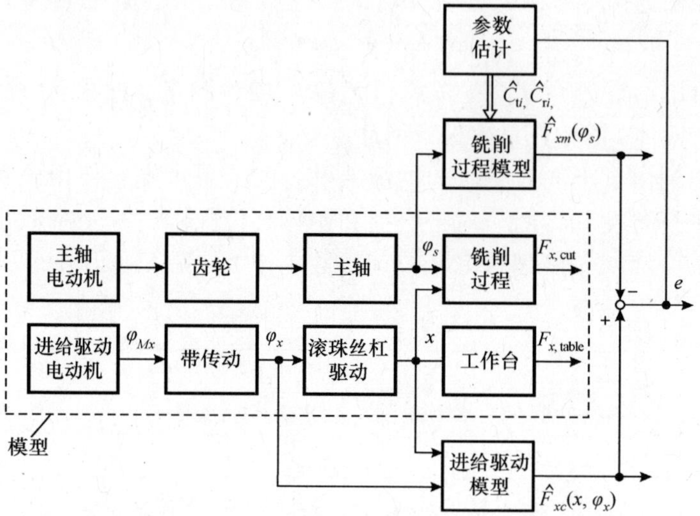

图 9.27　基于驱动侧进给传动角度 φ_x 和工作台位置 x 测量的铣削力参数估计框图

表 9.4　切削条件

工件材料	ST37 钢
刀具种类	Widax® M20
镶体数量	4
镶体种类	Widia® TTM
刀具半径/mm	25
铣削种类	端铣削
每齿进给量/mm	0.04 ~ 0.4
主轴转速/（r/min）	625 ~ 1625

由模型获得的进给力 F_{xm} 与测量值 F_x 和计算值 F_{xc} 具有非常好的一致性[9.28]。该结论同样可以由如下校正系数估计值的相似性获得：

由 F_{xc} 估计得到的校正系数：$C_{t1}=1.58$，$C_{r1}=1.31$，$C_{t2}=0.93$，$C_{r2}=1.31$，$C_{t3}=0.97$，$C_{r3}=0.86$，$C_{t4}=0.43$，$C_{r4}=0.03$；

由 F_x 估计得到的校正系数：$C_{t1}=1.58$，$C_{r1}=1.49$，$C_{t2}=1.08$，$C_{r2}=1.27$，$C_{t3}=1.17$，$C_{r3}=0.93$，$C_{t4}=0.06$，$C_{r4}=-0.08$。

与预期结果一致，对于不受断裂镶体 4 影响的镶体镶体 2 和 3，它们的校正系数不受影响，仍然接近于 1。而断裂镶体 4 的校正系数接近于 0，后面镶体 1 的校正系数则明显大于 1。

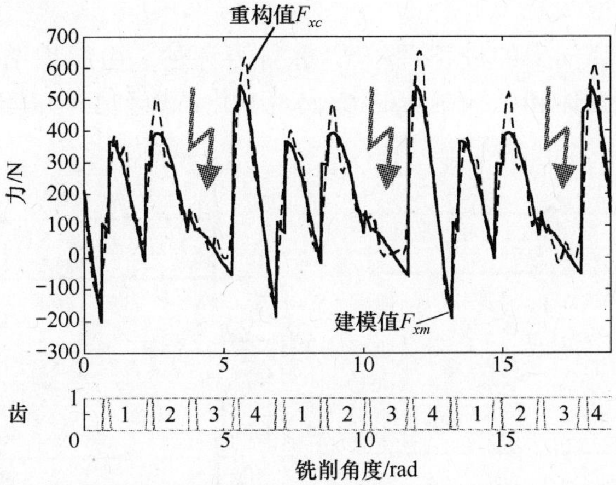

图 9.28　第四个镶体断裂对建模值 F_{xm} 和重构值 F_{xc} 的影响

3. 通过分类的故障诊断

参数估计值的不同模式可以用于故障检测。设计一个分类器，对如下故障状态进行分离：正常切削；磨损；断裂；镶体径向移位。

分类器由 3 部分组成，见图 9.29。第一部分对径向力校正系数 C_{ri} 进行评估。由辨识结果可知，当出现断裂和镶体移位时，C_{ri} 几乎不受影响。C_{ri} 与刀具的磨损故障具有非常强的相关性，只要磨损尚未造成切削刃断裂，则后面镶体的受力将不受影响。因此，可以通过特定镶体校正系数的变化情况对磨损进行检测。由于刀具在正常工作中会出现自然磨损，因此很难对“新”和“磨损”这两个状态确定较为清晰、明确的阈值，从而考虑使用模糊阈值方法对两个极端状态之间的中间状态进行描述。

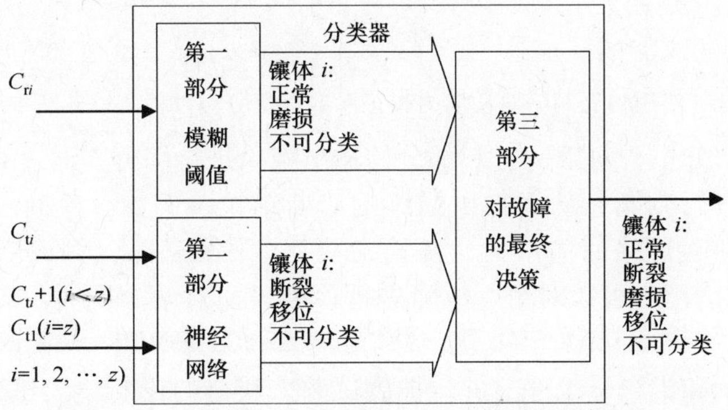

图 9.29　基于校正参数估计的故障分类原理图

如前一个镶体出现严重移位或断裂，则无法继续使用 C_{ri} 对磨损进行评价，则第 1 部分的输出为“不可分类”。

第二部分对切向力的校正系数 C_{ti} 进行了评估。由辨识结果可知，镶体移位和断裂导致该镶体和后续镶体的 C_{ti} 出现变化，典型变化模式见图 9.30。

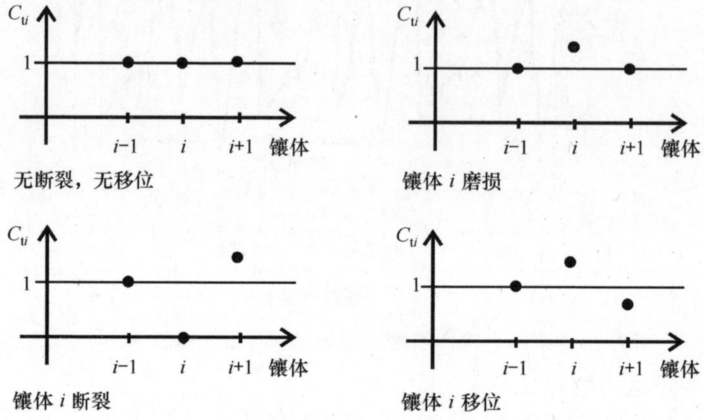

图 9.30　不同故障下切向力校正系数 C_{ti} 的模式图

为了同时对两种故障进行检测，使用了一个双输入、双输出的多层感知网络（Multilayer Perceptron Network，MLP）神经网络分类器，见图 9.31。以第 i 个镶体的切向力校正系数 C_{ti} 和第 $i+1$ 个镶体的切向力校正系数 C_{ti+1} 作为输入。在镶体移位故障下，两个二元输出中的一个被激活，而另一个输出在镶体断裂故障下被激活。当即无移位也无断裂故障时，第二部分的输出结果为“不可分类”。

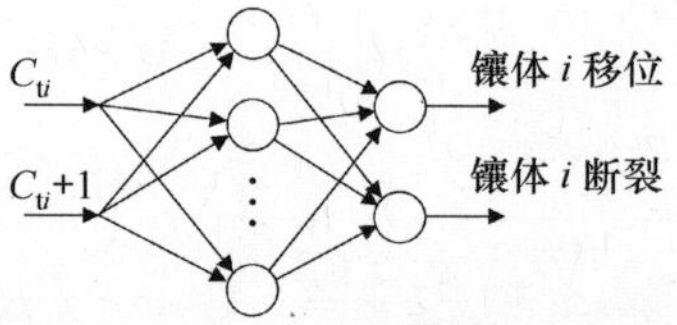

图 9.31　使用神经网络对切向力校正系数进行分类以检测镶体断裂和移位

在第三部分里，对第一、二部分的输出结果进行综合。通过对两个结果谁起主导作用进行判断，从而得出最终的诊断结论。例如，模糊阈值的输出为“磨损”，而神经网络的输出为“不可分类”，则第三部分的诊断结论为“磨损”。分类方法至少可以对单个故障进行诊断，而对两个同时出现的故障进行提示。

通过在钢和铝合金工件上进行扩展试验，获得的诊断结果见表 9.5。由结果可知，直接对 3 个力进行测量得到的分类结果最好，对进给力进行测量也可以获得较好的分类结果，而通过测量进给传动位置进而对进给力进行重构的方法也可以获得不错的分类结果。

表 9.5　带有校正参数估计的单个镶体诊断结果

铣刀故障	分类正确率/%		
	直接测量 F_x，F_y，F_z	直接测量 F_x	重构 F_{xc}
（1）无故障	100	100	100
（2）磨损	100	100	79
（3）断裂	89	100	89
（2）磨损	100	67	67

4. 基于一致性方程的故障诊断

为了得到一种比参数估计方法更为简单的故障检测方法，考虑使用一致性方程方法进行故障检测。为了避免使用昂贵的力传感器，由滚珠丝杠角度 φ_x 和工作台位置 x 根据式（9.6.1）和式（9.6.3）对进给力 F_{xc}（k）进行重构。将重构得到的进给力与由式（9.6.15）得到的正常工作时的进给力进行比较，获得如下的进给力残差：

$$r_F(k) = \Delta F_x(k) = F_{xc}(k) - F_{xm}(k) \qquad (9.6.24)$$

式中：F_{xm}（k）在计算时没有根据切削工况进行修正。对残差的评估仅限定在特定的刀具角度 $\varphi_1 < \varphi_i(k) < \varphi_2$ 的范围内，保证仅有一个镶块处于切削状态，以避免镶块进入和离去时造成的较大偏差。由于正常工作时的最大残差相对较大（约为30%最大进给力），所以阈值需要设置的较大或使用自适应阈值，如 $|r_F| > \kappa |F_{xm}|$（$\kappa = 0.7$）。

试验表明，使用一致性方程方法可以对镶块断裂故障进行检测，但无法对磨损和移位故障进行检测。

一致性方程方法的优点主要是计算量较少，可以应用于实时控制系统中。基于参数估计的故障检测方法虽然可以获得更好的故障检测和诊断能力，但需要更高的计算性能。例如，本文研究的是非回归最小二乘参数估计方法，采样时间为0.4ms，计算时间长达6.3s，因此该方法是非实时的。但如果检测出故障后再启动该方法进行故障诊断，那么该方法的计算时间仍然满足后续故障处理的要求。

同样使用安装在工件夹具上的结构传递噪声传感器开展了一些研究工作。使用带通滤波器对结构传递噪声在0～8Hz、8～16Hz、24～34Hz和34～50Hz的范围内进行滤波。正常工作状态下，4个镶体之间产生的噪声偏差要远远大于测量得到的进给力之间的偏差。镶体断裂和移位故障可以在中频段内被检测出来。但该方法仅能检测出较小的磨损，而无法对较大的磨损进行检测。因此，可以对镶体断裂和移位故障进行分离，但无法对移位和磨损故障进行分离。由于结构传递噪声与切削条件、磨损状态和测量位置有关，因而并不是一种可靠的故障检测方法。该方法的更多研究内容和对比研究结果见文献［9.27］。

9.7 磨床

磨削加工往往是生产高精度机械产品的最后一道加工工序，对磨床进行监督和故障诊断是质量控制的重要一环，例如对刀具磨损和振动进行监督。下面以外圆磨床为例，对磨床的故障检测和诊断方法进行研究，更多内容见文献［9.20］和文献［9.21］。

9.7.1 磨削加工模型

图9.32为所研究的磨床原理结构图。由 x 轴进给传动系统移动砂轮（圆周速度 $v_s \approx 45\text{m/s}$）进给至旋转工件（圆周速度 $v_w \approx 0.7\text{m/s}$），进给位置为 x_F（t）。由法向切削力 $F_N(t)$ 将工件上的材料移除，切削厚度为 $x_w(t)$。使用包含电动机在内的进给传动系统、砂轮和包括悬架的圆柱形工件的三质量数学模型。对于磨削过程，接触区的特性受到进给系统刚度 c_x、砂轮刚度 c_s 和工件刚度 c_w 的影响。分析时可以使用集中式总接触刚度 c_c 对这3个刚度进行综合处理，即

$$c_c = \frac{1}{1/c_x + 1/c_w + 1/c_s} \tag{9.7.1}$$

法向切削力 $F_N(t)$ 与去除材料的厚度 $x_w(t)$ 以及磨削条件有关。

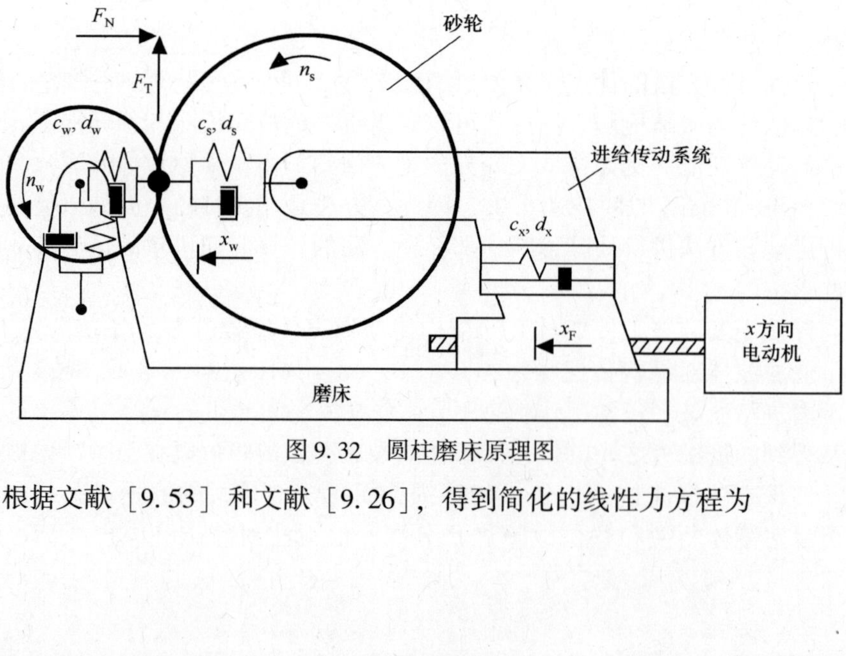

图9.32 圆柱磨床原理图

根据文献［9.53］和文献［9.26］，得到简化的线性力方程为

$$\begin{cases} F_N(t) = \dfrac{\alpha}{T_w} a_w(t) \\ a_w(t) = x_w(t) - x_w(t - T_w) \end{cases} \tag{9.7.2}$$

式中：$a_w(t)$ 为工件每转磨削深度；$T_w = 1/n_w$，n_w 为工件转速；α 为磨削力系数，由文献［9.36］可知切削力系数为

$$\alpha = bK\left(\frac{v_w}{v_s}\right)^{2\varepsilon_1 - 1} D^{1-\varepsilon_1} \tag{9.7.3}$$

其中，b 为磨削宽度；K 为增益；D 为砂轮直径，并且 $0.5 \leqslant \varepsilon_1 \leqslant 1$。法向切削力与接触区域的弹性变形量 x_c 有关。产生和影响弹性变形量的因素主要包括：进给位置 x_F、移除的金属厚度 x_w、砂轮的径向尺寸干扰 Δr_s 和工件表面粗糙度干扰 Δr_w。最终得到的力平衡方程为

$$\begin{aligned} F_N(t) &= c_c[x_F(t) - x_w(t) + \Delta r_s(t) + \Delta r_w(t)] \\ &= c_c x_c(t) \end{aligned} \tag{9.7.4}$$

对式（9.7.4）和式（9.7.2）进行拉普拉斯变换，并在变换回时域时消掉 $x_w(s)$，则有

$$F_N(t) = a_1 F_N(t - T_w) + b_1[x_F(t) - x_F(t - T_w)] \tag{9.7.5}$$

式中

$$a_1 = \frac{\alpha}{\alpha + T_w c_c} \quad b_1 = \frac{\alpha c_c}{\alpha + T_w c_c} \tag{9.7.6}$$

因此，对于进给位置的阶越输入，当 $t \to \infty$ 时，法向切削力 $F_N(t) \to 0$。而当切削深度持续增加时，法向切削力为常数。对式（9.7.5）进行拉普拉斯变换得到传递函数为

$$G_{Fx} = \frac{F_N(s)}{x_F(s)} = \frac{b_1[1 - e^{-T_w s}]}{1 - a_1 e^{-T_w s}} \tag{9.7.7}$$

使用一阶 Pade 近似对死区进行近似，即

$$e^{-T_w s} = \frac{1 - \dfrac{T_w}{2}s}{1 + \dfrac{T_w}{2}s} \tag{9.7.8}$$

从而有

$$G_{Fx} = \frac{F_N(s)}{x_F(s)} \approx \frac{\dfrac{b_1}{1 - a_1} T_w s}{1 + \dfrac{T_w}{2}\dfrac{1 + a_1}{1 - a_1}s} \tag{9.7.9}$$

由式（9.7.6），有

$$G_{Fx}(s) = \frac{F_N(s)}{x_F(s)} \approx \frac{K_D s}{1 + T_1 s} \tag{9.7.10}$$

$$K_D = \alpha \quad T_1 = \left(\frac{\alpha}{c_c} + \frac{T_w}{2}\right) \tag{9.7.11}$$

通常法向切削力 $F_N(t)$ 无法测量，因而可以使用与扭矩近似成正比的主轴电动机电流进行计算获得

$$F_N = k_I I_s \tag{9.7.12}$$

则有

$$G_{FI}(s) = \frac{I_s(s)}{x_F(s)} = \frac{\alpha s/k_I}{1 + T_1 s} \tag{9.7.13}$$

在时域内有

$$I_s(t) = -T_1 \dot{I}_s(t) + K_s \dot{x}_F(t) \tag{9.7.14}$$

式中：$K_s = \alpha/k_I$。

9.7.2 使用参数估计的故障检测

在 Schaudt@ T3U 型磨床上对圆柱形工件进行试验。图 9.33 给出了粗磨、精磨和光整 3 个加工阶段的测量信号。对式（9.7.14）进行离散化，采样时间为 T_0，得到加工过程的模型为

$$y(k) = \boldsymbol{\psi}^T(k)\hat{\boldsymbol{\Theta}} \tag{9.7.15}$$

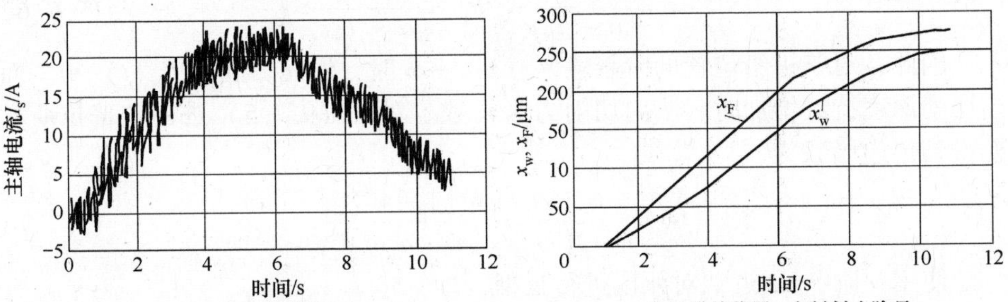

(a) 主轴电流$I_s(t)$　　(b) 进给位置x_F和材料去除量x_W

图 9.33　磨床的测量信号

输出信号为

$$y(k) = I_s(k) \tag{9.7.16}$$

测量向量为

$$\boldsymbol{\psi}^T(k) = [-\dot{I}_s(k) \ \dot{x}_F(t)] \tag{9.7.17}$$

参数向量为

$$\boldsymbol{\Theta}^T = [a'_1 b'_1] = [T_1 K_s] \tag{9.7.18}$$

使用最小二乘法进行参数估计，由状态变量滤波器进行微分，可以对$\hat{K}_s$和时间常数$\hat{T}_1$进行估计。

基于参数的估计值，由式（9.7.14）和式（9.7.11），可以对切削力系数

和接触刚度进行计算

$$
\begin{cases}
\dfrac{\alpha}{k_{\mathrm{I}}} = \dfrac{\hat{K}_{\mathrm{s}}}{T_{\mathrm{w}}} \\[2ex]
\dfrac{\hat{c}_{\mathrm{c}}}{k_{\mathrm{I}}} = \dfrac{\hat{K}_{\mathrm{s}}}{k_{\mathrm{I}}\left(\hat{T}_1 - \dfrac{T_{\mathrm{w}}}{2}\right)}
\end{cases}
\tag{9.7.19}
$$

图 9.34 给出了切削力系数和接触刚度与加工数量之间的关系。由于砂轮的磨损，造成切削力系数的明显增加和接触刚度的轻度下降。由图可知，在加工完第 3 件工件后，就应对砂轮进行重新修整。由本试验和其他试验结果证明，使用参数估计方法可以对刀具磨损、刀具类型错误和冷却润滑失效等故障进行检测[9.20]。

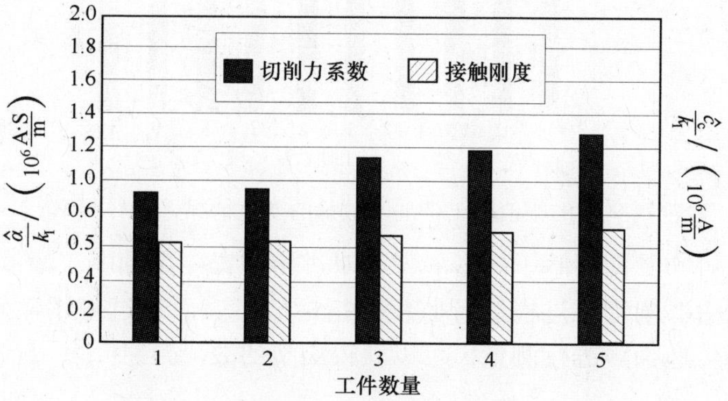

图 9.34　磨床参数与工件加工数量对应关系

（$\hat{\alpha}$：切削力系数估计值，$\hat{c}_{\mathrm{c}}$：接触刚度估计值，k_{I}：电动机常数）

9.7.3　使用信号分析方法的故障检测

通过对磨削过程中的振动进行检测，使用快速傅里叶变换（Fast Fourier Transformation，FFT）方法可以对磨削力进行分析。如果不进行振动测量，也可以利用主轴电动机电流进行分析。对于有限频率点，可以使用最大熵谱估计方法对基于 ARMA 的参数化信号模型进行信号参数估计，见文献［9.18］第 8.1.6 节和文献［9.20］。表 9.6 列出当采样频率为 250Hz 时，主轴电动机电流频率和幅值的估计值。

表 9.6　基于 ARMA 信号模型估计得到的主轴电流 I_{s} 的频率和幅值

频率数	1（主轴传动）	2（带传动）	3（主轴）	4（主轴电动机）	5	6	7	8
频率 f_i/Hz	12.0	24.1	38.1	44.5	57.5	54.5	45.7	37.7
幅值/A	0.77	0.70	0.65	0.70	0.05	0.04	0.03	0.16

频率数 1、2 分别为主轴传动和带传动的振动频率。频率 f_3 为主轴旋转频率，并对振动进行指示。频率 f_4 为主轴电动机旋转频率，与砂轮转速关系式为：$i = n_M / n_s = 1.17$ 。其他频率不包含重要的加工过程信息。

图 9.35 给出了主轴旋转频率 f_3 的幅值随加工工件数量增加的变化情况。由于未对砂轮进行修整，造成砂轮和工作之间存在圆度差，因而前 3 个磨削循环的幅值比较大。随后，加工过程趋于正常状态（自修正效应），而在最后一个循环时由于出现振动而幅值突然增大。

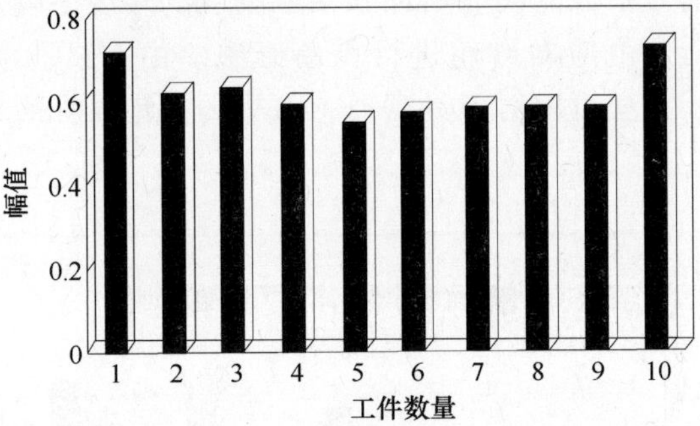

图 9.35　砂轮频率 f_3 的幅值随工件加工数量的变化情况（采样频率 $f_0 = 100\text{Hz}$ ）

由研究可知，使用基于模型的方法对进给位置、主轴电流幅值和频率进行评估，可以对磨削加工过程进行监督并指标故障。而通过使用额外的传感器，例如对结构传递噪声进行测量，可以获得更多的故障信息[9.52]。

9.8　小结

根据以上对钻床、铣床和磨床的故障诊断研究结果表明，使用以一致性方程和参数估计为代表的基于模型的故障检测方法，可以对切削过程和切削刀具进行故障诊断。特别是根据进给传动位置和电动机电流，可以对切削力以及滑轨、滚珠丝杠等移动部件的摩擦力进行估计，该方法同样适用于主轴传动。因此，使用基于模型的方法，可以不使用昂贵且会降低传动刚度和可靠性的力传感器，仅依靠现有测量量即可对传动系统进行监督。

基于信号模型的分析方法具有较高的柔性，特别是当故障表现为振动特性的变化时。由于振动信号叠加了很多其他机械零部件的振动信息，因此结构传递噪声方法几乎无法直接用于故障诊断，但目前该方法已经逐渐开始应用于磨床的故障检测中。

第 10 章　热交换器的故障检测

热交换器被广泛应用于化工、电力、建筑和运载器等领域。热交换器的典型故障为由腐蚀造成的泄漏以及由溶解和悬浮在液体中的杂质所导致的污染。沉积物的增加也被称为污染，会导致传热量的减少。因此在设计热交换器时，通常设计的传热面积需要比需求面积大 35%[10.16]，设计余量将会造成成本、空间和重量的增加。针对污染故障的补救措施包括化学和机械方法两种，如过滤、添加添加剂、使用更高的流速、降低表面温度和进行表面抛光等。然而，通常无法完全避免污染的发生，因此仍然需要进行定期的清理工作，更多内容见文献［10.19］第一部分和文献［10.17］。对热交换器的泄漏检测可以基于质量平衡原理，或利用第 7 章中所描述的方法。污染的增加主要影响传热系数，增加传热阻力并在一定程度上增加介质的流动阻力。

下面将给出一些热交换器的故障检测方法，并针对蒸汽加热管式热交换器，给出使用线性参数模型进行故障检测的试验结果。

10.1　热交换器及其模型

10.1.1　热交换器类型

热交换器是电力、化工、制热制冷和空调设备领域的典型装备，是几乎所有机械和发动机的标准组成部分之一。热交换器主要用于在两种或多种介质中传递热量，如液体和气体。根据不同性能要求，如温度、压力、热致相变、抗腐蚀性、效率、质量、空间和连接方式等，热交换器的类型非常多，通常使用的类型为：管式热交换器、板式热交换器，见图 10.1 和图 10.2。

根据流向，热交换器又分为逆向流、平行流和横向流。流体可以是液体、气体或蒸汽，从而产生如下的双介质组合：液 - 液；气 - 液；液 - 蒸汽；气 - 蒸汽。

壳管式热交换器是一种广泛应用于化学工业的热交换器类型，见图 10.1。一种流体在管内流动，同时另一种流体通过管路外的壳体。为了迫使外侧流体穿过管路，需要在壳体内放置挡板以增强热交换效果。热交换器的两端被称为

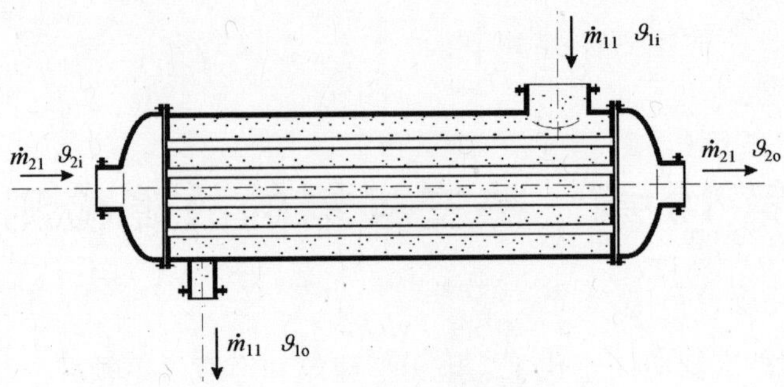

图 10.1　管状热交换器[10.19]

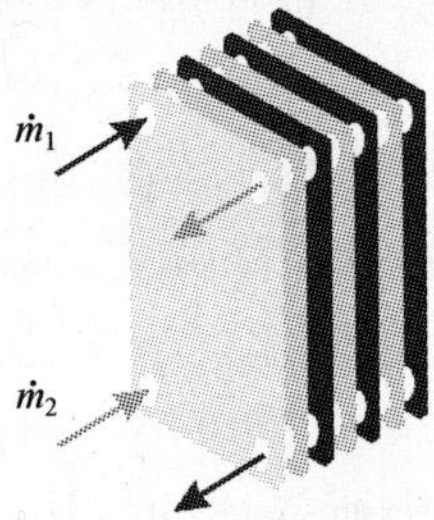

图 10.2　板式热交换器[10.19]

接头，可以连接一个或多个管路。

另一种常用类型为板式热交换器，如图 10.2 所示。它由多个特殊外形的金属薄板、孔和密封件组成，并由螺钉叠压在一起，可以通过比较大的传热流。

如图 10.3 所示的横向流热交换器，通常应用在气体加热或冷却场合，如空调系统或汽车发动机冷却器。

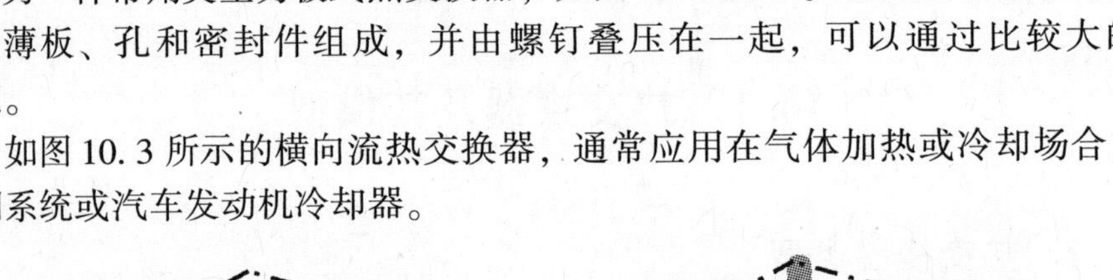

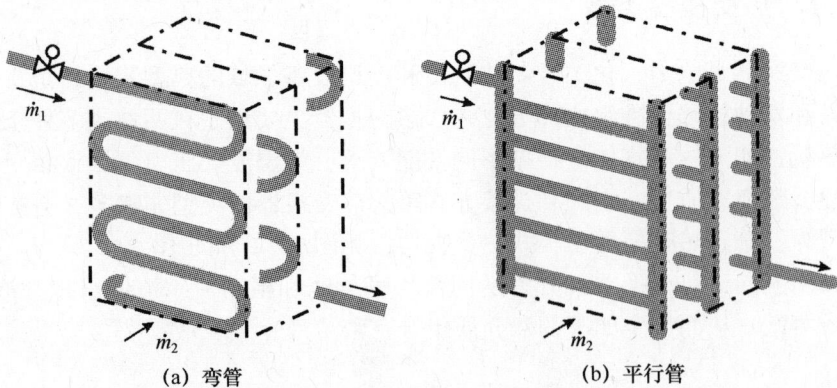

(a) 弯管　　(b) 平行管

图 10.3　气 - 液横向流热交换器

本章使用的符号定义如下：

A——面积；

c_p——常压下的比热容；

d——直径；

l——管路长度；

k——总导热系数；

$\dot{m}$——质量流量；

$\dot{q}$——热容流，$\dot{q} = \dot{Q}/A$；

$\dot{Q}$——热流；

r——汽化热，残差；

s——管路壁厚，拉普拉斯算子，$s = \sigma + j\omega$；

v——速度；

z——管长度；

α——导热系数；

ϑ——温度；

T——时间常数；

ρ——密度；

λ——热导率。

下标：

1——热交换器的一次侧；

2——热交换器的二次侧；

w——管壁；

s——蒸汽；

i——入口；

o——出口。

符号上的横杠表示稳定状态，如$\bar{\dot{m}}$。

10.1.2 热交换器稳态模型

进行热交换的流体通常由管壁隔开，如果热交换器通过对流进行热传导，如图 10.4 所示，则稳态比热流为

$$\dot{q}_{1w} = \frac{\dot{Q}_{1w}}{A_{1w}} = \alpha_1(\vartheta_{F1} - \vartheta_{w1}) \tag{10.1.1}$$

式中：A_{1w}为表面积；α_1 为导热系数。该式同样适用于管壁的另一侧流体，即

$$\dot{q}_{2w} = \frac{\dot{Q}_{2w}}{A_{2w}} = \alpha_2(\vartheta_{w2} - \vartheta_{F2}) \tag{10.1.2}$$

通过管壁的热导流为（傅里叶定理）

$$\dot{q}_w = \frac{\dot{Q}_w}{A_w} = \frac{\lambda}{s}(\vartheta_{w1} - \vartheta_{w2}) \tag{10.1.3}$$

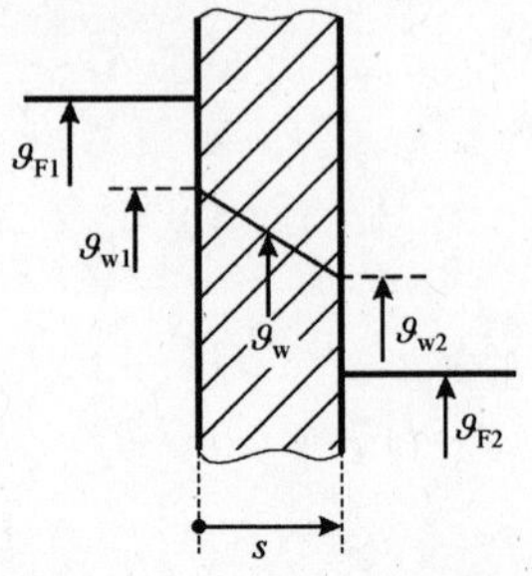

图 10.4　管壁的传热情况

式中：λ 为热导率；s 为壁厚。在稳态情况下，所有热流是相等的，即

$$\dot{q}_{1w} = \dot{q}_{2w} = \dot{q}_w$$

如果 $A_{1w} = A_{2w} = A_w$，则总导热为

$$\dot{q}_{12} = \frac{\dot{Q}_{12}}{A_w} = k(\vartheta_{F1} - \vartheta_{F2}) \tag{10.1.4}$$

式中：总传热系数为

$$k = \frac{1}{\dfrac{1}{\alpha_{1w}} + \dfrac{s}{\lambda} + \dfrac{1}{\alpha_{2w}}} \tag{10.1.5}$$

由式（10.1.5）可知，α_1 或 α_2 的最小值将在总导热系数中占主导地位。

通过管式热交换器的质量流量为$\dot{m}_1$ 和$\dot{m}_2$，比热容为 c_{p1} 和 c_{p2} 的热流定义为

$$\dot{Q}_{12} = kA_w\Delta\vartheta_m \tag{10.1.6}$$

式中：ϑ_m 为平均温差

$$\Delta\vartheta_m = \frac{\Delta\vartheta_{la} - \Delta\vartheta_{sm}}{\ln(\Delta\vartheta_{la}/\Delta\vartheta_{sm})} \approx \frac{1}{2}(\Delta\vartheta_{la} + \Delta\vartheta_{sm}) \tag{10.1.7}$$

其中，$\Delta\vartheta_{lm}$和 $\Delta\vartheta_{sm}$为由图 10.5 确定的最大和最小温差。

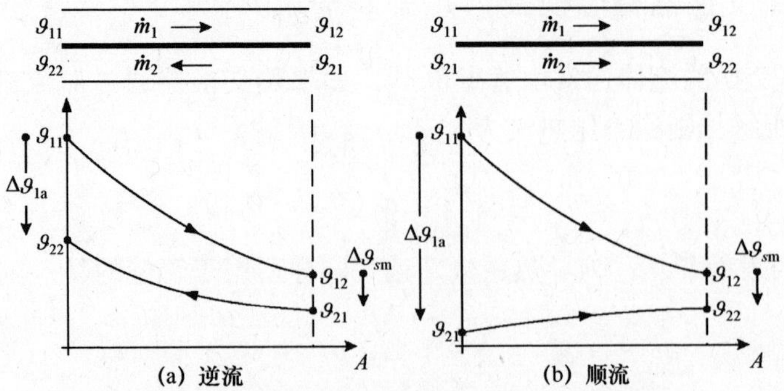

图 10.5　管状（双管）热交换器中的温度描述

温度在长度方向上的分布为指数分布。对于理想条件下的逆流为

$$\vartheta_{22}=\vartheta_{11}-\frac{1-\frac{\dot{m}_1c_{p1}}{\dot{m}_2c_{p2}}}{1-\frac{\dot{m}_1c_{p1}}{\dot{m}_2c_{p2}}\exp\left[\left(\frac{1}{\dot{m}_2c_{p2}}-\frac{1}{\dot{m}_1c_{p1}}\right)kA\right]}(\vartheta_{11}-\vartheta_{21})\quad(10.1.8)$$

对于并行流为

$$\vartheta_{22}=\vartheta_{11}-\frac{1-\exp\left[\left(\frac{1}{\dot{m}_2c_{p2}}-\frac{1}{\dot{m}_1c_{p1}}\right)kA\right]}{1-\frac{\dot{m}_1c_{p1}}{\dot{m}_2c_{p2}}\exp\left[\left(\frac{1}{\dot{m}_2c_{p2}}-\frac{1}{\dot{m}_1c_{p1}}\right)kA\right]}(\vartheta_{11}-\vartheta_{21})\quad(10.1.9)$$

更多详细内容见文献［10.7，10.8，10.18］。

10.1.3 热管的动态模型

热管是各种类型加热器的基本元件，因而将热管作为热交换器的基本元件对其动态特性进行建模，从而获得热交换器的温度动态特性。在很多情况下，需要知道输出温度 $\Delta\vartheta_{1o}$ 与输入温度 $\Delta\vartheta_{1i}$、速度 $v_1(t)$ 和热容流 $\dot{q}_{2w}(t)$ 之间的动态关系，见图 10.6。下面给出的建模流程见文献［10.1，10.9，10.11，10.18］。

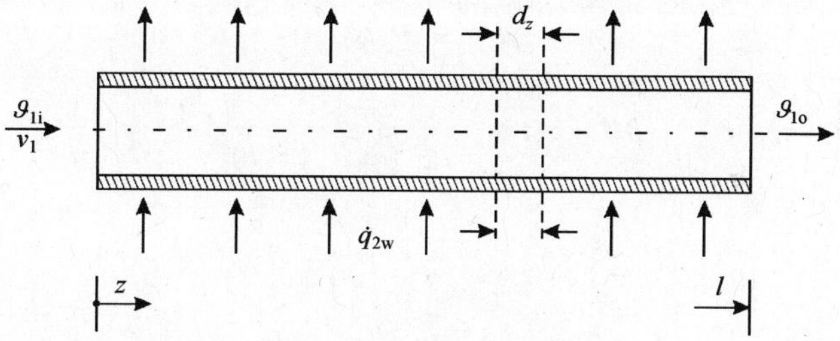

图 10.6 热管原理图

1. 热管的分布参数模型

假设热管沿长度 z 方向的几何尺寸、热容流 $\dot{q}_{2w}(z)$ 为常数，流体在管内流动为湍流，且在垂直方向为理想混合状态。

将热管作为分布参数系统进行分析，流体在长度方向被划分为无穷小段，并且流体温度 $\vartheta_1(z,t)$ 为长度 z 和时间 t 的函数，见图 10.7。每个流体分段包括内部流体和管壁两个蓄热体，因此可以列出两个热平衡方程：

（1）流体的焓平衡方程：

$$\frac{Dh_1(z,t)}{Dt}=\frac{1}{A_1\rho_1}\frac{\partial\dot{Q}_{1w}}{\partial z};d\dot{Q}_{1w}=\dot{q}_{1w}\pi d_1d_z\quad(10.1.10)$$

$$\frac{\partial h_1(z,t)}{\partial t}+v_1(t)\frac{\partial h_1(z,t)}{\partial z}=\frac{\pi d_1}{A_1\rho_1}\dot{q}_{1w}(z,t)\quad(10.1.11)$$

（2）管壁的热平衡方程：

$$\dot{q}_{2w}\pi d_2 d_z - \dot{q}_{1w}\pi d_1 d_z = A_w \rho_w c_w \frac{\partial \vartheta_w}{\partial t} \tag{10.1.12}$$

式中：$A_w = \pi\ (d_2^2 - d_1^2)$ 为管壁截面积。

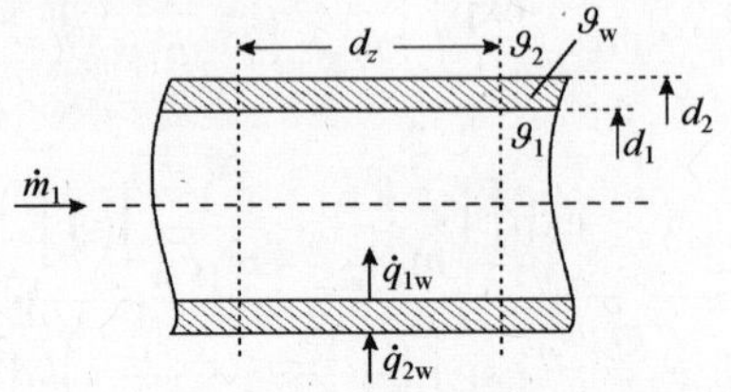

图 10.7　热管分段

假设温度和其他变量发生较小波动，从而得到热传递方程为

$$\dot{q}_{1w} = \alpha_{1w}(\vartheta_w - \vartheta_1) \tag{10.1.13}$$

$$\dot{q}_{2w} = \alpha_{2w}(\vartheta_2 - \vartheta_w) \tag{10.1.14}$$

根据 Nusselt's 定律，导热系数为

$$\alpha_{1w} = \alpha_{1w}\left(\frac{v_1}{\bar{v}_1}\right)^m$$

$$\Delta\alpha_{1w} = \bar{\alpha}_{1w} m \frac{\Delta v_1}{\bar{v}_1} \tag{10.1.15}$$

当湍流 $m = 0.8$，$\bar{v}$表示稳态值，对于焓有

$$\Delta h_1 = c_{p1}\Delta\vartheta_1 \tag{10.1.16}$$

从而有

$$\frac{\partial \vartheta_1(z,t)}{\partial t} + \bar{v}_1 \frac{\partial \vartheta_1(z,t)}{\partial z} = \frac{1}{T_F}(\Delta\vartheta_w(z,t) - \Delta\vartheta_1(z,t)) - \frac{1}{T_F}(\bar{\vartheta}_w - \bar{\vartheta}_1)(m-1)\frac{\Delta v_1}{\bar{v}_1} \tag{10.1.17}$$

$$\frac{\partial \vartheta_w(z,t)}{\partial t} = \frac{1}{\alpha_{2w}T_{w2}}\Delta \dot{q}_{2w}(t) - \frac{1}{T_{w2}}\vartheta_w(z,t) + \frac{1}{T_{w1}}(\Delta\vartheta_1(z,t) - \Delta\vartheta_w(z,t)) - \frac{1}{T_{w1}}m(\bar{\vartheta}_w - \bar{\vartheta}_1)\frac{\Delta v_1(t)}{\bar{v}_1} \tag{10.1.18}$$

定义如下 3 个参数：

$$T_F = \frac{d_1 \rho_1 c_{p1}}{4\bar{\alpha}_{1w}} \quad \text{（流体时间常数）} \tag{10.1.19}$$

$$T_{w1} = \frac{A_w \rho_w c_w}{\pi d_1 \bar{\alpha}_{1w}} \quad \text{（内管壁时间常数）} \tag{10.1.20}$$

$$T_{w2} = \frac{A_w \rho_w c_w}{\pi d_2 \bar{\alpha}_{2w}} \quad \text{（外管壁时间常数）} \tag{10.1.21}$$

首先对式（10.1.17）和式（10.1.18）进行拉普拉斯变换，将位置 z 变换至 ζ 域，再通过拉普拉斯逆变换，并设定 $\Delta\vartheta_1(z=0,s) = \Delta\vartheta_{1i}(s)$；$\Delta\vartheta_{1i}(z=l, s) = \Delta\vartheta_{1o}(s)$，消掉管壁温度得到如下 3 个传递函数[10.9]：

$$G_{\vartheta}(s) = \frac{\Delta\vartheta_{1o}(s)}{\Delta\vartheta_{1i}(s)} = e^{-T_t s} e^{-\kappa_F \frac{T_{w1}s+\eta}{T_{w1}s+\eta+1}} \tag{10.1.22}$$

$$\begin{aligned} G_q(s) &= \frac{\Delta\vartheta_{1o}(s)}{\Delta \dot{q}_{2w}(s)} \\ &= \frac{(\bar{\vartheta}_w - \bar{\vartheta}_1)d_2}{\bar{\dot{q}}_{2w}d_1} \frac{1/\eta}{T_{w2}T_F s^2 + \left(T_F \dfrac{1+\eta}{\eta} + T_{w2}\right)s + 1}(1 - G_{\vartheta}(s)) \end{aligned} \tag{10.1.23}$$

$$\begin{aligned} G_v &= \frac{\Delta\vartheta_{1o}(s)}{\Delta v_1(s)} \\ &= -\frac{(\bar{\vartheta}_w - \bar{\vartheta}_1)}{\bar{v}_1} \frac{\dfrac{1}{\eta} + (1-m)(1+T_{w1}s)}{T_{w2}T_F s^2 + \left(T_F \dfrac{1+\eta}{\eta} + T_{w2}\right)s + 1}(1 - G_{\vartheta}(s)) \end{aligned} \tag{10.1.24}$$

3 个新参数为

$$\kappa_F = \frac{4\alpha_{1w}l}{d_1\rho_1 c_{p1} v_1} \quad \text{(流体参数)} \tag{10.1.25}$$

$$\eta = \frac{\alpha_{2w}d_2}{\alpha_{1w}d_1} \quad \text{(对流加热参数)} \tag{10.1.26}$$

$$T_t = l/v \quad \text{(死区时间)} \tag{10.1.27}$$

并且从式（10.1.20）有

$$T_{w1} = \frac{(d_2^2 - d_1^2)\rho_w c_w}{4\alpha_{1w}d_1} \quad \text{(内管壁时间常数)} \tag{10.1.28}$$

参数 κ_1 和 η 将确定最终的频响轨迹或瞬态函数的形式。图 10.8 和图 10.9 给出了相应的瞬态函数和频率响应及瞬态响应。对于较小的 κ_1 值（当管路较短时），温度特性可以近似为阶越加一阶滞后环节。而对于较大的 κ_1 值（当管路较长时），温度特性趋近于高阶滞后环节。加热/温度和速度/温度特性均近似为二阶滞后环节，但符号相反，见图 10.10。表 10.1 列出了热交换器的特征参数。

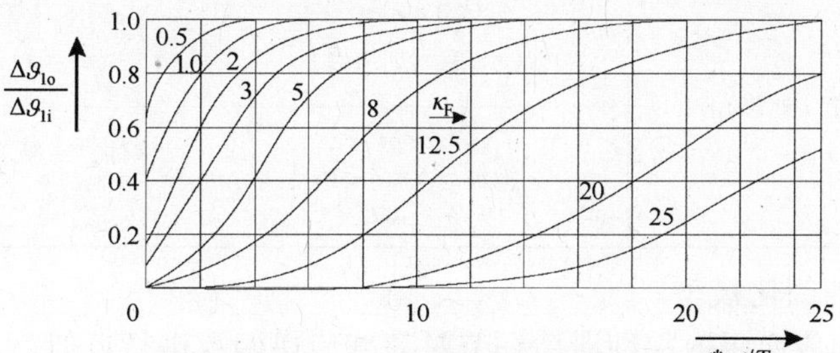

图 10.8　以 κ_F 为参数的瞬态函数 $G_{\vartheta}(s)$

（激光加热 $\eta=0$，并且假设 $T_t=0$）[10.18]

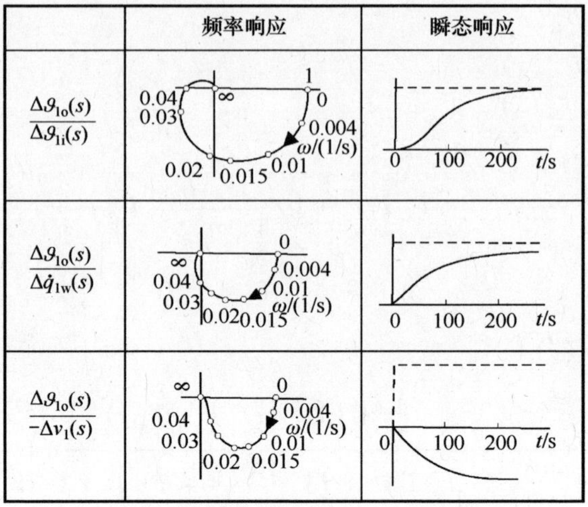

图 10.9　蒸汽过热器的频率响应及瞬态响应

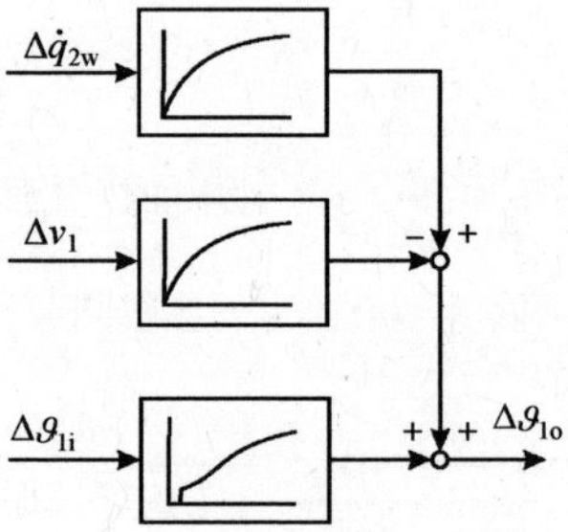

图 10.10　变量小幅变化时热管的信号流程图

表 10.1　热交换器的特征参数[10.9]

第一流体 1（内管）	液体 $0.1<\kappa_F<20$ $0.2<T_{w1}/T_F<0.7$	气体，蒸汽 $0.1<\kappa_F<20$ $20<T_{w1}/T_F<100$
第二流体 2（外管）	气体 $0<\eta<0.2$ （水/空气加热器）	气体，蒸汽 $0<\eta<1$ （蒸汽过热器）
	液体 $0.5<\eta<10$	液体，冷凝蒸汽 $0.5<\eta<3$ （蒸汽/水热交换器）

2. 热管的简化模型

使用有理传递函数加纯滞后环节对超越传递函数进行近似，获得更为简单的表达形式[10.1,10.9,10.15]，有

$$
\begin{cases}
\tilde{G}_{\vartheta}(s) = \dfrac{\Delta\boldsymbol{\vartheta}_{1o}(s)}{\Delta\boldsymbol{\vartheta}_{1i}(s)} = \left(a + \dfrac{b}{1+T_b s}\right)^n \mathrm{e}^{-T_t s} \\
a = \mathrm{e}^{-\Delta\kappa_F} \\
b = \mathrm{e}^{-\Delta\kappa_F \frac{\eta}{1+\eta}} - a \\
T_b = \dfrac{\Delta\boldsymbol{\kappa}_F}{(1+\boldsymbol{\eta})^2}\dfrac{a+b}{b}T_{w1} \\
n = \dfrac{\boldsymbol{\kappa}_1}{\Delta\boldsymbol{\kappa}_F}(\Delta\boldsymbol{\kappa}_1 \leqslant 1.5; n = 1,2,3,\cdots)
\end{cases}
\tag{10.1.29}
$$

这意味着对于较小的 $\boldsymbol{\kappa}_F$，式（10.1.22）可以由有理传递函数进行近似，而对于较大的 $\boldsymbol{\kappa}_F$，则可以近似为多个有理传递函数串联的形式。另外两个传递函数为

$$
\begin{cases}
\tilde{G}_q(s) = \dfrac{\Delta\boldsymbol{\vartheta}_{1o}(s)}{\Delta\dot{q}_{2w}(s)} = \dfrac{G_q(0)}{(1+T_1 s)(1+T_2 s)} \\
T_1 = (1-\psi)T_{w1}/\boldsymbol{\eta} \\
T_2 = T_{w1}/\boldsymbol{\eta}
\end{cases}
\tag{10.1.30}
$$

$$
\tilde{G}_v(s) = \frac{\Delta\boldsymbol{\vartheta}_{1o}(s)}{\Delta\boldsymbol{v}_1(s)} = \frac{G_v(0)}{(1+T_1 s)}\left\{\frac{1/\boldsymbol{\eta}}{1+T_2 s} + (1-m)\right\}
\tag{10.1.31}
$$

式中：增益为

$$
G_{\vartheta}(0) = \psi = \mathrm{e}^{-\kappa_1 \frac{\eta}{1+\eta}} \quad (\text{当 } c_{p1i} = c_{p1o} \text{ 时})
$$

$$
G_q(0) = \frac{\bar{\boldsymbol{\vartheta}}_w - \bar{\boldsymbol{\vartheta}}_1}{\bar{\dot{q}}_{2w}}\frac{d_2}{d_1}\frac{1}{\boldsymbol{\eta}}(1-\psi)
$$

$$
G_v(0) = -\frac{\bar{\boldsymbol{\vartheta}}_w - \bar{\boldsymbol{\vartheta}}_1}{\bar{v}_1}\left(\frac{1}{\boldsymbol{\eta}} + 1 - m\right)(1-\psi)
$$

上述近似适用于内管为液体（$0.2 < T_{w1}/T_F < 0.7$），第二流体为液体和冷凝蒸汽（$0.5 < \boldsymbol{\eta} < 3$）的热交换器。对于其他介质组合见文献［10.9］。横流式热交换器的简化动态模型见文献［10.14］。

通常使用温敏电阻或热电偶等温度传感器测量输出温度，因此需要将热管输出温度的传递函数与传感器的传递函数相乘。传感器的传递函数为

$$
G_{ts} = \frac{\Delta\boldsymbol{\vartheta}_{1s}(s)}{\Delta\boldsymbol{\vartheta}_{1o}(s)} = \frac{K_{ts}}{1+T_{ts}s}
\tag{10.1.32}
$$

$$
T_{ts} = \frac{d_{ts}\rho_{ts}c_{ts}}{4\alpha_{1ts}}
\tag{10.1.33}
$$

式中：d_{ts} 为直径；$\boldsymbol{\rho}_{ts}$ 为密度；c_{ts} 为热容系数；α_{1ts} 为传感器的传热系数。传感器的动态特性可能会对整个系统的动态特性造成明显影响。

10.2 针对静态特性的故障检测

10.2.1 热交换器静态特性

考虑图 10.11 所示的通用型热交换器，其中第一流体 1 和第二流体 2 均为稳态工作状态。假设下列变量是可测的：质量流量 $\dot{m}_1$，$\dot{m}_2$；入口温度 ϑ_{1i}，ϑ_{2i}；出口温度 ϑ_{1o}，ϑ_{2o}。

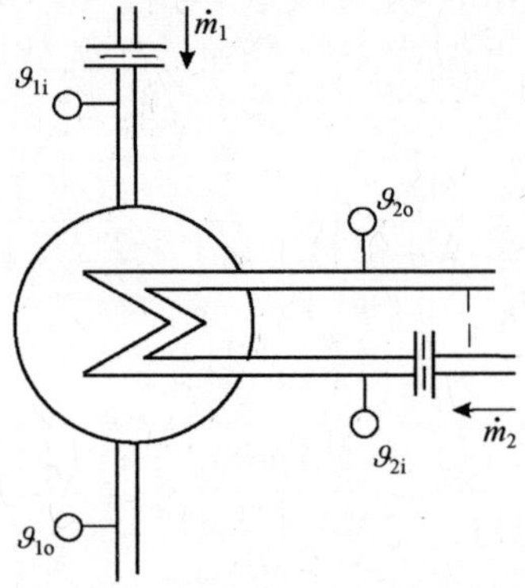

图 10.11 热交换器基本工作原理图

热平衡方程为

$$\bar{\dot{Q}}_1 = \bar{\dot{m}}_1 c_{p1}(\bar{\vartheta}_{1i} - \bar{\vartheta}_{1o}) = \bar{\dot{m}}_2 c_{p2}(\bar{\vartheta}_{2o} - \bar{\vartheta}_{2i}) - \dot{Q}_l \qquad (10.2.1)$$

式中：$\dot{Q}_l$ 为损失到环境中的热量；c_p 为常压下的比热容。由式（10.1.6）可知，热交换器的总传热系数为

$$\bar{k}_{HE} = \frac{\bar{\dot{Q}}_1}{A\Delta\bar{\vartheta}_m} \quad \left[\frac{W}{m^2K}\right] \qquad (10.2.2)$$

式中：A 为热交换器表面积；$\Delta\vartheta_m$ 为平均温差。$\Delta\vartheta_m$ 与流体方向有关，如并行流、逆向流和横向流等。对于逆向流，由式（10.1.7）和图 10.5 有

$$\begin{cases} \Delta\bar{\vartheta}_{la} = \bar{\vartheta}_{1i} - \bar{\vartheta}_{2o}, \ \Delta\bar{\vartheta}_{sm} = \bar{\vartheta}_{1o} - \bar{\vartheta}_{2i} \\ \Delta\bar{\vartheta}_m = \dfrac{\Delta\bar{\vartheta}_{la} - \Delta\bar{\vartheta}_{sm}}{\ln(\Delta\bar{\vartheta}_{la}/\Delta\bar{\vartheta}_{sm})} \end{cases} \qquad (10.2.3)$$

根据式（10.1.5），薄壁管的总传热系数为

$$\bar{k} = \frac{1}{\dfrac{1}{\alpha_1} + \dfrac{s}{\lambda} + \dfrac{1}{\alpha_2}} \quad \left[\frac{W}{m^2K}\right] \qquad (10.2.4)$$

式中：α 为热交换系数；λ 为导热系数；s 为壁厚。

10.2.2 故障检测方法

1）一致性方程方法

对热交换器的热平衡方程（式（10.2.1））进行残差计算是最简单的一种故障检测方法。残差为

$$r(k) = \bar{\dot{m}}(k)(\bar{\vartheta}_{1i}(k) - \bar{\vartheta}_{1o}(k)) - \bar{\dot{m}}_2(k)(\bar{\vartheta}_{2o}(k) - \bar{\vartheta}_{2i}(k)) \quad (10.2.5)$$

式中：热交换器处于稳定工作状态，离散时间 $k = t/T_0$。残差与热量损失关系为

$$r(k) = \bar{\dot{Q}}_l(k)/c_p \quad (10.2.6)$$

当出现绝热不良、传感器故障、流体泄漏等故障时，残差值会出现变化，从而检测出故障。

但这些故障是不可分离的，并且无法对管路的污染故障进行检测，除非杂质对热平衡方程造成影响（$\dot{Q}_1$ 出现较大变化）。该方法的另一个缺点是需要6个传感器，虽然在一些特殊情况下，如假设 $\bar{\vartheta}_{1o} = \bar{\vartheta}_{2i}$ 时，可以省掉一个传感器。

2）特征量法

另一个可以对工作状态进行评估的总体特征量为平均传热系数（式（10.2.2））

$$k_{HE}(k) = \frac{\bar{\dot{Q}}(k)}{A\Delta\bar{\vartheta}_m(k)} = \frac{1}{A\Delta\bar{\vartheta}_m(k)}\bar{\dot{m}}_1(k)c_{p1}(\bar{\vartheta}_{1i}(k) - \bar{\vartheta}_{1o}(k)) \quad (10.2.7)$$

将式（10.2.7）与正常状态下的名义值进行比较，有

$$\Delta k_{HE}(k) = k_{HE}(k) - k_{HEnom} \quad (10.2.8)$$

该方法可以对绝热不良、两侧泄漏、两侧污染和3个传感器故障进行检测。

但这些故障仍然是不可分离的，仍然需要较多的传感器，包括：1个质量流量传感器和4个温度传感器。

3）参数估计方法

由于管内和外侧的污垢将增加传热系数，因而可以考虑直接对这些参数进行估计。但这些参数隐藏在总导热系数中，见式（10.2.4）。

根据 Nusselt's 定律，导热系数与质量流量的关系为

$$\alpha_1 = c_{\alpha_1}\bar{\dot{m}}^{\beta_1} \qquad \alpha_2 = c_{\alpha_2}\bar{\dot{m}}^{\beta_2} \quad (10.2.9)$$

例如对于壳管式热交换器或横流式热交换器，通过管1的流体1为湍流，$\beta_1 \approx 0.8$；流体2垂直地通过管束，$\beta_2 \approx 0.6$。由于质量流不同，α_1 和 α_2 也不相同。将式（10.2.4）改写为

$$\frac{1}{\alpha_1}+\frac{s}{\lambda}+\frac{1}{\alpha_2}=\frac{1}{k} \tag{10.2.10}$$

从而有

$$\begin{cases}\dfrac{1}{c_{\alpha_1}}\bar{\dot{m}}_1^{\beta_1}+\dfrac{1}{c_{\alpha_2}}\bar{\dot{m}}_2^{\beta_2}=\dfrac{1}{\bar{k}}-\dfrac{s}{\lambda}=y \\ \alpha_1\bar{\dot{m}}_1^{\beta_1}+\alpha_2\bar{\dot{m}}_2^{\beta_2}=\dfrac{1}{\bar{k}}-\dfrac{s}{\lambda}=y\end{cases} \tag{10.2.11}$$

假设 $\bar{k}=\bar{k}_{\mathrm{HE}}$，通过对 $\dot{m}_1$、$\Delta\vartheta_{1\mathrm{i}}$ 和 $\Delta\vartheta_{1\mathrm{o}}$ 进行测量，由式（10.2.1）计算得到热流 $\dot{Q}_1$；再额外测量 $\Delta\vartheta_{2\mathrm{o}}$ 和 $\Delta\vartheta_{2\mathrm{i}}$，由式（10.2.3）计算得到 $\Delta\vartheta_{\mathrm{m}}$；从而由式（10.2.2）计算得到 $\bar{k}_{\mathrm{HE}}$。由产品数据表得到 s 和 λ 的值，将式（10.2.11）改写为

$$y=\boldsymbol{\psi}^{\mathrm{T}}\boldsymbol{\Theta} \tag{10.2.12}$$

式中

$$\boldsymbol{\psi}^{\mathrm{T}}=[\bar{\dot{m}}_1^{\beta_1}\quad \bar{\dot{m}}_2^{\beta_2}]$$
$$\boldsymbol{\Theta}^{\mathrm{T}}=[a_1\quad a_2]$$

使用最小二乘法对 a_1 和 a_2 的值进行估计。在式（10.2.11）中引入方程误差 $e(k)$，有

$$y(k)=\boldsymbol{\psi}^{\mathrm{T}}(k)\boldsymbol{\Theta}+e(k) \tag{10.2.13}$$

对误差平方和进行最小化，得到最小二乘估计

$$\boldsymbol{\Theta}(N)=[\boldsymbol{\psi}^{\mathrm{T}}\boldsymbol{\psi}]^{-1}\boldsymbol{\psi}^{\mathrm{T}}\boldsymbol{y} \tag{10.2.14}$$

式中：$\boldsymbol{\psi}$ 包含了质量流量 $\overline{\dot{m}}_1(k)$ 和 $\overline{\dot{m}}_2(k)$ 的稳态测量值。如果可以在较大范围内对 $\dot{m}_1$ 和 $\dot{m}_2$ 进行测量，可以得到较好的估计结果。

由 $\hat{\boldsymbol{\Theta}}$ 中的估计参数 $\hat{a}_1$ 和 $\hat{a}_2$ 可以计算得到 $\hat{c}_{\alpha1}$ 和 $\hat{c}_{\alpha2}$，见式（10.2.9）。定义估计偏差为

$$\Delta\hat{c}_{\alpha_i}=\hat{c}_{\alpha_i}-c_{\alpha\mathrm{nom}}(i=1,2) \tag{10.2.15}$$

从而可以在排除传感器故障的情况下，对热交换器的表面污垢进行检测。如果仅一路质量流量出现变化，该方法同样可以对参数进行估计，但需要测量 4 个温度值和 2 个质量流量值。

4）需要使用的测量设备

通过对多种基于热交换器静态模型的故障检测方法的研究结果表明，至少需要 2 个质量流量传感器和 4 个温度传感器。如果研究的热交换器是设备中的重要组成部分，则配备这些测量设备是可能的，但如果这些传感器没有完全配齐，就只能依赖于设备中的其他传感器进行间接测量，例如使用安装在其他位置的流量传感器或通过质量流量平衡方程进行计算。另一种方法是通过模型对流量进行重构：

(1) 泵驱动单元模型：基于电流、转速和/或压差对流量进行计算，见6.1.2节；

(2) 阀门模型：通过测量阀位和压差对流量进行计算，见5.2节。

通常由反馈控制器通过控制入口温度 ϑ_{1i} 或另一路流体的质量流量 $\dot{m}_2$ 和入口温度 ϑ_{2i} 实现出口温度 ϑ_{1o} 的控制，见图10.11，可以将执行器的位置 U 作为相应操纵变量的近似值。如果 U 偏离了正常工作范围或超出了执行器的位置极限，就会出现永久的控制偏差。如果排除其他传感器和执行器故障，就可以判断热交换过程出现了故障，见文献［10.12］第12章。

对于使用饱和蒸汽的蒸汽加热式热交换器，可以省去一个温度传感器，这是因为转移的热量为

$$\dot{Q}_1 = \dot{m}_1 r(\vartheta_{1i})$$

式中：r 为比气化热。如果凝结水阀正常工作，避免冷凝物积聚在热交换器中，可以无需对 ϑ_{1o} 进行测量，从而使用压力测量值 p_{1i} 替代温度测量值 ϑ_{1i}。

10.3 使用动态模型和参数估计的蒸汽/水热交换器故障检测

研究如图10.12所示的工业级蒸汽热交换器及其测量变量。该热交换器是试验系统的一部分[10.6,10.13]。该试验系统由电蒸汽锅炉、蒸汽和冷凝水循环回路（回路1）、水循环回路（回路2）和横向流热交换器等几部分组成。需要测量的输入、输出变量包括：蒸汽质量流量 $\dot{m}_s$、流体质量流量（水）$\dot{m}_1$、流体入口温度 ϑ_{1i} 和流体出口温度 ϑ_{1o}。其中 ϑ_{1o} 作为输出变量，其他3个变量作为输入变量。

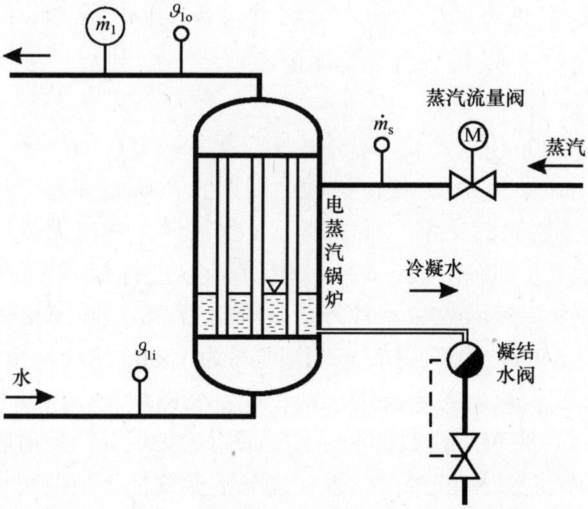

图10.12 工业级蒸汽热交换器及其测量变量

10.3.1 使用线性动态模型和参数估计的故障检测

对热交换器的动态特性进行建模，将热交换器分解为管状截面、水头、传输延迟和温度传感器等几部分[10.10]。由10.1.3节可以获得加热管的动态方程，以及蒸汽空间和壳管之间的平衡方程。在工作点附近对方程进行线性化，获得以蒸汽流量为输入的近似传递函数为

$$\tilde{G}_{s\vartheta}(s)=\frac{\Delta\vartheta_{1o}(s)}{\Delta\dot{m}_s(s)}=\frac{K_s}{(1+T_{1s}s)(1+T_{2s}s)}e^{-T_{ts}s} \quad (10.3.1)$$

式中

$$K_s=\frac{r}{\dot{m}_1c_1}\quad T_{1s}=\frac{1}{v_1}\left[1+\frac{A_w\rho_wc_w}{A_1\rho_1c_1}\right]\quad T_{2s}=\frac{A_w\rho_wc_w}{\alpha_{w1}U_1}\frac{1}{\left[1+\frac{A_w\rho_wc_w}{A_1\rho_1c_1}\right]} \quad (10.3.2)$$

其中，A为截面面积；c为比热容；m为质量；$\dot{m}$为质量流量；r为蒸发热；U为单根管的外表面积；v为管中流速；α为热传导系数；ϑ为温度；ρ为密度。下标意义为：1为流体（水）；s为蒸汽；w为管壁；i为入口；o为出口。

所研究的过程共包含10个系数，但仅对其中3个参数进行估计，因而不可能唯一地确定所有过程系数。通过假设一些过程系数是已知的，可以获得下列系数和系数组合

$$\begin{cases}\alpha_{w1}=\dfrac{A_1\rho_1c_1}{T_{2s}U_1}\left[1-\dfrac{1}{T_{1s}v_1}\right]\\ A_w\rho_wc_w=T_{1s}\dot{m}_1c_1-A_1\rho_1c_1\\ r=K_s\dot{m}_1c_1\end{cases} \quad (10.3.3)$$

在降低温度ϑ_{So}的方向上对输入变量ϑ_{1i}、$\dot{m}_s$和$\dot{m}_1$施加摄动，根据流体出口温度ϑ_{1o}的瞬态传递函数，由试验确定参数$\hat{K}_s$、$\hat{T}_{1s}$和$\hat{T}_{2s}$。

工作点为

$$\dot{m}_1=3000\text{kg/h}\quad \dot{m}_s=50\text{kg/h}\quad \vartheta_{1i}=60℃;\ \vartheta_{1o}\approx 70℃$$

试验采样时间为500ms，每次试验的周期为360s，在每个试验中可以获得720个数据点。使用回归最小二乘法进行参数估计，并使用数字状态变量滤波器进行微分计算。在训练阶段，对每个传递函数进行60组试验以确定其正常工作状态。对每个传递函数和4种人为故障进行30组瞬态试验。研究的4种故障为（共进行540次试验，持续工作时间为150h）：F_1：蒸汽中混入空气；F_2：打开凝结水阀；F_3：关闭凝结水阀；F_4：管路堵塞。

图10.13（a）为瞬态函数的测量值，图10.13（b）为由瞬态函数得到的参数估计值。由试验结果可知，在所有情况下参数估计值均可以较好收敛，瞬态函数的测量值与计算值具有很好的一致性。表10.2列出了$\tilde{G}_{s\vartheta}$的参数估计

值，表 10.3 列出了 4 种故障时参数估计值的变化方向。通过改变流体入口温度$\tilde{G}_{\vartheta\vartheta}$和流量$\tilde{G}_{1\vartheta}$，同样获得了相应的试验结果。

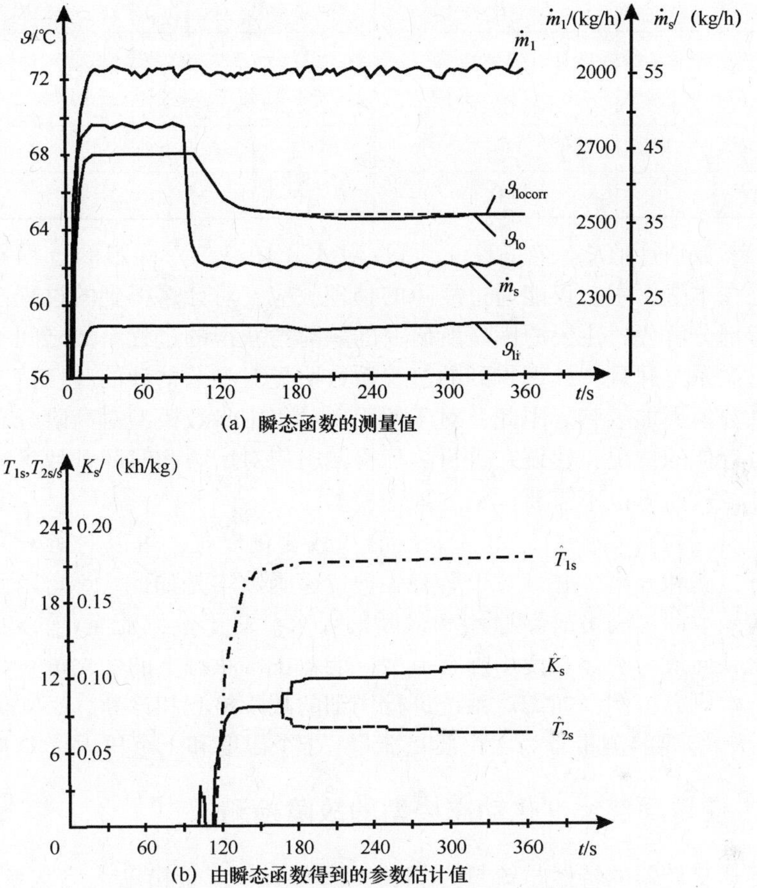

(a) 瞬态函数的测量值

(b) 由瞬态函数得到的参数估计值

图 10.13 蒸汽流量 $\Delta\dot{m}_s$ 改变时的试验结果

表 10.2 蒸汽流量变化时的参数估计结果

故障	平均标准偏差	$\hat{K}_s$/ (kh/kg)	$\hat{T}_{1s}$/s	$\hat{T}_{2s}$/s
无故障	μ	0.1708	12.38	7.21
	σ	0.0032	1.63	1.07
F_1	μ	0.1896	7.26	7.26
	σ	0.0072	0.73	0.73
F_2	μ	0.1268	7.26	7.26
	σ	0.0037	0.35	0.35
F_3	μ	0.1899	13.89	3.81
	σ	0.0042	0.82	0.44
F_4	μ	0.1689	13.65	6.01
	σ	0.0032	1.50	0.81

表 10.3　表 10.2 中 $\tilde{G}_{s\vartheta}(s)$ 参数估计的变化情况

（+：小幅增加；++：大幅增加；-：小幅减少；--：大幅减少；0：无变化）

故障	$\hat{K}_s$	$\hat{T}_{1s}$	$\hat{T}_{2s}$
F_1	-	--	0
F_2	--	--	+
F_3	+	+	--
F_4	0	+	-

基于参数估计值 $\hat{K}_s$、$\hat{T}_{1s}$ 和 $\hat{T}_{2s}$，可以对式（10.3.3）确定的过程系数进行计算。但在本事例中，仅能通过故障的物理效应，对计算得到的过程系数改变情况进行部分解释，主要原因是所研究的故障与获得的过程系数之间不存在直接的映射关系。并且，计算得到的过程系数明显对参数估计的改变情况和假设已知的系数值更加敏感。因此，对于使用低阶集中参数模型对高阶分布式参数系统进行近似的情况，建议在进行故障检测时应对增益和时间常数等模型参数进行估计，从而可以不需要详细的理论模型。

事例研究表明，通过表 10.3 列出的参数变化模式，可以对所研究的 4 种故障进行检测和分离，并且对于所有 3 种传递函数均是如此[10.6]。因此仅使用一个传递函数即可满足故障检测和诊断的要求。对于蒸汽流量 $\tilde{G}_{s\vartheta}$，所获得的参数变化差异最为明显。使用静态模型仅能对正常状态下的变化进行识别。因此，对于本研究事例，如需对系统进行详细的故障检测和诊断，必须使用动态模型[10.17]，需要的测量量为 2 个质量流量、2 个温度和 1 个压力（蒸汽）。

10.3.2　使用局部线性化动态模型的故障检测

由于热交换器的特性与流量强相关，因而对于流量摄动，热交换器的静、动态特性是非线性的。为了得到一种可以在较大工作范围内使用的故障检测方法，使用 LOLIMOT 类型的局部线性神经网络对名义特性进行描述。该方法同样应用于 10.3.1 节中研究的蒸汽/水热交换器中[10.2,10.5]。使用幅值调制 PRBS 信号对 2 个流量施加大范围激励，并使用 LOLIMOT 辨识方法获得出口温度 ϑ_{1o} 与体积流量 $\dot{V}_1$、蒸汽质量流量 $\dot{m}_s$ 和入口温度 ϑ_{1i} 之间的动态模型[10.4]，从而获得 10 个与水流量相关的局部线性模型。使用采样时间为 1s 的二阶动态模型已经足够对局部线性模型进行描述，有

$$\begin{aligned}\vartheta_{1o}(k) = & -a_1(z)\vartheta_{1o}(k-1) - a_2(z)\vartheta_{1o}(k-2) \\ & + b_{11}(z)\,\dot{m}_s(k-1) + b_{12}(z)\,\dot{m}_s(k-2) \\ & + b_{21}(z)\,\dot{V}_1(k-1) + b_{31}(z)\vartheta_{1i}(k-1) + c_0(z)\end{aligned} \quad (10.3.4)$$

式中：参数与工作点 $z=\dot{V}_1$（体积流量）相关。

$$a_v(\dot{V}_1)=\sum_{j=1}^{10}a_v\Phi_j(\dot{V})\quad b_{v\mu}(\dot{V}_1)=\sum_{j=1}^{10}b_{v\mu}(\dot{V})\quad c_0(\dot{V}_1)=\sum_{j=1}^{10}c_0\Phi_j(\dot{V})\tag{10.3.5}$$

式中：Φ_j 为 LOLIMOT 中的权函数。

图 10.14 给出了静态输出温度与 2 个流量之间的关系。由辨识模型可以得到 3 个增益和 1 个主时间常数，部分结果见图 10.15。模型参数与工作点的相关性较强，当冷却水流量较小时，静态增益和时间常数可达流量较大时的 4 倍。

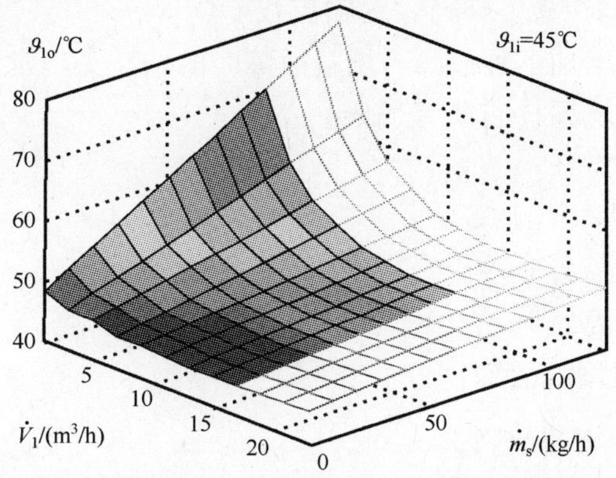

图 10.14　热交换器输出温度与水、蒸汽流量之间的静态关系

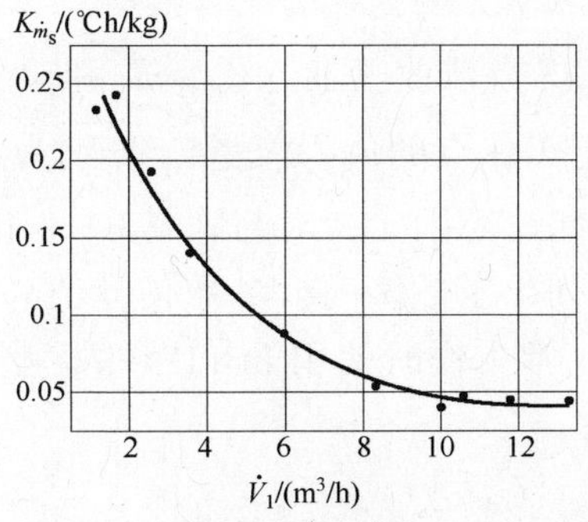

(a) $K_{\dot{m}_s}$与$\dot{V}_1$的关系

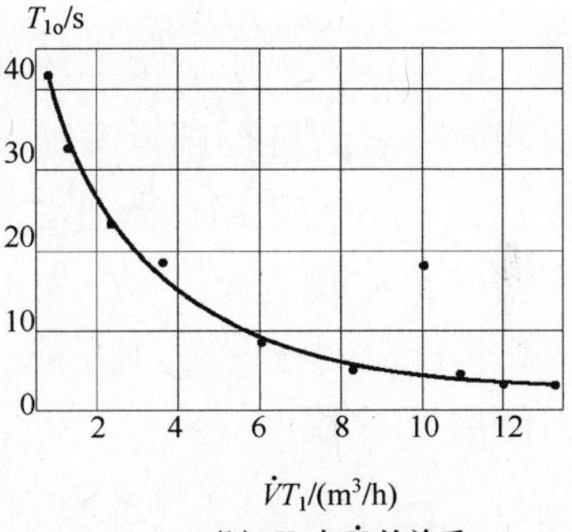

(b) K_{1o}与$\dot{V}_1$的关系

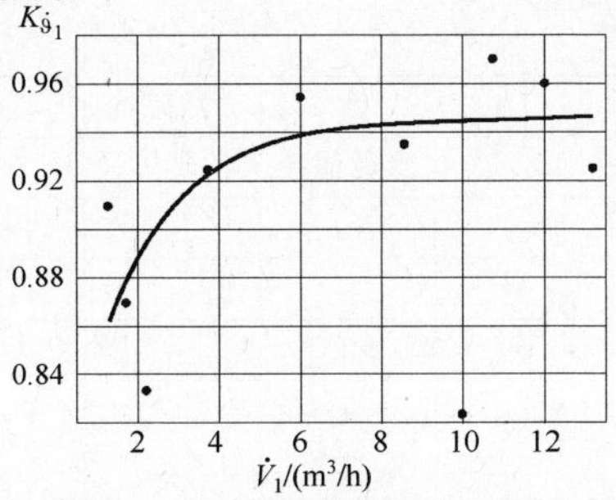

(c) $K_{\vartheta 1}$与$\dot{V}_1$的关系

图 10.15　输出温度静态增益和时间常数与水流量之间的关系

基于局部线性模型，可以提取多个特征用于故障检测：

$K_{\dot{V}_1}$为 $\Delta(\dot{V}_1)$ 的静态增益；

$K_{\dot{m}_s}$为 $\Delta(\dot{m}_s)$的静态增益；

K_{ϑ_1}为 $\Delta\vartheta_{1i}$的静态增益；

T_{1o}为时间常数；

c_o 为静态偏置；

$r_{\vartheta_1}(k)=\vartheta_{1o}(k)-\vartheta_{1onom}(k)$，为输出残差。

试验时，人为增加下列故障，增益故障时的增益为正常值的 1.2 倍：

F_1：热交换器泄漏（打开旁通阀）；

F_2：冷凝水阀常开；

F_3：冷凝水阀常闭；

F_4：真空泵泄漏（泵输出量过小）；

F_5：蒸汽空间混入空气；

F_6：ϑ_{1i}传感器增益故障；

F_7：$\dot{V}_1$ 传感器增益故障；

F_8：ϑ_{1o}传感器增益故障；

F_9：$\dot{m}_s$ 传感器增益故障。

试验时，在设定工作点附近按照 PRBS 方法改变输入$\dot{V}_1$、$\dot{m}_s$ 和 ϑ_{1i}，从而对故障前和故障后的过程进行激励。设定工作点的体积流量$\dot{V}_1$ 分别为 $4m^3/h$、$8m^3/h$ 和 $13m^3/h$。使用回归最小二乘法和遗忘因子，对与式（10.3.4）相同的二阶模型进行参数估计[10.3]。表 10.4 列出了故障时，参数估计值和一致性方程的变化情况。对于一致性方程，在正常工作时使用 LOLIMOT 模型，对于故障时则使用 RLS 模型。

表 10.4　蒸汽/水热交换器的故障征兆表（考虑传感器增益故障）

（+小幅增加；-小幅减少；0 无影响）

故障	故障征兆					
	参数估计					一致性方程
	$K_{\dot{V}_1}$	$K_{\dot{m}s}$	K_{ϑ_1}	T_{1_o}	c_o	r_{ϑ_1}
F_1	-	+	-	+	+	+
F_2	+	0	0	-	0	+
F_3	+	-	+	-	+	+
F_4	+	-	+	-	+	+
F_5	+	-	+	-	0	-
F_6	0	0	-	0	0	-

（续）

故障	故障征兆					
	参数估计					一致性方程
	$K_{\dot{V}_1}$	$K_{\dot{m}_s}$	K_{ϑ_1}	T_{1_o}	c_o	r_{ϑ_1}
F_7	−	+	0	+	0	+
F_8	+	+	+	0	0	−
F_9	0	+	0	0	0	−

除了故障 F_3 和 F_4 对热交换器的冷凝水位具有同样的物理效应外，其他所有故障均表现出不同模式，因而是可分离的。由于研究的所有故障都会造成残差的改变，所以对式（10.3.4）所描述的模型进行辨识后，可以使用该残差进行故障检测。在检测出故障后，依次改变 3 个输入变量$\dot{V}_1$、$\dot{m}_s$ 和 ϑ_{1i}对系统施加动态激励，从而获得参数估计值。最后根据表 10.4 列出的故障征兆进行故障诊断。通过自适应阈值和基于模糊逻辑的故障诊断方法可以进一步提高故障检测的性能[10.3]。在本研究中，假设蒸汽压力恒定，仅需要使用 2 个流量传感器和 2 个温度传感器。

10.4 小结

对于两种流体的热交换过程，使用静态模型的故障检测方法基于热平衡方程原理，因而需要 1 至 2 个流量传感器和 4 个压力传感器，见 10.2.2 节。但由于存在总的平衡和可能的限制条件，因而仅能提取出一些集中参数特征量，无法实现较为详细的故障检测。

使用动态模型可以对更多的受故障影响而改变的参数进行估计，因而可以提高故障检测的性能，增加故障的分离能力。特别是当多个变量，如 2 个流量和 2 个温度可以动态变化时，见 10.3.2 节。使用动态模型时所需的传感器数量也少于使用静态模型时的数量。

第四部分
冗错系统

第 11 章　冗错系统 – 简介

提高系统可靠性通常有两种途径：将系统变得完美或使系统具有容错能力[11.4]。

前者通过改进机械和电子系统的设计，避免出现任何可能的故障或失效，通过持续的技术改进增加零部件的使用寿命。在使用过程中，需要通过常规维护以保证零部件的完好性，并及时更换磨损的零部件。使用故障监测方法对系统进行早期故障诊断，从而可以使用更加灵活的按需维护方法替代原先的定期维护。

冗错的定义是指零部件对故障和失效具有一定的容忍能力，能够保证整个零部件仍然具有正常的功能。在系统中，该概念被称为故障冗错。通过故障冗错方法，对系统中的故障进行补偿，从而保证系统不会因为故障而失效。实现故障冗错最显而易见的方法是在零件、单元或子系统中使用模块化的冗余设计，但整个系统将变得非常复杂且昂贵。下面将对不同类型的冗错方法进行简单综述，更多内容见文献［11.3］和文献［11.8］。

冗错设计中通常需要进行冗余设计，除了常规模块外，通常还并联一个甚至多个冗余模块。这些冗余模块即可完全相同，也可以是完全不同的。冗余设计可以用于硬件、软件、信息处理、传感器、执行器、微控制器、总线和电源等系统组成部分的设计中。

11.1　基本冗余结构

故障冗错方法主要分为两大类，即静态冗余和动态冗余。冗余结构首先被用于电子硬件中，然后再被逐渐用于其他类型的零部件。图 11.1（a）为静态冗余系统原理框图。它由 3 个或更多的使用同样输入信号并且全部处于工作状态的并联通道组成。各通道的输出信号进入表决器进行比较，通过多数表决方法确定哪一路信号是正确信号。对于三余度系统，如果一个通道产生错误输出，则通过三取二多数表决方法可以对错误输出进行吸收（错误输出不进入后续计算）。因此，对于三余度系统，不需要特殊的故障检测即可实现一路故障的冗错。对于 n 余度系统，可以容错的故障通道数量为（$n-1$）/2（n 为奇数）。

如果需要进一步提高冗错能力，还可以对表决器进行冗余设计[11.8]。静态

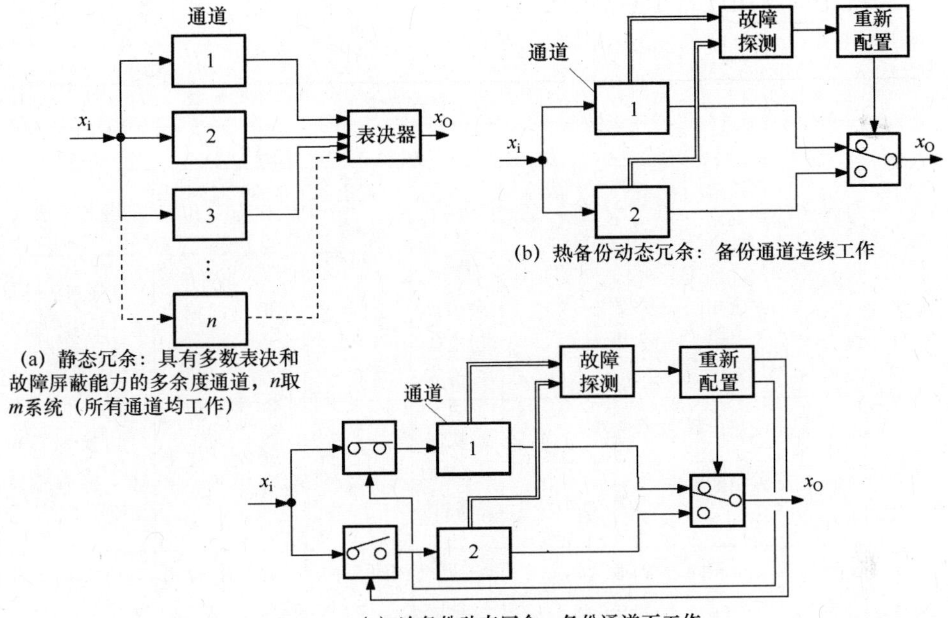

(a) 静态冗余：具有多数表决和故障屏蔽能力的多余度通道，n取m系统（所有通道均工作）

(b) 热备份动态冗余：备份通道连续工作

(c) 冷备份动态冗余：备份通道不工作

图 11.1　解态冗余系统原理框图

冗余的缺点主要是成本高、能源消耗大和重量大等。并且，对于由同一故障源引起的在所有通道中同时出现的共模故障，静态冗余无法对其进行冗错。

动态冗余需要的通道数更少，但是需要以增加信息处理量为代价。动态冗余系统的最小构型仅包括两个模块，如图 11.1（b）和（c）所示。正常情况下，仅有一个通道进行工作，而当其失效后，由备份模块接管工作，这需要通过故障监测方法对模块是否故障进行判断。简单的故障监测方法仅需要使用输出信号，例如信号范围校验，与冗余模块输出进行比较，或使用计算机中的冗余信息如一致性校验或看门狗定时器等。检测到故障后，立即由重构系统将故障模块移除，并切换至备份模块。

如图 11.1（b）所示，备份模块处于连续工作状态，被称为热备份。这种结构的状态转换时间较短，但以牺牲备份模块的使用寿命（磨损）为代价。

如图 11.1（c）所示的，备份通道处于非工作状态，因而不存在磨损问题，该备份结构被称为冷备份。冷备份方案在输入端需要两个或更多的切换器，并且需要一个启动过程，因而状态转换时间更长。在这两种方案中，故障监测系统的性能均是核心技术。

在动态冗余方案中，可以增加两个甚至更多的备份模块，从而可以对两个或更多次故障进行冗错。通过综合使用静态和动态冗余，可以组成混合冗余结构，从而以增加复杂度为代价避免两种冗错方案的缺点[11.8]。

表 11.1 对静态和动态冗余技术在电子硬件、软件、机械、电气以及机械

电子系统中的应用进行了总结。更多技术细节见文献［11.3，11.5，11.8］。

表 11.1 基于多通道的静态和动态冗余系统

系统	故障容差方法							
	静态冗余				动态冗余			
	类型	通道种类	选择方法	故障隔离	类型	通道种类	故障检测方法	重构方法
电子硬件	静态 M 取 n 冗余	完全相同 $n \geqslant 3$	多数表决	是	动态冗余热备份冷备份	完全相同 $n \geqslant 2$	简单的输出校验	切换到备份通道：输出，输入和输出
软件	多版本程序	反复运行	多数表决	是	模块恢复(类似热备份)	程序通道不同	输出可接受性测试	切换到备份程序或者跳转至还原点
		不同的程序 $n \geqslant 3$	多数表决	是				
机械系统	静态冗余	完全相同 $n \geqslant 2$	物理相容	否	动态冗余冷备份	相同或不同 $n \geqslant 2$	简单的输出校验	切换到备份单元
电气系统	静态冗余	完全相同 $n \geqslant 2$	物理相容	否	动态冗余冷备份	相同或不同 $n \geqslant 2$	简单的输出校验	切换到备份单元
机械系统	—	—	—	—	动态冗余冷备份	相同或不同 $n \geqslant 2$	较为复杂，对输入、输出进行校验	切换到备份单元

11.2 余度降级

出于成本、空间和质量的考虑，需要对冗错等级和冗余模块的数量进行折中处理。与电传飞控系统相比，对于工业和交通系统，仅需一次或两次冗错能力即可满足要求。这意味着并不是所有零部件均需要进行完备的冗错设计。系统故障情况下的余度降级定义如下：

故障－工作（FO）：一次故障冗错。在一次故障后模块仍然保持工作状态。对于故障后无法立即进入安全状态的系统需要具有该冗错能力；

故障－安全（FS）：在一次或多次故障后，模块直接进入安全状态（被动 FS，无须外界能量），或在某种装置作用下被置于安全状态（主动 FS，需要外界能量）；

故障－隔离（FSIL）：在一次或多次故障后，模块被从系统中隔离。例如，将模块与系统断开，保证故障模块不会引起其他零件和模块的故障；

故障（F）：永久中止模块执行所需功能的能力。

对于运载器，根据故障的种类，考虑运载器到达安全状态的时间，可以将 FO 细分为长时间工作和短时间工作。对于不同的零部件，考虑余度降级时首先需要确认系统是否存在安全状态。对于汽车，（通常）它的安全状态是在无危险区域内停车或慢速行驶。对于汽车的零部件，通常其 FS 状态为通过机械备份（如机械或液压联动装置），由驾驶员直接进行车辆操纵。例如当电子装置故障后，如果可以不通过电子控制而是通过控制节气门上的闭合弹簧或由驾驶员通过机械备份，将车辆行驶至安全的停靠点，则实现了被动式 FS 状态。但是，如果在电子器件失效后没有机械备份，则只能通过其他电子器件的控制（切换至仍可正常工作的模块）将运动中的车辆控制到安全状态，例如通过主动 FS 措施让车辆停靠在安全停靠点，但实现该功能的前提是电源仍然可用。

通常必须考虑故障弱化的情况，即使用优先权，放弃较少的关键功能，以保证更多的关键功能是可用的[11.2]。表 11.2 列出了使用不同冗余结构的电子硬件故障降级情况。由于 FS 状态依赖于系统类型和零部件的固有特性，因而并未在表中列出。

表 11.2　不同冗余结构的电子硬件的故障特性
（FO：故障 - 工作；F：故障）

		静态冗余		动态冗余		
结构	通道数	容错次数	故障特性	容错次数	故障特性	检测方法
二余度	2	0	F	0	F	2 个比较器
				1	FO - F	故障检测
三余度	3	1	FO - F	2	FO - FO - F	故障检测
四余度	4	1	FO - F	3	FO - FO - FO - F	故障检测
双二余度	4	1	FO - F	—	—	—

对于飞行控制计算机，通常使用具有动态冗余（热备份）的三余度结构，从而满足 FO - FO - FS 的能力。即可以容忍两次故障，而当第三次故障时允许飞行员手动操纵[11.1,11.6,11.7]。如果冗余系统仅需要容忍一次故障，即 FO - F 的能力，可以使用静态冗余三余度结构，或使用动态冗余双余度结构即可满足要求。如果在一次故障后仅需要实现 FS 状态，则使用具有两个比较器的双余度系统即可满足要求。但如果必须要求系统具有一次故障冗错能力，即在一次故障后实现 FO 状态，而在第二次故障后直接进入安全状态，可以使用具有静态冗余的三余度系统或双重双余度系统[11.7]。对于双重双余度系统，其具有故障监测简单，容易实现模块化等优点。

第 12 章　冗错系统应用

对于高度集成化的系统，需要具有由冗错零部件和自动故障管理系统组成的总体容错能力，这意味着首先需要对系统中可靠性最低并且与安全性直接相关的零部件进行余度设计。在自动控制系统中，这些零部件包括传感器、执行器、计算机、通信和总线系统、控制软件，以及电动机、管路、泵站和热交换器等。目前，多余度零部件主要应用于飞机、航天、火车和核电系统等。其他需要多余度设计的系统包括电梯（多重钢索和刹车）和使用多台泵的蒸气锅炉等[12.2]。

本章对一些已经使用和仍处于研制阶段的冗错系统进行介绍。12.1 节将首先对冗错控制系统进行总体描述，随后对电动机传动、执行器和传感器的冗错设计实例进行研究。

12.1　冗错控制系统

本节将描述具有自动故障管理功能的冗错控制系统工作原理。系统由冗错执行器、冗错传感器和冗错控制器组成，如图 12.1 所示。对于设计良好的冗错系统，无论是开环系统还是闭环系统，多数时间均处于自动工作状态，因此首先考虑这种系统结构。该冗错系统由以下几部分组成。

（1）冗错执行器：

①冗余配置的相同或不同的执行器。

②具有固有故障冗错特性的执行器。

③执行器重构模块。

（2）冗错传感器：

①冗余配置的相同或不同的传感器。

②具有固有故障冗错特性的传感器。

③基于解析余度的虚拟传感器。

④传感器重构模块。

（3）主动冗错控制器：

①冗余配置的相同或不同的控制器硬件。

②余度配置的不同控制器软件。

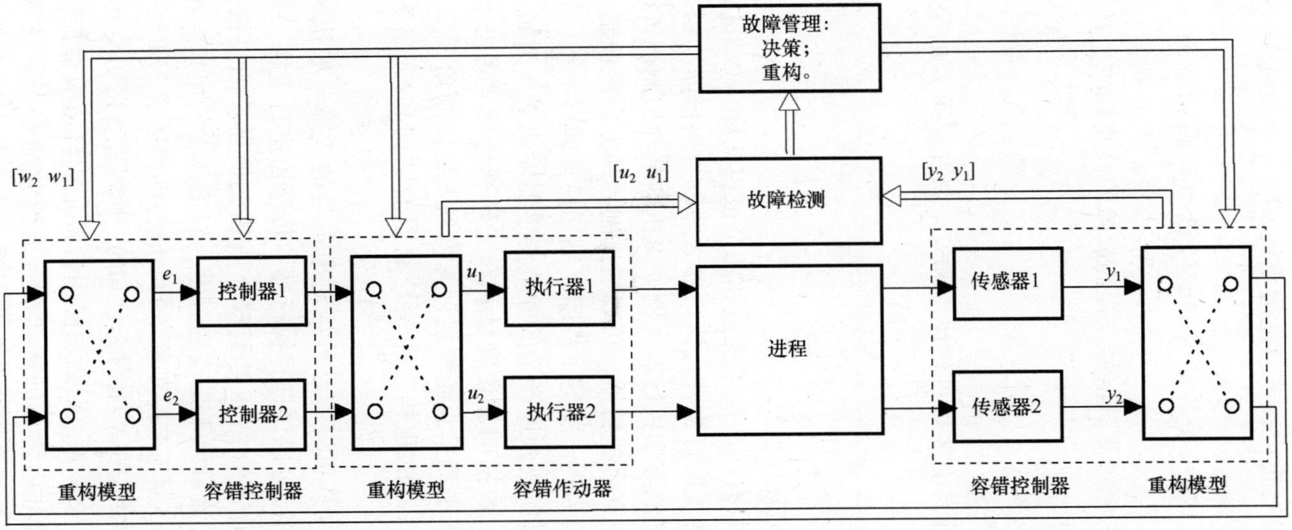

图12.1　具有自动故障管理功能的冗错控制系统（2个执行器、2个传感器和2个控制器）

③不同的控制器结构和参数：

- 针对预先已知故障进行预设计；
- 检测到故障后进行重设计或自适应重构。

(4) 故障检测模块：

①使用闭环控制信号对零部件中的故障进行检测和分离（一致性方程、观测器、参数估计）。

②定期或根据请求施加测试信号以提高故障的检测性能，必要时也可进行故障诊断。

③健康度和安全度显示。

(5) 故障管理模块。

①基于故障检测（具有零部件健康度和安全状况显示）的决策功能。

②重构策略：

- 硬件或软件重构；
- 改变控制状态（设定值、性能）；
- 闭环或开环（前馈）控制。

图 12.1 中的系统具有两个控制变量和两个被控变量。如果执行器 1 失效，例如卡死，则由执行器 2 进行接替。执行器 2 即以与执行器 1 相同，也可以是具有等效控制效果的其他类型执行器。例如飞机的某些控制面可以用于其他姿态的控制，功能相当于冗余执行器，可以通过副翼和方向舵控制飞机转向。

当故障检测系统检测到传感器 1 故障，则切换至同样类型的备份传感器或由使用其他传感器通过解析余度产生的虚拟传感器输出 2（例如，使用双电位器的电子节气门[12.19]，由横向加速度计和车轮转速传感器基于模型计算得到车辆偏航率[12.20]或由水平和垂直陀螺仪计算得到飞机横倾角[12.44]）。

随着执行器或传感器的重构，冗错控制器的结构和/或参数也需要进行重构。

图 12.1 中的结构同样可以容忍被控对象本身的故障。如执行器 2 或传感器 2 可以继续用于控制，可以仅选择执行器 - 传感器进行重构，并且相应地调整控制器 2 和参考变量 w_2。例如对于双介质热交换器：如果被控对象允许，可以通过改变流体 2 的流量而不是改变温度，对流体 1 的出口温度进行控制。

控制器结构和参数必须与被控对象新的响应特性相适应。如果重构后的执行器 - 被控对象 - 传感器系统的响应特性是已知的，则可以直接切换至预先编程的控制器。如果响应特性是未知的，则必须使用自整定或自适应性控制算法。但必须对自适应性进行监督并由合适的扰动信号进行激励[12.21]。如果要求故障系统在短时间内恢复正常，那么需要监督和激励就会成为限制该方法使用的主要问题。

故障检测模块用于尽早检测出执行器、传感器、控制器和被控对象本身的故障，而故障诊断功能却不是必需的。这是由于用于重构的故障信息仅用于判断执行器或传感器是否失效，而对于造成故障的原因并不关心。

有必须说明，闭环控制系统的故障监测必须在闭环状态下进行，见文献［12.19］第12章。由于重构后的控制器可能无法与新传感器相兼容，因此可以将系统重构为不需要输出传感器的前馈控制系统。虽然这样可能导致控制性能的下降，但可以避免系统出现不稳定现象。例如，在发动机控制中，当氧传感器（λ－传感器）失效后，可以通过测量空气流量，并直接控制喷射燃料的质量，以继续维持空气/燃料的比例不变。

使用文献［12.19］第12章所介绍的方法，可以检测出控制器硬件或软件故障，从而使用新的闭环控制器或前馈控制进行重构。

下面将对具有冗错功能的驱动、执行器和传感器的实际应用进行介绍，该部分内容部分来自于文献［12.40］。

通过对自动故障管理的研究表明，有很多种方法可以实现故障的自动管理。因此对于不同的系统，很难得到一种普遍适用的方法，建议在设计时针对具体情况进行具体分析。

对电子节气门执行器的闭环故障诊断和余度传感器重构的试验研究结果见文献［12.45］和文献［12.22］。

12.2 电动驱动系统的故障冗错

对交流电动机的故障统计结果表明，约51%的故障是轴承故障，16%是定子绕组故障，16%是外部设备故障，5%是电动机电枢条和集电环断裂，2%是轴和联轴器，10%是其他原因[12.19,12.51,12.53]。故障的主要诱因是超载、过热和缺少润滑。对于58%的机械故障和大于16%的电气故障，使用备用电动机是第一选择。对于定子绕组故障，可以使用多相位设计实现冗错。下面将对两种冗错实例进行研究。

12.2.1 一种具有冗错功能的双联交流电动机

双余度电力驱动系统分为并联结构和串联结构两种，如图12.2所示。在试验台架上安装了两台常规交流感应电动机，使用电磁离合器将电动机与减速器进行耦合，并将同步发电动机作为负载。并联结构由两个带轮和两个离合器组成，如图12.3所示，而串联结构则仅需一个离合器[12.48]，但并联结构允许一台故障电动机完全关闭。出于试验室使用方便的目的，使用了带轮传动方式，当然也可以使用两根输入轴和一根输出轴的齿轮传动方式。并联结构的代价是需要使用一套齿轮和两个离合器，降低了整体可靠性，而串联结构更简单。在系统中，如果选择电动机 2 作为主驱动，则电动机 1 和离合器可以设计为冷备份，从而避免磨损的发生。

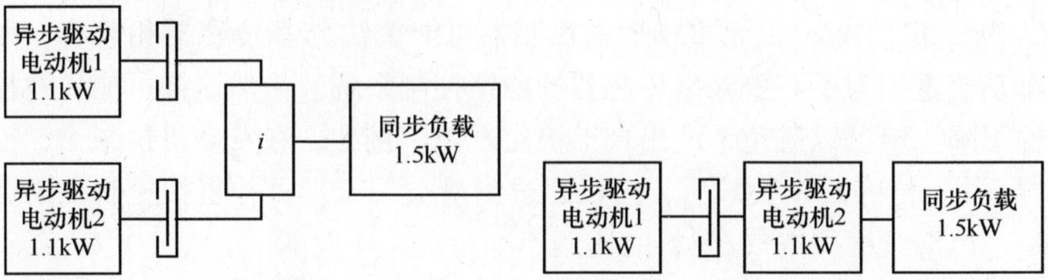

(a) 并联结构（两个机电式离合器，一套齿轮）　　(b) 串联结构（一个机电式离合器）

图 12.2　余度交流电动机驱动结构

但在串联结构中，异步驱动电动机 1 的冗余功能只有在异步驱动电动机 2 出现电气故障时才起作用，而当出现机械故障（轴承、断裂）时，异步驱动电动机 1 的冗余功能将不起作用。当异步驱动电动机 1 工作时，异步驱动电动机 2 也需要转动（但不产生扭矩），所以机械结构不是完全的冷备份，仅在电气部分是冷备份的，但即使在机械故障情况下，异步驱动电动机 1 也可以从系统中被完全移除。两种结构均可以对一台电动机故障进行补偿，实现 FO – F 的余度能力。如果两台电动机通过差分齿轮进行耦合，则可以得到一种特殊的并联结构[12.54]，但这种结构需要两个制动器，见文献 [12.38]。

下面给出并联结构故障后的重构方法。假设异步电动机 1 为主电动机，当检测出故障后，异步电动机 1 被关闭并移除，而处于冷备份状态的异步电动机 2 开始工作，如图 12.3 所示。此时，离合器 1 分离，离合器 2 闭合，异步电动机 2 工作。该重构方法可以避免过大的扭矩，减小负载速度的下降。由于重构的类型与检测到的故障有关，由单个故障组成的故障测量值为

$$F_{\mathrm{tot}} = \sum_{i=0}^{n} (g_i F_i)\,; F_i \in [0,1]\,; g_i \in \{0,1\} \tag{12.2.1}$$

当 $F_{\mathrm{tot}} < 1$ 时，使用软离合切换，而当 $F_{\mathrm{tot}} \geq 1$ 时，则使用硬离合切换。

1. 软切换：慢重构

如果故障较小，异步电动机 1 还能继续工作，则可以将切换过程设计的较为柔和。异步电动机 2 从静止加速到异步电动机 1 的设定转速，然后在 PWM 指令输入 $U_{K-2}(t)$ 作用下，断开的离合器在 t_1 时刻开始闭合直到接触点，然后在 $t_2 - t_1 = 0.5\mathrm{s}$ 内，$U_{K-2}(t)$ 逐渐增加，如图 12.4 所示。在 $U_{K-1}(t)$ 作用下，故障电动机离合器在 t_2 时刻断开，将故障电动机切断。图 12.5 给出了在系统加速阶段，当 $t = 0.2\mathrm{s}$ 时刻检测出故障后系统的响应。由图可知，在软切换过程中，负载转速几乎不变。

(a) 实物图

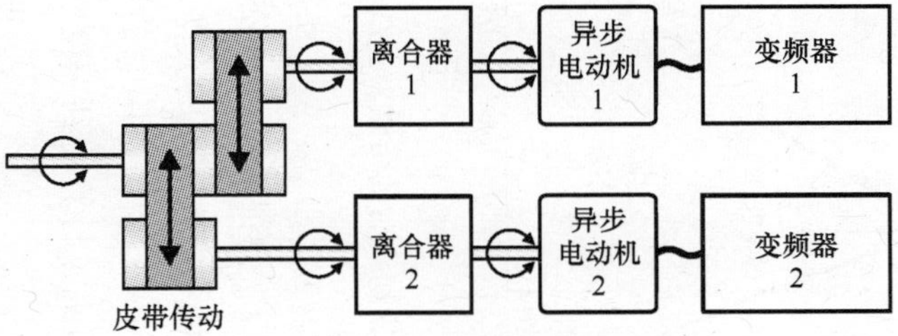

(b) 原理图

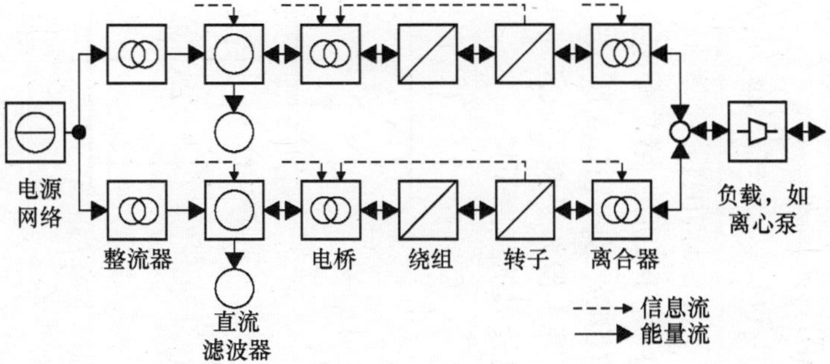

(c) 能量流图

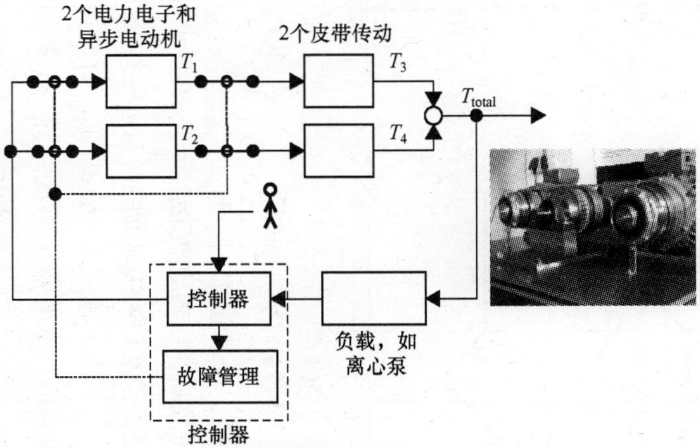

(d) 信号流图

图12.3　双余度交流电动机传动系统（模拟负载为永磁同步电动机）

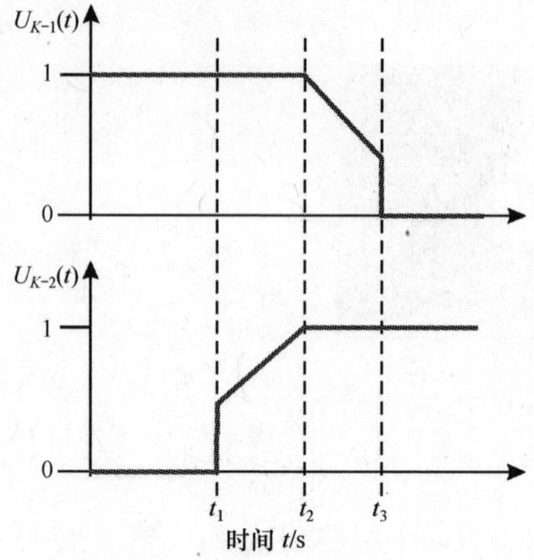

图 12.4　离合器的软切换过程

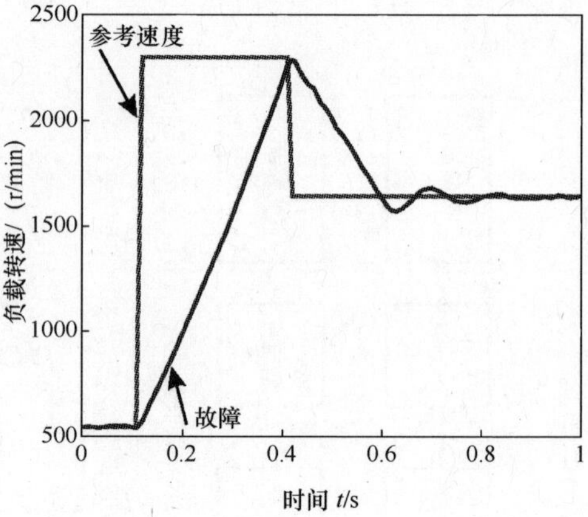

图 12.5　软切换时的负载转速变化过程

2. 硬切换：快速重构

对于严重故障，如功放电路故障等，故障测量量 F_{tot} 会很大，此时必须进行快速重构。电磁离合器必须快速反应，对电磁离合器施加超过额定值的大电流，将闭合时间由额定的 130ms 减小至 32ms。在 t_1 时刻检测到故障后，备用电动机立即起动并加速至设定值。根据离合器闭合时间 T_K 和加速度 $\dot{\omega}_2$，计算得到速度增量为

$$\Delta\omega_l(t) = T_K \dot{\omega}_2(t) \tag{12.2.2}$$

设计离合器闭合算法为

$$\begin{aligned} U_{K-2}(t) &= \frac{1}{2} + \frac{1}{2}\text{sgn}[\omega_2(t) + \Delta\omega_l(t) - \omega_{\text{load}}(t)] \\ U_{K-2}(t) &\in \{0,1\} \end{aligned} \tag{12.2.3}$$

当 $U_{K-2}(t)$ 等于 1 后，第二个离合器将在 t_2 时刻进行硬闭合，故障电动机将在 t_3 时间被切断，如图 12.6 所示。图 12.7 表明，在快速重构过程中，速度出现了小幅下降。但如果不采取任何离合器闭合算法，仅让离合器立刻硬闭合，则会出现比较大的速度下降。

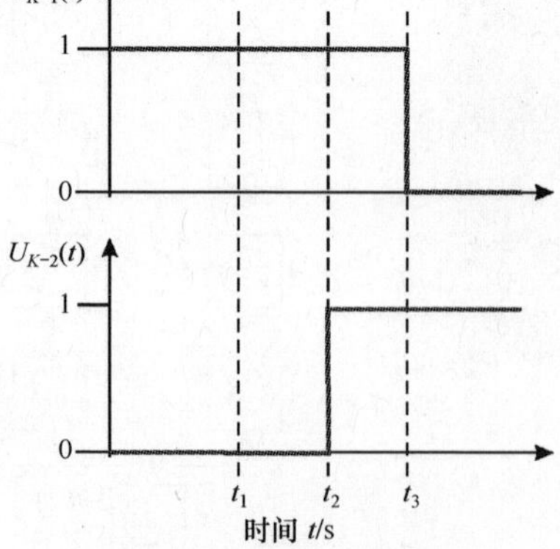

图 12.6　离合器的硬切换过程

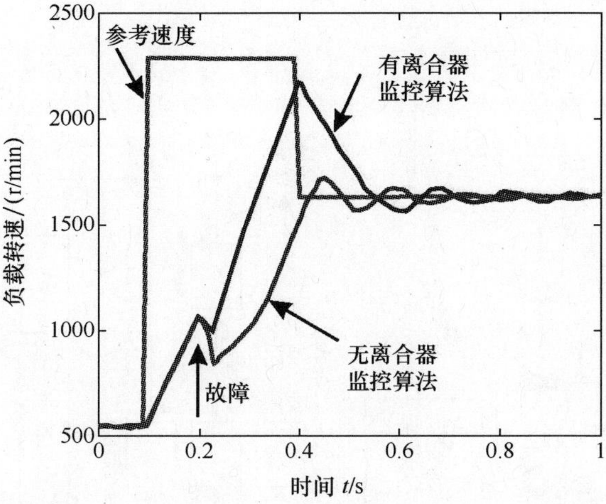

图 12.7　硬切换时使用与不使用离合器算法所对应的负载转速变化过程

12.2.2　逆变器故障冗错

通常变频控制交流电动机的每相与逆变器的一相连接。逆变器缺相后，三相电动机将变为单相电动机，从而无法产生旋转磁场，是相同严重的故障之一。由文献［12.24］可知，缺相是功率逆变器中最普遍的故障。为了解决该故障问题，每相均使用一个完整的 H 电桥进行独立控制。当逆变器缺少一相后，电动机将成为两相电动机仍然可以产生旋转磁场，电动机可以继续工作。该方法的主要缺点是每个电动机绕组需要两根导线与功率变换器连接，增加了导线费用，特别是当电动机安装位置远离功放电路时。在缺相情况下，还必须增加总线电压以维持额定功率[12.28]。为了增加总线电压，必须对图 12.8 中的整流器进行改进，使用主动切换元件替代原先的被动切换元件。此外，在正常工作时，由于电网提供的电压无法完全被利用，电动机性能会出现退化。标准三相永磁交流电动机（Permanent Magnet Synchronous Motor，PMSM）与 H 全桥组成逆变器的应用结果见文献［12.15，12.26，12.29］。

对于逆变器或电动机缺相故障，系统的余度等级设置为一次故障工作，两次故障隔离（FO－FSIL）。对于第一次故障，电动机将在两相情况下继续工作。而对于第二次故障，三相均断开，电动机无法产生扭矩，系统处于故障停止状态。当缺失一相后，产生的扭矩沿着定子周围的分布将变得不均匀，造成性能下降。其他故障冗错逆变器的拓扑布局见文献［12.38］。

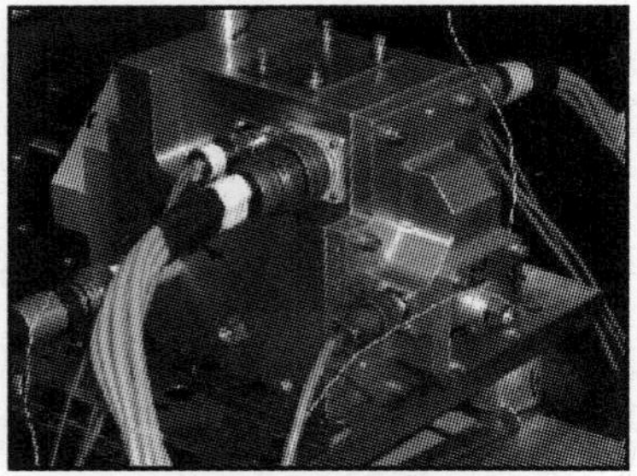

(a) 16kW故障容错电动机实物图

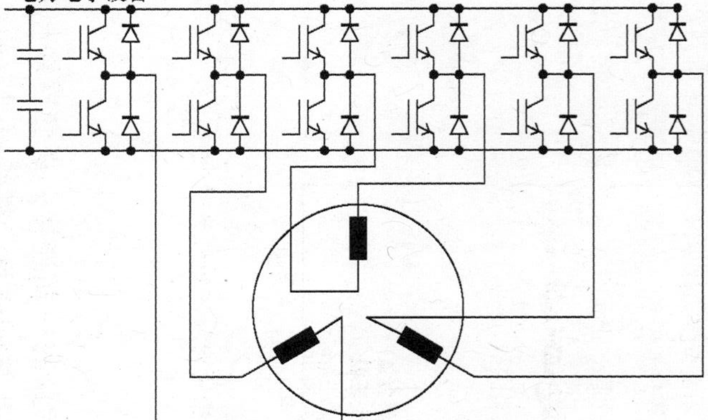

(b) 能流图

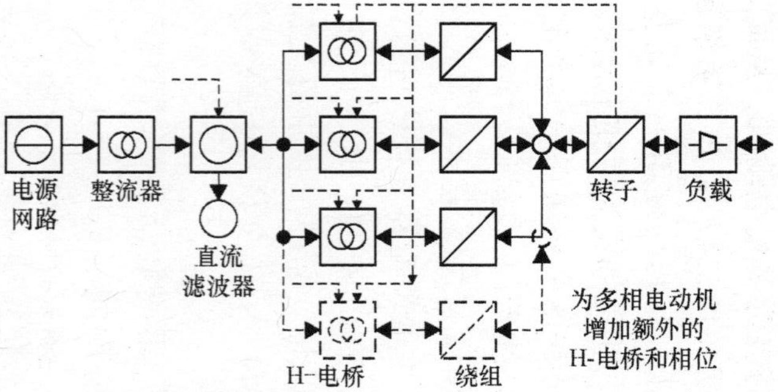

(c) 原理框图

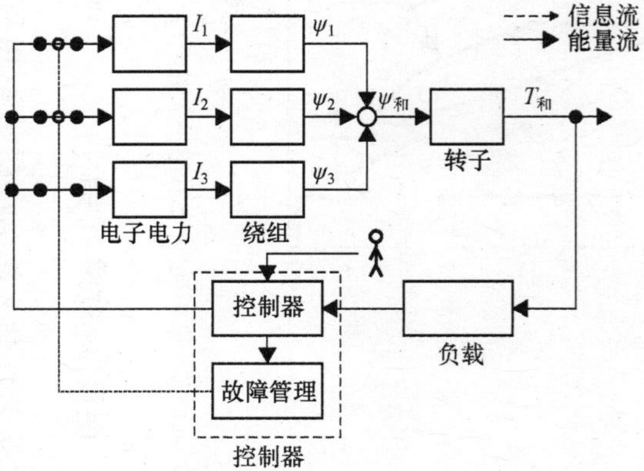

(d) 信号流图

图12.8 使用容错逆变器的容错电动机驱动系统[12.1，12.15，12.25，12.26，12.29]

12.2.3　多相电动机

除使用 H－电桥外，另一种实现冗错的方向是使用相数多于三相的多相电动机。虽然最早研制多相电动机的历史可以追溯至19世纪60年代[12.28]，但由于这种电动机非常适合用于船舶、火车和混合动力汽车[12.28]，以及多电飞机[12.13,12.49]等领域，因此多相电动机再一次成为研究热点。在19世纪90年代后期，学术界提出在飞控系统中使用基于多相电动机的电动执行器替代传统的机械、液压和气动执行器。

多相电动机的主要优点是，对于大功率和超大功率应用场合，如果使用常规三相电动机，半导体元器件可能无法满足通过大电流的要求，但通过增加相数，可以将每个逆变器的功率降低到半导体元器件可以承受的范围内。当然，多相电动机可以较好地容忍缺相故障的影响。当缺失一相后，一个 n 相电动机变为 $n-1$ 相电动机（$n \geqslant 4$），因此额定功率损失较小，并且随着 n 数的增加，扭矩分布更加均匀。同时，多相电动机还可以降低噪声，并通过使用更高频率的谐波增加扭矩。

一种用于飞机执行器的四相冗错 PMSM 电动机的设计方法见文献［12.1］。一种五相永磁电动机已经经过了故障试验验证[12.5]。根据绕组数量、绕组拓扑结果以及允许的扭矩损失，系统可以承受一次或多次故障。这意味着对于缺相故障，系统至少可以保证一次故障工作，两次故障停止（FO－FSIL）的能力。

12.3　故障冗错执行器

执行器通常包括以下几部分：输入信号放大器、功率转换器、传动元件和执行元件（例如分别为直流放大器、直流电动机、齿轮和阀门），如图12.9（a）所示。功率转换器将一种能量形式（电能或气动力）转换为另一种能量形式（机械能或液压能）。通常可用的测量信号为输入信号 U_i，指令信号 U_1 和中间信号 U_3。

通过将多个完整的执行器并联，使用静态冗余或动态冗余，采用冷备份或热备份（图11.1），可以组成故障冗错执行器。静态冗余的典型应用为电传飞机液压执行器，其最少由两个独立液压回路供油的两套独立执行器组成。

另一种冗错方法是仅对系统中可靠性最低的元器件进行冗余设计。如图12.9（b）中的功率转换器（电动机）即由两个独立功率转换器并联组成。静态冗余的例子包括在液压执行器中使用两个伺服阀[12.4,12.3,12.19]，在电动机中使用多绕组（包括功放器件）设计[12.25,12.19]，以及在内燃机中的电动节气门中，通过将电位器的滑动触点设计为双余度，实现位置传感器的静态冗余[12.18]。

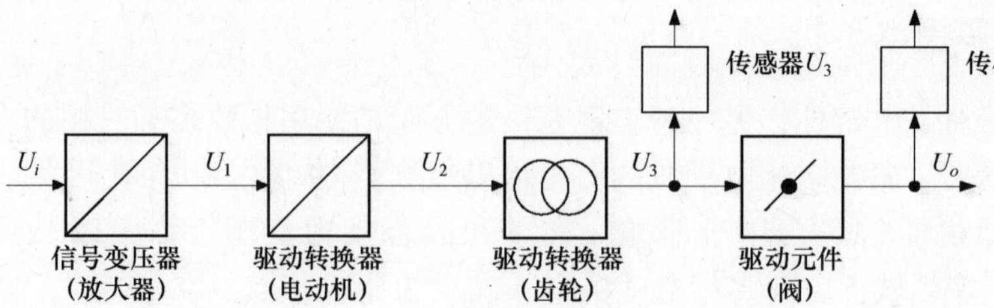

（a）常规执行器

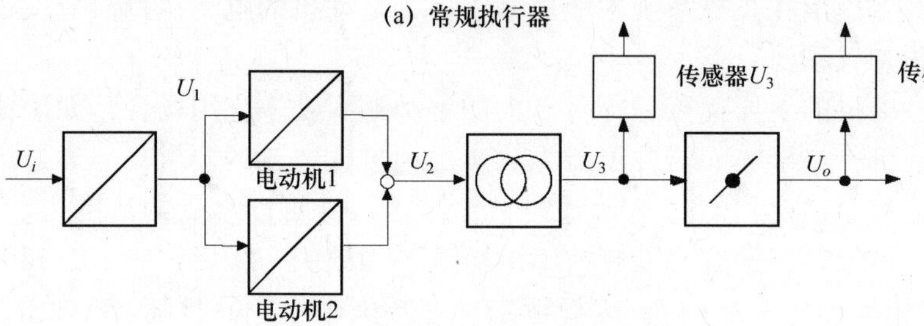

（b）使用双余度电机的执行器

图 12.9　常规执行器与容错执行器对比

使用冷备份动态冗余的例子为飞机客舱压力控制阀门执行器。其使用两台独立的直流电动机同时作用在一个行星齿轮减速器上，见文献［12.33，12.19］。

由于执行器的价格和重量均高于传感器，所以执行器更多使用一次故障工作的双余度构型。即可以选择两部分同时工作的静态冗余结构（图 11.1（a）），也可以选择热备份的动态冗余结构（图 11.1（b）），或冷备份（图 11.1（c））。对于动态冗余，需要对执行器进行故障检测[12.47]。不管对于哪种构型，均不允许故障部件对备份部件造成影响。

12.3.1　故障冗错液压执行器

由于液压执行器被广泛地应用于飞机主飞控系统的舵面控制，因而在航空领域对故障冗错液压系统进行了非常多的研究。但在辅助飞行控制系统中，传统的液压执行器正被电液执行器（Electro – Hydraulic Actuator，EHA）所取代[12.9，12.10，12.13，12.23，12.49，12.52]。

在文献［12.13］中，对电液执行器和机电执行器在航空应用中的优缺点进行了对比研究。由于对电液执行器的可靠性研究已经较为充分，提出并验证了多种热备份和冷备份的冗余构型。但电液执行器的主要缺点是液压零部件需要较多的维护，并且对于分布式液压源，其成本高，而质量较重。虽然可以通过使用集中式液压源消除分布式液压源的缺点，但集中式液压源同样存在以下几个缺点：如安装结构和管路的重量较重、柔性差，而管路泄漏时容易造成腐蚀性液体外泄等问题[12.49]。

机电执行器（Electro – Mechanical Actuator，EMA）在飞机中主要被用于备份执行器和辅助飞控系统中。这是因为虽然机电执行器中密封圈等易磨损的零部件数量大大减少，可以明显减少维护费用[12.6,12.14]，但由于大多数机电执行器需要使用齿轮传动并实现直线运动，而齿轮传动存在着游隙和卡死的可能，极易造成执行器的颤振问题，并且机电执行器还存在造成火灾的风险[12.49]。上述问题极大限制了机电执行器的应用范围。

1）双余度伺服阀和双活塞的故障冗错结构

图 12.10 为欧洲台风战斗机方向舵的电液执行器[12.11,12.27]。使用 4 个独立的线圈单元驱动直驱式伺服阀，控制执行器的运动。每个线圈单元由独立的驱动电路控制，4 个线圈单元驱动同一个伺服阀。伺服阀的两个控制边控制液压缸的一腔。液压缸由 4 个腔室组成，见图 12.10（d）中的原理框图。伺服阀阀芯和活塞杆是最容易出现故障的零部件。如果阀芯和活塞杆卡死，执行器将无法继续工作，并且当阀芯卡死后，活塞杆及其控制舵面将移动至极限位置。该系统可以容忍两个液压回路中一路的泄漏和/或失压，同时还可以容忍两个液压回路中一路的内泄漏，并且保证液压刚度不下降。在阀芯或活塞杆故障情况下，系统可以实现一次故障工作，两次故障失效的余度性能。

2）双余度伺服阀和单活塞的故障冗错结构

另一种冗错液压执行器的实现方法如图 12.11 所示。通过对维修记录进行详细的统计学分析可知，液压伺服系统中 51% 的故障是由伺服阀引起的[12.36,12.41]。因此在本方案中仅对伺服阀进行双冗余设计。由图 12.11（d）中的原理框图可知，由于使用了两个独立的伺服阀，所以伺服阀故障后的影响下降。当一个伺服阀的阀芯卡死后，另一个伺服阀可以继续完成控制任务。并且，该结构不再需要液压缸活塞两侧面积相等，从而可以使用单出杆缸替代双出杆缸，减小作动器的体积。由于不需要重新设计新的元器件，所以可以使用标准元器件组成整个伺服系统。除了采用执行器的故障冗错设计外，同样使用了基于解析冗余的位置传感器冗错设计。即使当位置传感器失效后，仍然可以实现液压伺服系统的闭环控制[12.37]。

该方案可以实现伺服阀所有故障的冗错。多数情况下，即使当一个伺服阀被卡死在控制口部分打开的位置上，另外一个伺服阀仍然可以对故障伺服阀的偏置流量进行补偿[12.4,12.3]。由于在液压伺服系统故障中，液压缸的故障仅占 16%，因此可以认为液压缸是非常可靠的。并且，内泄漏仅影响控制的稳定性和刚度，并不会对后续操作产生致命影响，所以没有对活塞进行冗余设计。只要活塞没有被卡死，则备用伺服阀可以抵消故障伺服阀偏置流量的影响，因此系统可以实现一次故障工作，两次故障失效的余度性能。

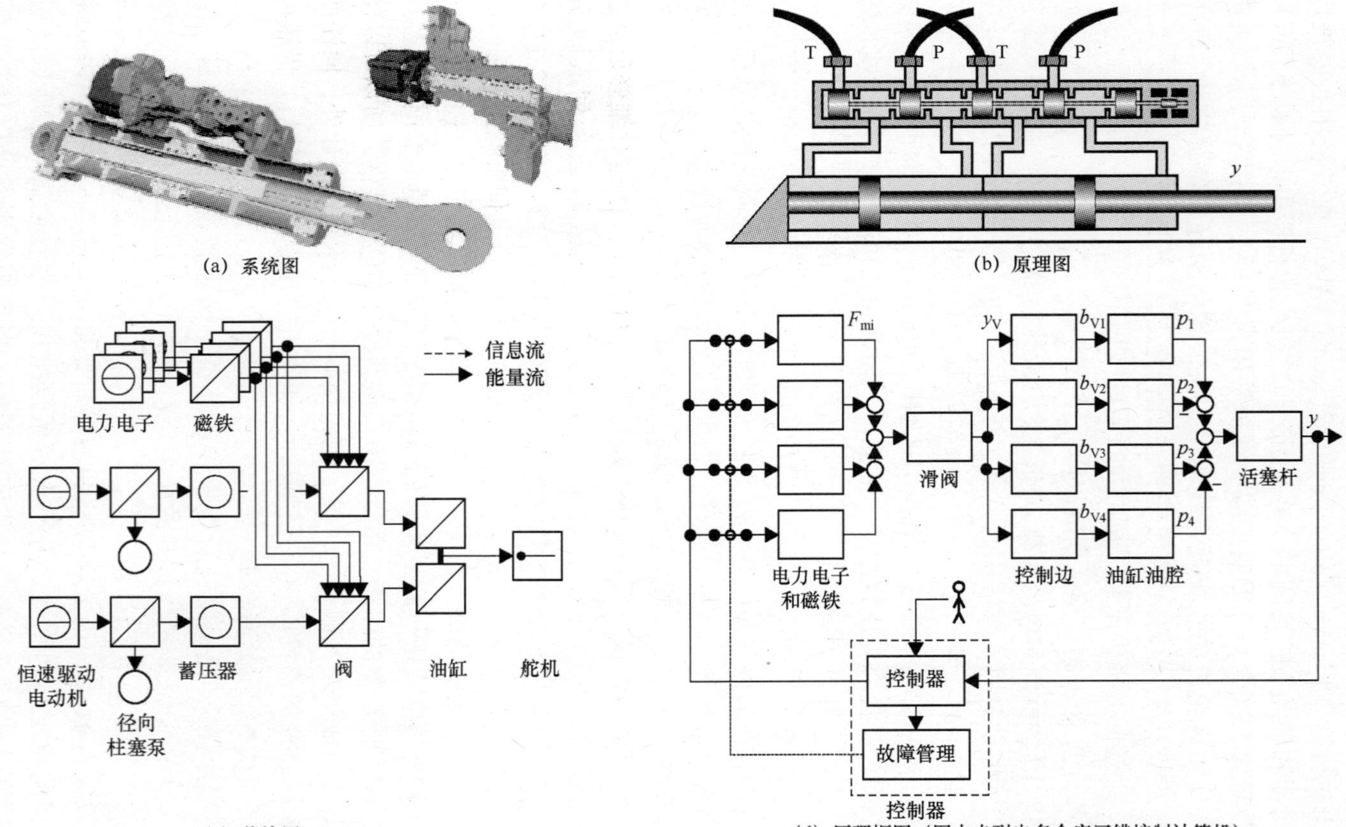

(a) 系统图

(b) 原理图

(c) 能流图

(d) 原理框图（图中未列出多余度冗错控制计算机）

图12.10　欧洲战斗机的故障容错电液舵机系统原理图[12.11，12.27]

(a) 系统图

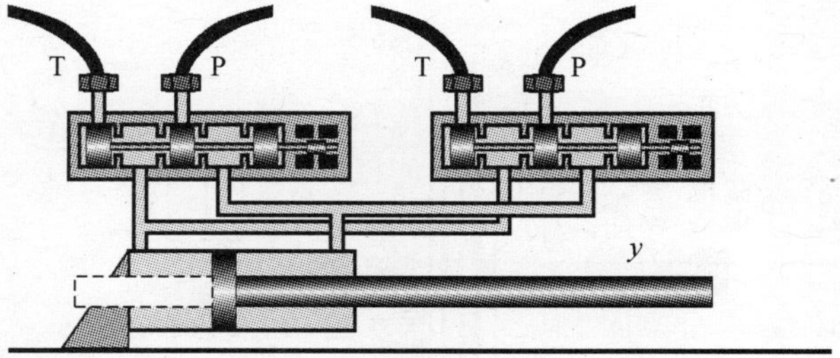

(b) 原理图

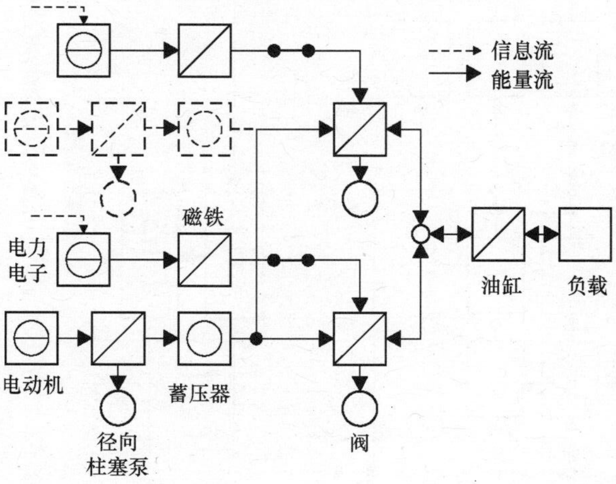

(c) 能量流图

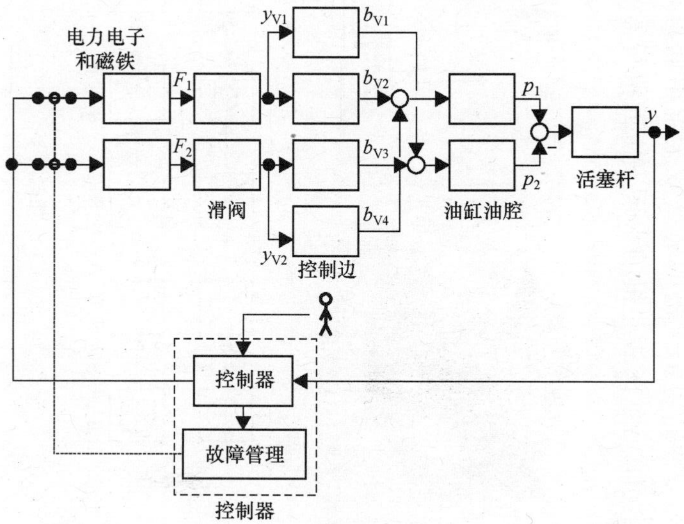

(d) 方块图

图12.11 容错电液伺服系统 [12.41]

3）双余度伺服阀和泵的故障冗错结构

另外一种应用于飞机的典型双余度串联液压系统见图 12.12[12.31,12.42]。图中给出了F/A－18战斗机的水平安定面执行器工作原理。在该系统中，液压

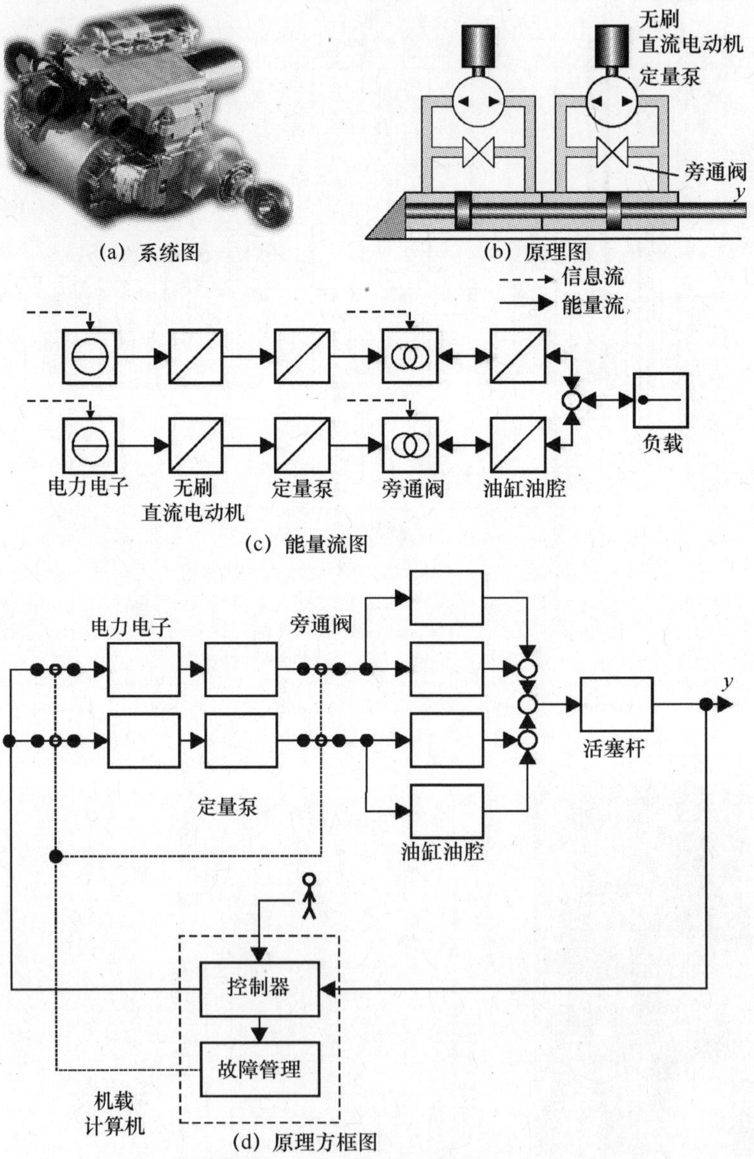

图 12.12　容错电液伺服系统[12.31]

缸为串联双冗余，分别由一台直流无刷电动机驱动的定量泵控制。当电动机轴或泵卡死后，旁通阀打开以保证活塞的自由移动。该结构的最大优点在于当移除零部件时，无须拆卸任何液压接头，并且当液压管路或零部件出现泄漏时仅影响该液压回路，而不会对其他液压回路造成影响。当旁通阀可以正常工作，并且可以（切断）液压缸与泵之间的连接，系统可以实现一次故障工作，两次故障安全的余度性能。

对航空领域中的其他构型电液执行器的研究和评估结果见文献［12.50］。随着航空领域电传技术的快速发展，随之而来的是大量使用具有故障容错功能的零部件。由于飞机各控制面本身就是冗余的，通过组合控制不同的舵面，可以容余地完成所有飞行控制功能。因此在飞机中引入电传飞控系统，仅会略微地增加风险等级。

12.3.2 故障冗错直流机电执行器

图 12.13 给出了一种具有故障冗错功能的民用飞机机舱压力控制阀电动执行器结构[12.33,12.34]，用于控制机舱内部压力。发动机加压后，空气从客机前部被引入机舱，并在机舱后部通过压力控制阀排到外部大气中。

通常一架飞机上有两个、四个或更多的压力控制阀。每个阀门均与图 12.13 中所示一致：由两台具有独立功放电路的直流无刷电动机作用在同一个齿轮上，并且两个功放电路与不同的总线相连接，对执行器进行自动切换控制。两台直流无刷电动机均工作在机舱压力闭环控制回路中。

故障检测、诊断的结果被报送至飞行员处，并由飞行员进行故障管理控制。当一台直流无刷电动机故障后，飞行员将故障电动机切断，并启动另一台电动机。当两台电动机均失效后，由飞行员直接控制第三台备份直流电动机（常规直流电动机）对控制阀进行调节。

该系统中，电子器件和电－机械转换器的故障率远远高于机械部分，因此仅对电子器件和电动机采取了冗余设计。作为研究计划文献［12.32，12.33，12.35］中的一部分，开发了多种故障检测和诊断方法，可以对如下故障进行检测和诊断：过热、绕组短路、摩擦力增大、所有传感器的偏置故障、霍尔传感器故障。系统为冷备份冗余结构，在任何时候仅有一套元器件处于工作状态。系统可以实现二次故障工作、三次故障失效的余度性能（FO－FO－F）。

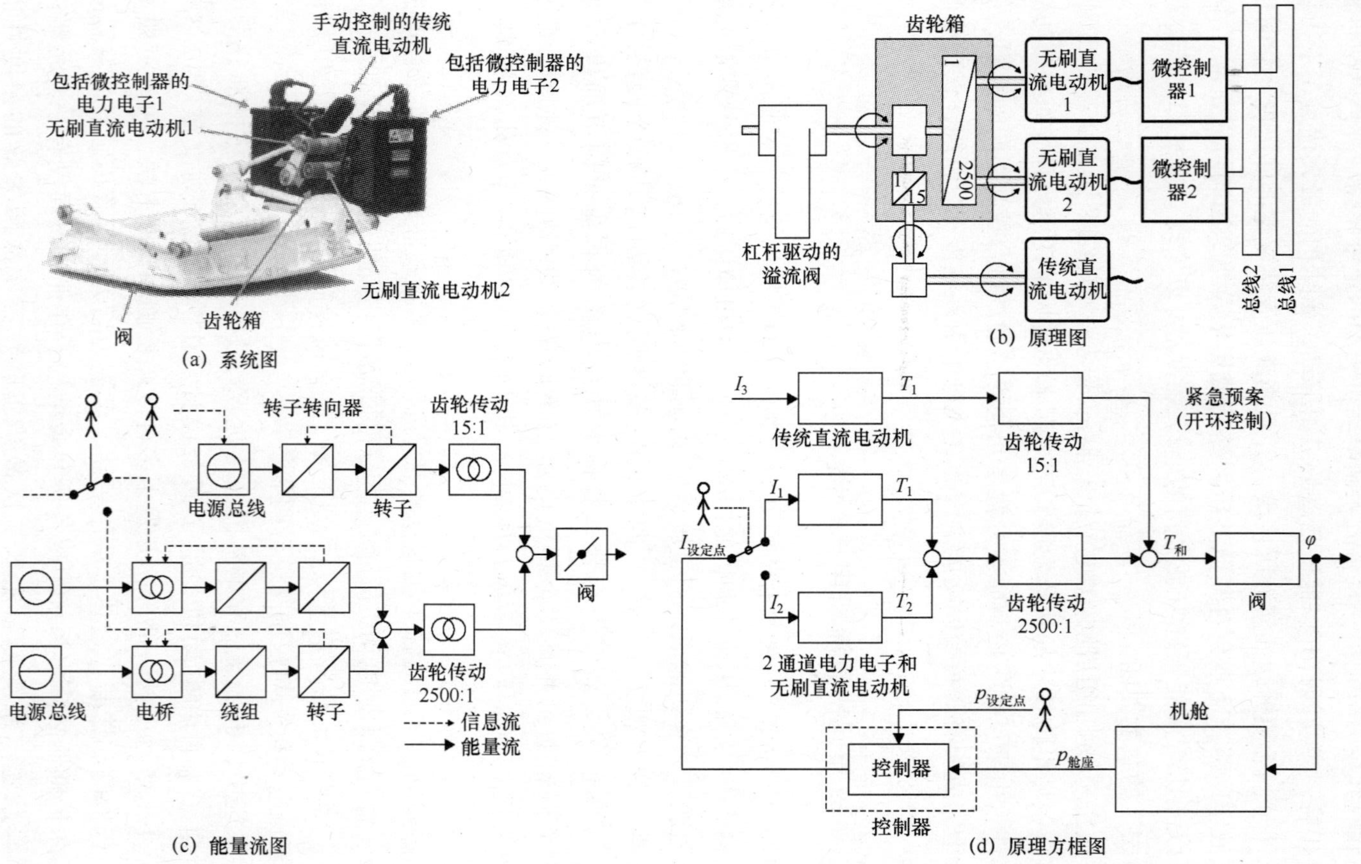

图12.13　具有故障容错功能的电控机舱压力控制阀[12.32]

12.4 故障冗错传感器

12.4.1 传感器硬件冗余

使用三余度传感器和表决器可以实现传感器系统的静态冗余，如图12.14（a)所示。组成动态冗余系统至少需要两个传感器，并对传感器进行故障检测，如图12.14（b）所示。通常，动态冗余系统使用热备份结构。另一种可行的方法是对两个传感器进行真实性校验，使用信号模型（如方差）选择更为可信的传感器输出，如图12.14（c）所示。

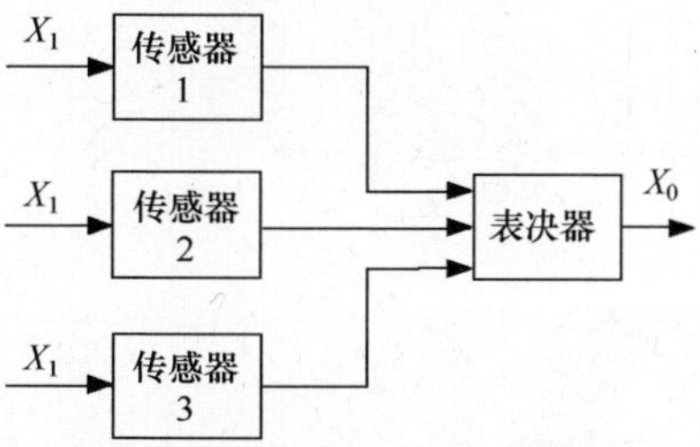

(a) 热备份，静态冗余三余度系统

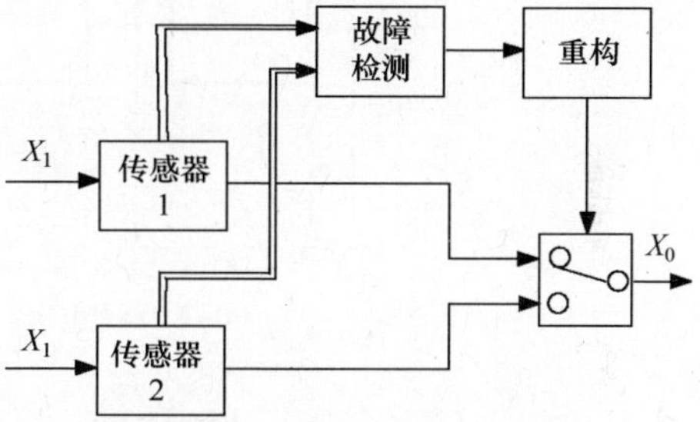

(b) 热备份，动态冗余双余度系统

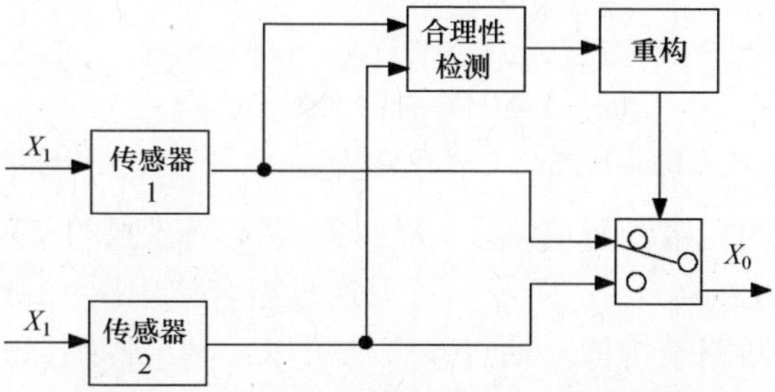

(c) 热备份，具有真实性校验的动态冗余双余度系统

图12.14　具有硬件冗余的故障容错传感器

可以通过自检测的方法进行故障检测，如使用传感器测量一个已知量，以确定传感器是否正常。另一种方式是使用自评估传感器[12.8,12.17]。由传感器、变送器和微控制器组成具有自诊断功能的集成单元，并在传感器或变送器内部使用一些内部测量量进行自诊断[12.30]。传感器的输出包括测量量的最优估计值以及好、可疑、损坏、坏和危险等有效状态。

12.4.2 传感器解析冗余

简单举例，所研究的系统有 1 个输入 u、1 个主输出 y_1 和 1 个辅助输出 y_2，如图 12.15（a）所示。假设输入信号 u 无法测量，与 u 相关的输出信号 y_1、y_2 是可测的，如果系统模型 G_{M1}、G_{M2} 已知，在不考虑干扰时（理想状态），可以通过对 y_2 进行重构获得 $\hat{y}_1$，并作为余度信号使用。

如果系统仅有 1 个输出传感器 y_1 和 1 个输入传感器 u，当系统模型 G_{M1} 是已知的，则可对输出 $\hat{y}_1$ 进行重构，如图 12.15（b）所示。在这两种情况下，利用了系统信号之间的内在关系，并通过解析模型的形式进行表示。

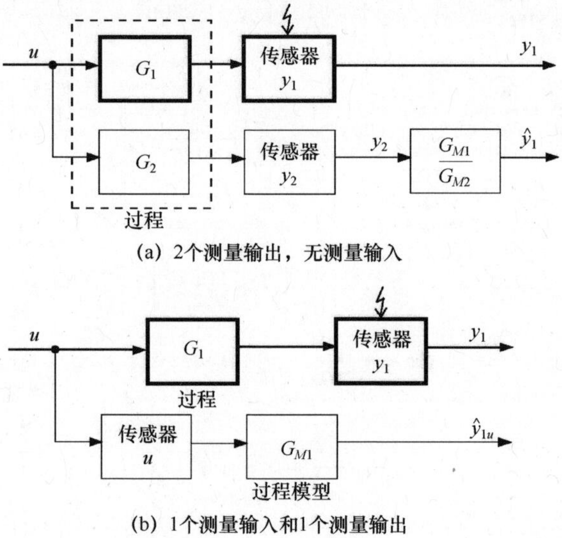

图 12.15　基于过程模型的解析冗余方法，实现输出信号 y_1（主传感器）的故障容错

为了获得可用的冗错测量值 y_{1FT}，最少需要 3 个不同的 y 值，即测量值和两路重构值。如图 12.16（a）所示，可以通过组合使用图 12.15（a）和（b）中的两种结构获得两路重构值。通过该方法可以检测出传感器故障 y_1，并由多数表决器消除其影响。但究竟是选择 $\hat{y}_1$ 还是 $\hat{y}_1$u 作为替代信号，需由后续决策确定（y_2 和 u 的单个传感器故障同样可以使用该结构进行冗错）。

汽车电子稳定（Electronic Stability Program，ESP）系统的偏航速率传感器使用了组合解析余度。通过将方向盘角度作为输入，通过汽车模型，如图 12.15（b）所示，可以对偏航速率信号进行重构。并且根据图 12.16（a）所示，由横向加速度和左右车轮速度差（无打滑情况下），同样可以对偏航速率信号进行重构。

如果两路输出传感器和一个输入传感器可以产生同等质量的测量信号，就可以设计更为通用的传感器故障冗错系统。由于 3 路传感器可以产生 3 个残差，因此当任意一路传感器出现故障，通过表决逻辑可以实现冗错输出，见文

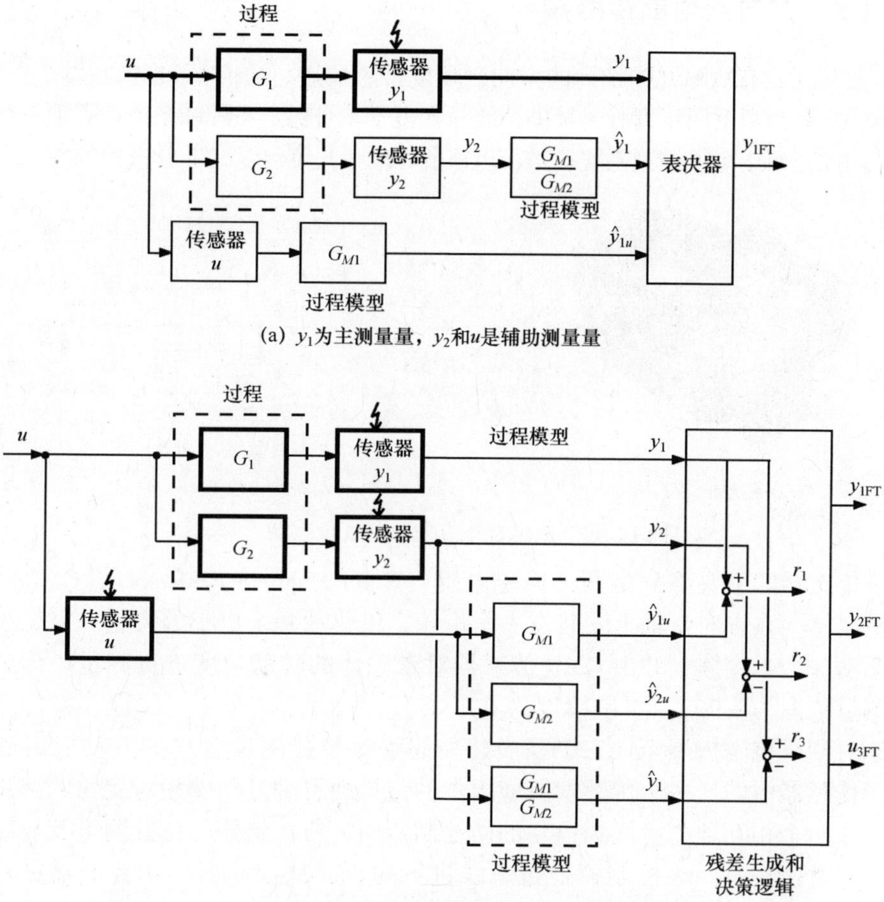

(a) y_1为主测量量，y_2和u是辅助测量量

(b) y_1，y_2和u是具有同等质量的测量量（一致性方程方法）

图 12.16　基于过程模型的组合解析冗余故障容错传感器，
实现两个测量输出和一个测量输入信号的

献［12.19］的第19章。在该事例中，可以使用状态观测器产生残差并进行比较，例如文献［12.7］中使用的专用观测器（需要注意的是上述结构均为理想情况，而在实际应用时，需要考虑各种限制并使用滤波器。）。

故障传感器应尽量设计为具有故障－隔离的余度配置，例如故障后自动从系统中移除，但这需要增加额外的可靠性较低的切换器。对于无故障检测功能的硬件冗余和解析冗余传感器，最少需要三路测量信号以保证一路故障后的故障－工作能力。但如果传感器或系统具有内置故障检测功能（自测试或自校正模块），只需要使用两路传感器即可满足要求，如图12.14（b）所示的结构（通过故障检测，可省去一路传感器）。下面将给出故障冗错传感器系统的应用实例。

12.4.3 方向盘角度传感器

首先对具有故障冗错设计的方向盘角度传感器进行研究，如图 12.17[12.12,12.46]所示。方向盘角度用于驾驶员辅助系统，如电子车身稳定系统和车道偏离警示系统等。因此，对于车辆控制系统，进行可靠的方向盘角度测量是非常重要的。

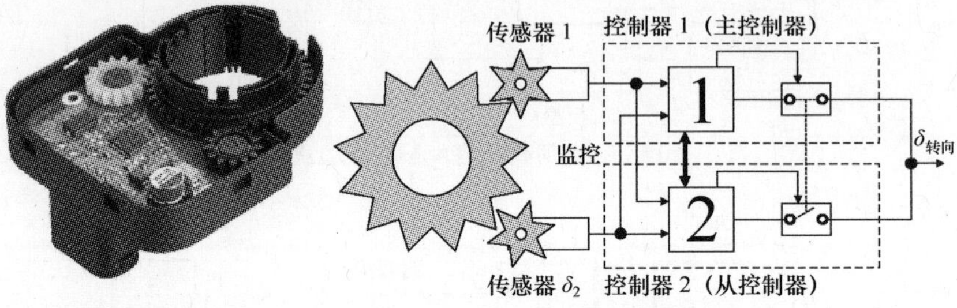

(a) 系统图　　(b) 原理方块图

图 12.17　故障容错方向盘角度传感器[12.46]

传感器的主要部分是两个巨磁电阻（Giant Magneto Resistance，GMR）式测量电桥。在方向盘轴上安装有一个齿轮，以驱动两个更小的齿轮。每个小齿轮驱动一个永磁体，并由 GMR 传感器对永磁体的转动角度进行测量。传感器的测量范围为 ±90°，测量精度为 0.1°。使用 Nonius/Vernier 原理，将传感器的绝对测量范围扩展至 ±720°。当建立起绝对位置测量后（如发动机启动），两个传感器中的任一个传感器所能提供的信息即可满足角度相对变化的测量要求。在两个相互独立且互为监督的微控制器中进行传感器的位置测量及故障检测。正常工作时，主控制器通过总线进行通讯，从控制器对主控制器进行监督。出现故障后，主控制器被切断，由从控制器接替主控制器工作。系统可以实现一次故障工作、二次故障隔离的冗错能力。在传感器或微控制器发生一次故障后，系统可以继续工作而不需要进行维修，但测量精度会出现下降。当第二个 GMR 故障后，传感器模块将无法继续工作，模块自动从系统中移除并保持隔离状态。

12.4.4 故障冗错流量传感器

图 12.18 是一种使用了两种不同测量原理的故障冗错流量传感器工作原理。第一种测量原理基于涡流发生器。涡流发生器在其下游产生涡流，涡流脱落产生与体积流量成正比的压力脉动。由压力传感器或安装在涡流发生器上的力传感器对压力脉动进行测量。第二种测量原理是基于压差测量原理。根据伯努立定律，管路中未收缩部分与收缩部分之间的压降是流体流量的函数，可以用于确定流体流量。此外，该原理还可以作为冗余传感器使用。当涡流脱落产

生的高频脉动仅影响压差传感器的一侧敏感口时，可以使用压差传感器对涡流脱落产生的高频脉动进行测量，从而可以作为压力或力传感器的备份传感器。

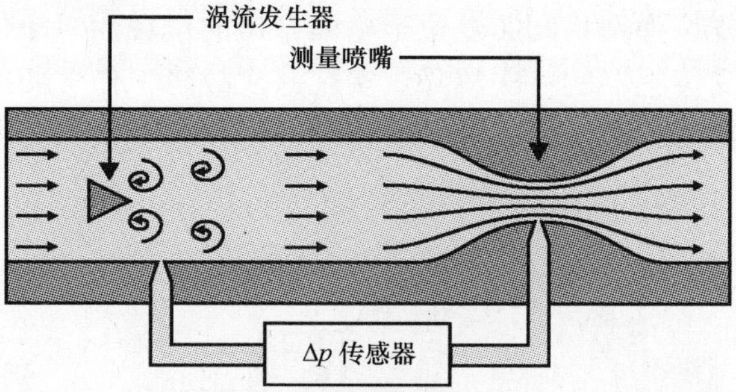

(a) 系统图

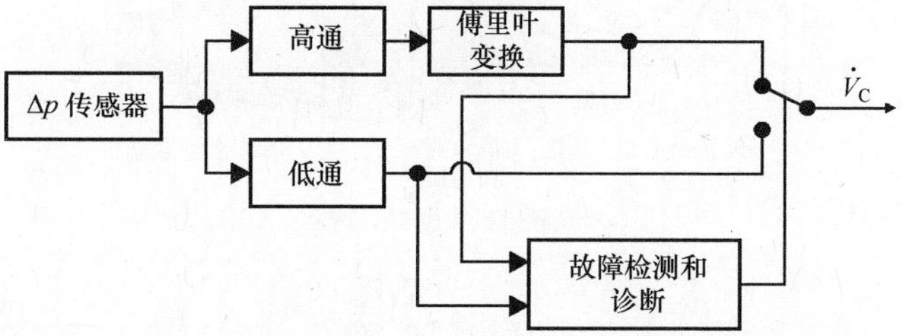

(b) 原理方框图

图 12.18　故障容错流量传感器工作原理图[12.39]

通过低通滤波器对压差信号进行处理，以确定涡轮发生器尾流区中非收缩点与收缩区内的平均压差。同时使用高通滤波器从压差信号中分离出涡流造成的高频压力振动，再由傅里叶变换确定涡流振动频率。由集成在控制器中的故障检测算法对故障进行检测，并对两种测量原理的使用情况进行自动分配，从而实现两种测量方法的联合使用[12.39]。两种不同的测量原理在不同测量区间具有不同的测量精度，因此损失一种测量方法后，将导致整个传感器测量精度下降。压差传感器是整个传感器中的核心部件，其失效将造成整个传感器模块的完全失效。因此，仅针对测量原理，系统可以实现一次故障工作、二次故障隔离的余度等级。

12.4.5　故障冗错电子节气门

电子节气门是另一种采用故障冗错设计的产品，如图 12.19 所示。在电子节气门中，使用基于模型的方法对直流有刷电动机进行监控。根据电动机及其附属机械结构的物理模型对两个电位器进行监控，并判断电位器是否出现故障，见 4.2 节。使用动态冗余概念后，仅需要两个电位器即可实现静态冗错系统中需要 3 个电位器才能实现的一次故障工作能力[12.45]。图 12.20 给出了动态冗错位置传感器工作原理，图 12.21 给出了电位器卡死后，闭环控制系统的重构时的系统响应[12.18,12.45]。对于电动机故障，系统为故障－安全状态。在失去电动机扭矩后，复位弹簧将阀芯复位至略微开口的位置。对于传感器故障，电子节气门可以承受传感器的一次故障，实现一次故障工作、两次故障隔离的余度性能。当传感器第二次故障后，系统自动关闭，由复位弹簧将阀芯复位至略微开口的位置。

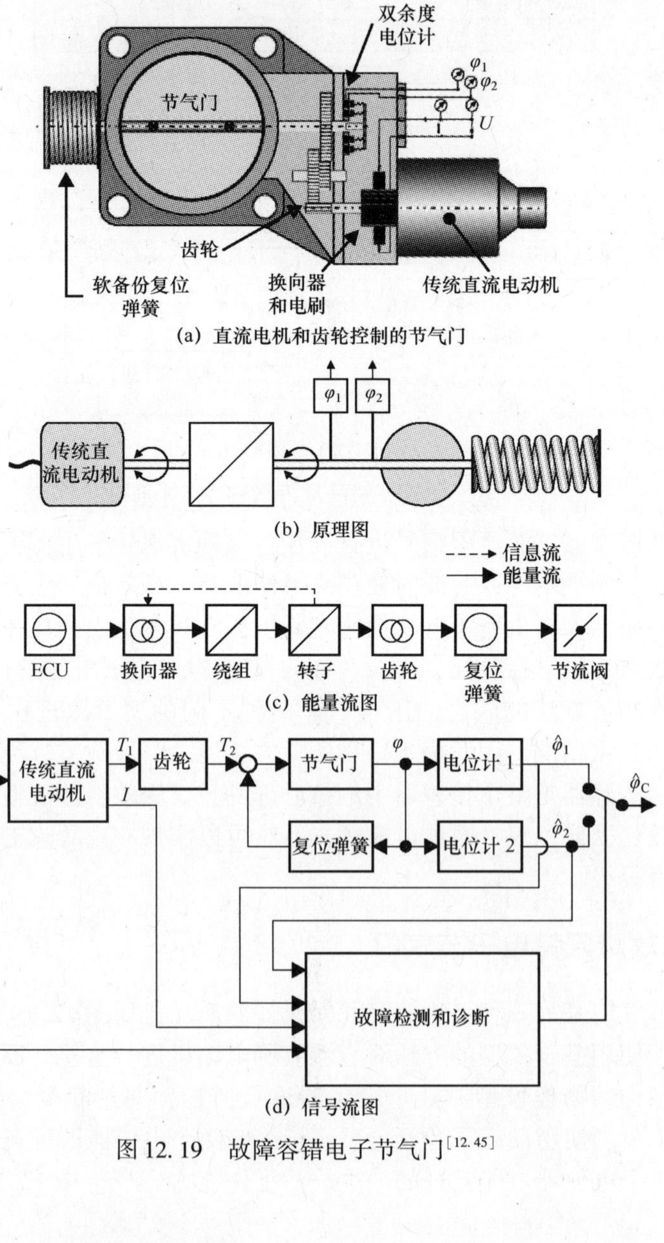

(a) 直流电机和齿轮控制的节气门

(b) 原理图

(c) 能量流图

(d) 信号流图

图 12.19　故障容错电子节气门[12.45]

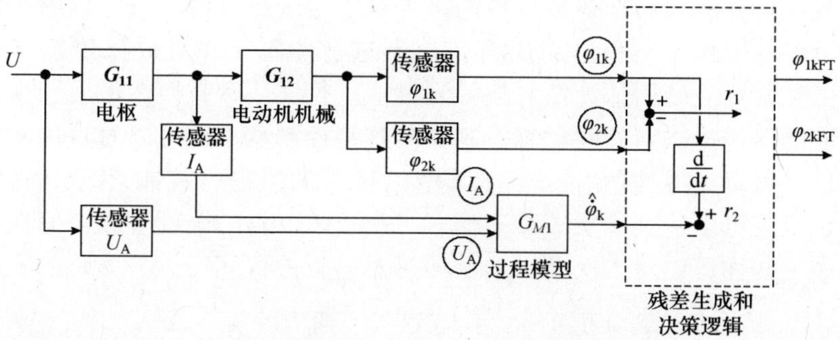

图 12.20　使用双电位计和基于模型的虚拟位置值的动态容错位置传感器工作原理图

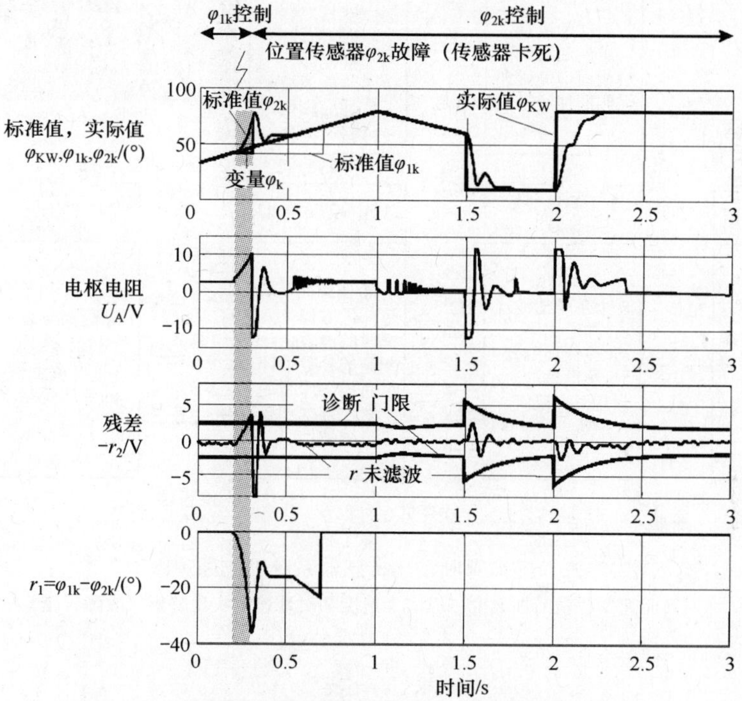

图 12.21　在闭环位置控制过程中，传感器 1k 卡死后
使用传感器 2k 进行系统重构时的系统响应

12.4.6　基于模型的解析冗余虚拟驾驶动态传感器

图 12.22 是一种系统级的冗错设计方法，通过将不同传感器的信号进行融合，向驾驶动态控制器提供可靠的测量值。该方法同样可以用于其他应用领域。

首先，对信号进行预处理，将那些无法测量或必须使用昂贵、复杂设备才能测量的信号进行重构。使用基于驾驶动态模型的多种观测器，如卡尔曼滤波器、参数估计算法和局部线性神经网络等对信号进行重构。故障检测和诊断是另一个重要的模块，它负责对所有传感器进行监督，并对故障传感器进行辨识，再由冗错算法使用估计值对故障测量值进行屏蔽和替换。最后，由信息平台将提取的信号提供给驾驶动态控制器。这些控制器不仅可以对直接测量值进行控制，还可以对重构值和来自于其他信息源的值进行控制[12.16]。驾驶动态信息平台至少可以达到一次故障工作、二次故障隔离的余度等级，但在很多实际应用中，往往可以对二次及以上的传感器故障进行冗错。

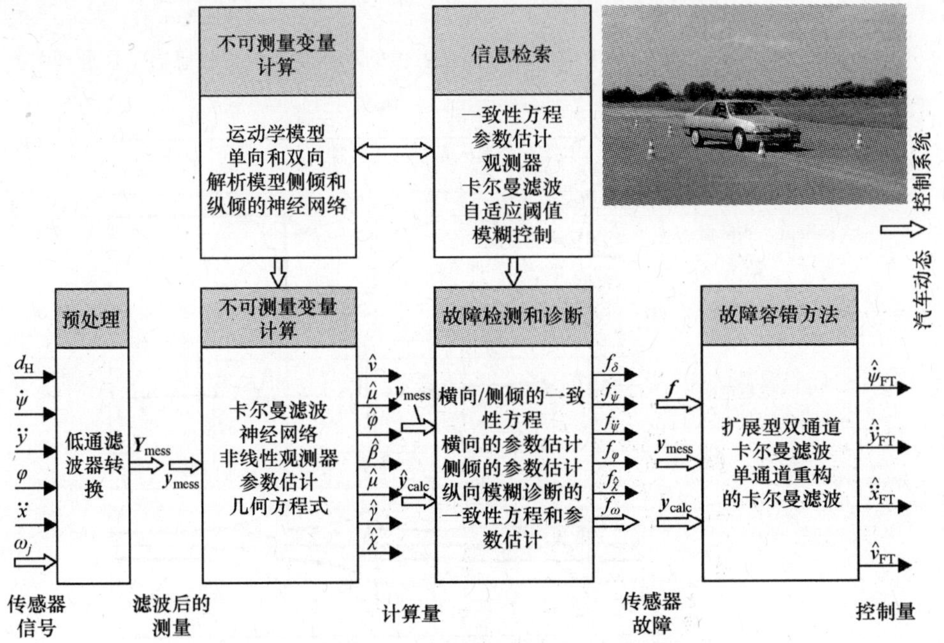

图 12.22　虚拟驾驶动态传感器系统工作原理图[12.16]

（对转向速率、横向加速度、纵向加速度和对地速度实现解析式故障容错）

第五部分
附录

第 13 章　故障检测及诊断术语

通过 IFAC 技术委员会 SAFEPROCESS 的协调工作，确定了以下定义，并出版在文献［13.3］中。一些基本定义可以在文献［13.1］和文献［13.4］和德国标准如 DIN 和 VDI/VDERichtlinien 中找到，见本节末的参考文献和［13.2］。

(1) 状态和信号

故障：至少一个系统特征出现了不允许的偏差。

失效：系统永久失去在特定的工作条件下执行所需功能的能力。

失灵：系统不规则、断断续续地实现所需功能。

误差：计算值（输出变量）与真实值、特定值或理论上正确值之间的偏差。

干扰：作用在系统上的未知输入。

扰动：作用在系统上导致系统暂时偏离稳态值的输入。

残差：基于测量值和模型计算值之间偏差的故障指示器。

故障征兆：可观测量偏离正常特性。

(2) 功能

故障检测：确定系统中存在的故障以及故障时间。

故障分离：在检测到故障后，通过对故障征兆进行评估确定故障的种类、位置和时间。

故障辨识：在分离出故障后，确定故障的大小和时变特性。

故障诊断：在检测到故障后，对故障征兆进行评估以确定故障的种类、大小、位置和时间，涵盖故障检测、分离和辨识功能。

监控：连续、实时地确定物理系统的状况，识别并显示系统中的异常特性。

监督：对系统状态进行监控，并当出现故障时执行合适的动作以维持系统的工作。

保护：如果可能，对系统潜在的危险特性进行抑制，或者避免危险特性可能造成的严重后果。

(3) 模型

定量模型：利用系统变量和参数之间的静态和动态关系，由定量的数学术语对系统特性进行描述。

定性模型：利用系统变量和参数之间的静态和动态关系，由定性术语，如 if – then 规则等对系统特性进行描述。

诊断模型：链接特定输入变量 – 故障征兆 – 特定输出变量 – 故障的一组静态或动态关系。

解析余度：使用两种不同方式确定一个量，其中一种方法利用了以解析形式描述的被控对象数学模型。

（4）系统特性

可靠性：在一定工况下，系统在给定的范围和时间内执行所需功能的能力。计算方法：MTTF = 失效平均时间，MTTF = $1/\lambda$，式中：λ 为失效率（每小时失效次数）。

安全性：系统不会对人、设备或环境造成危险的能力。

有效性：在任何时间，系统或设备可以令人满意且有效工作的概率。其计算方法为

$$A = \frac{\mathrm{MTTF}}{\mathrm{MTTF} + \mathrm{MTTR}}$$

式中：MTTR 为平均维修时间，MTTR = $1/\mu$，μ 为维修率。

表 [illegible] 基于模型的故障检测方法应用统计表

（X：可成功使用；x：不建议使用；3*p*：使用 3 个压力传感器）

过程类型	工作模式				测量变量	过程模型									信号模型		可检测故障数量
								辨识			一致性方程		观测器		非参数	参数	
	稳态	非稳态	开环	闭环		线性	非线性	相关性	参数估计	神经网络模型	输出误差	方程误差	状态观测器	故障观测器		ARMA	
直流电动机	X	X	X		U、I、ω	X	X		X			X	(x)	(x)			7
交流电动机		X		X	U、I、ω		X		X	X	X						>9
电动执行器		X	X		U、I、ω、φ	X	X		X		X						5
气动执行器		X		X	w、z、$\dot{v}$						X						6
液压执行器		X		X	u、z、$3p$		X		X	(x)	X						16
工业机器人		X		X	U、I、ω、φ		X		X								6
机床进给系统		X		X	U、I、ω、z		X		X								7
铣床				X	φ、φ_2、z		X		X						傅里叶变换(x)		3
磨床	X	X		X	I、$\dot{z}$	X			X								3
液体管路	X	X	X		$\dot{m}$、Δp	X		X									1
气体管路	X	X	X		$2\dot{m}$、$2p$		X						X				1
直流驱动离心泵	X	X	X		U、I、Δp、$\dot{V}$		X		X								15
交流驱动离心泵			X		U、I、Δp、$\dot{V}$					X	X				带通		9
隔膜泵	X		X		p、z、φ		X				X						4
蒸汽/水热交换器	X		X		$2\dot{m}$、$2T$	X			X								4
蒸汽/空气热交换器		X	X		$2\dot{m}$、$2T$		X			X	X						9

术语中的参考文献

DIN 25424 *Fehlerbaumanalyse* (*fault tree analysis*). Beuth Verlag, Berlin, 1990.

DIN 31051 *Instandhaltung* (*Maintenance*). Beuth Verlag, Berlin, 1985.

DIN 40041 *Zuverlässigkeit in der Elektrotechnik* (*Reliability in electrical engineering*). Beuth Verlag, Berlin, 1990.

DIN 40042 *Zuverlässigkeit elektrischer Geräte, Anlagen und Systeme* (*Reliability of electrical devices, plants and systems*). Beuth Verlag, Berlin, 1989.

DIN 55350 *Begriffe der Qualitatssicherung und Statistik* (*Terms in quality control and statistics*). Beuth Verlag, Berlin, 1989.

IFIP working group 10.4. Reliable computing and fault tolerance, meeting in Como, Italy, 1983.

Laprie, J. C. (1983). *On computer system dependability and un - dependability: faults, errors, and failures*. IFIP WG 10.4, Como, Italy, 1983.

Lexikon Mess - und Automatisierungstechnik. (1992). VDI Verlag, Düsseldorf.

Reliability, Availability, and Maintainability Dictionary. ASQC Quality Press, Milwaukee, WI, 1988.

Robinson, A. (1982). A user - oriented perspective of fault - tolerant systems, models and terminologies. *Proceedings of the 12th International Symposium on Fault Tolerant Computing*, Los Angeles.

VDI/VDE - Richtlinie 3541. *Steuerungseinrichtungen mit vereinbarter gesicherter Funktion*. Beuth Verlag, Berlin, 1985.

VDI/VDE - Richtlinie 3542. Sicherheitstechnische Begriffe für Automatisierungssysteme. Beuth Verlag, Berlin, 1988.

VDI/VDE - Richtlinie 3691. Erfassung von Zuverlassigkeitswerten bei Prozessrechnereinsätzen. Beuth Verlag, Berlin, 1985.

总结

在 2006 年 Springer-Verlag 出版社出版的 *Fault-Diagnosis Systems* 一书中，对多种故障检测和诊断方法进行了研究。本书在其基础上，对不同方法在各种技术过程中的应用开展了研究工作。通过大量的事例研究，详细分析了如何使用过程模型和信号模型以产生多种解析式故障征兆，从而对多种故障进行检测和诊断，特别是在故障的早期发展阶段。

基于过程模型的故障检测方法需要利用过程模型和多个测量量，至少需要对一个输入信号和相应的输出信号进行测量。对输入、输出信号之间的信号流进行测量可以提高故障检测的能力。使用的过程模型需要尽量精确，建议通过理论模型的方式获得模型结构，再通过试验由参数估计方法确定模型参数。线性动态模型使用较多，特别是对于稳定工作状态。非线性模型可以通过基于平衡方程、一致性方程和唯象定律的方法获得。

对于在固定工作点附件工作的过程，特别适合使用一致性方程方法，例如泵、热交换器和管路等工业设备。而对于非稳态过程，即使可测量量较少，使用动态参数估计方法，也可以对很多故障进行检测和分离，例如传动系统、执行器、机器人、泵、机床、热交换器和汽车等。而通过联合使用一致性方程方法，可以产生更多的故障征兆，从而对系统进行更为详细的故障诊断。通常，在使用参数估计方法时，需要对输入信号进行激励，该激励可以是正常工作过程产生的，也可以是人为施加的。而使用一致性方程或状态观测器方法，可以不需要对输入信号施加激励。

基于信号模型的故障检测方法基于周期性或随机测量信号，并对单个传感器的输出进行分析。对于周期性工作的设备，如往复泵、内燃机和一些机床等，可以使用周期性信号模型进行分析。通过傅里叶分析、小波分析和带通滤波等方法，对幅值、相位和频率进行估计，从而检测出故障造成的异常变化。如果仅需要对少数未知频率进行估计，可以使用 ARMA 信号参数估计方法。通过将信号模型分析方法与基于过程模型的方法联合使用，如使用针对过程平均值的一致性方程，可以增加故障征兆的数量并且使故障尽快收敛，例如内燃机和往复泵等。

对于气体管路，泄漏会造成分段状态变量的异常变化，因而可以使用动态状态空间观测器用于气体管路的泄漏检测。但如果故障没有直接导致状态的变化，例如仅造成参数的异常变化，则通常无法使用状态观测器。故障敏感观测器、专用观测器或输出观测器以及卡尔曼滤波器，特别适用于多变量过程模型的故障检测。这些观测器通常可以得到与更为简单的一致性方程方法同样的结果。线性和非线性状态观测器非常适用于确定非测量量，如车辆的测滑角、机械零件中的应力和温度等。

闭环系统故障检测中的一个特殊问题是，闭环系统会对执行器、传感器和被控对象的较小故障进行补偿，从而难以对故障进行检测，而只有当故障增加到对控制性能有明显影响时才能被检测出来。但控制性能变化也可能是由于较大干扰或控制器整定不良造成的，所以需要联合使用多种故障检测方法。

在表 13.1 中，对本书所使用的基于模型的故障检测方法进行了总结。表 13.1 中对工作类型、测量变量、过程模型类型、辨识方法、故障检测方法以及可检测的故障数量进行了总结。

一般而言，需要产生多个明显的故障征兆才能进行故障诊断。本书中，使用故障 - 征兆表对故障和征兆之间的关系进行直观描述。如果不同故障征兆之间的符号和数值明显不同，就可以对特定故障进行分离。多数情况下，使用简单的模式识别方法可以满足故障分类的基本要求。在对故障 - 征兆树使用从下至上的方式进行系统研究时，利用 if - then 模糊逻辑规则进行近似推理是一种较为可行的方法，并已经被广泛地使用。本书对这种基于推理的方法在不同过程中的应用进行了介绍。

在电动机传动系统中，通过对电动机电压、电流和速度进行直接测量，可以对电动机和连接的机械零部件进行故障检测。该方法被称为“以传动作为传感器原理”，并在电动执行器、泵和机床中对其有效性进行了验证。

在第 12 章，以电动机传动、执行器、传感器和其他一些复杂过程为研究对象，对冗错系统的设计方法进行了研究。在冗错系统中，通常需要进行冗余设计，并在检测到故障后对系统进行重构。

今后，将在其他著作中发表更多关于发动机和汽车故障诊断的相关研究成果。

参考文献

第1章

1.1 Blanke, M., Kinnaert, M., Lunze, J., and Staroswiecki, M. *Diagnosis and fault tolerant control.* Springer, Berlin, 2nd edition, 2006.

1.2 Chen, J. and Patton, R. *Robust model – based fault diagnosis for dynamic systems.* Kluwer, Boston, 1999.

1.3 Gertler, J. *Fault detection and diagnosis in engineering systems.* Marcel Dekker, New York, 1998.

1.4 Himmelblau, D. *Fault detection and diagnosis in chemical and petrochemical processes.* Elsevier, New York, 1978.

1.5 Isermann, R. *Fault – diagnosis systems – An introduction from fault detection to fault tolerance.* Springer, Heidelberg, 2006.

1.6 NAMUR – recommendation NE 107. *Self – monitoring and diagnosis of field devices. www.NAMUR.de.* NAMUR, Leverkusen, 2005.

1.7 NAMUR – recommendation NE 91. *Requirements for online asset management. www.NAMUR.de.* NAMUR, Leverkusen, 2001.

1.8 Patton, R. Fault – tolerant control: the 1997 situation. In *Prepr. IFAC Symposium on Fault Detection, Supervision and Safety for Technical Processes (SAFEPROCESS)*, volume 2, pages 1033 – 1055, Hull, UK, August 1997. Pergamon Press.

1.9 Patton, R., Frank, P., and Clark, P., editors. *Fault diagnosis in dynamic systems, theory and application.* Prentice Hall, London, 1989.

第2章

2.1 Barlow, R. and Proschan, F. *Statistical theory of reliability and life testing.* Holt, Rinehart & Winston, 1975.

2.2 Beard, R. Failure accommodation in linear systems through self – reorganization. Technical Report MVT – 71 – 1, Man Vehicle Laboratory, Cambridge, MA, 1971.

2.3 Bonnett, A. Understanding motor shaft failures. *IEEE Industry Application Magazine*, (September – October): 25 – 41, 1999.

2.4 Chen, J. and Patton, R. *Robust model – based fault diagnosis for dynamic systems.* Kluwer, Boston, 1999.

2.5 Clark, R. State estimation schemes for instrument fault detection. In Patton, R., Frank, P., and Clark, R., editors, *Fault diagnosis in dynamic systems*, chapter 2, pages 21 – 45. Prentice Hall, New York, 1989.

2.6 Clark, R. A simplified instrument detection scheme. *IEEE Trans. Aerospace Electron. Systems*,

14 (3): 558 - 563, 1990.

2.7 Dalton, T., Patton, R., and Chen, J. An application of eigenstructure assignment to robust residual design for FDI. In *Proc. UKACC Int. Conf. on Control* (*CONTROL'96*), pages 78 - 83, Exeter, UK, 1996.

2.8 Ericsson, S., Grip, N., Johannson, E., Persson, L., Sjöberg, R., and Strömberg, J. Towards automatic detection of local bearing defects in rotating machines. *Mechanical Systems and Signal Processing*, 9: 509 - 535, 2005.

2.9 Filbert, D. Fault diagnosis in nonlinear electromechanical systems by continuous - time parameter estimation. *ISA Trans.*, 24 (3): 23 - 27, 1985.

2.10 Frank, P. Advanced fault detection and isolation schemes using nonlinear and robust observers. *In* 10*th IFAC Congress*, volume 3, pages 63 - 68, München, Germany, 1987.

2.11 Frank, P. Fault diagnosis in dynamic systems using analytical and knowledgebased redundancy. *Automatica*, 26 (3): 459 - 474, 1990.

2.12 Frank, P. Enhancement of robustness in observer - based fault detection. In *Prepr. IFAC Symposium on Fault Detection, Supervision and Safety for Technical Processes* (*SAFEPROCESS*), volume 1, pages 275 - 287, Baden - Baden, Germany, September 1991. Pergamon Press.

2.13 Freyermuth, B. *Wissensbasierte Fehlerdiagnose am Beispiel eines Industrieroboters.* Fortschr. - Ber. VDI Reihe 8, 315. VDI Verlag, Düsseldorf, 1993.

2.14 Frost, R. *Introduction to knowledge base systems.* Collins, London, 1986.

2.15 Füssel, D. *Fault diagnosis with tree - structured neuro - fuzzy systems.* Fortschr. - Ber. VDI Reihe 8, 957. VDI Verlag, Düsseldorf, 2002.

2.16 Füssel, D. and Isermann, R. Hierarchical motor diagnosis utilizing structural knowledge and a self - learning neuro - fuzzy - scheme. *IEEE Trans. on Ind. Electronics*, 74 (5): 1070 - 1077, 2000.

2.17 Geiger, G. *Technische Fehlerdiagnose mittels Parameterschätzung und Fehlerklassifikation am Beispiel einer elektrisch angetriebenen Kreiselpumpe.* Fortschr. - Ber. VDI Reihe 8, 91. VDI Verlag, Düsseldorf, 1985.

2.18 Gertler, J. *Fault detection and diagnosis in engineering systems.* Marcel Dekker, New York, 1998.

2.19 Grimmelius, H., Meiler, P., Maas, H., Bonnier, B., Grevink, J., and Kuilenburg, R. van. Three state - of - the - art methods for condition monitoring. *IEEE Trans. on Industrial Electronics*, 46 (2): 401 - 416, 1999.

2.20 Hermann, O. and Milek, J. Modellbasierte Prozessüberwachung am Beispieleines Gasverdicherts. *Technisches Messen*, 66 (7 - 8): 293 - 300, 1995.

2.21 Higham, E. and Perovic, S. Predictive maintenance of pumps based on signal analysis of pressure and differential pressure (flow) measurements. *Trans. of the Institute of Measurement and Control*, 23 (4): 226 - 248, 2001.

2.22 Himmelblau, D. *Fault detection and diagnosis in chemical and petrochemical processes.* Elsevier, New York, 1978.

2.23 Himmelblau, D. Fault detection and diagnosis – today and tomorrow. In *Proc. IFAC Workshop on Fault Detection and Safety in Chemical Plants*, pages 95 - 105, Kyoto, Japan, 1986.

2.24 Höfling, T. *Methoden zur Fehlererkennung mit Parametersch ätzung und Paritätsgleichungen.* Fortschr. – Ber. VDI Reihe 8, 546. VDI Verlag, Düsseldorf, 1996.

2.25 Höfling, T. and Isermann, R. Fault detection based on adaptive parity equations and single – parameter tracking. *Control Engineering Practice - CEP*, 4 (10): 1361 - 1369, 1996.

2.26 IEC 61508. *Functional safety of electrical/electronic/programmable electronic systems.* International Electrotechnical Commission, Switzerland, 1997.

2.27 IFIP. *Proc. of the IFIP 9th World Computer Congress*, Paris, France, September 19 – 23. Elsevier, 1983.

2.28 Isermann, R. Process fault detection on modeling and estimation methods – a survey. *Automatica*, 20 (4): 387 - 404, 1984.

2.29 Isermann, R. Estimation of physical parameters for dynamic processes with application to an industrial robot. *International Journal of Control*, 55 (6): 1287 - 1298, 1992.

2.30 Isermann, R. Integration of fault – detection and diagnosis methods. In *Proc. IFAC Symposium on Fault Detection, Supervision and Safety for Technical Processes (SAFEPROCESS)*, pages 597 - 609, Espoo, Finland, June 1994.

2.31 Isermann, R., editor. *Überwachung und Fehlerdiagnose – Moderne Methoden und ihre Anwendungen bei technischen Systemen.* VDI – Verlag, Düsseldorf, 1994.

2.32 Isermann, R. Supervision, fault – detection and fault – diagnosis methods - an introduction. *Control Engineering Practice - CEP*, 5 (5): 639 - 652, 1997.

2.33 Isermann, R. Diagnosis methods for electronic controlled vehicles. *Vehicle System Dynamics*, 36 (2 – 3): 77 - 117, 2001.

2.34 Isermann, R. Fehlertolerante Komponenten für Drive – by – wire Systeme. *AutomobiltechnischeZeitschrift - ATZ*, 104 (4): 382 - 392, 2002.

2.35 Isermann, R. *Mechatronic systems - fundamentals.* Springer, London, 2nd printing edition, 2005.

2.36 Isermann, R. Model – based fault detection and diagnosis - status and applications. *Annual Reviews in Control*, 29: 71 - 85, 2005.

2.37 Isermann, R. *Fault – diagnosis systems - An introduction from fault detection to fault tolerance.* Springer, Heidelberg, 2006.

2.38 Isermann, R. and Ballé, P. Trends in the application of model – based fault detection and diagnosis in technical processes. *Control Engineering Practice – CEP*, 5 (5): 638 - 652, 1997.

2.39 Isermann, R. and Freyermuth, B. Process fault diagnosis based on process model knowledge. *Journal of Dynamic Systems, Measurement and Control*, 113: Part I, 620 - 626; Part II, 627 - 633, 1991.

2.40 Isermann, R., Lachmann, K. – H., and Matko, D. *Adaptive control systems.* Prentice Hall

International UK, London, 1992.

2.41 ISO 13374. *Condition monitoring and diagnostics of machines – date processing, communciation, and presenation. Draft.* International Organization for Standardization, Geneva, 2005.

2.42 ISO 13374 – 2. *Condition monitoring and diagnostics of machines – Data processing, communication and presentation – Part 2: Data processing.* International Organization for Standardization, Geneva, 2007.

2.43 Jones, H., editor. *Failure detection in linear systems.* Dept. of Aeronautics, M. I. T., Cambridge, 1973.

2.44 Kiencke, U. Diagnosis of automotive systems. In Proc. *IFAC Symposium on Fault Detection, Supervision and Safety for Technical Processes (SAFEPROCESS)*, Hull, UK, August 1997. Pergamon Press.

2.45 Kolerus, J. *Zustandsüberwachung von Maschinen.* expert Verlag, Renningen – Malmsheim, 2000.

2.46 Leonhardt, S. *Modellgestützte Fehlererkennung mit neuronalen Netzen – Überwachung von Radaufhängungen und Diesel – Einspritzanlagen.* Fortschr. – Ber. VDI Reihe 12, 295. VDI Verlag, D¨usseldorf, 1996.

2.47 Melody, J., Basar, T., Perkins, W., and Voulgaris, P. Parameter estimation for inflight detection of aircraft icing. In *Proc.* 14*th IFAC World Congress*, pages 295 – 300, Beijing, P. R. China, 1991.

2.48 Musgrave, J., Guo, T. – H., Wong, E., and Duyar, A. Real – time accommodation of actuator faults on a reusable rocket engine. *IEEE Trans. on Control Systems Technology*, 5 (1): 100 – 109, 1997.

2.49 Nold, S. *Wissensbasierte Fehlererkennung und Diagnose mit den Fallbeispielen Kreiselpumpe und Drehstrommotor.* Fortschr. – Ber. VDI Reihe 8, 273. VDI Verlag, D¨usseldorf, 1991.

2.50 Omdahl, T., editor. *Reliability, availability and maintainability (RAM) dictionary.* ASQC Quality Press, Milwaukee, WI, USA, 1988.

2.51 Patton, R. Fault detection and diagnosis in aerospace systems using analytical redundancy. *IEE Computing & Control Eng. J.*, 2 (3): 127 – 136, 1991.

2.52 Patton, R., Frank, P., and Clark, P., editors. *Issues of fault diagnosis for dynamic systems.* Springer, New York, 2000.

2.53 Rasmussen, J. Diagnostic reasoning in action. *IEEE Trans. on System, Man and Cybernetics*, 23 (4): 981 – 991, 1993.

2.54 Rizzoni, G., Soliman, A., and Passino, K. A survey of automotive diagnostic equipment and procedures. SAE 930769. In *Proc. International Congress and Exposition*, Detroit, MI, USA, 1993. SAE.

2.55 Russell, E., Chiang, L., and Baatz, R. *Data – driven techniques for fault detection and diagnosis in chemical processes.* Springer, London, 2000.

2.56 Schneider – Fresenius, W. *Technische Fehlerfrühdiagnose – Einrichtungen: Stand der Technik und neuartige Einsatzmüglichkeiten in der Maschinenbauindustrie.* Oldenbourg, München, 1985.

2. 57 Sill, U. and Zörner, W. *Steam turbine generators process control and diagnostics - modern instrumentation for the greatest economy of power plants.* Wiley - VCH, Weinheim, 1996.

2. 58 Storey, N. *Safety - critical computer systems.* Addison Wesley Longman Ltd., Essex, 1996.

2. 59 Struss, P., Malik, A., and Sachenbacher, M. Qualitative modeling is the key to automated diagnosis. In *13th IFAC World Congress*, San Francisco, CA, USA, 1996.

2. 60 Sturm, A. and Förster, B. *Maschinen und Anlagendiagnostik.* B. G. Teubner, Stuttgart, 1986.

2. 61 Sturm, A., Förster, B., Hippmann, N., and Kinsky, D. *Wälzlaufdiagnose an Maschinen und Anlagen.* Verlag TÜV Rheinland, Köln, 1986.

2. 62 Torasso, P. and Console, L. *Diagnostic problem solving.* North Oxford Academic, Oxford, 1989.

2. 63 Tou, J. and Gonzalez, R. *Pattern recognition principles.* Addison - Wesley Publishing, Reading, MA, 1974.

2. 64 VDMA Fachgemeinschaft Pumpen. *Betreiberumfrage zur Störungsfrüherkennung bei Pumpen.* VDMA, Frankfurt, 1995.

2. 65 Wang, L. and Gao, R., editors. *Condition monitoring and control for intelligent manufacturing.* Springer, London, 2006.

2. 66 Willsky, A. A survey of design methods for failure detection systems. *Automatica*, 12: 601 - 611, 1976.

2. 67 Wolfram, A. *Komponentenbasierte Fehlerdiagnose industrieller Anlagen am Beispiel frequenzumrichtergespeister Asynchronmaschinen und Kreiselpumpen.* Fortschr. - Ber. VDI Reihe 8, 967. VDI Verlag, D¨usseldorf, 2002.

2. 68 Wowk, V. *Machinery vibrations.* McGraw Hill, New York, 1991.

第3章

3. 1 Bünte, A. and Grotstollen, H. Offline parameter identification of an invert - fed induction motor at standstill. In 6 *EPE 6th European Conference on Power Electronics and Applications*, Seville, Spain, 1995.

3. 2 Filbert, D. Technical diagnosis for the quality control of electrical low power motors (in German). *Technisches Messen*, 70 (9): 417 - 427, 2003.

3. 3 Fraser, C. and Milne, J. *Electro - mechanical engineering - an integrated approach.* IEEE Press, Piscataway, NJ, 1994.

3. 4 Füssel, D. *Fault diagnosis with tree - structured neuro - fuzzy systems.* Fortschr. - Ber. VDI Reihe 8, 957. VDI Verlag, Düsseldorf, 2002.

3. 5 Höfling, T. Zustandsgrößenschätzung zur Fehlererkennung. In Isermann, R., editor, *Überwachung und Fehlerdiagnose*, pages 89 - 108. VDI, Düsseldorf, 1994.

3. 6 Höfling, T. *Methoden zur Fehlererkennung mit Parameterschätzung und Paritätsgleichungen.* Fortschr. - Ber. VDI Reihe 8, 546. VDI Verlag, Düsseldorf, 1996.

3. 7 Höfling, T. and Isermann, R. Fault detection based on adaptive parity equations and single - parameter tracking. *Control Engineering Practice - CEP*, 4 (10): 1361 - 1369, 1996.

3. 8 Isermann, R. *Mechatronic systems - fundamentals.* Springer, London, 2003.

3.9 Isermann, R. *Mechatronic systems – fundamentals*. Springer, London, 2nd printing edition, 2005.

3.10 Isermann, R. *Fault – diagnosis systems – An introduction from fault detection to fault tolerance*. Springer, Heidelberg, 2006.

3.11 Isermann, R., Lachmann, K. – H., and Matko, D. *Adaptive control systems*. Prentice Hall International UK, London, 1992.

3.12 Kastha, D. and Bose, B. Investigation of fault modes of voltage – fed inverter system for induction motor. *IEEE Trans. on Industry Applications*, 30 (4): 1028 – 1037, 1994.

3.13 Leonhard, W. *Control of electrical drives*. Springer, Berlin, 2nd edition, 1996.

3.14 Lyshevski, S. *Electromechanical systems, electric machines, and applied mechatronics*. CRC Press, Boca Raton, FL, 2000.

3.15 Nelles, O. *Nonlinear system identification*. Springer, Heidelberg, 2001.

3.16 Pfeufer, T. Improvement of flexibility and reliability of automobiles actuators by model – based algorithms. In *IFAC SICICA*, Budapest, Hungary, 1994.

3.17 Pfeufer, T. *Modellgestutzte Fehlererkennung und Diagnose am Beispiel eines Fahrzeugaktors*. Fortschr. – Ber. VDI Reihe 8, 749. VDI Verlag, Düsseldorf, 1999.

3.18 Sarma, M. *Electric machines. Steady – state theory and dynamic performance*. PWS Press, New York, 1996.

3.19 Schroder, D. *Elektrische Antriebe* 1. Springer, Berlin, 1995.

3.20 Stölting, H. Electromagnetic actuators. In Janocha, H., editor, *Actuators*. Springer, Berlin, 2004.

3.21 Thorsen, O. and Dalva, M. A survey of the reliability with an analysis of faults on variable frequency drives in industry. In *Proc. European Conference on Power Electronics and Applications EPE* ' 95, pages 1033 – 1038, 1995.

3.22 Wolfram, A. *Komponentenbasierte Fehlerdiagnose industrieller Anlagen am Beispiel frequenzumrichtergespeister Asynchronmaschinen und Kreiselpumpen*. Fortschr. – Ber. VDI Reihe 8, 967. VDI Verlag, Düsseldorf, 2002.

3.23 Wolfram, A. and Isermann, R. On – line fault detection of inverter – fed induction motors using advanced signal processing techniques. In *IFAC Symposium on Fault Detection, Supervision and Safety for Technical Processes (SAFEPROCESS' 2000)*, Budapest, Hungary, June 2000.

3.24 Wolfram, A. and Isermann, R. Fault detection of inverter – fed induction motors using a multimodel approach based on neuro – fuzzy models. In *Proc. European Control Conference*, Porto, Portugal, September 2001.

第4章

4.1 Ayoubi, M. *Nonlinear system identification based on neural networks with locally distributed dynamics and application to technical processes*. Fortschr. Ber. VDI Reihe 8, 591. VDI Verlag, Düsseldorf, 1996.

4.2 Gertler, J. *Fault detection and diagnosis in engineering systems*. Marcel Dekker, New

York, 1998.

4.3 Höfling, T. *Methoden zur Fehlererkennung mit Parameterschätzung und Paritätsgleichungen.* Fortschr. – Ber. VDI Reihe 8, 546. VDI Verlag, Düsseldorf, 1996.

4.4 Isermann, R. *Mechatronic systems – fundamentals.* Springer, London, 2nd printing edition, 2005.

4.5 Isermann, R. *Fault – diagnosis systems – An introduction from fault detection to fault tolerance.* Springer, Heidelberg, 2006.

4.6 Isermann, R. and Keller, H. Intelligente Aktoren. *atp – Automatisierungstechnische Praxis*, 35: 593 – 602, 1993.

4.7 Janocha, H., editor. *Actuators. Basics and Applications.* Springer, Berlin, 2004.

4.8 Kallenbach, E., Eick, R., Quandt, P., Ströhla, T., Feindt, K., and Kallenbach, M. *Elektromagnete: Grundlagen, Berechnung, Entwurf und Anwendung.* Teubner, Stuttgart, 3rd edition, 2008.

4.9 Moseler, O. *Mikrocontrollerbasierte Fehlererkennung für mechatronische Komponenten am Beispiel eines elektromechanischen Stellantriebs.* Fortschr. – Ber. VDI Reihe 8, 980. VDI Verlag, Düsseldorf, 2001.

4.10 Moseler, O., Heller, T., and Isermann, R. Model – based fault detection for an actuator driven by a brushless DC motor. In *14th IFAC World Congress*, volume P, pages 193 – 198, Beijing, China, 1999.

4.11 Moseler, O. and Isermann, R. Application of model – based fault detection to a brushless DC motor. *IEEE Trans. on Industrial Electronics*, 47 (5): 1015 – 1020, 2000.

4.12 Moseler, O. and Müller, M. A smart actuator with model – based FDI implementation on a microcontroller. In *1st IFAC Conference on Mechatronic Systems*, Darmstadt, Germany, September 2000.

4.13 Moseler, O. and Vogt, M. FIT – filtering and identification. In *Proc. 12th IFAC Symposium on System Identification (SYSID)*, Santa Barbara, CA, USA, 2000.

4.14 Pfeufer, T. *Modellgestützte Fehlererkennung und Diagnose am Beispiel eines Fahrzeugaktors.* Fortschr. – Ber. VDI Reihe 8, 749. VDI Verlag, Düsseldorf, 1999.

4.15 Pfeufer, T., Isermann, R., and Rehm, L. Quality assurance of mechanical – electronical automobile actuator using an integrated model – based diagnosis control (in German). In *Proc. VDI – Conference Elektronik im Kraftfahrzeug*, volume VDI – Bericht Nr. 1287, pages 145 – 159, September 1996.

4.16 Raab, U. *Modellgestützte digitale Regelung und Überwachung von Kraft – fahrzeugaktoren.* Fortschr. – Ber. VDI Reihe 8, 313. VDI Verlag, Düsseldorf, 1993.

4.17 Streib, H. – M. and Bischof, H. Electronic throttle control (ETC): A cost effective system for improved emissions, fuel economy, and driveability. In *SAE International Congress & Exposition*, number 960338, Warrendale, PA, 1996.

第5章

5.1 An, L. and Sepehri, N. Hydraulic actuator circuit fault detection using extended Kalman filter. In *Proc. American Control Conference*, volume 5, pages 4261 – 4266, Denver, CO,

June 2003.

5.2 Backé, W. *Grundlage der Pneumatik.* RWTH Aachen, Aachen, 7nd edition, 1986.

5.3 Ballé, P. *Modellbasierte Fehlererkennung für nichtlineare Prozesse mit linear parameterveranderlichen Modellen.* Fortschr. - Ber. VDI Reihe 8, 960. VDI Verlag, Düsseldorf, 2002.

5.4 Ballé, P. and Füssel, D. Engineering applications of artificial intelligence. *Control Engineering Practice - CEP*, 13: 695 - 704, 2000.

5.5 Choudhury, M. S., Shah, S., Thornhill, N., and Shook, D. S. Automatic detection and quantification of stiction in control valves. *Control Engineering Practice*, 14 (12): 1395 - 1412, 2006.

5.6 Deibert, R. *Methoden zur Fehlererkennung an Komponenten im geschlossenen Regelkreis.* Fortschr. - Ber. VDI Reihe 8, 650. VDI Verlag, Dusseldorf, 1997.

5.7 Füssel, D. *Fault diagnosis with tree - structured neuro - fuzzy systems.* Fortschr. - Ber. VDI Reihe 8, 957. VDI Verlag, Düsseldorf, 2002.

5.8 Isermann, R. *Mechatronic systems - fundamentals.* Springer, London, 2003.

5.9 Isermann, R. *Mechatronic systems - fundamentals.* Springer, London, 2nd printing edition, 2005.

5.10 Isermann, R. *Fault - diagnosis systems - An introduction from fault detection to fault tolerance.* Springer, Heidelberg, 2006.

5.11 Karpenko, M., Sepehri, N., and Scuse, D. Diagnosis of process valve actuator faults using a multilayer neural network. *Control Engineering Practice - CEP*, 11: 1289 - 1299, 2003.

5.12 Kazemi - Moghaddan, A. *Fehlerfrühidentifikation und - diagnose elektro - hydraulischer Linearantriebssysteme.* Doctoral thesis. Technische Universität, Fachbereich Maschinenbau, Darmstadt, 1999.

5.13 Keller, H. *Wissensbasierte Inbetriebnahme und adaptive Regelung eines pneumatischen Linearantriebs.* Fortschr. - Ber. VDI Reihe 8, 412. VDI Verlag, Dusseldorf, 1994.

5.14 Khan, H., Abour, S., and Sepehri, N. Nonlinear observer - based fault - detection techniques for electro - hydraulic servo - positioning systems. *Mechatronics*, 15: 1037 - 1059, 2005.

5.15 Kiesbauer, J. Diagnosetool bei Stellgeräten. *Automatisierungstechnische Praxis - atp*, 42 (3): 3 - 45, 2000.

5.16 Kiesbauer, J. Neues integriertes Diagnosekonzept bei digitalen Stellungsreglern. *Automatisierungstechnische Praxis - atp*, 46 (4): 40 - 48, 2004.

5.17 Kollmann, E. Wirkung wesentlicher Nichtlinearitaten auf die Stabilität und den statischen Fehler von Stellungsreglern. *Automatik*, (11): 379 - 383, 1968.

5.18 Kress, *buste Fehlerdiagnoseverfahren zur Wartung und Serienabhnahme elektrohydraulische Aktuatoren.* Doctoral thesis. TU Darmstadt, Fachbereich Maschinenbau, Darmstadt, 2002.

5.19 McGhee, J., Henderson, I., and Baird, A. Neural networks applied for the identification and fault diagnosis of process valves and actuators. *Measurement Journal of Int. Measurm. Conf.*, 20 (4): 267 - 275, 1997.

5.20 Münchhof, M. *Model – Based fault detection for a hydraulic servo axis.* Doctoral thesis. TU Darmstadt, Fachbereich Elektrotechnik und Informationstechnik, Darmstadt, 2006.

5.21 Murrenhoff, H. *Servohydraulik.* Shaker Verlag, Aachen, 2002.

5.22 Roth, R. Zum Verhalten des Stellungsregelkreises. *Regelungstechnik*, 20 (3): 101 – 108, 1972.

5.23 Schaffnit, J. *Simulation und Control Prototyping zur Entwicklung von Steuergeratefunktionen für aufgeladene Nutzfahrzeug – Dieselmotoren.* Fortschr. – Ber. VDI Reihe 12, 492. VDI Verlag, Düsseldorf, 2002.

5.24 Sharif, M. and Grosvenor, R. Process plant condition monitoring and fault diagnosis. *Proceedings of the Institution of Mechanical Engineers, Part E: Journal of Process Mechanical Engineering*, 212 (1): 13 – 30, 1998.

5.25 Sharif, M. and Grosvenor, R. The development of novel control valve diagnostic software based on the visual basic programming language. *Proceedings of the Institution of Mechanical Engineers, Part* 1: *Journal of Systems and Control Engineering*, 214 (2): 99 – 127, 2000.

5.26 Song, R. and Sepehri, N. Fault detection and isolation in fluid power systems using a parametric estimation method. In *Proc. IEEE Candian Conference on Elelectrical and Computer Engineering*, volume 1, pages 144 – 149, Winnipeg, Manitoba, Canada, May 2002.

5.27 Stammen, C. *Condition – monitoring für intelligente hydraulische Linear – antriebe.* Doctoral thesis. University of Technology, Darmstadt. RWTH Aachen, Fakultät für Maschinenwesen, Aachen, 2005.

5.28 Töpfer, S., Wolfram, A., and Isermann, R. Semi – physical modelling of nonlinear processes by means of local model approaches. In *Proc.* 15*th IFAC World Congress*, Barcelona, Spain, July 2002.

5.29 Watton, J. *Modelling, monitoring and diagnostic techniques for fluid power systems.* Springer, 1 edition, 2007.

第6章

6.1 Dalton, T. and Patton, R. Model – based fault diagnosis of a two – pump systems. In *IFAC World Congress*, pages 79 – 84, San Francisco, CA, USA, 1996.

6.2 Dixon, S. *Fluid mechanics, thermodynamics of turbomachinery.* Pergamon Press, Oxford, 1966.

6.3 Fritsch, H. *Dosierpumpen.* Verlag moderne industrie, Landsberg/Lech, 1989.

6.4 Fuest, K. *Elektrische Maschinen und Antriebe.* Vieweg, Wiesbaden, 3rd edition, 1989.

6.5 Füssel, D. *Fault diagnosis with tree – structured neuro – fuzzy systems.* Fortschr. – Ber. VDI Reihe 8, 957. VDI Verlag, Düsseldorf, 2002.

6.6 Geiger, G. *Technische Fehlerdiagnose mittels Parameterschätzung und Fehlerklassifikation am Beispiel einer elektrisch angetriebenen Kreiselpumpe.* Fortschr. – Ber. VDI Reihe 8, 91. VDI Verlag, Düsseldorf, 1985.

6.7 Haus, F. *Methoden zur Störungsfrüherkennung an oszillierenden Verdrängerpumpen.* Fortschr. –

Ber. VDI Reihe 8, 1109. VDI Verlag, Düsseldorf, 2006.

6.8 Hawibowo, S. *Sicherheitstechnische Abschätzung des Betriebszustandes von Pumpen zur Schadensfrüherkennung*¨. Doctoral thesis. Technische Universität Berlin, Berlin, 1997.

6.9 Hellmann, D. Early fault detection – an overview. *Worldpumps*, (5): 2, 2002.

6.10 Hellmann, D., Kafka, D., Spath, D., and Kafka, C. Preisgünstige Ȗberwachungssystem durch intelligente Datenanalyse. *Technische Ȗberwachung*, 39 (7/8): 45 – 50, 1998.

6.11 Higham, E. and Perovic, S. Predictive maintenance of pumps based on signal analysis of pressure and differential pressure (flow) measurements. *Trans. Of the Institute of Measurement and Control*, 23 (4): 226 – 248, 2001.

6.12 Huhn, D. *Störungsfrüherkennung an wellendichtungslosen Pumpen durch bauteilintegrierte Sensorik.* Doctoral thesis. Technische Universität, Kaiserslautern, 2001.

6.13 Isermann, R. *Mechatronic systems – fundamentals.* Springer, London, 2003.

6.14 Isermann, R. *Mechatronic systems – fundamentals.* Springer, London, 2nd printing edition, 2005.

6.15 Isermann, R. *Fault – diagnosis systems – An introduction from fault detection to fault tolerance.* Springer, Heidelberg, 2006.

6.16 Kafka, T., editor. *Aufbau eines Stürungsfrüherkennungssystems für Pumpen der Verfahrenstechnik mit Hilfe maschinellen Lernens.* Doctoral thesis. Univ. Kaiserslautern, Kaiserslautern, 1999.

6.17 Kallweit, S. *Untersuchungen zur Erstellung wissensbasierter Fehlerdiagnosesysteme für Kreiselpumpen.* Doctoral thesis. Technische Univerisitat.

6.18 Klockgether, J. and Wesser, U. *Statistische Analyse von kavitationsspezifisches Schallsignalen aus Notkühlpumpen.* Abschlussbericht des BMFT Forschungsvorhaben RS 284. Fachinformationszentrum Energie, Physik, Mathematik (FIZ), Leopoldshafen, 1981.

6.19 Kollmar, D. *Störungsfrüherkennung an Kreiselpumpen mit Verfahren des maschinellen Lernens.* Doctoral thesis. Technische Universität, Kaiserslautern, 2002.

6.20 Michaelsen, A. *Untersuchung zur automatischen Diagnose von Kreiselpumpen mit Verfahren der Signalanalyse und Mustererkennung.* Shaker, Doctoral thesis. TU Hamburg, Harburg. Aachen, 1999.

6.21 Müller – Petersen, R., Kenull, T., and Kosyna, G. Störungsfrüherkennung an Kreiselpumpen mit Hilfe der Motorstromanalyse. In *Proc. VDI – Conference Elektrisch – mechanische Antriebssysteme Innovationen – Trends – Mechatronik*, pages 441 – 453, VDI – Bericht Nr. 1963. Böblingen, Germany, September 2006.

6.22 Nold, S. *Wissensbasierte Fehlererkennung und Diagnose mit den Fallbeispielen Kreiselpumpe und Drehstrommotor.* Fortschr. – Ber. VDI Reihe 8, 273. VDI Verlag, Dusseldorf, 1991.

6.23 Nold, S. and Isermann, R. Model – based fault detection for centrifugal pumps and AC drives. In *11th IMEKO World Congress*, Houston, TX, USA, October 1988.

6.24 Nold, S. and Isermann, R. Die Beurteilung des Pumpenzustands durch Identifikation der Parameter von statischen und dynamischen Pumpenmodellen. In Vetter, G., editor, *Pumpen.*

Vulkan – Verlag, Essen, 1992.

6.25 Nuglisch, K. *Entwicklung eines anlagenunabhängigen Störungsfrüherkennungssystems für Pumpen auf der Basis des maschinellen Lernens.* Doctoral thesis. Technische Universität Kaiserlautern, Kaiserslautern, 2006.

6.26 Pfleiderer, C. and Petermann, H. *Strömungsmaschinen.* Springer, Berlin, 7th edition, 2005.

6.27 Schlücker, E., Blanding, J., and Murray, J. Guidlines to maximize reliability and minimize risk in plants using high pressure process diaphragm pumps. In *16th Pump User Symposium*, pages 70 – 100, Houston, TX, USA, 1999.

6.28 Schröder, D. *Elektrische Antriebe* 1. Springer, Berlin, 1995.

6.29 VDMA Fachgemeinschaft Pumpen. *Betreiberumfrage zur Störungsfrüherken – nung bei Pumpen.* VDMA, Frankfurt, 1995.

6.30 Wolfram, A. *Komponentenbasierte Fehlerdiagnose industrieller Anlagen am Beispiel frequenzumrichtergespeister Asynchronmaschinen und Kreiselpumpen.* Fortschr. – Ber. VDI Reihe 8, 967. VDI Verlag, Düsseldorf, 2002.

6.31 Wolfram, A., Füssel, D., Brune, T., and Isermann, R. Component – based multi – model approach for fault detection and diagnosis of a centrifugal pump. In *Proc. American Control Conference (ACC)*, Arlington, VA, USA, 2001.

6.32 Wolfram, A. and Isermann, R. Component – based tele – diagnosis approach to a textile machine. In *Proc. 1st IFAC Conference on Telematic Application*, Weingarten, Germany, 2001.

第7章

7.1 Billmann, L. A method for leak detection and localization in gaspipelines. In *Conference on Applied Control and Identification*, Copenhagen, Denmark, 1983.

7.2 Billmann, L. *Methoden zur Lecküberwachung und Regelung von Gasfern – leitungen.* Fortschr. – Ber. VDI Reihe 8, 85. VDI Verlag, Düsseldorf, 1985.

7.3 Billmann, L. and Isermann, R. Leak detection methods for pipelines. In *Proc. of the 9th IFAC Congress*, Budapest, Hungary, 1984. Pergamon Press, Oxford.

7.4 Billmann, L. and Isermann, R. Leak detection methods for pipelines. *Automatica*, 23 (3): 381 – 385, 1987.

7.5 Candy, J. and Rozsa, R. Safeguards design for a plutonium concentrator – an applied estimation approach. *Automatica*, 16 (66): 615 – 627, 1980.

7.6 Digerens, T. Real – time failure detection and identification applied to supervision of oil transport in pipelines. *Modeling, Identification and Control*, 1: 39 – 49, 1980.

7.7 Isermann, R. Process fault detection on modeling and estimation methods – a survey. *Automatica*, 20 (4): 387 – 404, 1984.

7.8 Isermann, R. and Siebert, H. *Verfahren zur Leckerkennung und Leckortung bei Rohrleitungen Patent P*2603 715.0. 1976.

7.9 Krass, W., Kittel, A., and Uhde, A. *Pipelinetechnik.* TÜV Rheinland, Köln, 1979.

7.10 Mancher, H., Rohrmoser, W., and Swidersky, H. *Modellbasierte Lecküberwachung von*

Pipelines. Report 18169. *Deutsche Stiftung Umwelt.* MAGNUM Automatisierungstechnik GmbH, Darmstadt, 2002.

7. 11 Siebert, H. *Evaluation of different methods for pipeline leakage monitoring* (*in German*). *PDV – Report*, *KfK – PDV* 206. Karlsruhe, 1981.

7. 12 Siebert, H. and Isermann, R. Leckerkennung und – lokalisierung bei Pipelines durch Online – Korrelation mit einem Prozeβrechner. *Regelungstechnik*, 25 (3): 69 – 74, 1977.

7. 13 Siebert, H. and Klaiber, T. Testing a method for leakage monitoring of a gasoline pipeline. *Process Automation*, pages 91 – 96, 1980.

第8章

8. 1 Freyermuth, B. Knowledge – based incipient fault diagnosis of industrial robots. In *Prepr. IFAC Symposium on Fault Detection*, *Supervision and Safety for Technical Processes* (*SAFEPROCESS*), volume 2, pages 31 – 37, Baden – Baden, Germany, September 1991. Pergamon Press.

8. 2 Freyermuth, B. *Wissensbasierte Fehlerdiagnose am Beispiel eines Industrieroboters.* Fortschr. – Ber. VDI Reihe 8, 315. VDI Verlag, Düsseldorf, 1993.

8. 3 Isermann, R. *Mechatronic systems – fundamentals.* Springer, London, 2nd printing edition, 2005.

8. 4 Isermann, R. *Fault – diagnosis systems – An introduction from fault detection to fault tolerance.* Springer, Heidelberg, 2006.

8. 5 Isermann, R. and Freyermuth, B. Process fault diagnosis based on process model knowledge. *Journal A*, *Benelux Quarterly Journal on Automatic Control*, 31 (4): 58 – 65, 1990.

第9章

9. 1 Altintas, Y. Prediction of cutting forces and tool breakage in milling from feed drive current measurements. *Journal of Engineering for Industry* (*Transactions of the ASME*), 114 (4): 386 – 392, 1992.

9. 2 Altintas, Y. *Manufacturing automation*: *metal cutting mechanics*, *machine tool vibrations*, *and CNC design.* Cambridge University Press, Cambridge, 2000.

9. 3 Altintas, Y., Yellowley, L., and Tlusty, J. The detection of tool breakage in milling operations. *J. Engng Ind.*, 110: 271 – 277, 1988.

9. 4 Amer, W., Grosvenor, R., and Prickett, P. Machine tool condition monitoring using sweeping filter techniques. *J. Systems and Control Engineering*, 221 (Part I): 103 – 117, 2007.

9. 5 Boothroyd, G. and Knight, W. *Fundamentals of machining and machine tools.* CRC Press, Boca Raton, FL, 2005.

9. 6 Clark, R. A simplified instrument detection scheme. *IEEE Trans. Aerospace Electron. Systems*, 14 (3): 558 – 563, 1990.

9. 7 El – Hofy, H. *Fundamentals of machining processes.* CRC Press, Boca Raton, FL, 2006.

9. 8 Elbestawi, M. A., Dumitrescu, M., and Ng, E. – G. Tool condition monitoring in machi-

ning. In Wang, L. and Gao, R., editors, *Condition monitoring and control for intelligent manufacturing*, *pages* 55 – 82. Springer, London, 2006.

9.9 Ericsson, S., Grip, N., Johannson, E., Persson, L., Sjöberg, R., and Strömberg, J. Towards automatic detection of local bearing defects in rotating machines. *Mechanical Systems and Signal Processing*, 9: 509 – 535, 2005.

9.10 Gebauer, K. – P., Maier, P., and Vossloh, M. *Statistische Fehlerursachen – und Schadensanalyse an CNC – Werkzeugmaschinen.* Institut für Produktionstechnik und spanende Werkzeugmaschinen, TU, Darmstadt, 1988.

9.11 Harris, T. *Rolling bearing analysis.* J. Wiley & Sons, New York, 4th edition, 2001.

9.12 He, X. *Modellgestützte Fehlererkennung mittels Parameterschätzung zur wis – sensbasierten Fehlerdiagnose an einem Vorschubantrieb.* Fortschr. – Ber. VDI Reihe 8, 354. VDI Verlag, Düsseldorf, 1993.

9.13 Isermann, R. *Identifikation dynamischer Systeme.* Springer, Berlin, 1992.

9.14 Isermann, R. Fault diagnosis of machines via parameter estimation and knowledge processing. *Automatica*, 29 (4): 815 – 835, 1993.

9.15 Isermann, R. On the applicability of model – based fault detection for technical processes. *Control Engineering Practice – CEP*, 2: 439 – 450, 1994.

9.16 Isermann, R., editor. *Überwachung und Fehlerdiagnose – Moderne Methoden und ihre Anwendungen bei technischen Systemen.* VDI – Verlag, Düsseldorf, 1994.

9.17 Isermann, R. *Mechatronic systems – fundamentals.* Springer, London, 2nd printing edition, 2005.

9.18 Isermann, R. *Fault – diagnosis systems – An introduction from fault detection to fault tolerance.* Springer, Heidelberg, 2006.

9.19 Isermann, R., Reiss, T., and Wanke, P. Model – based fault diagnosis of machine tools. In 30*th Conference on Decision and Control*, Brighton, UK, 1991.

9.20 Janik, W. *Fehlerdiagnose des Außenrund – Einstechschleifens mit Prozeß – und Signalmodellen.* Fortschr. – Ber. VDI Reihe 2, 288. VDI Verlag, Düsseldorf, 1992.

9.21 Janik, W. and Fuchs. Process – and signal – model based fault detection of the grinding process. In *Prepr. IFAC Symposium on Fault Detection*, *Supervision and Safety for Technical Processes* (*SAFEPROCESS*), volume 2, pages 299 – 304, Baden – Baden, Germany, September 1991.

9.22 Jonuscheit, H., Strama, O., Henger, K., and Nass, G. Vibro – acoustics testing of combustion engines during manufacturing. *Automobiltechnische Zeitschrift – ATZ – Special Produktion*, (Nov.): 46 – 50, 2007.

9.23 Kienzle, O. Die Bestimmung von Kräften und Leistungen an spanenden Werkzeugen und Werkzeugmaschinen. *VDI – Z*, 94 (11 – 12): 299 – 306, 1952.

9.24 Kolerus, J. *Zustandsüberwachung von Maschinen.* expert Verlag, Renningen – Malmsheim, 2000.

9.25 König, K., Essel, K., and Witte, L., editors. *Spezifische Schnittkraftwerte für die Zerspan-*

ung metallischer Werkstoffe. Verein Deutscher Eisenhüttewerke, Düsseldorf, 1981.

9.26 König, W., editor. *Fertigungsverfahren Drehen, Fräsen, Bohren.* VDI, Düsseldorf, 1984.

9.27 Konrad, H. Fault detection in milling, using parameter estimation and classification methods. *Control Engineering Practice – CEP*, (4): 1573 – 1578, 1996.

9.28 Konrad, H. *Modellbasierte Methoden zur sensorarmen Fehlerdiagnose beim Fräsen* . Fortschr. – Ber. VDI Reihe 2, 449. VDI Verlag, Düsseldorf, 1997.

9.29 Konrad, H. and Isermann, R. Diagnosis of different faults in milling using drive signals and process models. In 13*th IFAC World Congress*, San Francisco, CA, USA, 1996.

9.30 Kurfess, T. R., Billington, S., and Liang, S. Y. Advanced diagnostic and prognostic techniques for rolling element bearings. In Wang, L. and Gao, R., editors, *Condition monitoring and control for intelligent manufacturing*, pages 137 – 165. Springer, London, 2006.

9.31 Lee, D., Hwang, I., Valente, C., Oliveira, J., and Dornfeld, D. A. Precision manufacturing process monitoring with acoustic emission. In Wang, L. And Gao, R., editors, *Condition monitoring and control for intelligent manufacturing*, pages 33 – 54. Springer, London, 2006.

9.32 Mikalauskas, R. and Volkovas, V. Analysis of the dynamics of a defective V – belt and diagnostic possibilites. *Proc. IMechE, Systems and Control Engineering*, 20: 145 – 153, 2006.

9.33 Randall, R. *Frequency analysis.* Bruel & Kjaer, Naerum, 3rd edition, 1987.

9.34 Reiss, T. Model – based fault diagnosis and supervision of the drilling process. In *Prepr. IFAC Symposium on Fault Detection, Supervision and Safety for Technical Processes (SAFEPROCESS)*, Baden – Baden, Germany, September 1991.

9.35 Reiss, T. *Fehlerfrüherkennung an Bearbeitungszentren mit den Meßsignalen des Vorschubantriebs.* Fortschr. – Ber. VDI Reihe 2, 286. VDI Verlag, Düsseldorf, 1992.

9.36 Sasje, E. and Mushardt, H. Instationäre Vorgänge beim Schleifen. *Industrieanzeiger*, 65: 1468 – 1470, 1974.

9.37 Spur, G. and Stoeferle, T. *Handbuch der Fertigungstechnik*, volume 3/1. Hanser, München, 1979.

9.38 Stein, J., Colvin, D., Clever, G., and Wang, C. Evaluation of dc servo machine tool feed drives as force sensors. *J. of Dyn. Meas. and Control*, 108: 279 – 288, 1986.

9.39 Stephenson, D. and Agapiou, J. *Metal cutting theory and practice.* CRC Press, Boca Raton, FL, 2006.

9.40 Takeyama, H. Automation developments in Japan. In *Proc. of the Third North American Metalworking Research Conference*, pages 672 – 685, 1975.

9.41 Tarn, J. and Tomizuka, M. Online monitoring of tool and cutting conditions in milling. *J. Engng Ind.*, 111: 206 – 212, 1989.

9.42 Tarng, Y. and Lee, B. Use of model – based cutting simulation systems for tool breakage monitoring in milling. *Int. J. Mach. Tools Manufact.*, 32: 641 – 649, 1992.

9.43 Tönshoff, H. and Wulfsberg, J. Developments and trends in monitoring and control of machining. *Annuals of CIRP*, 2, 1988.

9.44 Trawinski, P. and Isermann, R. Model – based fault diagnosis of a machine tool feed drive. In 21*st International Symposium on Automotive Technology & Automation* (*ISATA*), Wiesbaden, Germany, 1989.

9.45 Ulsoy, A. Monitoring and control of machining. In Wang, L. and Gao, R., editors, *Condition monitoring and control for intelligent manufacturing*, pages 1 – 32. Springer, London, 2006.

9.46 Victor, H. Schnittkraftberechnungen für das Abspanen von Metallen. *wt – Z. ind. Fertigung*, 59: 317 – 327, 1969.

9.47 Wang, L. and Gao, R., editors. *Condition monitoring and control for intelligent manufacturing*. Springer, London, 2006.

9.48 Wang, L., Shen, W., Orban, P., and Lang, S. Remote monitoring and control in a distributed manufacturing environment. In Wang, L. and Gao, R., editors, *Condition monitoring and control for intelligent manufacturing*, pages 289 – 313. Springer, London, 2006.

9.49 Wanke, P. *Modellgestutzte Fehlerfrüherkennung am Hauptantrieb von Bearbeitungszentren*. Fortschr. – Ber. VDI Reihe 2, 291. VDI Verlag, Düsseldorf, 1993.

9.50 Wanke, P. and Isermann, R. Modellgestutzte Fehlerfrüherkennung am Hauptantrieb eines spanabhebenden Bearbeitungszentrums. *Automatisierungstechnik – at*, 40 (9): 349 – 356, 1992.

9.51 Wanke, P. and Reiss, T. Model – based fault diagnosis and supervision of the main and feed drives of a flexible milling center. In *Prepr. IFAC Symposium on Fault Detection, Supervision and Safety for Technical Processes* (*SAFEPROCESS*), Baden – Baden, Germany, September 1991.

9.52 Weck, M. and Brecher, C., editors. *Werkzeugmaschinen*, volume 1 – 5. Springer, Berlin, 2005.

9.53 Werner, G. Influence of work material on grinding forces. *Annals of the CIRP*, 27 (1): 243 – 248, 1978.

9.54 Wirth, R. Maschinendiagnose an Industriegetrieben – Grundlagen. *Antriebstechnik*, 37 (10 & 11): 75 – 80 & 77 – 81, 1998.

9.55 Wowk, V. *Machinery vibrations*. McGraw Hill, New York, 1991.

第10章

10.1 Acklin, L. and Läubli, F. Die Berechnung des dynamischen Verhaltens von Wärmetauschern mit Hilfe von Analog – Rechengeräten. *Technische Rundschau*, 1960.

10.2 Ballé, P. Fuzzy – model – based parity equations for fault isolation. *Control Engineering Practice – CEP*, 7: 261 – 270, 1998.

10.3 Ballé, P. *Modellbasierte Fehlererkennung für nichtlineare Prozesse mit linear – parameterveränderlichen Modellen*. Fortschr. – Ber. VDI Reihe 8, 960. VDI Verlag, Düsseldorf, 2002.

10.4 Ballé, P., Fischer, M., Füssel, D., Nelles, O., and Isermann, R. Integrated control, diagnosis and reconfiguration of a heat exchanger. *IEEE Control Systems Magazine*, 18 (3): 52 - 63, 1998.

10.5 Ballé, P. and Isermann, R. Fault detection and isolation for nonlinear processes based on local linear fuzzy models and parameter estimation. In *American Control Conference*, *ACC'98*, Philadelphia, PA, USA, 1998.

10.6 Goedecke, W. *Fehlererkennung an einem thermischen Prozess mit Methoden der Parameterschatzung*. Fortschr. - Ber. VDI Reihe 8, 130. VDI Verlag, Düsseldorf, 1987.

10.7 Grote, K. - H. and Feldhusen, J., editors. *DUBBEL. Taschenbuch für den Maschinenbau*. Springer, Berlin, 22nd edition, 2007.

10.8 Holman, J. *Heat transfer*. McGraw Hill, New York, 1976.

10.9 Isermann, R. Einfache mathematische Modelle für das dynamische Verhalten beheizter Rohre. *Journal Wärme*, 75: 89 - 94, 1969.

10.10 Isermann, R. Mathematical models of steam heated heat exchangers (in German). *Regelungstechnik und Prozess - Datenverarbeitung*, 18: 17 - 23, 1970.

10.11 Isermann, R. Einfache mathematische Modelle fur das dynamische Verhalten beheizter Rohre. *Neue Technik*, (4): 13 - 20, 1971.

10.12 Isermann, R. *Fault - diagnosis systems - An introduction from fault detection to fault tolerance*. Springer, Heidelberg, 2006.

10.13 Isermann, R. and Freyermuth, B. Process fault diagnosis based on process model knowledge. *Journal of Dynamic Systems*, *Measurement and Control*, 113: Part I, 620 - 626; Part II, 627 - 633, 1991.

10.14 Isermann, R. and Jantschke, H. Dynamic behavior of water - and steam - heated crossflow heat exchanger in air conditioning units (in German). *Regelungstechnik und Prozess - Datenverarbeitung*, 18: 115 - 122, 1970.

10.15 Läubli, R. Zum Problem der Nachbildung des Verhaltens von Dampferzeugern auf Rechenmaschinen. *Technische Rundschau*, 2: 35 - 42, 1961.

10.16 Müller - Steinhagen, H. Heat exchanger fouling. In *World Congress of Chemical Engineering*, Karsruhe/Frankfurt, Dechema, June 1991.

10.17 Neuenschwander, P. *Wärmetauscher - Ueberwachung durch Messen von Einund Ausgangsgrössen*. Diss. Techn. Wiss. ETH Zürich, Nr. 11576. Dietikon Juris Druck + Verlag, Zürich, 1996.

10.18 Profos, P. *Die Regelung von Dampfanlagen*. Springer, Berlin, 1962.

10.19 VDI Gesellschaft, editor. *VDI - Wärmeatlas*. VDI Verlag, Düsseldorf, 7th edition, 1994.

第 11 章

11.1 Favre, C. Fly - by - wire for commercial aircraft: the airbus experience. *Int. Journal of Control*, 59 (1): 139 - 157, 1994.

11.2 IEC 61508. *Functional safety of electrical/electronic/programmable electronic systems*. International Electrotechnical Commission, Switzerland, 1997.

11.3 Isermann, R. *Fault – diagnosis system – An introduction from fault detection to fault tolerance.* Springer, Heidelberg, 2006.

11.4 Lauber, R. and Göhner, P. *Prozessautomatisierung.* Springer, Berlin, 3rd edition, 1999.

11.5 Leveson, N. *Safeware. System safety and computer.* Wesley Publishing Company, Reading, MA, 1995.

11.6 Reichel, R. Modulares Rechnersystem für das Electronic Flight Control System (EFCS). In *DGLR – Jahrestagung, Deutsche Luft – und Raumfahrtkongress*, Berlin, Germany, 1999.

11.7 Reichel, R. and Boos, F. *Redundantes Rechnersystem für Fly – by – wire Steuerungen.* Bodensee – Gerätewerk, Überlingen, 1986.

11.8 Storey, N. *Safety – critical computer systems.* Addison Wesley Longman Ltd., Essex, 1996.

第12章

12.1 Atkinson, G. J., Mecrow, B. C., Jack, A. G., Atkinson, D. J., Sangha, P., and Benarous, M. The design of fault tolerant machines for aerospace applications. In *Proc. IEEE International Conference on Electric Machines and Drives*, pages 1863 – 1869, 2005.

12.2 Beck, M. *Fault – tolerant systems – a study (in German)*. Deutsche Forschungsgesellschaft für Automatisierungstechnik und Mikroelektronik (DFAM), Frankfurt, 2008.

12.3 Beck, M., Schwung, A., Münchhof, M., and Isermann, R. Active fault tolerant control of an electro – hydraulic servo axis with a duplex – valve – system. In *IFAC Symposium on Mechatronic Systems* 2010, Cambridge, MA, USA, 2010.

12.4 Beck, M., Schwung, A., Münchhof, M., and Isermann, R. Fehlertolerante elektrohydraulische Servoachse mit Duplex – Ventilsystem. In *Automation* 2010, Baden – Baden, 2010.

12.5 Bianchi, N., Bolognani, S., and Pre, M. D. Impact of stator winding of a five – phase permanent – magnet motor on postfault operations. *IEEE Transactions on Industrial Electronics*, 55 (5): 1978 – 1987, 2008.

12.6 Bossche, D. van den. The evolution of the airbus flight control actuation systems. In *Proceedings of the* 3rd *International Fluid Power Conference*, Aachen, Germany, 2002.

12.7 Clark, R. State estimation schemes for instrument fault detection. In Patton, R., Frank, P., and Clark, R., editors, *Fault diagnosis in dynamic systems*, chapter 2, pages 21 – 45. Prentice Hall, New York, 1989.

12.8 Clarke, D. Sensor, actuator, and loop validation. *IEE Control Systems*, 15 (August): 39 – 45, 1995.

12.9 Cloyd, J. A status of the United States Air Force's more electric aircraft initiative. In *Proc.* 32*nd Intersociety Energy Conversion Engineering Conference IECEC* – 97, volume 1, pages 681 – 686, 1997.

12.10 Cloyd, J. Status of the United States Air Force's more electric aircraft initiative. *IEEE Aerospace and Electronic Systems Magazine*, 13 (4): 17 – 22, 1998.

12.11 Crepin, P. – Y. *Untersuchung zur Eignung eines robusten Filterentwurfs zur Inflight – Diag-*

nose eines elektrohydraulischen Aktuators. PhD thesis, TU Darmstadt, Fachbereich Maschinenbau, Darmstadt, Germany, 2003.

12.12 Dilger, E. and Dieterle, W. Fehlertolerante Elektronikarchitekturen für sicherheitsgerichtete Kraftfahrzeugsysteme. *at – Automatisierungstechnik*, 50 (8): 375 – 381, 2002.

12.13 Garcia, A., Cusido, J., Rosero, J. A., Ortega, J. A., and Romeral, L. Reliable electro – mechanical actuators in aircraft. *IEEE Aerospace and Electronic Systems Magazine*, 23 (8): 19 – 25, 2008.

12.14 Goupil, P. AIRBUS state of the art and practices on FDI and FTC. In *7th IFAC International Symposium on Fault Detection, Supervision and Safety of Technical Processes. SAFEPROCESS* 2009, Barcelona, Spain, 2009.

12.15 Green, S., Atkinson, D. J., Mecrow, B. C., Jack, A. G., and Green, B. Fault tolerant, variable frequency, unity power factor converters for safety critical PM drives. *IEE Proceedings – Electric Power Applications*, 150 (6): 663 – 672, 2003.

12.16 Halbe, I. and Isermann, R. A model – based fault – tolerant sensor platform for vehicle dynamics control. In *Proceedings of the 5th Symposium in Advances in Automotive Control*, pages 509 – 516, Seascape Resort Aptos, CA, USA, 2007.

12.17 Henry, M. and Clarke, D. The self – validating sensor: rationale, definitions, and examples. *Control Engineering Practice – CEP*, 1 (2): 585 – 610, 1993.

12.18 Isermann, R. Fehlertolerante mechatronische Systeme. In *VDI Tagung Mechatronik* 2005, Wiesloch, Germany, 2005.

12.19 Isermann, R. *Fault – diagnosis systems – An introduction from fault detection to fault tolerance.* Springer, Heidelberg, 2006.

12.20 Isermann, R. and Börner, M. Characteristic velocity stability indicator for passengers cars. In *Proc. IFAC Symposium on Advances in Automotive Control*, Salerno, Italy, 2004.

12.21 Isermann, R., Lachmann, K. – H., and Matko, D. *Adaptive control systems.* Prentice Hall International UK, London, 1992.

12.22 Isermann, R., Schwarz, R., and Stolzl, S. Fault – tolerant drive – by – wire systems. *IEEE Control Systems Magazine*, (October): 64 – 81, 2002.

12.23 Jones, R. The more electric aircraft: the past and the future? In *Proc. IEE Colloquium on Electrical Machines and Systems for the More Electric Aircraft* (*Ref. No.* 1999/180), pages 1/1 – 1/4, 1999.

12.24 Klima, J. Analytical investigation of an induction motor drive under inverter fault mode operations. *IEE Proceedings – Electric Power Applications*, 150 (3): 255 – 262, 2003.

12.25 Krautstrunk, A. and Mutschler, P. Remedial strategy for a permanent magnet synchronous motor drive. In *8th European Conference on Power Electronics and Applications, EPE' 99*, Lausanne, Switzerland, Sept 1999.

12.26 Krautstrunk, A. *Fehlertolerantes Aktorkonzept für sicherheitsrelevante An – ¨ wendungen.* Shaker Verlag, Aachen, Germany, 2005.

12.27 Kress, R. *Robuste Fehlerdiagnoseverfahren zur Wartung und Serienabhnahme elektro-*

hydraulische Aktuatoren. Doctoral thesis. TU Darmstadt, Fachbereich Maschinenbau, Darmstadt, 2002.

12.28 Levi, E. Multiphase electric machines for variable – speed applications. *IEEE Transactions on Industrial Electronics*, 55 (5): 1893 – 1909, 2008.

12.29 Lillo, L. de, Wheeler, P., Empringham, L., Gerada, C., and Huang, X. A power converter for fault tolerant machine development in aerospace applications. In *Proc. 13th Power Electronics and Motion Control Conference EPE – PEMC* 2008, pages 388 – 392, 2008.

12.30 Mesch, F. Strukturen zur Selbstuberwachung von Messsystemen. *Automatisierungstechnische Praxis – atp*, 43 (8): 62 – 67, 2001.

12.31 Moog Aircraft Group. *Redundant Electrohydrostatic Actuation System – Application: F/A – 18 C/D Horizontal Stabilizer.* Moog Aircraft Group, 1996.

12.32 Moseler, O. *Mikrocontrollerbasierte Fehlererkennung fur mechatronische Komponenten am Beispiel eines elektromechanischen Stellantriebs.* Fortschr. – Ber. VDI Reihe 8, 980. VDI Verlag, Dusseldorf, 2001.

12.33 Moseler, O., Heller, T., and Isermann, R. Model – based fault detection for an actuator driven by a brushless DC motor. In *14th IFAC World Congress*, volume P, pages 193 – 198, Beijing, China, 1999.

12.34 Moseler, O. and Isermann, R. Application of model – based fault detection to a brushless DC motor. *IEEE Trans. on Industrial Electronics*, 47 (5): 1015 – 1020, 2000.

12.35 Moseler, O. and Straky, H. Fault detection of a solenoid valve for hydraulic systems in passenger cars. In *Proceedings of the* 2000 *SAFEPROCESS*, Budapest, 2000.

12.36 Muenchhof, M. Condition Monitoring und Fehlermanagement fur flughy – draulische Servo – Achsen. In *Proceedings of the Deutscher Luft – und Raumfahrtkongress* 2008, 2008.

12.37 Muenchhof, M. Displacement sensor fault tolerance for hydraulic servo axis. In *Proceedings of the 17th IFAC World Congress*, Seoul, Korea, 2008. International Federation of Automatic Control.

12.38 Muenchhof, M. and Clever, S. Fault – tolerant electric drives – solutions and current research activities, part I and part II. In *Proceedings of the European Control Conference* 2009 – *ECC* 09, Budapest, Hungary, 2009.

12.39 Muller, R., Nuber, M., and Werthsch ützky, R. Selbst überwachender Durch – flusssensor mit diversitarer Redundanz. *tm – Technisches Messen*, 72 (4): 198 – 204, 2005.

12.40 Munchhof, M., Beck, M., and Isermann, R. Fault – tolerant actuators and drives – structures, fault – detection principles and applications. In *7th IFAC International Symposium on Fault Detection, Supervision and Safety of Technical Processes. SAFEPROCESS* 2009, pages 1294 – 1305, Barcelona, Spain, 2009.

12.41 Munchhof, M. Fault management for a smart hydraulic servo axis. In *Proceedings of the Actuator* 2006, Bremen, Germany, 2006. Messe Bremen GmbH.

12.42 Navarro, R. Performance of an electro – hydrostatic actuator on the F – 18 systems research aircraft. Technical Report NASA/TM – 97 – 206224, NASA, Dryden Flight Research Center, Edwards, CA, USA, October 1997.

12.43 Oehler, R., Schoenhoff, A., and Schreiber, M. Online model - based fault detection and diagnosis for a smart aircraft actuator. In *Prepr. IFAC Symposium on Fault Detection, Supervision and Safety for Technical Processes (SAFEPROCESS)*, volume 2, pages 591 - 596, Hull, UK, August 1997. Pergamon Press.

12.44 Patton, R. Fault - tolerant control: the 1997 situation. In *Prepr. IFAC Symposium on Fault Detection, Supervision and Safety for Technical Processes (SAFEPROCESS)*, volume 2, pages 1033 - 1055, Hull, UK, August 1997. Pergamon Press.

12.45 Pfeufer, T. *Modellgestutzte Fehlererkennung und Diagnose am Beispiel eines Fahrzeugaktors.* Fortschr. - Ber. VDI Reihe 8, 749. VDI Verlag, Dusseldorf, 1999.

12.46 Quass, S. and Schiebel, P. Aspects of future steering markets and their relevance to steering sensors. In *Proceedings of IQPC - Advanced Steering Systems*, 2007.

12.47 Raab, U. *Modellgestutzte digitale Regelung und Uberwachung von Kraft - fahrzeugaktoren.* Fortschr. - Ber. VDI Reihe 8, 313. VDI Verlag, Dusseldorf, 1993.

12.48 Reuβ, J. and Isermann, R. Umschaltstrategien eines redundaten Asynchronmotoren - Antriebssystems. In *SPS/IPC/DRIVES* 2004: *Elektrische Automatisierung, Systeme und Komponenten: Fachmesse & Kongress*, pages 469 - 477, Nurnberg, Germany, 2004.

12.49 Rosero, J. A., Ortega, J. A., Aldabas, E., and Romeral, L. Moving towards a more electric aircraft. *IEEE Aerospace and Electronic Systems Magazine*, 22 (3): 3 - 9, 2007.

12.50 Sadeghi, T. and Lyons, A. Fault tolerant EHA architectures. *IEEE Aerospace and Electronic Systems Magazine*, 7 (3): 32 - 42, 1992.

12.51 Thorsen, O. and Dalva, M. A survey of the reliability with an analysis of faults on variable frequency drives in industry. In *Proc. European Conference on Power Electronics and Applications EPE* ' 95, pages 1033 - 1038, 1995.

12.52 Weimer, J. The role of electric machines and drives in the more electric aircraft. In *Proc. IEMDC*' 03 *Electric Machines and Drives Conference IEEE International*, volume 1, pages 11 - 15, 2003.

12.53 Wolfram, A. *Komponentenbasierte Fehlerdiagnose industrieller Anlagen am Beispiel frequenzumrichtergespeister Asynchronmaschinen und Kreiselpumpen.* Fortschr. - Ber. VDI Reihe 8, 967. VDI Verlag, Dusseldorf, 2002.

12.54 Wu, E. C., Hwang, J. C., and Chladek, J. T. Fault - tolerant joint development for the space shuttle remote manipulator system: analysis and experiment. 9 (5): 675 - 684, 1993.

第13章

13.1 IFIP. *Proc. of the IFIP 9th World Computer Congress, Paris, France, September* 19 - 23. Elsevier, 1983.

13.2 Isermann, R. *Fault - diagnosis systems - An introduction from fault detection to fault tolerance.* Springer, Heidelberg, 2006.

13. 3 Isermann, R. and Ballé, P. Trends in the application of model – based fault de – tection and diagnosis in technical processes. *Control Engineering Practice – CEP*, 5 (5): 638 – 652, 1997.

13. 4 Omdahl, T. , editor. *Reliability, availability and maintainability (RAM) dictionary.* ASQC Quality Press, Milwaukee, WI, USA, 1988.